河南省"十四五"普通高等教育规划教材

高等院校信息技术规划教材

数字逻辑电路设计

范文兵　主编

李浩亮　李　敏　编著

U0228082

清华大学出版社

北京

内 容 简 介

"数字逻辑电路设计"是电类专业必修的专业基础课。本书主要介绍数字逻辑电路设计的基础知识、分析与设计的基本方法及常用集成芯片的使用方法等。全书共9章,主要内容包括:逻辑代数基础、门电路、组合逻辑电路、触发器、时序逻辑电路、脉冲波形的产生和整形、存储器和可编程逻辑器件、D/A 和 A/D 转换器以及数字系统的典型应用等。除第9章外,每章均提供了丰富的例题,每章末均附有习题,以利于学生联系实际,巩固所学知识。

本书内容全面,注重基础,理论联系实际,突出实用性,简明精练,针对性强。本书既可作为高等院校电类专业本科数字逻辑电路设计教学用书,也可作为教师、科技人员和有关专业学生的参考用书。

图书在版编目(CIP)数据

数字逻辑电路设计/范文兵主编;李浩亮,李敏编.—北京:清华大学出版社,2020.10(2024.8重印)
高等院校信息技术规划教材
ISBN 978-7-302-56592-5

Ⅰ.①数… Ⅱ.①范… ②李… ③李… Ⅲ.①数字电路-逻辑电路-电路设计-高等学校-教材
Ⅳ.①TN790.2

中国版本图书馆 CIP 数据核字(2020)第 187270 号

责任编辑:张瑞庆　战晓雷
封面设计:常雪影
责任校对:焦丽丽
责任印制:曹婉颖

出版发行:清华大学出版社
　　　　网　　　址:https://www.tup.com.cn, https://www.wqxuetang.com
　　　　地　　　址:北京清华大学学研大厦 A 座　　　　　邮　　编:100084
　　　　社 总 机:010-83470000　　　　　　　　　　　邮　　购:010-62786544
　　　　投稿与读者服务:010-62776969,c-service@tup.tsinghua.edu.cn
　　　　质量反馈:010-62772015,zhiliang@tup.tsinghua.edu.cn
　　　　课件下载:https://www.tup.com.cn,010-83470236
印 装 者:三河市君旺印务有限公司
经　　销:全国新华书店
开　　本:185mm×260mm　　　　印　　张:29.75　　　字　　数:688 千字
版　　次:2020 年 12 月第 1 版　　　　　　　　　　印　　次:2024 年 8 月第 3 次印刷
定　　价:79.99 元

产品编号:084852-01

前言

"数字逻辑电路设计"课程是电子信息类、电气类、自动化类、计算机类等电类专业和其他相近专业的主要专业基础课程。教育部曾多次组织重点院校的专家编写统编教材,对该课程的发展起到了重要的推动作用。本书是依据教育部高等学校电子信息类专业教学指导委员会公布的《高等学校电子信息科学与工程类本科指导性专业规范》编写的,全书共9章。

随着电子科学技术的高速发展,近年来"数字逻辑电路设计"课程的教学内容有了较大变化,其中基于 EDA 技术和可编程逻辑器件的现代数字系统设计受到了广泛重视。但由于可编程逻辑器件等新型器件仍属于半导体器件,所以过去讲授的半导体器件工作原理的理论基础对这些新型器件仍然适用。同时,传统教材中的逻辑代数、逻辑门、触发器、组合电路、时序电路等基本概念、分析方法、设计方法也是使用新型器件时必备的基础理论。因此,本书在讲授这些章节时,一方面延续和保持了数字电路基础内容的完整性和理论的系统性;另一方面相应地增加了数字电路基础内容的 VHDL 语言描述和可编程逻辑器件的应用案例,使读者在学习数字逻辑电路时逐步掌握现代数字系统设计的基础知识。

此外,本书将存储器和可编程逻辑器件合并为一章(第7章),重点介绍了以下内容:只读存储器、随机存取存储器的组成、工作原理及集成器件应用,FPLA、PAL 器件及其应用,GAL、CPLD 和 FPGA 的电路结构、工作原理和器件技术特性,并详细介绍了应用可编程逻辑器件配置和基于 MAX+plus Ⅱ、Quartus Ⅱ 两种 EDA 平台的现代数字系统设计流程。第8章介绍了各种转换器的结构、原理和集成器件的使用方法。第9章介绍了数字系统的典型应用,给出了传统数字系统设计实例和利用 EDA 工具的设计实例,这些实例深入浅出地展示了常用的中大规模集成电路的应用方法,可以作为课程设计和综合设计时的参考。本书的前8章提供了例题和习题,便于学生巩固所学知识。

带有 * 的章节作为选讲的内容。在学时较少或要求不高的情况下,可以删减这些内容或安排学生自学。删减的内容不会影响整个理论体系的完整性和内容的连贯性。

本书由范文兵教授主编。第 3、5、7、8、9 章由范文兵、李敏编写,第 1、2、4、6 章由李浩亮副教授编写,全书由范文兵统稿、定稿,李敏校对。本书中的实例由郑州大学 EDA 实验室王耀、吕小永两位老师进行了充分的研究。郑州轻工业大学的陈燕老师在教材编写和推广方面做了大量工作。本书的编写得到郑州大学及郑州大学信息工程学院领导的大力支持和指导,Intel 公司为本书提供了有益的资料和软件。编者在此向他们表示衷心的感谢。

本书还有不完善之处,殷切地期望读者批评指正。

编　者

2020 年 9 月

本书的符号说明

1. 电压、电流符号

v_I	输入电平(相对于电路公共参考点的电压)
i_I	输入电流
v_O	输出电平(相对于电路公共参考点的电压)
i_O	输出电流
V_{IH}	输入高电平
V_{IL}	输入低电平
V_{OH}	输出高电平
V_{OL}	输出低电平
I_{IL}	低电平输入电流
I_{IH}	高电平输入电流
I_{OL}	低电平输出电流
I_{OH}	高电平输出电流
V_{CC}	电源电压(双极性器件)
V_{DD}	电源电压(MOS 器件)
V_{NH}	输入高电平噪声容限
V_{NL}	输入低电平噪声容限
V_{NA}	脉冲噪声电压幅值
V_{TH}	门电路的阈值电压
i_L	负载电流的瞬时值
V_{T+}	施密特触发器正向阈值电压
V_{T-}	施密特触发器负向阈值电压
V_{REF}	参考(或基准)电压
$V_{GS(th)N}$	N 沟道 MOS 管的开启电压
$V_{GS(th)P}$	P 沟道 MOS 管的开启电压
v_{GS}	MOS 管栅极相对于源极的电压
v_{DS}	MOS 管漏极相对于源极的电压
v_{BE}	三极管的基极相对于发射极的电压
v_{CE}	三极管的集电极相对于发射极的电压
I_{CC}	电源 V_{CC} 的平均电流
I_{DD}	电源 V_{DD} 的平均电流

2. 脉冲参数符号

f	脉冲的频率
q	占空比
t_r	上升时间

t_f	下降时间
t_W	脉冲宽度
t_g	脉冲间隔
t_{re}	恢复时间
T	重复周期
$U_{m(V_m)}$	脉冲幅值

3. 电阻、电容符号

C	电容通用符号
R	电阻通用符号
C_I	输入电容
C_h	保持电容
C_L	负载电容
C_{GD}	MOS 管栅极与漏极间电容
C_{GS}	MOS 管栅极与源极间电容
R_I	输入电阻
R_L	负载电阻
R_O	输出电阻
R_{OFF}	器件截止时内阻
R_{ON}	器件导通时内阻

4. 器件及参数符号

A	放大器
D	二极管
G	门电路
T	三极管
T_N	N 沟道 MOS 管
T_P	P 沟道 MOS 管
TG	传输门
T_{pd}	平均传输延迟时间
T_{PHL}	输出由高电平变为低电平的传输延迟时间
T_{PLH}	输出由低电平变为高电平的传输延迟时间

5. 其他符号

B	二进制
D	十进制
CLK	时钟
EN	输入使能（允许）
OE	输出使能（允许）

目录

Contents

第1章

逻辑代数基础

本章介绍数字电路逻辑功能的数字方法。主要内容包括：数字波形、数制和码制，逻辑代数的基本公式、常用公式和重要规则，逻辑函数及表示方法，利用公式、卡诺图和引入变量卡诺图化简逻辑函数，硬件描述语言和EDA开发工具的基础知识。

1.1 概 述

1.1.1 脉冲波形和数字波形

1. 脉冲波形

在电子设备中使用的电信号有连续信号和脉冲信号两大类。连续信号又称为模拟信号，例如常见的正弦波等就属于这一类，它们是"模拟电子技术"课程讨论的内容。"脉冲与数字电路"课程研究的是脉冲及数字信号，它们都是属于变化快慢不一、作用时间断续的电压或电流波形，图1.1.1给出了几种常见的脉冲波形，图1.1.1(a)为矩形波，图1.1.1(b)为锯齿波，图1.1.1(c)为尖峰波，图1.1.1(d)为阶梯波。

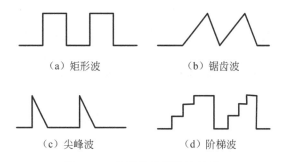

（a）矩形波　　　　　（b）锯齿波

（c）尖峰波　　　　　（d）阶梯波

图 1.1.1 几种常见的脉冲波形

脉冲波形千变万化，用来表示脉冲信号特征的物理量称为脉冲信号的参数。工程上为了便于定量分析，通常在幅度和时间两方面规定了几个必要参数，如图1.1.2所示。

理想的矩形脉冲一般只要3个参数便可以描述清楚，这3个参数是脉冲幅度(U_m)、脉冲重复周期(T)和脉冲宽度(t_W)，如图1.1.2(a)所示。由于电路中储能元件的影响，实

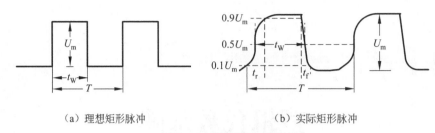

（a）理想矩形脉冲　　　　　　　（b）实际矩形脉冲

图 1.1.2　矩形脉冲参数

际的脉冲波形并不十分规整,需要更多的参数来描述,如图 1.1.2(b)所示。

下面对图 1.1.2 中给出的参数进行说明。

(1) 脉冲幅度(U_m)。脉冲从起始值到最大值之间的变化量。它是表征信号强弱的重要参数。在数值上,U_m 可以用式(1.1.1)表示:

$$U_m = | U_M - U_0 | \tag{1.1.1}$$

式(1.1.1)中,U_0 为脉冲电压的静态值,表示脉冲变化前的稳态值;U_M 表示矩形脉冲的峰值,对应于变化后的最大瞬时值。

(2) 脉冲前沿(t_r)。脉冲从起始值开始突变的一边所占用的时间。通常规定脉冲前沿为自 $0.1U_m$ 跃变到 $0.9U_m$ 所需的时间,也称为上升时间。

(3) 脉冲后沿(t_f)。脉冲从峰值跃变回起始值的一边所占用的时间。通常规定脉冲后沿为自 $0.9U_m$ 跃变到 $0.1U_m$ 所需的时间,也称为下降时间。

(4) 脉冲宽度(t_w)。脉冲信号峰值持续的时间。其有效宽度指在 $0.5U_m$ 处自脉冲前沿到脉冲后沿之间的时间间隔。

(5) 脉冲间隔(t_g)。相邻两同向脉冲之间的时间间隔,又称脉冲休止期。

(6) 重复周期(T)。在周期性脉冲信号中,两个相邻脉冲的前沿之间或后沿之间的时间间隔。

(7) 脉冲频率(f)。在单位时间(1s)内脉冲信号重复出现的次数 $f=1/T$。

(8) 占空比(q)。脉冲信号的宽度与重复周期的比值。

众所周知,脉冲的宽度越窄,或边沿越陡,它的频谱就越宽,低频端可到直流分量,高频端则可达数十兆赫的视频分量。本书所讨论的脉冲电压或电流,其宽度多数在微秒(μs)、毫秒(ms)的量级,而边沿(前沿和后沿)时间则可短到纳秒(ns)的量级,电压则在数伏(V)至数十伏的量级,而电流则主要在微安(μA)到毫安(mA)的量级。参数在这样范围内的脉冲信号是目前在电子设备或线路实验中最常遇到的。

2. 数字波形

将某种脉冲波形赋以特定的数字含义后,就可称为数字信号。应用最广的二电平数字信号就是以矩形脉冲的有无代表 1 和 0 两个数字。数字量的取值是离散的,它只能按有限个或可数的某些数值取值,数字信号最常见的形式是矩形脉冲序列,如图 1.1.3 所示。通常 0 表示矩形脉冲的低电平,1 表示矩形脉冲的高电平。当然,也可以反过来进行规定。

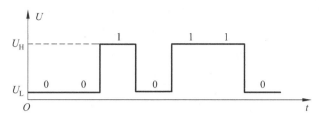

图 1.1.3 矩形脉冲数字表示方法

处理数字信号的电路称为数字电路。数字电路重点考虑的是输出信号状态(低电平或高电平,即 0 或 1)与输入信号状态(低电平或高电平,即 0 或 1)之间的对应关系,也就是逻辑关系,即数字电路的逻辑功能。数字电路的分析方法是逻辑分析法,所用工具是逻辑代数,所以有时又将数字电路称为逻辑电路。

1.1.2 数制和码制

1. 数制

数制是进位记数制的简称。十进制是人们在日常生活中经常使用的一种记数制,而数字逻辑系统中通常采用二进制数。

1) 十进制

十进制(decimal)是人们熟悉而常用的数制。组成十进制数的符号有 $0,1,2,\cdots,9$,这些符号称为数码。十进制数的进位规则是"逢十进一",任意一个十进制数可以表示为

$$D_{10} = \sum k_i \times 10^i \tag{1.1.2}$$

例如,十进制数 325.12 可以表示为

$$325.12 = 3 \times 10^2 + 2 \times 10^1 + 5 \times 10^0 + 1 \times 10^{-1} + 2 \times 10^{-2}$$

2) 二进制

数字逻辑电路中,机器代码是用二进制(binary)表示的。二进制数有 0、1 两个数码,基数是 2。二进制数的进位规则是"逢二进一"。任意一个具有 n 位整数和 m 位小数的二进制数可以表示为

$$D_2 = k_{n-1}2^{n-1} + k_{n-2}2^{n-2} + \cdots + k_1 2^1 + k_0 2^0 + k_{-1}2^{-1} + \cdots + k_{-m}2^{-m}$$

即

$$D_2 = \sum k_i \times 2^i \tag{1.1.3}$$

系数 k_i 的取值是 0 或 1,下标 i 表示该系数对应的位,2^i 表示该位的权。二进制数可简写为

$$D_2 = k_{n-1}k_{n-2}\cdots k_1 k_0 k_{-1}\cdots k_{-m}$$

3) 八进制和十六进制

八进制数的符号为 $0,1,2,\cdots,7$,基数为 8,它的进位规则是"逢八进一"。八进制一般表达式为

$$D_8 = \sum k_i \times 8^i \tag{1.1.4}$$

其中，k_i 是系数，取值为 $0\sim 8$；下标 i 表示该系数对应的位，8^i 表示该位的权。

十六进制数的符号有 $0,1,2,\cdots,9,A,B,\cdots,F$，其中符号 $0\sim 9$ 与十进制符号相同，字母 $A\sim F$ 表示十进制的 $10\sim 15$。十六进制的进位规则是"逢十六进一"，一般表示形式为

$$D_{16}=\sum k_i\times 16^i \tag{1.1.5}$$

其中，k_i 是系数，取值范围为 $0\sim 9$ 及 $A\sim F$；下标 i 表示该系数对应的位，16^i 表示该位的权。例如：

$$(E5C7.A2)_{16}=E\times 16^3+5\times 16^2+C\times 16^1+7\times 16^0+A\times 16^{-1}+2\times 16^{-2}$$

式中的下标 16 表示十六进制，有时也用 H(Hexadecimal)代替；同样地，十进制、二进制和八进制也可以用 D、B 和 O 表示。

4）任意进制（R 进制）

R 进制的基数为 r，有 $0\sim r-1$ 个符号，一般表示形式为

$$D_r=\sum k_i\times r^i \tag{1.1.6}$$

2. 数制间的转换

1）各种进制的数转换为十进制数

将二进制数、八进制数、十六进制数等任意进制的数转换为十进制数时，只要按照表达式计算出结果即可。例如：

$$(1101.11)_2=2^3+2^2+2^0+2^{-1}+2^{-2}=(13.75)_{10}$$

其他进制的数的转换过程与此类似。

2）十进制数转换为二进制数

十进制数可分为整数和小数两部分，对整数和小数分别转换，再将结果排列在一起，就得到转换结果。

对于整数部分，采用基数除法来实现。现举例说明转换过程。例如把 129 转换为二进制数，其转换过程如下：

所以 $(129)_{10}=(10000001)_2$。

对于一般二进制形式 $(k_{n-1}k_{n-2}\cdots k_0)_2$，则由式(1.1.3)可知

$$\begin{aligned}D_{10}&=k_{n-1}2^{n-1}+k_{n-2}2^{n-2}+\cdots+k_1 2^1+k_0 2^0\\&=2(k_{n-1}2^{n-2}+k_{n-2}2^{n-3}+\cdots+k_1 2^0)+k_0=2A_1+k_0\end{aligned}$$

式中，A_1 为商；k_0 为余数，即二进制数的最低位。再将 A_1 除以 2，得商 A_2，余数为 k_1。

以此类推，一直到商为 0、余数为 k_{n-1} 为止。

对于小数部分，采用基数乘法，先将十进制小数写成二进制表示式：

$$D_{10} = k_{-1}2^{-1} + k_{-2}2^{-2} + \cdots + k_{-m}2^{-m}$$

将上式乘以 2，得

$$D_{10} \times 2 = k_{-1} + (k_{-2}2^{-1} + \cdots + k_{-m}2^{-m+1})$$

k_{-1} 为 0 或 1，溢出，括号中的数值仍小于 1。再将括号中的数值乘以 2，溢出 k_{-2}。以此类推，一直到所要求的精度为止。

同样，十进制数转换为任意进制数时，整数部分采用基数除法，小数部分采用基数乘法，转换过程与十进制数转换为二进制数类似，这里不再赘述。

3）二进制数与十六进制数间的转换

十六进制的基数 $16 = 2^4$，而 4 位二进制数恰好有 16 个状态，所以这两种进制之间的转换非常容易。

二进制数转换为十六进制数时，从小数点开始向右和向左划分为 4 位一组，每组便是一位十六进制数。例如：

$$(0010, \quad 1110, \quad 1000, \quad 0110)_2$$
$$\downarrow \qquad \downarrow \qquad \downarrow \qquad \downarrow$$
$$(\ 2 \qquad E \qquad 8. \qquad 6\ )_{16}$$

十六进制数转换为二进制数的过程正好和上述过程相反。

3. 二进制数算术运算

当两个二进制数表示两个数量大小时，它们之间可以进行数值运算，这种运算称为算术运算。二进制数算术运算和十进制数算术运算的规则基本相同，唯一的区别在于二进制数是逢二进一而不是逢十进一。

1）正负数表示

数字逻辑电路中一个数的正负号只能用二进制数 0 和 1 表示，数的表示法有 3 种：原码表示法、补码表示法和反码表示法。对于正数，3 种表示法都是一样的，即符号位为 0，随后是二进制数。例如：

$$(+47)_{10} = (0 \quad 101111)_2$$

对于负数，其补码的符号位为 1，随后的数值位为二进制数的取反加 1。例如：

$$(-47)_{10} = (1 \quad 010001)_2$$

计算机中的短整数（short integer）和整数（integer）数据通常用一个字节（byte）和一个字（word）来表示。例如：

$$(+5)_{10} = (0\ 000\ 0101)_2$$
$$(+5)_{10} = (0\ 000\ 0000\ 0000\ 0101)_2$$

在计算机中表示二进制数时，除了小数点固定的数之外，还有一类小数点不固定的数，称为浮点数。32 位单精度的实数一般表示为

31	30	23	22	0

$$×\quad ×××××××\quad ××××××××××××××××××××××××$$

符号　　指数　　　　尾数

这里指数（也称阶码）表示小数点的位置，尾数表示纯小数部分。例如：

$$(-3.25)_{10}=(111.01)_2=(1\ 00000010\ 0000000000000000001101)_2$$

2）补码的算术运算

在数字逻辑电路中，用原码求两个正数的差值时，首先要对减数和被减数进行比较，然后用大数减去小数，最后决定差值的符号。完成这个运算的电路很复杂，速度很慢。如果用补码实现减法运算，就可以把减法运算变成加法运算，即把 $M-N$ 变为 $M+(-N)$，也就是说被减数 M 的补码加上减数 N 的补码，这样就把原码的减法运算变成两个补码的加法运算。

【例1.1.1】　求 $(37)_{10}-(16)_{10}$。

解： $(37)_{10}$ 的补码与原码相同，是 $(0,100101)_2$；$-(16)_{10}$ 的补码是 $(1,110000)_2$。因此

$$
\begin{array}{r}
0,100101\\
+)\quad 1,110000\\
\hline
1\boxed{0},010101
\end{array}
$$

$$(0,100101)_2+(1,110000)_2=(10,010101)_2=(+21)_{10}$$

舍去最高位的进位1，逗号前面的符号位0表示结果为正数，得到结果 $(21)_{10}$。

【例1.1.2】　求 $(16)_{10}-(37)_{10}$。

解： $(16)_{10}$ 的补码与原码相同，是 $(0,010000)_2$；$-(37)_{10}$ 的补码是 $(1,011011)_2$。因此

$$(0,010000)_2+(1,011011)_2=(1,101011)_2$$

逗号前面的符号位1表示结果为负数，说明差值是以补码表示的负数，如果对补码再求一次补码，就可以得到原码的数值，即 $[1,101011]_补=[1,010101]_原$，即结果为 $-(21)_{10}$。

可以证明，用补码运算实现正数 M、N 的减法运算的方法可以推广到 $(\pm M)\pm(\pm N)$ 的更一般情况。这样，如果遇到两数相减，就把减法变成加法。特别要注意的是，运算过程中所有的数都要用补码表示。

4. BCD码

在数字逻辑系统中，用4位二进制数表示一位十进制数，这样的数称为二进制编码的十进制数（Binary Coded Decimal），简称二-十进制码或BCD码。

4位二进制数可以表示16个数，因此，用其表示十进制数时，可以有多种二-十进制码，其中较常用的是8421BCD码。8421BCD码是一种有权码，表示一位十进制数的4位码从左向右的位权分别是8、4、2、1。

8421BCD码与十进制数之间直接按位转换，例如：

$$(29.3)_{10}=(0010\ 1001.0011)_{8421BCD}$$
$$(0110\ 1000\ 1001\ 0101)_{8421BCD}=(6895)_{10}$$

常用的 BCD 码除 8421BCD 码外,还有 5211BCD 码、2421BCD 码、余 3 码、BCD 格雷码等。表 1.1.1 列出了几种常用的 BCD 码。

表 1.1.1　几种常用 BCD 码

十进制数	编码种类				
	8421BCD 码	5211BCD 码	2421BCD 码	余 3 码	BCD 格雷码
0	0000	0000	0000	0011	0000
1	0001	0001	0001	0100	0001
2	0010	0100	0010	0101	0011
3	0011	0101	0011	0110	0010
4	0100	0111	0100	0111	0110
5	0101	1000	0101	1000	0111
6	0110	1001	0110	1001	0101
7	0111	1100	0111	1010	0100
8	1000	1101	1110	1011	1100
9	1001	1111	1111	1100	1101

5211BCD 码是一种恒权代码。在学习了后面章节中计数器的分频作用后可以发现,如果在十进制计数器中采用 8421BCD 码,则在向计数器连续输入时,4 个触发器的输出脉冲对于计数器的分频比从低位到高位依次为 5∶2∶1∶1,这种对应关系在构成某些数字系统时很有用。

2421BCD 码也是一种恒权代码,它的 0 和 9、1 和 8、2 和 7、3 和 6、4 和 5 互为反码。

余 3 码与 8421BCD 码相差 3 个数码。

BCD 格雷码的主要特点是相邻的两个码之间仅有一位的状态不同,因此按 BCD 格雷码接成计数器时,每次状态转换过程中只有一个触发器翻转,译码时不会发生竞争-冒险现象。

1.1.3　其他二进制码

1. 奇偶校验码

二进制数码在传输、存储或转换等过程中易受噪声干扰影响而发生错误。为了便于发现数码的错误,人们提出多种具有检错能力的编码方案。下面介绍奇偶校验码。

对于一组信息码,例如表示十进制数的 BCD 码,在其后面再添上一位奇(或偶)校验位 P_O(或 P_E),就构成了带奇(或偶)校验的信息传输码。信息收发双方若约定信息传输系统采用奇校验,则添在末位的奇校验位 P_O 构成的信息传输码就有奇数个 1;反之,若约定采用偶校验,则添在末位的偶校验位 P_E 构成的信息传输码就有偶数个 1。表 1.1.2 列出了十进制数 0～9 的 BCD 码后应添加的奇偶校验位。

这样,当接收到带奇偶校验位的信息传输码时,如果传输码中 1 的个数的奇偶性符合约定,则可认为信息传输未出错,但也可能有偶数个码元出错;反之,如果不符合约定,则能肯定至少有一个码元出错,或有奇数个码元出错。这种简单的奇偶校验码只能发现错误,但无法确定误码的位置,因而无纠错能力。

表 1.1.2 十进制数 0~9 的 BCD 码后应添加的奇偶校验位

十进制数	BCD 码	奇校验位 P_O	偶校验位 P_E
0	0000	1	0
1	0001	0	1
2	0010	0	1
3	0011	1	0
4	0100	0	1
5	0101	1	0
6	0110	1	0
7	0111	0	1
8	1000	0	1
9	1001	1	0

2. ASCII 码

ASCII 码是美国信息交换标准码(American Standard Code for Information Interchange),常用来表示文字、符号和数码,是一种特殊的二进制码,被广泛应用于计算机和数字通信中。ASCII 码一般为 8 位,其中第 8 位(最高位)是奇偶校验位,其他 7 位表示信息,如表 1.1.3 所示。

表 1.1.3 ASCII 码表

低 4 位	高 3 位							
	000	001	010	011	100	101	110	111
0000	NUL	DLE	SP	0	@	P	`	p
0001	SOH	DC1	!	1	A	Q	a	q
0010	STX	DC2	"	2	B	R	b	r
0011	ETX	DC3	#	3	C	S	c	s
0100	EOT	DC4	$	4	D	T	d	t
0101	ENQ	NAK	%	5	E	U	e	u
0110	ACK	SYN	&	6	F	V	f	v
0111	BEL	ETB	'	7	G	W	g	w
1000	BS	CAN	(	8	H	X	h	x
1001	HT	EM	)	9	I	Y	i	y
1010	LF	SUB	*	:	J	Z	j	z
1011	VT	ESC	+	;	K	[	k	{

续表

低 4 位	高 3 位							
	000	**001**	**010**	**011**	**100**	**101**	**110**	**111**
1100	FF	FS	,	<	L	\	l	|
1101	CR	GS	_	=	M	]	m	}
1110	SO	RS	.	>	N	^	n	~
1111	SI	US	/	?	O	_	o	DEL

1.2 基本逻辑函数及运算定律

逻辑代数是按一定逻辑规则进行运算的代数,它是分析数字逻辑电路的有力工具,也是进行逻辑设计的理论基础。逻辑代数又名开关代数或布尔代数。

逻辑代数中的变量称为逻辑变量,用字母 $A,B,C,\cdots$ 表示。它和普通代数的变量不同的地方是其取值只有 0 和 1 两种。这里的 0 和 1 不表示数量,而表示两种不同的逻辑状态,如电平的高和低、晶体管的导通和截止、事件的真和假等。

逻辑函数表达式由逻辑变量 $A,B,C,\cdots$ 和运算符·(与)、+(或)、¯(非)及括号、等号等组成。例如:

$$F = A \cdot B, \quad F = \overline{A}, \quad F = A \cdot (B + \overline{C})$$

在上述逻辑函数表达式中,A、B、C 为逻辑变量,F 为逻辑函数,加一条上画线的逻辑变量称为逻辑反变量,不加上画线的称为逻辑原变量。

为了简化逻辑函数表达式的书写,后面的逻辑与表达式一般均省略逻辑与运算符·。

1.2.1 逻辑函数中的 3 种基本运算

逻辑函数的值要通过对逻辑变量进行逻辑运算来确定。逻辑代数的基本运算有与、或、非 3 种。

1. 与运算

逻辑与的概念可用图 1.2.1 所示的电路来说明。对逻辑变量定义如下:$A=1$ 表示开关 A 接通,$A=0$ 表示开关 A 断开;$B=1$ 表示开关 B 接通,$B=0$ 表示开关 B 断开;$F=1$ 表示灯亮,$F=0$ 表示灯灭。显然,只有 A、B 全为 1 时,F 才为 1;若 A、B 有一个为 0,则 F 为 0。因此,逻辑与的含义是:当所有条件都满足时,事件才会发生。逻辑与也叫逻辑乘,其逻辑函数式为 $F = A \cdot B$ 或 $F = AB$。

在逻辑电路中,把实现与运算的基本单元称为与门,其逻辑符号如图 1.2.2 所示。

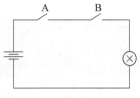

图 1.2.1 与运算开关电路

图 1.2.2 与门逻辑符号

2. 或运算

逻辑或的概念可用图 1.2.3 所示的电路来说明。显然，A、B 中只要有一个为 1，F 为 1；只有 A、B 全为 0 时，F 才为 0。因此，逻辑或的含义是：只要至少有一个条件具备，事件就发生。逻辑或也叫逻辑加，其逻辑函数式为 $F = A + B$。

在逻辑电路中，把实现或运算的基本单元叫作或门，其逻辑符号如图 1.2.4 所示。

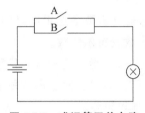

图 1.2.3 或运算开关电路

图 1.2.4 或门逻辑符号

3. 非运算

逻辑非的概念可用图 1.2.5 所示的电路来说明。显然，$A = 1$ 时，$F = 0$；$A = 0$ 时，$F = 1$。在逻辑电路中，把实现逻辑非运算的单元电路叫作非门，也叫作反相器，其逻辑符号如图 1.2.6 所示。逻辑非的含义是：当条件不具备时，事件才会发生。其逻辑函数式为 $F = \overline{A}$。

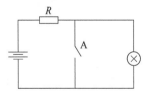

图 1.2.5 非运算开关电路

图 1.2.6 非门逻辑符号

与、或、非 3 种基本运算除了用逻辑函数表示外，也可以列出它们的逻辑关系表，如表 1.2.1、表 1.2.2 和表 1.2.3 所示。这种图表叫作逻辑真值表，简称真值表。

表 1.2.1 逻辑与真值表

A	B	F
0	0	0
0	1	0
1	0	0
1	1	1

表 1.2.2 逻辑或真值表

A	B	F
0	0	0
0	1	1
1	0	1
1	1	1

表 1.2.3 逻辑非真值表

A	F
0	1
1	0

实际的逻辑问题往往复杂得多,不过它们都可以用与、或、非的组合来实现。最常见的复合逻辑运算有与非、或非、与或非、异或、同或,它们的逻辑函数为

$$F = \overline{ABC} \qquad\qquad 与非运算$$

$$F = \overline{A+B+C} \qquad\qquad 或非运算$$

$$F = \overline{AB+CD} \qquad\qquad 与或非运算$$

$$F = A\overline{B} + \overline{A}B = A \oplus B \qquad\qquad 异或运算$$

$$F = \overline{A}\,\overline{B} + AB = A \odot B \qquad\qquad 同或运算$$

与非门、或非门、与或非门、异或门、同或门的逻辑符号如图 1.2.7 所示。

与非门　　　或非门　　　与或非　　　异或门　　　同或门

图 1.2.7　复合逻辑门符号

1.2.2　逻辑代数的运算定律及规则

1. 逻辑代数的运算定律

表 1.2.4 给出了逻辑代数的运算定律。这些定律有的和普通代数规则相同,但是变量含义是不同的。这些定律的正确性可以用列真值表的方法加以验证。

表 1.2.4　逻辑代数的运算定律

定　　律	公　　式
0-1 律	$\overline{0} = 1; \overline{1} = 0$ $0 \cdot A = 0, 1 \cdot A = A; 1 + A = 1, 0 + A = A$
交换律	$AB = BA; A + B = B + A$
结合律	$A(BC) = (AB)C; A + (B + C) = (A + B) + C$
分配律	$A(B + C) = AB + AC; A + BC = (A + B)(A + C)$
吸收律	$A(A + B) = A; A + AB = A$
重复律	$AA = A; A + A = A$
互补律	$A\overline{A} = 0; A + \overline{A} = 1$
还原律	$\overline{\overline{A}} = A$
反演律 *	$\overline{AB} = \overline{A} + \overline{B}; \overline{A + B} = \overline{A}\,\overline{B}$

* 反演律也称德摩根定律。

【例 1.2.1】 用真值表证明 $\overline{A \cdot B} = \overline{A} + \overline{B}$。

解:将 A、B 所有可能的取值组合逐一代入上式的两边,分别算出相应的结果,即得

到表 1.2.5 所示的真值表。由表中 $\overline{A \cdot B}$ 和 $\overline{A} + \overline{B}$ 两列可知,等式两边对应的真值相同,故等式成立。

表 1.2.5　$\overline{A \cdot B}$ 和 $\overline{A} + \overline{B}$ 的真值表

A	B	$\overline{A \cdot B}$	$\overline{A} + \overline{B}$	A	B	$\overline{A \cdot B}$	$\overline{A} + \overline{B}$
0	0	1	1	1	0	1	1
0	1	1	1	1	1	0	0

2. 逻辑代数常用公式

利用表 1.2.4 中的运算定律可以得到更多的公式。

1) 常用公式

(1) $A + \overline{A}B = A + B$。

证明：$A + \overline{A}B = (A + \overline{A})(A + B) = A + B$。

该公式的含义是：两个乘积项相加时,如果一项取反后是另一项的因子,则此因子是多余的,可以消去。

(2) $AB + A\overline{B} = A$。

证明：$AB + A\overline{B} = A(B + \overline{B}) = A \cdot 1 = A$。

该公式的含义是：在与或表达式中,若两个与项中分别包含了一个变量的原变量和反变量,而且其余因子相同,则可合并成一项,保留其相同的因子。

(3) $AB + \overline{A}C + BC = AB + \overline{A}C$。

推论：$AB + \overline{A}C + BCDE = AB + \overline{A}C$。

证明：
$$
\begin{aligned}
AB + \overline{A}C + BC &= AB + \overline{A}C + BC(A + \overline{A}) \\
&= AB + \overline{A}C + ABC + \overline{A}BC \\
&= (AB + ABC) + (\overline{A}C + \overline{A}BC) \\
&= AB + \overline{A}C
\end{aligned}
$$

该公式的含义是：在一个与或表达式中,一个与项包含了一个变量的原变量,而另一个与项包含了这个变量的反变量,则这两个与项中其余因子的乘积构成的第三项是多余的,可以消去。

(4) $A\overline{AB} = A\overline{B}$。

证明：$A\overline{AB} = A(\overline{A} + \overline{B}) = A\overline{A} + A\overline{B} = A\overline{B}$。

该公式的含义是：当 A 和一个乘积项的非相乘,且 A 为乘积项的因子时,则 A 这个因子可以消去。

(5) $\overline{A}\,\overline{AB} = \overline{A}$。

证明：$\overline{A}\,\overline{AB} = \overline{A}(\overline{A} + \overline{B}) = \overline{A}\overline{A} + \overline{A}\overline{B} = \overline{A}(1 + \overline{B}) = \overline{A}$。

该公式的含义是：当 $\overline{A}$ 和一个乘积项的非相乘,且 A 为乘积项的因子时,其结果就等于 $\overline{A}$。

2) 异或运算的公式

异或运算定义为只有变量 A、B 取值相异时其函数值才为 1,相同时则为 0。其公式为

$$A \oplus B = A\bar{B} + \bar{A}B。$$

异或运算的反叫作同或运算,记为

$$A \odot B = \overline{A \oplus B} = \overline{A\bar{B} + \bar{A}B} = (\bar{A} + B)(A + \bar{B}) = AB + \bar{A}\bar{B}$$

同或运算表明:只有两变量取值相同时函数值才是1,相异时为0。

异或运算有以下定律:

(1) 交换律:$A \oplus B = B \oplus A$。

(2) 结合律:$(A \oplus B) \oplus C = A \oplus (B \oplus C)$。

(3) 分配律:$A(B \oplus C) = AB \oplus AC$。

(4) 常量与变量间的异或运算:$A \oplus 1 = \bar{A}$,$A \oplus 0 = A$,$A \oplus A = 0$,$A \oplus \bar{A} = 1$。

(5) 因果互换关系:若 $A \oplus B = C$,则有 $A \oplus C = B$,$B \oplus C = A$。

(6) 多变量异或运算:如果变量为1的个数为奇数,异或运算结果为1;如果变量为1的个数为偶数,异或运算结果为0。异或运算的结果与变量为0的个数无关。

3. 逻辑代数的基本规则

逻辑代数的基本规则有代入规则、对偶规则和反演规则。

1) 代入规则

在任何逻辑代数等式中,如果等式两边所有出现某一变量的位置都代以一个逻辑代数式,则等式仍然成立。这是因为,不论逻辑变量还是函数,都只有 0 和 1 两种取值的可能,所以用函数代替变量,并不改变原等式的逻辑特性。

利用代入规则很容易把表 1.2.4 中的定律和逻辑代数常用公式推广到多变量的情况,从而扩大定律和常用公式的应用范围。

【例 1.2.2】 用代入规则推广反演律,即 $\overline{AB} = \bar{A} + \bar{B}$ 中,以 BC 代替 B,求出结果。

解:以 BC 代入 B 后上面的等式变为

$$\overline{ABC} = \bar{A} + \overline{BC} = \bar{A} + \bar{B} + \bar{C}$$

这表明反演律可以推广到多变量的情况。

此外,复杂的逻辑代数式在运算时仍遵从与普通代数一样的运算优先顺序,即先算括号里的内容,其次算乘法,最后算加法。

2) 对偶规则

对于逻辑函数 Y,如果将其中的与换成或、或换成与、0 换成 1、1 换成 0,而变量及反变量本身保持不变,经过这样变换后的新函数 Y' 便是原函数 Y 的对偶函数,或者说 Y 和 Y' 互为对偶函数。例如,在表 1.2.4 中以分号分隔的公式就互为对偶关系。

【例 1.2.3】 写出下列函数的对偶函数。

$$\begin{cases} Y_1 = A\bar{B} + BC(\bar{A} + B\bar{C}) \\ Y_2 = (A\bar{B} + C)\overline{(\bar{A} + C)} \end{cases}$$

解:

$$\begin{cases} Y_1' = (A + \bar{B})(B + C + \bar{A}(B + \bar{C})) \\ Y_2' = (A + \bar{B})C + \overline{\bar{A}C} \end{cases}$$

若两个逻辑表达式相等,则它们的对偶逻辑表达式也相等,这就是对偶规则。为了证明两个逻辑表达式相等,可以证明它们的对偶式相等,因为有时证明对偶式相等比较容易。

【例 1.2.4】 证明 $A+BC=(A+B)(A+C)$。

证明: 左边表达式(设为 Y_1)的对偶式为

$$Y_1'=A(B+C)=AB+AC$$

右边表达式(设为 Y_2)的对偶式为

$$Y_2'=AB+AC$$

由于对偶式是相等的,即 $Y_1'=Y_2'$,所以原表达式成立。

3) 反演规则

对于逻辑函数 Y,若将其中所有的与换成或、或换成与、0 换成 1、1 换成 0、原变量换成反变量、反变量换成原变量,则得到的结果就是原函数结果的反,即 $\bar{Y}$,这个规则称为反演规则。

反演规则是反演律的推广。

【例 1.2.5】 求出函数 $Y=A\bar{B}+B(C+\bar{A})$ 的反函数。

解: 按反演规则可直接写出反函数,即

$$\bar{Y}=(\bar{A}+B)(\bar{B}+A\bar{C})$$

若按反演律,则先对原函数两边取非:

$$\bar{Y}=\overline{A\bar{B}+B(C+\bar{A})}=\overline{A\bar{B}}\cdot\overline{B(\bar{A}+C)}=(\bar{A}+B)(\bar{B}+\overline{\bar{A}+C})=(\bar{A}+B)(\bar{B}+A\bar{C})$$

显然,结果是一样的。

1.3　逻辑函数的表示方法

从上面介绍的逻辑关系中可以看到,在实际的逻辑电路中,逻辑变量通常有多个,逻辑运算也不是单一的。若把条件视为自变量,把结果视为因变量,每给自变量一组取值,因变量便有一个确定的值与之对应,即自变量与因变量之间有确定的逻辑关系。这种逻辑关系称为逻辑函数,写作

$$Y=F(A,B,C,\cdots)$$

式中,A、B、C 称作输入逻辑变量;Y 是变量 A、B、C 的函数,也称输出逻辑变量;F 表示逻辑函数关系。

1.3.1　逻辑函数的基本表示方法

常用的逻辑函数表示方法有 6 种:逻辑函数表达式、真值表、逻辑图、波形图、卡诺图和 VHDL,这几种表示方法可以相互转换。本节先介绍前 4 种表示方法,卡诺图在 1.5 节介绍,VHDL 在 1.7 节介绍。

1. 逻辑函数表达式

将输出逻辑变量按照对应逻辑关系表示为输入逻辑变量的与、或、非运算组合形式,

就得到逻辑函数表达式。例如：

$$Y=A(B+C)$$

注意：

(1) 逻辑函数表达式的运算顺序为先算括号内,后算括号外;先算与,后算或。

(2) 逻辑非符号下面最外层有一对括号时,括号可以省略,例如 $\overline{(A+B)}$ 可以写成 $\overline{A+B}$。

2. 真值表

将一个函数的输入变量的各种可能取值代入表达式,求出相应的函数值,并将输入变量值与函数值一一对应地列成表格,即得该函数的真值表。真值表能够直观地反映出输入、输出逻辑变量间的对应取值关系。

1) 将逻辑函数表达式转换成真值表

将逻辑函数表达式转换成真值表时,将输入变量取值的所有组合状态逐一代入逻辑函数表达式,求出函数值,列成表,即可得到真值表。

【例 1.3.1】 已知逻辑函数 $Y=A+\overline{B}C+\overline{A}\overline{C}$,求它对应的真值表。

解: 将 A、B、C 的所有取值逐一列出,并计算相应的函数值,即可得到该函数的真值表,如表 1.3.1 所示。

表 1.3.1　例 1.3.1 的真值表

A	B	C	Y	A	B	C	Y
0	0	0	1	1	0	0	1
0	0	1	1	1	0	1	1
0	1	0	1	1	1	0	1
0	1	1	0	1	1	1	1

2) 将真值表转换成逻辑函数表达式

为了便于理解转换原理,先讨论一个具体的例子。

【例 1.3.2】 已知真值表如表 1.3.2 所示,写出逻辑函数表达式。

表 1.3.2　例 1.3.2 的真值表

A	B	C	Y	A	B	C	Y
0	0	0	$1\rightarrow\overline{A}\overline{B}\overline{C}$	1	0	0	$1\rightarrow A\overline{B}\overline{C}$
0	0	1	0	1	0	1	0
0	1	0	$1\rightarrow\overline{A}B\overline{C}$	1	1	0	$1\rightarrow AB\overline{C}$
0	1	1	0	1	1	1	0

解: 由该真值表可见,在输入变量取值为以下 4 种情况时,Y 等于 1。

$$A=0, \quad B=0, \quad C=0$$
$$A=0, \quad B=1, \quad C=0$$
$$A=1, \quad B=0, \quad C=0$$
$$A=1, \quad B=1, \quad C=0$$

而当 $A=0$、$B=0$、$C=0$ 时,必然使乘积项 $\overline{A}\,\overline{B}\,\overline{C}=1$;当 $A=0$、$B=1$、$C=0$ 时,必然使乘积项 $\overline{A}B\overline{C}=1$;当 $A=1$、$B=0$、$C=0$ 时,必然使乘积项 $A\overline{B}\overline{C}=1$;当 $A=1$、$B=1$、$C=0$ 时,必然使乘积项 $AB\overline{C}=1$。因此,Y 的逻辑函数表达式应当等于这 4 个乘积项之和,即

$$Y=\overline{A}\,\overline{B}\,\overline{C}+\overline{A}B\overline{C}+A\overline{B}\overline{C}+AB\overline{C}$$

通过本例可以总结出将真值表转换成逻辑函数表达式的一般方法:

(1) 将真值表中函数值等于 1 的输入变量组合取出来。

(2) 输入变量值为 1 的写成原变量,输入变量值为 0 的写成反变量,再把组合中的各变量相与,这样对应于函数值为 1 的每一种输入变量组合可写成一个与表达式。

(3) 把这些与表达式相或,即得逻辑函数的与或表达式,或称为积之和表达式。

3. 逻辑图

将逻辑函数中各变量之间的与、或、非关系用逻辑门符号及其连接导线来表示,这种表示方法称为逻辑图。逻辑图与逻辑函数表达式也可以互相转换。

1) 将逻辑函数表达式转换成逻辑图

用逻辑门符号代替逻辑函数表达式中的运算符号,就可以画出逻辑图。

【例 1.3.3】 已知逻辑函数为 $Y=\overline{A}B+A\overline{B}$,画出对应的逻辑图。

解: 在逻辑函数表达式中,A、B 都是非运算,用非门实现;$\overline{A}$ 和 B 之间、A 和 $\overline{B}$ 之间都是与运算,用与门实现;$\overline{A}B$ 和 $A\overline{B}$ 之间是或运算,用或门实现。因此,用两个非门、两个与门和一个或门表示逻辑函数 Y 的逻辑图,如图 1.3.1 所示。

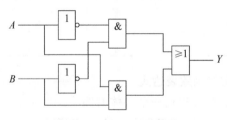

图 1.3.1 例 1.3.3 逻辑图

2) 将逻辑图转换成逻辑函数表达式

根据逻辑门的连接方式和每个逻辑门的逻辑功能逐级写出相应的表达式。可以从输入逐级向输出推导,也可以从输出逐级向输入反向推导。

【例 1.3.4】 已知函数的逻辑图如图 1.3.2 所示,求逻辑函数表达式。

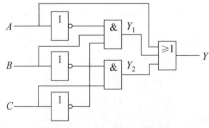

图 1.3.2 例 1.3.4 逻辑图

解：从输出逐级向输入反向推导,得

$$Y=\overline{A+Y_1+Y_2}=\overline{A+\overline{A}B\overline{C}+\overline{B}C}$$

4. 波形图

逻辑函数中输入变量和输出变量的数字波形随时间变化的图形称为波形图,也称时序图,如图 1.3.3 所示。对于一个确定的逻辑函数,输入变量值组合和输出变量值一一对应,完整的波形图包含所有的输入变量值组合和所有的输出变量值。波形图可转换成真值表,例如,图 1.3.3 所示的波形图对应的真值表如表 1.3.3 所示。

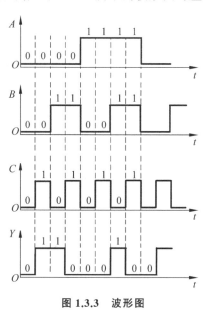

图 1.3.3　波形图

表 1.3.3　波形图对应的真值表

A	B	C	Y
0	0	0	0
0	0	1	1
0	1	0	1
0	1	1	0
1	0	0	0
1	0	1	0
1	1	0	1
1	1	1	0

1.3.2　逻辑函数的最小项和最大项

1. 最小项定义

在 n 个输入变量组成的与表达式中,若每个变量都以原变量或反变量的形式出现一次,且仅出现一次,则这个与表达式称为一个最小项。n 个输入变量的最小项一共有 2^n 个。

例如,A、B、C 这 3 个输入变量的最小项有 $2^3=8$ 个,它们是 $\overline{A}\,\overline{B}\,\overline{C}$、$\overline{A}\,\overline{B}C$、$\overline{A}B\overline{C}$、$\overline{A}BC$、$A\overline{B}\,\overline{C}$、$A\overline{B}C$、$AB\overline{C}$、$ABC$。输入变量的每一组取值都对应一个(且仅有一个)值为 1 的最小项,为了方便起见,对最小项进行编号,其方法是:把使最小项为 1 的那一组输入变量值组合写成二进制数,与这个二进制数对应的十进制数就是该最小项的编号。例如,最小项 $A\overline{B}C$ 对应的输入变量值组合为 101,十进制数为 5,故其编号为 5,该最小项记作 m_5。按照这一约定,3 个输入变量的最小项如表 1.3.4 所示。

表 1.3.4　3 个变量的最小项

编号	最小项记法	最小项	对应的输入变量值		
			A	B	C
0	m_0	$\overline{A}\overline{B}\overline{C}$	0	0	0
1	m_1	$\overline{A}\overline{B}C$	0	0	1
2	m_2	$\overline{A}B\overline{C}$	0	1	0
3	m_3	$\overline{A}BC$	0	1	1
4	m_4	$A\overline{B}\overline{C}$	1	0	0
5	m_5	$A\overline{B}C$	1	0	1
6	m_6	$AB\overline{C}$	1	1	0
7	m_7	ABC	1	1	1

2. 最大项定义

在 n 个输入变量组成的或表达式中,若每个变量都以原变量或反变量的形式出现一次,且仅出现一次,则这个或表达式称为一个最大项。n 个输入变量的最大项一共有 2^n 个。

例如,A、B、C 这 3 个输入变量的最大项有 $2^3=8$ 个,它们是 $A+B+C$、$A+B+\overline{C}$、$A+\overline{B}+C$、$A+\overline{B}+\overline{C}$、$\overline{A}+B+C$、$\overline{A}+B+\overline{C}$、$\overline{A}+\overline{B}+C$、$\overline{A}+\overline{B}+\overline{C}$。输入变量的每一组取值都对应一个(且仅有一个)值为 0 的最大项。最大项编号方法是:把使最大项为 0 的那一组输入变量值组合写成二进制数,与这个二进制数对应的十进制数就是该最大项的编号。例如,最大项 $\overline{A}+B+\overline{C}$ 对应的输入变量值组合为 101,十进制数为 5,故其编号为 5,该最大项记作 M_5。按照这一约定,3 个输入变量的最大项如表 1.3.5 所示。

表 1.3.5　3 个输入变量的最大项

编号	最大项记法	最大项	对应的输入变量值		
			A	B	C
0	M_0	$A+B+C$	0	0	0
1	M_1	$A+B+\overline{C}$	0	0	1
2	M_2	$A+\overline{B}+C$	0	1	0
3	M_3	$A+\overline{B}+\overline{C}$	0	1	1
4	M_4	$\overline{A}+B+C$	1	0	0
5	M_5	$\overline{A}+B+\overline{C}$	1	0	1
6	M_6	$\overline{A}+\overline{B}+C$	1	1	0
7	M_7	$\overline{A}+\overline{B}+\overline{C}$	1	1	1

1.3.3　从真值表归纳逻辑函数

逻辑函数有两种标准表示形式:一种是最小项与或表达式,也称为最小项之和形式;另一种是最大项或与表达式,也称为最大项之积形式。下面介绍如何从真值表得到上述两种标准形式。

1. 从真值表得到最小项之和形式

类似 1.3.1 节的将真值表转换成逻辑函数的方法,从真值表得到最小项之和形式的方法如下:

(1) 找出使逻辑函数 F 为 1 的变量值组合。

(2) 写出使逻辑函数 F 为 1 的变量值组合对应的最小项。

(3) 将这些最小项相或,即得到逻辑函数的最小项之和形式。

【例 1.3.5】 已知 3 个变量的逻辑函数的真值表如表 1.3.6 所示,写出其最小项之和形式。

表 1.3.6 例 1.3.5 的真值表

A	B	C	Y	A	B	C	Y
0	0	0	1	1	0	0	1
0	0	1	1	1	0	1	1
0	1	0	0	1	1	0	0
0	1	1	0	1	1	1	1

解:根据上面介绍的方法可以直接写出最小项之和形式,即

$$F(A,B,C)=\overline{A}\,\overline{B}\,\overline{C}+\overline{A}\,\overline{B}C+A\overline{B}\,\overline{C}+A\overline{B}C+ABC$$

或写成

$$F(A,B,C)=m_0+m_1+m_4+m_5+m_7$$

$$F(A,B,C)=\sum_i m_i \quad (i=0,1,4,5,7)$$

2. 从一般与或表达式得到最小项之和形式

利用等式 $A+\overline{A}=1$ 可以把任何一个逻辑函数写成最小项项之和形式。这种形式在逻辑函数化简以及计算机辅助分析和设计中得到了广泛的应用。

【例 1.3.6】 将逻辑函数 $Y=AB+\overline{\overline{BC}(\overline{C}+\overline{D})}$ 展开为最小项之和形式。

解:$Y=AB+\overline{\overline{BC}(\overline{C}+\overline{D})}$

$$=AB+BC+\overline{\overline{C}+\overline{D}}$$

$$=AB+BC+CD$$

$$=AB(C+\overline{C})(D+\overline{D})+(A+\overline{A})BC(D+\overline{D})+(A+\overline{A})(B+\overline{B})CD$$

$$=ABCD+ABC\overline{D}+AB\overline{C}D+AB\overline{C}\,\overline{D}+\overline{A}BCD+\overline{A}BC\overline{D}+A\overline{B}CD+\overline{A}\,\overline{B}CD$$

$$=m_{15}+m_{14}+m_{13}+m_{12}+m_7+m_6+m_{11}+m_3$$

$$=\sum_i m_i \quad (i=3,6,7,11,12,13,14,15)$$

应当注意的是,任何一个逻辑函数的真值表都是唯一的,同样,它的最小项之和形式也是唯一的。

3. 从真值表得到最大项之积形式

由真值表知，$\sum_i m_i$ 以外的那些最小项之和必为 $\overline{F}$，即

$$\overline{F} = \sum_{k \neq i} m_k$$

故可得到

$$F = \overline{\sum_{k \neq i} m_k}$$

利用反演规则可将上式转换为最大项之积形式：

$$F = \prod_{k \neq i} \overline{m}_k = \prod_{k \neq i} M_k$$

这就说明，如果一个逻辑函数的最小项之和形式为 $F = \sum_i m_i$，则该逻辑函数可表示为 $F = \prod_{k \neq i} M_k$，其中 m_i 为编号 i 的最小项，M_k 是不包含在 i 内的其他编号的最大项。

从逻辑函数的真值表得到最大项之积形式的方法如下：

（1）在真值表中找出逻辑函数 F 为 0 的变量值组合。

（2）写出使逻辑函数 F 为 0 的最大项。

（3）将所有最大项相与。

【**例 1.3.7**】　将下列逻辑函数写成最大项之积形式。

$$Y_1 = (A + B)(\overline{A} + \overline{B} + \overline{C})$$

$$Y_2 = A\overline{B} + C$$

解：

$$Y_1 = (A + B)(\overline{A} + \overline{B} + \overline{C}) = (A + B + C)(A + B + \overline{C})(\overline{A} + \overline{B} + \overline{C})$$

$$= M_0 \cdot M_1 \cdot M_7$$

$$= \prod_i M_i \quad (i = 0, 1, 7)$$

$$Y_2 = A\overline{B} + C = A\overline{B}(C + \overline{C}) + (A + \overline{A})(B + \overline{B})C$$

$$= A\overline{B}C + A\overline{B}\,\overline{C} + ABC + \overline{A}BC + \overline{A}\,\overline{B}C$$

$$= \sum_i m_i \quad (i = 1, 3, 4, 5, 7)$$

$$= \prod_k M_k \quad (k = 0, 2, 6)$$

1.4　逻辑函数的公式化简法

1.4.1　逻辑函数的最简形式

在进行逻辑运算时，同一个逻辑函数有多种不同的形式。形式越简单，它所表示的逻辑关系就越明显，同时与之相应的逻辑图就越简单，即可用较少的电子逻辑器件来实现这个逻辑函数。例如，下面是同一逻辑函数的两种不同形式：

$$Y_1 = A\bar{B} + B + \bar{A}B$$
$$Y_2 = A + B$$

显然,Y_2 比 Y_1 要简单得多。

逻辑函数最常用的形式是与或表达式,因为它很容易导出其他形式的表达式,所以这里讨论最简与或表达式,判别最简的条件如下:

(1) 表达式中所含乘积项(与项)最少。

(2) 每个乘积项中变量的个数最少。

化简逻辑函数的目的是消去多余的乘积项和每个乘积项中多余的变量,以得到逻辑函数的最简形式。

在实现与或逻辑函数时,需要使用与门、或门和非门 3 种类型的器件。如果只有与非门一种器件,必须将与或表达式转换为由与非运算组成的表达式,这种形式称为与非-与非表达式。与或表达式转换为与非-与非表达式的方法如下:

(1) 将逻辑函数 Y 写成与或表达式。

(2) 将逻辑函数 Y 两次取非,即 $\bar{\bar{Y}}$。

(3) 利用反演规则得到与非-与非表达式。

【例 1.4.1】　将逻辑函数 $Y = (\bar{A} + B)(A + \bar{B})C + \overline{BC}$ 化为与非-与非表达式。

解:首先将 Y 化成与或表达式,即

$$Y = (\bar{A} + B)(A + \bar{B})C + \overline{BC}$$
$$= \bar{A}\bar{B}C + ABC + \bar{B} + \bar{C}$$

利用逻辑代数的基本定律,上式可写为

$$Y = ABC + \bar{B} + \bar{C}$$
$$= ABC + \overline{BC}$$
$$= A + \overline{BC}$$

再根据 $Y = \bar{\bar{Y}}$,并利用反演规则得到

$$Y = \overline{\overline{A + \overline{BC}}} = \overline{\bar{A} \cdot BC}$$

1.4.2　常用的公式化简法

公式化简法就是利用逻辑代数的基本公式和定律消去函数中多余的乘积项和多余的变量,得到函数的最简形式。下面介绍几种常用的公式化简法。

1. 并项法

利用表 1.2.4 中的互补律($A + \bar{A} = 1$)可以将两项合并为一项,并消去多余的变量。

【例 1.4.2】　用并项法化简下列逻辑函数。

$$Y_1 = A\bar{B}C + A\bar{B}\bar{C}$$
$$Y_2 = B\bar{C}D + BC\bar{D} + B\bar{C}\bar{D} + BCD$$
$$Y_3 = \bar{A}B\bar{C} + A\bar{C} + \bar{B}\bar{C}$$

解：

$$Y_1 = A\overline{B}(C + \overline{C}) = A\overline{B}$$

$$Y_2 = B(C \oplus D) + B(\overline{C \oplus D}) = B$$

$$Y_3 = \overline{A}B\overline{C} + (A + \overline{B})\overline{C} = \overline{A}B\overline{C} + \overline{\overline{A}B}\overline{C} = \overline{C}$$

2. 吸收法

利用表 1.2.4 中的吸收律 $(A + AB = A)$ 可以将两项合并为一项，并消去一个变量。

【例 1.4.3】 用吸收法化简下列逻辑函数。

$$Y_1 = AC + A\overline{B}C$$

$$Y_2 = AB + AB\overline{C} + ABD + AB(\overline{C} + \overline{D})$$

解：

$$Y_1 = AC(1 + \overline{B}) = AC$$

$$Y_2 = AB + AB(D + \overline{C} + \overline{D}) = AB$$

3. 消因子法

利用常用公式 $A + \overline{A}B = A + B$ 可将 $\overline{A}B$ 中的 $\overline{A}$ 消去。A、B 可以是任何复杂的逻辑表达式。

【例 1.4.4】 用消因子法化简下列逻辑函数。

$$Y_1 = \overline{A} + A\overline{B}C + CD$$

$$Y_2 = AC + \overline{A}D + \overline{C}D$$

解：

$$Y_1 = \overline{A} + \overline{B}C + CD$$

$$Y_2 = AC + (\overline{A} + \overline{C})D = AC + \overline{AC}D = AC + D$$

4. 消项法

利用常用公式 $AB + \overline{A}C + BC = AB + \overline{A}C$ 将多余项 BC 消去。

【例 1.4.5】 用消项法化简下列逻辑函数。

$$Y_1 = A\overline{B}D + AC + \overline{\overline{B} + C}$$

$$Y_2 = A\overline{B}C\overline{D} + \overline{A\overline{B}}E + \overline{A}C\overline{D}E$$

解：

$$Y_1 = A\overline{B}D + AC + \overline{B}\overline{C} = AC + \overline{B}\overline{C}$$

$$Y_2 = (A\overline{B})C\overline{D} + \overline{A\overline{B}}E + \overline{A}(C\overline{D}E) = A\overline{B}C\overline{D} + \overline{A\overline{B}}E$$

5. 配项法

利用表 1.2.4 中的重复律 $(A + A = A)$ 和互补律 $(A + \overline{A} = 1)$ 将一项拆成两项，然后与其他项合并，重新组合之后再化简。

【例 1.4.6】　用配项法化简逻辑函数 $Y = A\bar{B} + B\bar{C} + \bar{B}C + \bar{A}B$。

解：

$$
\begin{aligned}
Y &= A\bar{B} + B\bar{C} + \bar{B}C + \bar{A}B \\
&= A\bar{B} + B\bar{C} + (A + \bar{A})\bar{B}C + \bar{A}B(C + \bar{C}) \\
&= A\bar{B} + B\bar{C} + A\bar{B}C + \bar{A}\bar{B}C + \bar{A}BC + \bar{A}B\bar{C} \\
&= A\bar{B}(1 + C) + B\bar{C}(1 + \bar{A}) + \bar{A}C(B + \bar{B}) \\
&= A\bar{B} + B\bar{C} + \bar{A}C
\end{aligned}
$$

在化简复杂的逻辑函数时，要求熟记基本定律和公式。可综合运用上述方法，而且还要有一些技巧，因此需要通过足够的练习来积累经验，才能熟练运用。

【例 1.4.7】　化简逻辑函数 $Y = \bar{A}B + AC + \bar{B}C + \bar{B}CD + B\bar{C}E + \bar{B}CF$。

解：利用吸收律增加冗余项 $\bar{B}C$，得

$$
\begin{aligned}
Y &= \bar{A}B + AC + \bar{B}C + BC + \bar{B}CD + B\bar{C}E + \bar{B}CF \\
&= \bar{A}B + AC + C + \bar{B}CD + B\bar{C}E + \bar{B}CF \quad \text{吸收法} \\
&= \bar{A}B + C + \bar{B}CD + B\bar{C}E \quad\quad\quad\quad \text{消因子法} \\
&= \bar{A}B + C + \bar{B}D + BE
\end{aligned}
$$

【例 1.4.8】　化简逻辑函数 $Y = AB + A\bar{D} + AD + \bar{A}C + BD + ACEF + \bar{B}EF + DEFG$。

解：

$$
\begin{aligned}
Y &= AB + A\bar{D} + AD + \bar{A}C + BD + ACEF + \bar{B}EF + DEFG \\
&= AB + A + \bar{A}C + BD + ACEF + \bar{B}EF + DEFG \quad \text{并项法} \\
&= A + \bar{A}C + BD + \bar{B}EF + DEFG \quad\quad\quad\quad \text{吸收法} \\
&= A + C + BD + \bar{B}EF + DEFG \quad\quad\quad\quad\quad \text{消因子法} \\
&= A + C + BD + \bar{B}EF \quad\quad\quad\quad\quad\quad\quad\quad \text{消去多余项}
\end{aligned}
$$

1.5　逻辑函数的卡诺图化简法

卡诺图化简法也称为图形化简法。所谓卡诺图（Karnaugh map），就是将 n 个变量的全部最小项各用一个小方块表示，并使具有逻辑相邻性（即相邻小方块之间的变量取值只有一位不同）的最小项在几何位置上也相邻地排列的图形。因为这种表示方法是由美国工程师卡诺首先提出来，所以把这种图形叫卡诺图。

1.5.1　逻辑函数的卡诺图表示法

1. 卡诺图的构成

卡诺图也称最小项方格图，是将最小项按一定规则排列而成的方格阵列。画卡诺图

时，根据函数中变量的数目 n，将图形分成 2^n 个方格，每个方格和一个最小项相对应，方格的编号和最小项的编号相同，由方格阵列的行号和列号决定。2～5 个变量的卡诺图如图 1.5.1 所示。

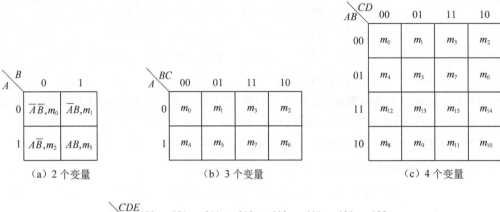

A \ B	0	1
0	$\overline{A}\overline{B},m_0$	$\overline{A}B,m_1$
1	$A\overline{B},m_2$	AB,m_3

（a）2 个变量

A \ BC	00	01	11	10
0	m_0	m_1	m_3	m_2
1	m_4	m_5	m_7	m_6

（b）3 个变量

AB \ CD	00	01	11	10
00	m_0	m_1	m_3	m_2
01	m_4	m_5	m_7	m_6
11	m_{12}	m_{13}	m_{15}	m_{14}
10	m_8	m_9	m_{11}	m_{10}

（c）4 个变量

AB \ CDE	000	001	011	010	110	111	101	100
00	m_0	m_1	m_3	m_2	m_6	m_7	m_5	m_4
01	m_8	m_9	m_{11}	m_{10}	m_{14}	m_{15}	m_{13}	m_{12}
11	m_{24}	m_{25}	m_{27}	m_{26}	m_{30}	m_{31}	m_{29}	m_{28}
10	m_{16}	m_{17}	m_{19}	m_{18}	m_{22}	m_{23}	m_{21}	m_{20}

（d）5 个变量

图 1.5.1　2～5 个变量的卡诺图

2. 用卡诺图表示逻辑函数

由于卡诺图中的方格同最小项或真值表中的行是一一对应的，而且任何一个逻辑函数都能表示为最小项之和形式，显然也就可以用卡诺图来表示。具体表示方法是：首先把逻辑函数写成最小项之和形式，然后在卡诺图方格中找出对应的最小项的位置，并填入 1，在其余位置上填入 0，就得到了该逻辑函数的卡诺图。也就是说，任何一个逻辑函数等于它的卡诺图中填入 1 的最小项之和。

【例 1.5.1】 画出逻辑函数 $Y=\overline{A}BC+A\overline{B}C+ABC+AB\overline{C}$ 的卡诺图。

解：Y 是 3 个变量的逻辑函数。首先画出三变量的卡诺图，然后在卡诺图中找出最小项 $m_3=\overline{A}BC$、$m_5=A\overline{B}C$、$m_7=ABC$ 和 $m_6=AB\overline{C}$ 的位置填入 1，其余位置填入 0，就得到如图 1.5.2 所示的卡诺图。

A \ BC	00	01	11	10
0	0	0	1	0
1	0	1	1	1

图 1.5.2　例 1.5.1 的卡诺图

【例 1.5.2】 已知逻辑函数的卡诺图如图 1.5.3 所示，写出该函数的逻辑表达式。

解：由于逻辑函数等于卡诺图中填入 1 的那些最小

项之和，所以有

$$Y=\overline{A}\overline{B}C\overline{D}+\overline{A}B\overline{C}D+\overline{A}BCD+AB\overline{C}\overline{D}+AB\overline{C}D$$

AB \ CD	00	01	11	10
00	0	0	0	1
01	0	1	1	0
11	1	1	0	0
10	0	0	0	0

图 1.5.3 例 1.5.2 的卡诺图

1.5.2 利用卡诺图化简逻辑函数

卡诺图的相邻性特点保证了几何上相邻的两个方格所代表的最小项只有一个变量不同。因此，当相邻的方格为 1 时，则对应的最小项可以合并，合并所得的那个乘积项中消去了不同的变量，只保留了相同的变量。这就是卡诺图化简法的依据。下面以三变量和四变量卡诺图为例，介绍合并最小项的规律。

1. 合并最小项的规律

(1) 若两个最小项逻辑相邻，则可合并为一项，同时消去一个互反的变量。合并后的乘积项中只剩下公共变量。

图 1.5.4(a)和图 1.5.4(b)给出了两个最小项相邻的情况。对于图 1.5.4(a)，m_0 和 m_2 相邻，m_3 和 m_2 相邻，m_5 和 m_7 相邻，所以合并时可以消去两个互反的变量。例如：

$$m_5+m_7=A\overline{B}C+ABC=AC$$

(2) 若 4 个最小项逻辑相邻，则可合并为一项，同时消去两个互反的变量。合并后的乘积项中只剩下公共变量。

例如，图 1.5.4(c)和图 1.5.4(d)给出了 4 个最小项相邻的情况。对于图 1.5.4(d)，有 3 组 4 个最小项相邻的情况，它们是：m_4、m_5、m_{12} 和 m_{13}，m_3、m_7、m_{15} 和 m_{11}，m_3、m_2、m_{11} 和 m_{10}。第 3 组相邻最小项合并得到

$$\begin{aligned} m_3+m_2+m_{11}+m_{10} &= \overline{A}\overline{B}CD+\overline{A}\overline{B}C\overline{D}+A\overline{B}CD+A\overline{B}C\overline{D} \\ &= \overline{A}\overline{B}C(D+\overline{D})+A\overline{B}C(D+\overline{D}) \\ &= \overline{A}\overline{B}C+A\overline{B}C=(\overline{A}+A)\overline{B}C=\overline{B}C \end{aligned}$$

(3) 若 8 个最小项逻辑相邻并且排列成一个矩形组，则可合并为一项并消去 3 个互反的变量。合并后的乘积项中只剩下公共变量。

例如，在图 1.5.4(e)中左右两列的 8 个最小项是相邻的，可将它们合并为一项 $\overline{D}$，其他 3 个变量被消去了。

至此，可以归纳出合并最小项的一般规律：在 n 个变量的卡诺图中，若有 2^k 个方格逻辑相邻，它们可以圈在一起加以合并，合并时消去 k 个变量，化简为具有 $n-k$ 个变量的乘积项；若 k 等于 n，则可以消去全部变量，结果为 1。

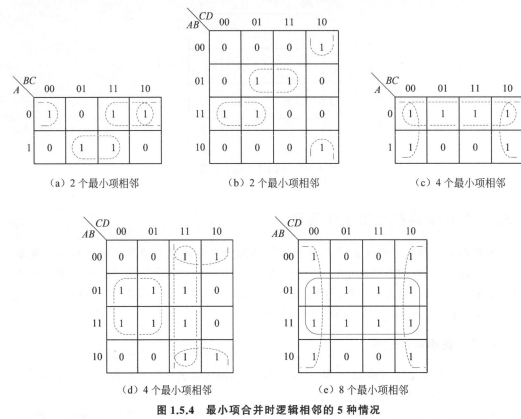

图 1.5.4　最小项合并时逻辑相邻的 5 种情况

2. 利用卡诺图化简逻辑函数的步骤

用卡诺图化简逻辑函数的步骤如下：

（1）画出逻辑函数的卡诺图。

（2）找出可以合并的最小项。

（3）选取可以合并的乘积项。选取的原则如下：

① 画虚线圈时应包含所有的最小项，即所有虚线圈应覆盖卡诺图中所有的 1。

② 方格中的 1 可以被一个以上的虚线圈所包围。

③ 虚线圈的个数尽可能少。这是因为每一个虚线圈对应一个乘积项，虚线圈的个数越少，乘积项的个数就越少。

④ 虚线圈围成的面积尽可能大，但必须为 2^k 个方格。这是因为虚线圈越大，合并时消去的变量个数越多，乘积项中剩下的变量也越少。

【例 1.5.3】　用卡诺图化简下式为最简与或表达式。

$$Y = \overline{AB}\,\overline{C} + \overline{A}BD + BC + \overline{A}BCD$$

解：首先画出函数 Y 的卡诺图，如图 1.5.5 所示。

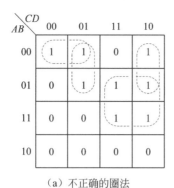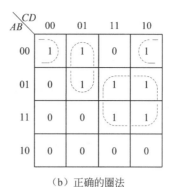

（a）不正确的圈法　　　　　　　（b）正确的圈法

图 1.5.5　例 1.5.3 的卡诺图

其次,找出可以合并的最小项。将可以合并的最小项圈出。图 1.5.5(a)为不正确的圈法,因为圈的个数为 4 个,不是最少的;而图 1.5.5(b)是正确的圈法,只有 3 个圈,即合并后有 3 个乘积项。合并最小项后得到

$$Y = \overline{A}B\overline{D} + \overline{A}CD + BC$$

【例 1.5.4】　用卡诺图化简下式为最简与或表达式。

$$Y = \overline{A}\,\overline{C}\,\overline{D} + \overline{A}\,\overline{B}D + \overline{A}C\overline{D} + \overline{A}BD + \overline{A}\,\overline{B}C$$

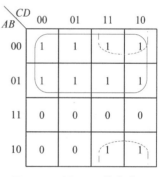

解：首先画出 Y 的卡诺图,如图 1.5.6 所示。然后把可能合并的最小项圈出,并选取化简与或表达式的乘积项。由图 1.5.6 可见,应将上面两行中的 8 个最小项合并,再把上下两行的右边 4 项合并,即圈两个圈。合并最小项后得到

$$Y = \overline{A} + \overline{B}C$$

3. 用卡诺图化简函数为最简与或非表达式

图 1.5.6　例 1.5.4 的卡诺图

由逻辑函数的基本特性知,任何一个函数都可以写成最小项之和形式,那么该逻辑函数的反函数应为函数值为 0 的最小项之和,也就是说,反函数可以用真值表或卡诺图中为 0 的最小项之和来表示。因此,用卡诺图化简法求最简与或非表达式的步骤如下:

（1）画出逻辑函数的卡诺图。

（2）找出卡诺图方格为 0 的最小项并进行合并,得到反函数的最简与或表达式。

（3）再对最简与或表达式求反函数,得到原函数的最简与或非表达式。

【例 1.5.5】　用卡诺图化简法求函数 $F(A、B、C、D) = \sum_i m_i\ (i=0,1,2,5,8,9,10)$ 的最简与或非表达式。

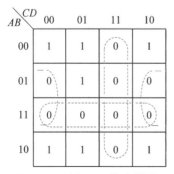

图 1.5.7　例 1.5.5 的卡诺图

解：首先画出函数的卡诺图,如图 1.5.7 所示。然后把可能合并的包含 0 方格的最小项圈出,合并最小项后得到逻辑函数的反函数:

$$\overline{Y} = AB + CD + B\overline{D}$$

原函数的最简与或非表达式为

$$Y = \overline{AB + CD + B\overline{D}}$$

需要说明的是：函数最简与或非表达式用逻辑图实现时电路结构较简单,而且电路只需要非门和与或非门两种器件。

1.5.3 具有无关项的逻辑函数化简

1. 约束项和任意项

在实际逻辑问题中,输入逻辑变量的取值组合有时不是任意的,而要受到一定条件的限制。例如,一个逻辑电路的输入信息是 8421BCD 码,它用来表示一位十进制数,只用 0000~1001 这 10 种组合,而其余 6 种组合(1010~1111)是不允许出现的。再如,电机的正转、反转和停止 3 个状态作为输入信息时只有 001、010、100 这 3 种组合,其他 5 种组合也是不允许出现的。通常把这种限制条件称为约束条件,即限制某些输入变量的取值不能出现,用它们对应的最小项恒等于 0 来表示,称对应的最小项为约束项。在输入变量的某些取值下函数值是 1 还是 0 皆可,并不影响电路的功能,在输入变量的这些取值下其值等于 1 的那些最小项称为任意项。约束项和任意项都称为无关项,在逻辑函数化简中输出可以假定为 1,也可以假定为 0,在卡诺图中用×表示。

由于逻辑输入变量的每一种取值组合都对应一个最小项,其值为 1 或 0,所以限制某些输入变量组合不能出现时,可以用它们对应的最小项等于 0 来表示。例如,电机的正转、反转和停止 3 个状态作为输入信息时,约束条件可表示为

$$\begin{cases} \overline{A}BC = 0 \\ A\overline{B}C = 0 \\ AB\overline{C} = 0 \\ ABC = 0 \\ \overline{A}\,\overline{B}\,\overline{C} = 0 \end{cases}$$

或写成

$$\overline{A}BC + A\overline{B}C + AB\overline{C} + ABC + \overline{A}\,\overline{B}\,\overline{C} = 0$$

2. 具有无关项的逻辑函数化简

由于无关项所对应的逻辑函数值取 0 或者取 1 对函数值没有影响。因此,在化简过程中可以根据合并相邻项的需要,合理利用无关项将逻辑函数化简。

【例 1.5.6】 用卡诺图化简带约束条件的逻辑函数。

$$F(A,B,C,D) = \sum_i m_i \quad (i = 0,2,3,4,8,9)$$

约束条件为

$$m_6 + m_7 + m_{12} + m_{13} + m_{14} + m_{15} = 0$$

解：画出该逻辑函数的卡诺图，如图 1.5.8 所示。

由图 1.5.8 可知，认为约束项 m_6、m_7、m_{12}、m_{13} 为 1，而约束项 m_{14}、m_{15} 为 0，则可将 m_0、m_4、m_8 和 m_{12} 合并为 $\overline{C}\overline{D}$，将 m_2、m_3、m_6 和 m_7 合并为 $\overline{A}C$，将 m_8、m_9、m_{12} 和 m_{13} 合并为 $A\overline{C}$，将合并后的乘积项求或得

$$Y=\overline{C}\overline{D}+\overline{A}C+A\overline{C}$$

【例 1.5.7】 设输入 A、B、C、D 是十进制数 x 的 8421 编码，当 $3\leqslant x\leqslant 6$ 时，输出 Y 才为 1，求 Y 的最简与或非表达式。

解：由题意列出真值表，如表 1.5.1 所示。

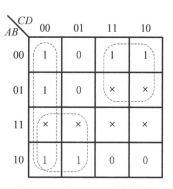

图 1.5.8　例 1.5.6 的卡诺图

表 1.5.1　例 1.5.7 真值表

A	B	C	D	Y	A	B	C	D	Y	A	B	C	D	Y
0	0	0	0	0	0	1	1	0	1	1	1	0	0	$\times$
0	0	0	1	0	0	1	1	1	0	1	1	0	1	$\times$
0	0	1	0	0	1	0	0	0	0	1	1	1	0	$\times$
0	0	1	1	1	1	0	0	1	0	1	1	1	1	$\times$
0	1	0	0	1	1	0	1	0	$\times$					
0	1	0	1	1	1	0	1	1	$\times$					

A、B、C、D 的取值组合为 $0000\sim0010$（$x\leqslant 2$）时，$Y=0$。

A、B、C、D 的取值组合为 $0011\sim0110$（$3\leqslant x\leqslant 6$）时，$Y=1$。

A、B、C、D 的取值组合为 $0111\sim1001$（$7\leqslant x\leqslant 9$）时，$Y=0$。

A、B、C、D 的取值组合为 $1010\sim1111$ 对于 8421BCD 码是不会出现的，用 $\times$ 表示。于是 Y 的逻辑函数式为

$$Y=\overline{A}\,\overline{B}CD+\overline{A}B\overline{C}\,\overline{D}+\overline{A}B\overline{C}D+\overline{A}BC\overline{D}$$

约束条件为

$$A\overline{B}C\overline{D}+A\overline{B}CD+AB\overline{C}\,\overline{D}+AB\overline{C}D+ABC\overline{D}+ABCD=0$$

画出逻辑函数和约束条件的卡诺图，如图 1.5.9 所示。为求出最简与或非表达式，采用圈 0 的方法先求出反函数：

$$\overline{Y}=\overline{B}\,\overline{C}+BCD+\overline{B}\,\overline{D}$$

最简与或非式为

$$Y=\overline{\overline{B}\,\overline{C}+BCD+\overline{B}\,\overline{D}}$$

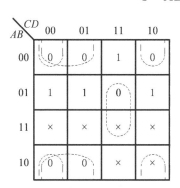

图 1.5.9　例 1.5.7 的卡诺图

*1.6　利用引入变量卡诺图化简逻辑函数

当逻辑函数的输入变量超过 5 个以后，卡诺图中的方格数目很多，方格间的关系变得很复杂，这就限制了卡诺图的应用。而引入变量卡诺图（Variable Entered Map，VEM）在这种情况下就会使多变量逻辑函数化简变得简单。特别是在选用数据选择器实现组合逻辑电路时，会使设计变得简单和方便。

1. 引入变量卡诺图

引入变量卡诺图的画法是：首先从逻辑函数中分离出一个（或多个）输入变量作为引入变量，使剩余的输入变量组合减少为原来的 1/2（或更多），然后将包含引入变量的函数值填入卡诺图中。这样的卡诺图称为引入变量卡诺图。

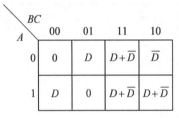

图 1.6.1　引入变量卡诺图

例如，四变量输入函数 $Y = A\overline{C}D + \overline{A}BCD + BC + B\overline{C}D$ 分离出变量 D 作为引入变量以后，就可以得到分离出引入变量后的真值表，如表 1.6.1 所示。将包含引入变量 D 的函数值填入卡诺图的方格中，便得到函数 Y 的引入变量卡诺图，如图 1.6.1 所示。从图 1.6.1 可见，函数值 Y 只有 0、D、$\overline{D}$ 和 $D+\overline{D}$ 这 4 种状态，而且卡诺图的方格数是原来的一半。

表 1.6.1　分离出引入变量后的真值表

A	B	C	Y
0	0	0	0
0	0	1	D
0	1	0	$\overline{D}$
0	1	1	$D+\overline{D}$
1	0	0	D
1	0	1	0
1	1	0	$D+\overline{D}$
1	1	1	$D+\overline{D}$

2. 逻辑函数的引入变量卡诺图化简法

下面举例说明用引入变量卡诺图化简逻辑函数方法。

【例 1.6.1】　用引入变量卡诺图化简函数 $Y = \overline{A}\overline{C}\overline{D} + \overline{A}\overline{C}D + B\overline{C}D + A\overline{C}\overline{D}$。

解：首先分离出变量 D 作为引入变量，画出函数 Y 的引入变量卡诺图，如图 1.6.2 所示。

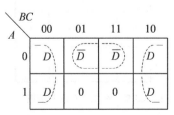

图 1.6.2　例 1.6.1 的引入
变量卡诺图

然后对引入变量 D 和 $\bar{D}$ 画圈，其中位置 000、100、010 和 110 这 4 个方格逻辑相邻，把 4 个 D 圈在一起，合并后为 $\bar{C}D$。同样将位置 001 和 011 这两个相同的 $\bar{D}$ 圈在一起，合并后得 $\bar{A}C\bar{D}$。故化简后函数为

$$Y=\bar{A}C\bar{D}+\bar{C}D$$

【例 1.6.2】 用引入变量卡诺图化简函数

$$Y=\bar{A}\bar{B}\bar{C}\bar{D}E+\bar{A}\bar{B}\bar{C}DE+\bar{A}BC\bar{D}\bar{E}+A\bar{B}\bar{C}\bar{D}\bar{E}$$
$$+A\bar{B}\bar{C}\bar{D}E+A\bar{B}\bar{C}D+\bar{A}BCD\bar{E}+\bar{A}BC\bar{D}E$$

解：首先分离出变量 E 作为引入变量，画出函数 Y 的引入变量卡诺图，如图 1.6.3 所示。组合非 0 项，得到最简与或表达式：

$$Y=A\bar{B}\bar{C}+\bar{B}\bar{C}E+\bar{A}BC\bar{E}+\bar{A}BC\bar{D}$$

【例 1.6.3】 已知逻辑函数 $Y=ABC\bar{C}\bar{D}E+A\bar{B}D$ 和约束条件 $\bar{A}B\bar{C}+ABD=0$，用引入变量卡诺图将逻辑函数化简成最简与或表达式。

解：分离出变量 E 作为引入变量，画出函数及约束条件的引入变量卡诺图，如图 1.6.4 所示。约束项的位置为 0100、0101、1101 和 1111，它们的可能取值为 0、1、E、$\bar{E}$。按照图 1.6.4 中的圈法得到以下最简与或表达式：

$$Y=AD+B\bar{C}E$$

AB \ CD	00	01	11	10
00	E	E	0	0
01	0	0	$\bar{E}$	$E+\bar{E}$
11	0	0	0	0
10	$E+\bar{E}$	$E+\bar{E}$	0	0

图 1.6.3 例 1.6.2 的引入变量卡诺图

AB \ CD	00	01	11	10
00	0	0	0	0
01	×	×	0	0
11	E	×	×	0
10	0	$E+\bar{E}$	$E+\bar{E}$	0

图 1.6.4 例 1.6.3 的引入变量卡诺图

*1.7 VHDL 基础

1.7.1 VHDL 概述

VHDL 的英文全名是 VHSIC(Very High Speed Integrated Circuit) Hardware Description Language，即超高速集成电路硬件描述语言。它是美国国防部于 1983 年发起创建的，后来进一步发展成为硬件描述语言的业界标准。目前最新 VHDL 标准版本是 IEEE 1076—2002。使用 VHDL 可以实现数字电子系统的行为级描述，RTL(Register Transfer Level，寄存器传输级)描述以及结构级描述。在 VHDL 中，数字系统的基本电路组件(如与门、或门、非门)的符号，用 ENTITY(实体)来描述。

图 1.7.1 是 MUX4 的符号、逻辑电路图和对应的 ENTITY 描述。ENTITY 在

VHDL 中是构成所有设计的基础,它定义一个设计或器件中的所有输入输出信号。而 ENTITY 的内部线路功能由 ARCHITECTURE(构造体)来描述,相当于逻辑符号内部的线路。在 ARCHITECTURE 中有各式各样的语句,这些语句涵盖最低层的门级、次低层的 RTL 级和最高层的行为级,可以完整地表现一个设计或器件的所有功能。

硬件描述语言(Hardware Language,HDL)是 EDA 技术的重要组成部分,常见的硬件描述语言有 VHDL、Verilog HDL、System Verilog 和 System C 等,其中 VHDL 和 Verilog HDL 在现在 EDA 设计中使用得最多,并得到几乎所有的主流 EDA 工具(如 MAX+plus Ⅱ、Quartus Ⅱ)的支持。

VHDL 具有很强的电路描述和建模能力,能从多个层次对数字系统进行建模和描述,从而大大简化了硬件设计任务,提高了设计效率和可靠性。VHDL 具有与具体硬件电路和设计平台无关的特性,并且具有良好的电路行为描述和系统描述能力。在使用 VHDL 进行电子系统设计时,设计者可以专心致力于其功能的实现,而不需要对不影响功能的与工艺有关的因素花费过多的时间和精力。

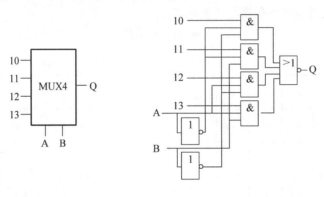

(a) MUX4 的符号　　　　　　(b) MUX4 的逻辑电路图

```
LIBRARY IEEE;
USE IEEE.STD_LOGIC_1164.ALL
ENTITY MUX4 IS
    PORT (I0,I1,I2,I3,A,B:IN STD_LOGIC;
          Y:OUT STD_LOGIC);
END MUX4;
ARCHITECTURE A1 OF MUX4 IS
    BEGIN
       Y<=I0 WHEN A='0' AND B='0' ELSE
          I1 WHEN A='0' AND B='1' ELSE
          I2 WHEN A='1' AND B='0' ELSE
          I3 WHEN A='1' AND B = '1';
END A1;
```

(c) MUX4 的 ENTITY 描述

图 1.7.1　MUX4 的描述

1.7.2 VHDL 基本结构

1. VHDL 程序

一个完整的 VHDL 程序通常包含实体(ENTITY)、构造体(ARCHITECTURE)、包集合(PACKAGE)、配置(CONFIGURATION)和库(LIBRARY)5 个部分。实体用于描述系统的外部接口信号,构造体用于描述系统内部的结构和行为,包集合存放各数据模块共享的数据类型、常数和子程序等,配置用于从库中选取所需单元来组成系统设计的不同版本,库存放已编译的实体、构造体、包集合和配置。库可由用户生成或由 ASIC 芯片制造商提供,以便在设计中为大家共享。

2. 实体和构造体

1) 实体

任何一个基本设计单元的实体都具有如下结构:

```
ENTITY <ENTITY_NAME>IS
Generic(_parameter_name: _parameter_type=_default_value);
Port (_input_name1[, _input_name2, …]: IN  STD_LOGIC
      _output_name[, _output_name2, …] : OUT  STD_LOGIC);
END <entity_name>
```

其中,Generic 语句为类属参数说明,放在指定的端口(port)之前,用于向模块传递参数;Port 语句是对基本设计单元与外部接口的描述,也可以说是对外部引脚信号的名称、数据类型和输入输出类型的描述。

端口方向有输入(IN)、输出(OUT)、双向(INOUT)、缓冲(BUFFER)和不指定方向(LINKAGE)5 种。

VHDL 还定义了一些数据类型,主要有以下几种:

(1) 位(bit)。位的允许数值为 0 或 1。

(2) 布尔量(boolean)。布尔量只有 true 或 false 两种状态。

(3) 位矢量(bit_vector)。由一串用双引号括起来的位组成,如 signal a: bit_vector (0 to 3)。

(4) 字符(character)。字符允许的数据为 128 个 ASCII 字符。

(5) 字符串(string)。由一串字符组成。

(6) 标准逻辑(std_logic)。由'0'、'1'、'Z'(高阻)和'_'(不关心输出)。

(7) 标准逻辑矢量(std_logic_vector)。由标准逻辑组成。

(8) 整数(integer)。整数型操作数的位宽为 32 位。

另外,VHDL 还有 TYPE、SUBTYPE 等用户自定义数据类型和数组(array)、记录(record)等复合数据类型。

2) 构造体

构造体是一个基本设计单元的主体,它具体定义了基本设计单元的功能。构造体对

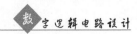

基本设计单元的输入输出关系可以用 3 种方式描述，即行为描述（基本设计单元的数学模型描述）、结构描述（基本逻辑单元的连接描述）和上述两种方法的混合使用。

构造体必须跟在实体的后面，一个实体可以有多个构造体。构造体的具体结构如下：

```
ARCHITECTURE <identifier>OF _entity_name IS
    SIGNAL _signal_name1:STD_LOGIC;
    SIGNAL _signal_name2:STD_LOGIC;
    ⋮
BEGIN
    顺序语句
    并行语句
    元件例化语句
END <identifier>
```

一个构造体中可以有多个进程，各进程之间并行执行。一个进程内部包括若干语句，这些语句是顺序执行的。

3. 包集合和库

1）包集合

包集合用来定义 VHDL 中用到的信号、常数、数据类型、元件语句、函数语句和过程等，它是一个可以编译的单元，也是库结构中的一个层次。使用包集合，在程序前应加上如下语句：

```
USE library_name.package_name.ALL;
```

一个包集合由包集合定义和包集合体两部分组成，包集合的语法结构如下：

```
PACKAGE <package_name>IS
    常数声明
    数据类型声明
    元件声明
END <package_name>
PACKAGE BODY <package_name>IS
    常数声明
    数据类型声明
    子程序体
END <package_name>
```

2）库

库是经编译后的数据的集合，它存放包集合定义、实体定义、构造体定义和配置定义，放在设计单元的最前面。IEEE 库中包含 4 个包集合：标准逻辑类型和相应函数（std_logic_1164）、数学函数（std_logic_arith）、有符号数学函数（std_logic_signed）和无符号数学函数（std_logic_unsigned）。使用库的示例如下：

```
LIBRARY IEEE;
USE IEEE.std_logic_1164.ALL;
USE IEEE.std_logic_arith.ALL;
```

1.7.3　VHDL 规则

1. VHDL 的数据对象和运算符

1) 数据对象

VHDL 语言中的数据对象(data object)主要包括以下 3 种：信号(signal)、变量(variable)和常数(constant)。

信号包括输入输出引脚信号以及集成电路内部缓冲信号,有硬件电路与之对应,故信号之间的传递有实际的附加延时。信号与变量形式类似,主要区别在于：信号能用来存储或传递逻辑值,而变量不能;信号能在不同进程间传递,而变量不能。信号的定义格式如下：

signal 信号名[,信号名,…]:数据类型[:=表达式]

例如：

signal sys_clk:bit:='0';

信号的 event 属性表示信号的内涵改变。

例如：

if(clk'event AND clk='1')

表示 clk 信号发生变化且现值为 1,即 clk 发生上升沿触发。

变量只是用来作为指针或存储程序中计算用的暂时值,故变量之间的传递是瞬时的,并无附加延时。其定义格式如下：

variable 变量名 [,变量名,…]:数据类型[:=表达式]

常数一旦被赋值,在整个程序中不再改变。其定义格式如下：

constant 常数名 [,常数名,…]:数据类型[:=表达式]

2) 运算符

运算符包括数值运算符、赋值运算符与连接运算符 3 种。

数值运算符按优先级的高低分为逻辑运算符、关系运算符、算术运算符以及其他运算符。其中,逻辑运算符包括与(And)、或(Or)、与非(Nand)、或非(Nor)和异或(Xor)5个,关系运算符包括大于(>)、小于(<)、等于(=)3 个,算术运算符包括加(+)、减(−)、乘(*)、除(/)4 个。

赋值运算符(<=)可以完成数据的赋值操作。信号赋值可以出现在程序的任何地方,而变量赋值只能出现在进程中。例如：

```
signal D:bit_vector(0 to 3);
    D<=(0=>'1' others=>'0');
```

连接运算符(=>)用来指定某种电路组件引脚与其对应的端口信号的连接通路。命名连接方式是采用=>将命名的电路实体的引脚直接指向定义实体的信号,该符号总是指向实际的定义实体的信号。最常用的方法是通过引脚图(port map)或属性图(generic map)连接。例如:

```
jk1:jkff port map(j=>j_in,k=>k_in,clk=>clk,q=>q_out);
```

此例将 JK 触发器的引脚 j、k、clk 及 q 指定连接到定义实体的信号端 j_in、k_in、clk 及 q_out。

2. VHDL 的顺序语句和并行语句

1) 顺序语句

顺序语句只能出现在过程(procedure)、进程(process)及函数(function)中,其中所有的语句是按顺序执行的。一个过程、进程或函数被视为一个整体,即一个并行语句。VHDL 的顺序语句主要有变量赋值语句、条件语句(IF、CASE)、循环语句(FOR、WHILE、WAIT)。

IF 语句的格式如下:

```
IF 条件 1 THEN
    顺序语句 1
ELSEIF 条件 2 THEN
    顺序语句 2
    ⋮
ELSEIF 条件 n THEN
    顺序语句 n
END IF;
```

CASE 语句的格式如下:

```
CASE 条件表达式 IS
    WHEN 条件表达式的值=>顺序处理语句;
END CASE;
```

FOR 语句的格式如下:

```
[标号]:FOR 循环变量 IN 循环范围 LOOP
        顺序语句
    END LOOP [标号];
```

WHILE 语句的格式如下:

```
[标号]:WHILE 条件 LOOP
        顺序语句
    END LOOP [标号];
```

FUNCTION(函数)语句是顺序语句,它每次返回一个值。FUNCTION 语句的格式如下:

```
FUNCTION 函数名(参数 1[,参数 2,…])
RETURN 数据类型 IS
BEGIN
    顺序处理语句
RETURN 返回变量名;
END 函数名;
```

2) 并行语句

VHDL 中的并行语句包括条件信号代入语句、选择信号代入语句、并发过程调用语句、块语句、元件例化语句以及被视为并行语句的过程、进程和函数等。

一个构造体中的多个进程是并行执行的,但每个进程内部的语句是顺序执行的。进程之间通过信号传递信息。

条件信号代入语句直接用于构造体中,根据不同条件将相应表达式代入信号量。其格式如下:

```
_label:
_signal<=_expression 1 WHEN _boolean_expression 1 ELSE
        _expression 2 WHEN _boolean_expression 2 ELSE
        ⋮
        _expression n
```

选择信号代入语句对表达式进行测试,当表达式取不同值时,将不同的值代入信号量。其格式如下:

```
_label:
WITH _expression SELECT
    _signal<=_expression 1 WHEN _constant_value 1,
            _expression 2 WHEN _constant_value 2,
            ⋮
            _expression n WHEN _constant_value n;
```

并发过程调用语句可以出现在构造体中,而且是一种可以在进程之外执行的过程调用语句。其格式如下:

```
PROCEDURE 过程名(参数 1[,参数 2,…]) IS
[定义语句]
BEGIN
    顺序处理语句
END 过程名;
```

在 PROCEDURE 结构中,参数可以是输入也可以是输出。PROCEDURE 语句可以出现在 PROCESS 语句中,且可以有多个返回值。

BLOCK(块)语句是一个并发语句,其格式如下:

```
标号:BLOCK
    [定义语句]
    BEGIN
        并发处理语句
    ENDBLOCK 标号;
```

在构造体的描述中,COMPONENT(元件例化)语句是基本的描述语句,它指定了构造体中引用的是哪一个现成的逻辑描述模块。在构造体中引用已存在的模块时,首先用COMPONENT 语句声明引用的元件,然后用 COMPONENT_INSTANCE 语句将元件的端口映射成高层设计电路中的信号。例如:

```
ARCHITECTURE rtl OF mux3tol_1 IS
        Signal d:std_logic;
        COMPONENT mux2tol
            Port (a: in std_logic;
                    b: in std_logic;
                    sel: in std_logic;
                    c: out std_logic);
        END COMPONENT
        BEGIN
    U1: mux2tol PORT MAP(a,b,sel1,d); --输出口 d 作为 U2 的输入
    U2: mux2tol PORT MAP(c,d,sel2,q);
END rtl;
```

COMPONENT 语句可以用高层次的设计模块调用低层次的设计模块,用简单的设计单元构成复杂的逻辑电路。用这种方法编写的程序结构清晰,可以提高设计效率,将已有的设计成果方便地用到新的设计中。

1.7.4 MAX＋plus Ⅱ开发工具

MAX＋plusⅡ是 Altera 提供的大规模可编程逻辑器件的集成开发环境。Altera 是世界上最大的可编程逻辑器件供应商之一。MAX＋plus Ⅱ将用户设计的电路原理图或硬件电路描述转变为大规模可编程逻辑器件的基本逻辑单元,写入芯片中,从而在硬件上实现用户所设计的电路。MAX＋plus Ⅱ界面友好,使用便捷,被誉为业界最易用易学的 EDA 软件。

MAX＋plusⅡ自动设计的主要设计流程包括设计输入编辑、编译网表提取、数据库建立、逻辑综合、逻辑分割、适配、延时网表提取、编程文件装配以及编程下载 9 个步骤。

1.8 本 章 小 结

逻辑代数是研究数字逻辑电路的重要工具。利用逻辑代数可以把逻辑关系抽象为数学表达式,从而进行逻辑电路的分析和设计。本章内容主要有脉冲波形和数字波形、

数制转换、逻辑代数的定律和常用公式、逻辑函数表示方法、逻辑函数化简方法以及硬件描述语言 VHDL 的基本知识等。逻辑代数是数字电路的基础,本章要求掌握以下内容:

(1) 熟悉逻辑函数的基本定律,掌握尽可能多的常用公式。常用的公式如下:

$$\overline{A+B} = \overline{A}\,\overline{B}$$

$$\overline{AB} = \overline{A} + \overline{B}$$

$$A + BC = (A+B)(A+C)$$

$$A + \overline{A}B = A + B$$

$$AB + \overline{A}C + BC = AB + \overline{A}C$$

(2) 逻辑代数的 3 个规则是代入规则、对偶规则和反演规则。

(3) 掌握逻辑函数的表示方法,即真值表、函数表达式、逻辑图和卡诺图,以及这 4 种方法之间的相互转换。其中,真值表与卡诺图都是逻辑函数的最小项表示法,具有唯一性。

(4) 逻辑函数的化简方法是本章的重点。本章主要介绍了两种化简方法——公式化简法和卡诺图化简法。公式化简法的优点是根据逻辑代数的基本定律、公式、规则化简逻辑函数,它的使用不受任何条件的限制。但这种方法没有固定的步骤可循,需要一定的运算技巧和经验。卡诺图化简法的优点是简单、直观,而且有一定的化简步骤可循,初学者容易掌握这种方法。但该方法对于逻辑变量超过 5 个的多变量逻辑函数的化简不适用。

(5) 针对卡诺图化简法的不足,本章还介绍了引入变量卡诺图化简方法,它通过将包含引入变量的函数值填入卡诺图的方格中,从而使卡诺图降维。该方法适用于多变量逻辑函数的化简,而且具有简单、直观的优点。

(6) 硬件描述语言 VHDL 是数字电路设计自动化的基础,它实现了硬件电路设计的软件化,是数字逻辑电路设计的发展方向。本章主要介绍了 VHDL 的基本知识和 MAX+plus Ⅱ 集成开发工具。详细内容可参阅 EDA 技术方面的书籍。

1.9 习　题

1.1 将下列二进制数转换为十进制数和十六进制数。

(1) 10011011

(2) 1101010

(3) 111.0011

(4) 10.0101

1.2 完成下列十进制数与 8421BCD 码之间的互相转换。

(1) $(27)_{10} = ($ 　　　　 $)_{8421BCD}$

(2) $(149.48)_{10} = ($ 　　　 $)_{8421BCD}$

(3) $(0101\ 1000)_{8421BCD} = ($ 　　　 $)_{10}$

(4) $(1001\ 0101.0100)_{8421BCD} = ($ 　　　 $)_{10}$

1.3 把二进制数$(110101111.110)_2$转换为十进制数、八进制数和十六进制数。

1.4 把十六进制数$(3D.BE)_{16}$转换为十进制数、八进制数和二进制数。

1.5 求下列二进制数的原码和补码。

(1) $(+101001)_2$

(2) $(+01100)_2$

(3) $(-011001)_2$

(4) $(-10000)_2$

1.6 给出下列函数的真值表。

(1) $Y = \overline{A}\overline{B} + \overline{B}\overline{C} + \overline{A}C$

(2) $Y = AB + \overline{B}C$

1.7 证明下列公式。

(1) $A \oplus 0 = A$

(2) $A \oplus 1 = \overline{A}$

(3) $AB \oplus A\overline{B} = A$

(4) $A \oplus \overline{B} = \overline{A \oplus B}$

1.8 已知逻辑函数 Y 的真值表如表 1.9.1 所示。写出相应的逻辑函数表达式，并画出逻辑电路。

表 1.9.1 题 1.8 真值表

A	B	C	Y
0	0	0	0
0	0	1	0
0	1	0	0
0	1	1	0
1	0	0	0
1	0	1	1
1	1	0	1
1	1	1	1

1.9 逻辑函数 F 有 3 个输入变量，分别为 A、B、C。当输入信号中有奇数个 1 时，输出为 1；否则输出为 0。列出此逻辑函数的真值表，写出 F 的表达式。

1.10 把下列函数表示成最小项之和与最大项之积两种标准形式。

(1) $Y = A + B + CD$

(2) $Y = A\overline{B}\overline{C}D + BCD + AC$

(3) $Y = D(\overline{A} + B) + \overline{B}D$

(4) $Y = \overline{B}C + A\overline{B}D + AC\overline{D} + \overline{A}C\overline{D}$

1.11 写出下列函数的对偶表达式。

(1) $Y = (A + \overline{B})(\overline{A} + B)(B + C)(\overline{A} + C)$

(2) $Y = \overline{A + \overline{B} + C}$

(3) $Y = (A+B+C)\overline{AB}C$

(4) $Y = A(\overline{E} + (C\overline{D} + \overline{C}D)B)$

1.12 求下列函数的反函数。

(1) $Y = AB + C$

(2) $Y = A + \overline{B + \overline{C + \overline{D + E}}}$

(3) $Y = B((C\overline{D} + A) + E)$

(4) $Y = A\overline{B} + \overline{C}D$

1.13 用公式法化简下列函数。

(1) $Y = A\overline{B}\,\overline{C} + A\overline{B}C + AB\overline{C} + ABC$

(2) $Y = A + \overline{A}BCD + \overline{A}B\overline{C} + BC + \overline{B}C$

(3) $Y = \overline{\overline{A}BC} + \overline{A\overline{B}}$

(4) $Y = A + B + C + D + \overline{A}\,\overline{B}\,\overline{C}\,\overline{D}$

(5) $Y = AC(C\overline{D} + \overline{A}B) + BC(\overline{B + AD + CE})$

(6) $Y = B\overline{C} + AB\overline{C}E + \overline{B}(\overline{\overline{A}D + AD}) + B(A\overline{D} + \overline{A}D)$

1.14 将下列函数化简为最简的与或表达式，并转换为与非 - 与非表达式和与或非表达式。

(1) $Y = \overline{(\overline{A} + B + C)(A + \overline{B} + C)(\overline{B} + C)}$

(2) $Y = (A + \overline{C})(B + D)(B + \overline{D})$

(3) $Y = AB + \overline{B}CD + \overline{A}C + \overline{B}C$

1.15 用卡诺图化简下列函数。

(1) $Y = \overline{A}\overline{B} + AC + \overline{B}C$

(2) $F(A,B,C) = \sum_i m_i (i = 0,1,2,5,6,7)$

(3) $Y = AD + A\overline{C} + \overline{A}D + \overline{A}BC + \overline{D}(B + C)$

(4) $Y = ABC + ABD + CD + A\overline{B}C$

(5) $F(A,B,C,D) = \sum_i m_i (i = 3,4,5,7,9,13)$

(6) $Y = D(\overline{A} + B) + \overline{B}(C + AD)$

(7) $Y = ABD + \overline{A}CD + \overline{A}B + \overline{A}CD + A\overline{B}\overline{D}$

1.16 求下列函数的反函数并化成最简与或表达式。

(1) $Y = AB + C$

(2) $Y = \overline{(A + \overline{B})(\overline{A} + C)}AC + BC$

(3) $Y = A\overline{D} + \overline{A}C + \overline{B}CD + C$

1.17 用最少的与非门实现下列逻辑函数(允许有反变量输入)。

(1) $Y = \overline{A}C + A\overline{B}\overline{C} + \overline{A}B\overline{C}$

(2) $Y = A\overline{B}D + BC\overline{D} + \overline{A}\overline{B}D + BC\overline{D} + \overline{A}C$

(3) $Y = \overline{\overline{AB} + AC + \overline{ABC}}$

(4) $Y = \overline{A\,\overline{CD} + \overline{A}\overline{B}C + BC\overline{D} + \overline{AB}\overline{C}}$

1.18 将下列逻辑函数化成最简与或表达式。

(1) $F(A,B,C) = \sum_i m_i (i=0,1,2,4)$,约束条件:$m_3 + m_5 + m_6 + m_7 = 0$

(2) $F(A,B,C) = \sum_i m_i (i=3,5,6,9,12,13,14,15)$,约束条件:$m_0 + m_1 + m_7 = 0$

(3) $F(A,B,C,D) = C\overline{D}(A \oplus B) + \overline{A}B\overline{C} + \overline{A}CD$,约束条件:$AB + CD = 0$

1.19 已知 $Y = \overline{A}B\overline{C}D + \overline{A}\overline{B}C\overline{D} + A\overline{B}C\overline{D} + \overline{A}\overline{B}\overline{C}D + A\overline{B}\overline{C}\overline{D}$,且 A、B、C、D 不会同时为 0,A、B 也不会同时为 1。用卡诺图化简此逻辑函数。

1.20 用卡诺图化简下列逻辑函数,并将得到的最简与或表达式转换成与非-与非表达式。

(1) $F(A,B,C,D) = (A \oplus B)C + ABC + \overline{A}\overline{B}C + \overline{B}D$

(2) $F(A,B,C) = \overline{A} + \overline{B}C + AC$

(3) $F(A,B,C) = \overline{A}B\overline{C} + \overline{A}\overline{B}C + AB\overline{C} + ABC$

1.21 用引入变量卡诺图化简下列逻辑函数。

(1) $Y = \overline{A}B\overline{C} + \overline{A}BC + AB\overline{C} + A\overline{B}\overline{C}$,将变量 C 作为引入卡诺图的变量。

(2) $F(A,B,C,D) = \overline{A}\overline{B}\overline{C}D + \overline{A}BC\overline{D} + ABCD + A\overline{B}C\overline{D} + A\overline{B}C\overline{D} + \overline{A}\overline{B}CD$,将变量 D 作为引入卡诺图的变量。

1.22 用引入变量卡诺图化简下列逻辑函数,将变量 C、D 作为引入卡诺图的变量。

(1) $F(A,B,C,D) = \overline{A}\overline{B}\overline{C}\overline{D} + \overline{A}\overline{B}\overline{C}D + \overline{A}B\overline{C}\overline{D} + \overline{A}BC\overline{D} + A\overline{B}CD + ABCD$

(2) $F(A,B,C,D) = \overline{A}\overline{B}\overline{C}D + AB\overline{C}D + ABC\overline{D} + A\overline{B}C\overline{D} + \overline{A}BCD + ABCD + A\overline{B}\overline{C}\overline{D} + \overline{A}B\overline{C}D$

1.23 给定逻辑函数 $F = XY + X\overline{Y} + \overline{Y}Z$。

(1) 用两级与非门实现该函数。

(2) 用两级或非门实现该函数。

(3) 用两级与或非门实现该函数。

1.24 画出与以下实体描述对应的元件符号。

(1) 实体 1:

```
ENTITY buf3s IS
    PORT(input:IN std_logic;
        clk:IN std_logic;
        output:OUT std_logic);
END buf3s;
```

(2) 实体 2:

```
ENTITY decoder3_8 IS
    PORT(a,b,c,e1,e2,e3:IN std_logic;
        y:OUT std_logic_vector(7 downto 0));
```

```
END decoder3_8;
```

1.25 分别用 IF 语句和 CASE 语句写出如表 1.9.2 所示的逻辑关系的 VHDL 程序。

表 1.9.2 题 1.25 真值表

A	B	Y
0	0	D_0
0	1	D_1
1	0	D_2
1	1	D_3

第 2 章

门 电 路

本章系统地介绍数字电路的基本逻辑单元——门电路。首先介绍三极管和 MOS 管的工艺结构及其开关工作状态下的工作特性；然后重点讨论 TTL 门电路、CMOS 门电路的工艺结构、工作原理、逻辑功能以及数字逻辑电子器件的输入特性和输出特性；最后介绍 TTL 门电路和 CMOS 门电路之间的接口，并介绍门电路的 VHDL 描述方法。

2.1 概　　述

门电路就是能够实现基本逻辑运算和复合逻辑运算的单元电路，与第 1 章介绍的基本逻辑运算相对应，常用的门电路在逻辑功能上有与门、或门、非门、与非门、或非门、与或非门和异或门等。本章着重讨论集成 TTL、CMOS 门电路的工艺结构、工作原理、逻辑功能和外部特性，并介绍其他类型的 TTL、CMOS 门电路。

在逻辑电路中存在两种逻辑状态，分别用二值逻辑的 1 和 0 来表示。如果以输出高电平表示逻辑 1，以输出低电平表示逻辑 0，则这种逻辑制称为正逻辑；反之，如果以逻辑 1 代表低电平，而以逻辑 0 代表高电平，则称为负逻辑。本书中若无特殊说明，均采用正逻辑。

2.2 半导体管的开关特性

2.2.1 三极管的开关特性

三极管有 3 个工作区：截止区、放大区和饱和区。在数字电路中，三极管一般作为开关元件使用，工作在截止区和饱和区。

三极管的开关特性分为静态和动态两种。其中，静态开关特性是指三极管处于饱和状态和截止状态这两种稳定状态下的特性，而动态特性是指三极管由截止状态过渡到饱和状态，或者由饱和状态过渡到截止状态的瞬时特性。下面以图 2.2.1 所示的 NPN 型三极管开关电路为例，讨论三极管作开关使用时的开关特性。

1. 三极管的静态开关特性

在图 2.2.1 所示的电路中,电路的参数应配合得当。v_I 为低电平时,三极管应工作在截止状态,输出为高电平;而 v_I 为高电平时,三极管应工作在饱和状态,输出为低电平。

1) 截止工作状态

当输入电压为低电平,即 $v_I = V_{IL}$ 时,三极管发射极两端电压小于开启电压 V_{ON},三极管处于截止状态,相当于三极管断开。这时三极管的基极电流 $i_B \approx 0$,三极管集电极 c 与发射极 e 之间相当于开路状态,集电极输出电压为高电平,即

$$i_C \approx 0, \quad v_O = V_{OH} \approx V_{CC} \tag{2.2.1}$$

三极管截止时的等效电路如图 2.2.2(a)所示。

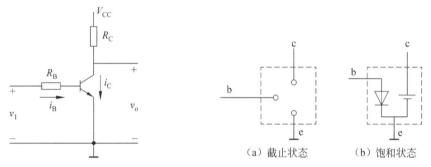

图 2.2.1 三极管开关电路   图 2.2.2 三极管的开关等效电路

（a）截止状态   （b）饱和状态

2) 放大工作状态

当输入电压 $v_I > V_{ON}$ 后,基极电流 i_B 产生,同时集电极加上反向电压,即 $v_{BC} < 0$,三极管处于放大状态。它是三极管截止状态到饱和状态的过渡状态。可近似求出基极电流:

$$i_B = \frac{v_I - V_{ON}}{R_B} \tag{2.2.2}$$

若三极管的电流放大系数为 β,则得到

$$v_O = v_{CE} = V_{CC} - i_C R_C = V_{CC} - \beta i_B R_C$$

式(2.2.2)说明,随着 v_I 的升高,i_B 增大,R_C 上的压降增大,而 v_O 相应地减小。

3) 饱和工作状态

随着 v_I 继续升高,R_C 上的压降也随之增大,当 R_C 上的压降增大到三极管的发射极与集电极均处于正向偏置,即 $v_{BE} > V_{ON} > 0$,$v_B > v_C$ 时,三极管失去放大能力,电路处于饱和状态,相当于开关闭合。这时

$$i_B \geqslant I_{BS} = \frac{V_{CC} - V_{CE(sat)}}{\beta R_C} \tag{2.2.3}$$

式(2.2.3)中,I_{BS} 称为基极临界饱和电流,$V_{CE(sat)}$ 为三极管临界饱和压降。三极管饱和时的等效电路如图 2.2.2(b)所示。

随着 v_I 继续升高,R_C 上的压降接近电源电压 V_{CC} 时,三极管上集电极与发射极间压

降将接近 0,三极管处于深度饱和状态,输出电压为 $v_O = V_{OL} \approx 0$。

综上所述,只要合理地选择电路参数,就能够保证:当 v_I 为低电平 V_{IL} 时 $v_{BE} < V_{ON}$,三极管工作在截止状态;而 v_I 为高电平 V_{IH} 时 $i_B > I_{BS}$,三极管工作在深度饱和状态。因此三极管的集电极和发射极之间就相当于一个受 v_I 控制的开关。三极管截止时相当于开关断开,在开关电路的输出端给出高电平;三极管饱和导通时相当于开关接通,在开关电路的输出端给出低电平。

2. 三极管的动态开关特性

在动态情况下,即三极管工作于截止状态和饱和状态之间的过渡状态时,三极管内部电荷的建立和消散都不是瞬间完成的,而是有一定的延迟时间。这种延迟现象也可以用三极管的 b-e 间、c-e 间存在结电容效应来理解。三极管由截止状态到饱和状态所需要的时间称为开启延迟时间,用 t_{ON} 表示;由饱和状态到截止状态所需要的时间称为关闭延迟时间,用 t_{OFF} 表示。通常关闭延迟时间比开启延迟时间长。这些参数可以从晶体管手册中查得。三极管的动态开关特性如图 2.2.3 所示。

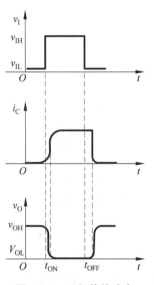

图 2.2.3　三极管的动态开关特性

3. 主要开关参数

三极管主要开关参数如下:

(1) 饱和压降($V_{CE(sat)}$)。指三极管处于饱和状态时集电极与发射极间的压降。硅管的饱和压降为 0.1~0.3V,锗管的饱和压降的绝对值为 0.05~0.1V。

(2) 开启延迟时间(t_{ON})。指三极管由截止状态转到饱和状态所需要的时间。

(3) 关闭延迟时间(t_{OFF})。指三极管由饱和状态转到截止状态所需要的时间。

2.2.2　MOS 管的开关特性

半导体器件中,除了二极管、三极管能作开关外,MOS 管也可作开关使用。MOS 管是金属-氧化物-半导体场效应晶体管(Metal-Oxide-Semiconductor-Field-Effect Transistor,MOSFET)的简称。MOSFET 在 1960 年由贝尔实验室的 D. Kahng 和 Martin Atalla 首次制作成功,这种元件的操作原理和 1947 年 William Shockley 等人发明的双载流子结型晶体管(Bipolar Junction Transistor,BJT)截然不同,且因为制造成本低廉、面积较小、整合度高的优势,在大型集成电路(Large-Scale Integration,LSI)或超大型集成电路(Very Large-Scale Integration,VLSI)的领域,重要性远超过 BJT。由于 MOSFET 元件的性能逐渐提升,除了传统上应用于微处理器、微控制器等数字信号处理的场合上,也有越来越多模拟信号处理的集成电路可以用 MOSFET 来实现。MOS 管有 3 个电极:源极 S、漏极 D 和栅极 G,它是电压控制型器件,且参与导电的只有一种载流子,所以又称为单极型晶体管。MOS 管按导电沟道的不同分为 P 沟道 MOS 管和 N 沟道 MOS 管两种,按工作方式的不同又分为增强型和耗尽型两种。下面以 N 沟道增强型为例加以介绍。

1. MOS 管的工艺结构

图 2.2.4 是 N 沟道 MOS(Negative Channel Metal-Oxide-Semiconductor,NMOS)等的结构和电路符号。NMOS 管在一块掺杂浓度较低的 P 型硅衬底(其中提供大量可移动空穴)上制作两个高掺杂浓度的 N+区(其中有大量为电流流动提供自由电子的电子源),并用金属铝引出两个电极,分别作为漏极 D 和源极 S,在半导体表面覆盖一层很薄的二氧化硅(SiO₂)绝缘层,在漏源极间的绝缘层上再装上一个铝电极(通常是多晶硅),作为栅极 G,在衬底上也引出一个电极 B,这就构成了一个 NMOS 管。NMOS 管的源极 S 和衬底电极 B 通常是接在一起的,大多数 NMOS 管在出厂前已将其连接好。

图 2.2.5 是 P 沟道 MOS(Positive Channel Metal-Oxide-Semiconductor,PMOS)管的结构和电路符号。

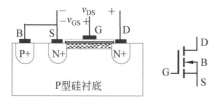

图 2.2.4　NMOS 管的结构和电路符号

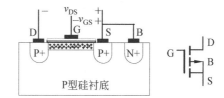

图 2.2.5　PMOS 管的结构和电路符号

当栅极 G 和源极 S 之间加正向电压 v_{GS},且 v_{GS} 数值较小,吸引电子的能力不强时,漏源极之间无导电沟道出现。而随着 v_{GS} 的增加,吸引到 P 衬底表面层的电子就增多。当 v_{GS} 大于或等于开启电压 $V_{\mathrm{GS(th)}}$ 时,这些电子在栅极附近的 P 衬底表面便形成一个 N 型薄层,且与两个 N+区相连通,在漏源极间形成 N 型导电沟道,其导电类型与 P 衬底相反,v_{GS} 越大,作用于半导体表面的电场就越强,吸引到 P 衬底表面的电子就越多,导电沟道越厚,沟道电阻越小,这样在漏源极间就有电流 i_{D} 产生。而当 $v_{\mathrm{GS}} < V_{\mathrm{GS(th)}}$ 时不存在导电沟道,所以把这种类型的 MOS 管称为 N 沟道增强型 MOS 管。随着 v_{GS} 的增加和导电沟道的加宽,i_{D} 随之增加,因此,可以通过改变 v_{GS} 控制 i_{D} 的大小,这也是 MOS 管叫作电压控制型器件的原因。导电沟道形成后,NMOS 管的电流方向是从漏极 D 到源极 S;而对于 PMOS 管,电流方向相反。

当 $v_{\mathrm{GS}} > V_{\mathrm{GS(th)}}$ 且为一确定值时,漏-源电压 v_{DS} 对导电沟道及电流 i_{D} 的影响与结型场效应管相似。漏极电流 i_{D} 沿导电沟道产生的电压差使导电沟道内各点与栅极间的电压不再相等。靠近源极一端的电压最大,这里导电沟道最厚;而漏极端电压最小,因而这里导电沟道最薄。但当 v_{DS} 较小($v_{\mathrm{DS}} < v_{\mathrm{GS}} - V_{\mathrm{GS(th)}}$)时对导电沟道的影响不大,只要 v_{GS} 一定,沟道电阻几乎是一定的,所以 i_{D} 随 v_{DS} 近似线性变化。式(2.2.4)给出漏极电流的近似计算公式:

$$i_{\mathrm{D}} \approx \mu_{\mathrm{n}} C_{\mathrm{ox}} \frac{W}{L} (v_{\mathrm{GS}} - V_{\mathrm{GS(th)}}) v_{\mathrm{DS}} \tag{2.2.4}$$

式(2.2.4)中，μ_n 为电荷载流子迁移率；C_{ox} 表示导电沟道单位长度的总电容；W 和 L 表示栅源漏极间导电沟道的几何尺寸；W/L 为长宽比。漏源极间的线性电阻为

$$R_{ON} = \frac{1}{\mu_n C_{ox} \dfrac{W}{L}(v_{GS}-V_{GS(th)})} \tag{2.2.5}$$

随着 v_{DS} 的增大，靠近漏极的导电沟道越来越薄。当 v_{DS} 增加到使 $v_{DS}=v_{GS}-V_{GS(th)}$ 时，沟道在漏极一端出现预夹断，如图 2.2.6 所示。

再继续增大 v_{DS}，预夹断点将向源极 S 方向移动，如图 2.2.7 所示。由于 v_{DS} 的增加部分几乎全部降落在预夹断区，故 i_D 几乎不随 v_{DS} 增大而增加，NMOS 管进入恒流区，i_D 几乎仅由 v_{GS} 决定。

$$i_D \approx \mu_n C_{ox} \frac{W}{L'}(v_{GS}-V_{GS(th)})^2 \tag{2.2.6}$$

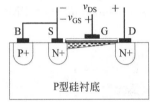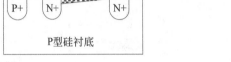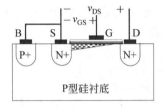

图 2.2.6　NMOS 管导电沟道预夹断　　　图 2.2.7　NMOS 管导电沟道预夹断点左移

2. MOS 管的静态开关特性

与三极管类似，MOS 管也有 3 个工作区：截止区、可变电阻区和恒流区。在数字电路中，MOS 管作为开关元件使用，工作在截止区和恒流区。NMOS 管开关电路及等效电路如图 2.2.8 所示。

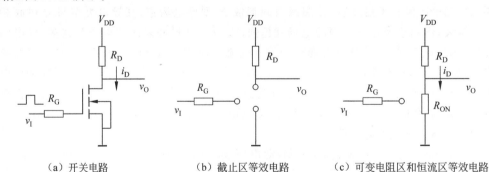

（a）开关电路　　　　（b）截止区等效电路　　　（c）可变电阻区和恒流区等效电路

图 2.2.8　NMOS 管开关电路及等效电路

1）截止区

若 $v_I=V_{IL}$，即 $v_{GS}<V_{GS(th)}$ 时，漏极和源极之间没有导电沟道，NMOS 管处于截止状态。漏源极间的内阻非常大，可达 $10^9\,\Omega$ 以上，i_D 近似为 0。这时输出电压为高电平，即 $v_O=V_{OH}\approx V_{DD}$。其等效电路如图 2.2.8(b)所示。

2）可变电阻区

随着输入信号 v_I 的增加，当 $v_{GS} > V_{GS(th)}$ 时，NMOS 管进入可变电阻区。在这个区域里，当 v_{GS} 一定时，i_D 与 v_{DS} 之比近似为一个常数，具有类似于线性电阻的性质，即 $R_{ON} = v_{DS}/i_D$。而等效电阻 R_{ON} 的大小和 v_{GS} 有关。在 $v_{DS} \approx 0$ 时 NMOS 管导通电阻由式（2.2.7）给出：

$$R_{ON}\mid_{v_{DS}=0} = \frac{1}{2K(v_{GS} - V_{GS(th)})} \tag{2.2.7}$$

式（2.2.7）表明，为得到较小的导通电阻，应继续增大 v_{GS} 值，使 NMOS 管进入恒流区。

3）恒流区

随着 v_I 的继续增加，v_{GS} 也增加，当 $v_I = V_{IH}$，v_{GS} 远大于 $V_{GS(th)}$ 时，恒流区里漏极电流 i_D 的大小基本上由 v_{GS} 决定，而 v_{DS} 的变化对 i_D 影响非常小。i_D 与 v_{GS} 的关系如下：

$$i_D = I_{DS}(v_{GS}/V_{GS(th)} - 1)^2 \tag{2.2.8}$$

式（2.2.8）中，I_{DS} 是 $v_{GS} = 2V_{GS(th)}$ 时的 i_D 值。由式（2.2.8）可以看出，i_D 近似与 v_{GS}^2 成正比。

在恒流区，导通电阻 R_{ON} 也非常小，约为几百欧，而 R_D 为几万欧，根据 R_{ON} 和 R_D 分压结果，输出电压 v_O 为低电平，即 $v_O = V_{OL} \approx 0$。其等效电路如图 2.2.8（c）所示。这时 NMOS 管的漏源极间相当于一个闭合的开关。

同理，当采用 PMOS 管时，只要满足开启电压（$V_{GS(th)}$ 为负电压）的要求，同样可以工作在截止区和恒流。图 2.2.9（a）为开关电路，图 2.2.9（b）为截止区等效电路，图 2.2.9（c）为可变电阻区和恒流区等效电路。当 $v_{GS} > -|V_{GS(th)}|$ 时，PMOS 管工作在截止状态，输出电压 v_O 为 $-V_{DD}$；当输入信号 v_I 为负，且 $v_{GS} < -|V_{GS(th)}|$ 时，PMOS 管工作在导通状态，这时输出电压 v_O 为低电平，即 $v_O = V_{OL} \approx 0$。

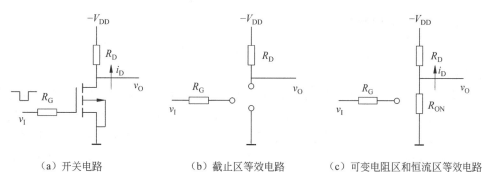

（a）开关电路　　　　　　　　（b）截止区等效电路　　　　　（c）可变电阻区和恒流区等效电路

图 2.2.9　PMOS 管开关电路及等效电路

3. MOS 管的动态开关特性

在 MOS 管的开关状态下，参与导电的只有一种载流子，没有大量存储电荷问题，所以导电沟道的形成和消失需要的时间很少，可以忽略不计。与双极性晶体管相比，一般认为使 MOS 管导通不需要电流，只要 v_{GS} 高于一定的值即可，这一点很容易做到。但是，还需要有一定的电压传输速度，影响电压传输延迟特性的主要因素是栅极与源极、漏极分布电容以及负载电容的影响，NMOS 管开关电路及动态特性如图 2.2.10 所示。

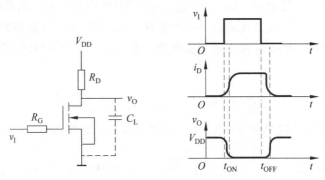

图 2.2.10　MOS 管开关电路及动态特性

不管是 NMOS 管还是 PMOS 管，在导通和截止的时候，都一定不是在瞬间完成的。MOS 管两端的电压有一个下降的过程，流过的电流有一个上升的过程，在这段时间内，MOS 管的功率损失是电压和电流的乘积，称为开关损失。通常开关损失比导通损失大得多，而且开关频率越高，功率损失也越大。导通瞬间电压和电流的乘积很大，造成的功率损失也就很大。缩短开关时间，可以减小每次导通时的功率损失；降低开关频率，可以减少单位时间内的开关次数。MOS 管导通后都有导通电阻存在，电流就会在电阻上消耗能量，这叫作导通损失。选择导通电阻小的 MOS 管会减小导通损失。现在的小功率 MOS 管导通电阻一般在几十毫欧左右，几毫欧的也有。MOS 管导通电阻一般比三极管饱和导通电阻大，而且漏极电阻 R_D 也比三极管集电极电阻 R_C 大，所以 MOS 管对电容的充放电时间要长一些，也就是说 MOS 管开关速度比三极管要慢一些。

4. 其他类型的 MOS 管

MOS 管除了上面介绍的两种增强型的以外，还有另外两种：N 沟道耗尽型的和 P 沟道耗尽型的。

一般而言，耗尽型 MOS 管比前述的增强型 MOS 管少见。耗尽型 MOS 管在制造过程中改变掺杂到通道中的杂质浓度，使得这种 MOS 管的栅极就算没有加电压，通道仍然存在。如果想要关闭通道，则必须在栅极施加负电压。耗尽型 MOS 管最大的应用是在常闭型（normally-off）的开关，而增强型 MOS 管则用在常开型（normally-on）的开关上。

N 沟道耗尽型 MOS 管的结构形式和 N 沟道增强型 MOS 管相同，都采用 P 型硅衬底，导电沟道为 N 型。不同的是 N 沟道耗尽型 MOS 管在栅极下面的绝缘层中掺进一定浓度的正离子。因此，在 $v_{GS}=0$ 时，漏源极间已经有导电沟道存在，而且 v_{GS} 越大，导电沟道越宽；而当 v_{GS} 为负电压时，导电沟道变窄，i_D 减小，直到 $v_{GS}<-V_{GS(off)}<0$ 时导电沟道消失，MOS 管截止。$V_{GS(off)}$ 称为 N 沟道耗尽型 MOS 管截止时的夹断电压。图 2.2.11 为 N 沟道耗尽型 MOS 管的符号。

对于 P 沟道耗尽型 MOS 管，采用 N 型硅衬底，导电沟道为 P 型。与 N 沟道耗尽型 MOS 管一样，P 沟道耗尽型 MOS 管在 $v_{GS}=0$ 时，漏源极间已经有导电沟道存在，而且

v_{GS} 为负电压时导电沟道变宽;只有当 $v_{GS} > V_{GS(off)} > 0$ 时,导电沟道才消失,MOS 管截止。图 2.2.12 为 P 沟道耗尽型 MOS 管的符号。

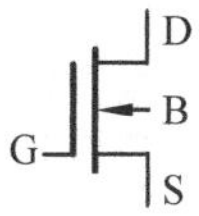

图 2.2.11　N 沟道耗尽型 MOS 管的电路 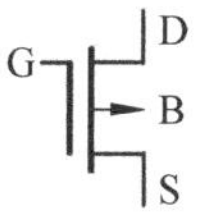　　　**图 2.2.12　P 沟道耗尽型 MOS 管的电路**

5. 主要开关参数

MOS 管的主要开关参数如下:

(1) 导通电阻。指 MOS 管导通且 v_{GS} 为固定值时,漏极电压变化量与漏极电流变化量之间的比值,即

$$R_{ON} = \frac{\Delta v_{DS}}{\Delta i_D} \tag{2.2.9}$$

一般情况下,R_{ON} 的电阻值在 $1k\Omega$ 以下。

(2) 截止电阻。指 MOS 管截止时漏极和源极之间的电阻值,约为 $10^9 \Omega$。

(3) 跨导(g_m)。指在 v_{DS} 一定的条件下,漏极电流变化与栅源极间电压变化之比,它表示栅源极间电压对漏极电流的控制能力。

$$g_m = \frac{\Delta i_D}{\Delta v_{GS}} \tag{2.2.10}$$

一般情况下,g_m 在几毫西(mS)以下。

(4) 开启电压($V_{GS(th)}$)和夹断电压($V_{GS(off)}$)。N 沟道增强型 MOS 管的 $V_{GS(th)}$ 为正值,P 沟道增强型 MOS 管的 $V_{GS(th)}$ 为负值;N 沟道耗尽型 MOS 管的 $V_{GS(th)}$ 为负值,P 沟道耗尽型 MOS 管的 $V_{GS(th)}$ 为正值。

(5) 分布电容。在栅源极间和栅漏极间存在分布电容,在微微法数量级范围内。

2.3　简单的与、或、非门电路

2.3.1　二极管门电路

1. 二极管与门电路

二极管与门电路及符号如图 2.3.1 所示。该电路有 A、B 两个输入变量和一个输出变量 Y。假设高低电平分别为 $V_{IH} = 3V$,$V_{IL} = 0$,电源电压 $V_{CC} = 5V$。

由图 2.3.1 可知,若 A、B 均为低电平($V_{IL} = 0$),两个二极管均导通,输出端为低电平(0.7V),即 $Y = 0$;若 A、B 中有一个为低电平,则必有一个二极管导通,另一个二极管截止,输出端为低电平(0.7V),即 $Y = 0$;若 A、B 均为高电平,两个二极管均导通,输出端为高电平(3.7V),即 $Y = 1$。

二极管与门电路真值表如表 2.3.1 所示。由真值表转换为逻辑函数式为

$$Y = AB \tag{2.3.1}$$

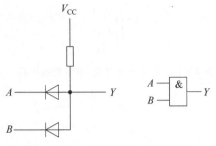

图 2.3.1　二极管与门电路及符号

表 2.3.1　二极管与门电路真值表

A	B	Y
0	0	0
0	1	0
1	0	0
1	1	1

2. 二极管或门电路

二极管或门电路及符号如图 2.3.2 所示。该电路有 A、B 两个输入变量和一个输出变量 Y。假设高低电平分别为 $V_{IH} = 3V$,$V_{IL} = 0$,电源电压 $V_{CC} = 5V$。

由图 2.3.2 可知,若 A、B 均为低电平($V_{IL} = 0$),两个二极管均截止,输出端为低电平(0),即 $Y = 0$;若 A、B 中有一个为高电平,则必有一个二极管导通,另一个二极管截止,输出端为高电平(2.3V),即 $Y = 1$;若 A、B 均为高电平,两个二极管均导通,输出端为高电平(2.3V),即 $Y = 1$。

或门电路真值表如表 2.3.2 所示。由真值表转换为逻辑函数式为

$$Y = A + B \tag{2.3.2}$$

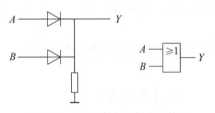

图 2.3.2　二极管或门电路及符号

表 2.3.2　二极管或门电路真值表

A	B	Y
0	0	0
0	1	1
1	0	1
1	1	1

2.3.2　三极管非门电路

非门也称为反相器,它的输入信号与输出信号反相。简单的三极管非门电路及符号如图 2.3.3 所示。假设三极管放大系数 $\beta = 50$,饱和压降 $V_{CE(sat)} = 0.1V$,其他参数已在图 2.3.3 中作了标注。

利用戴维南定理将输入电路等效为电压源 v_B 和等效内阻 R_B 串联的单回路,如图 2.3.4 所示。其中 v_B 为基极-发射极开路时电压,R_B 为电压源短路时的等效电阻。

$$v_B = v_I - \frac{v_I + |V_{EE}|}{R_1 + R_2} R_1 \tag{2.3.3}$$

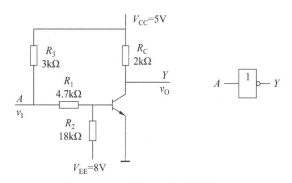

图 2.3.3 三极管非门电路及符号

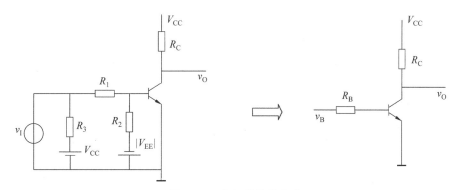

图 2.3.4 非门的等效电路

$$R_B = \frac{R_1 R_2}{R_1 + R_2} = 3.7\text{k}\Omega \tag{2.3.4}$$

当输入信号 A 为低电平($V_{IL}=0$)时,由式(2.3.3)可以计算出

$$v_B = -1.7\text{V}$$

根据 2.2.2 节介绍的三极管开关特性知,三极管处于截止状态,$i_C=0$,三极管输出高电平 $v_O = V_{CC} = 5\text{V}$,即 $Y = 1$。

当输入信号 A 为高电平 $V_{IH} = 5\text{V}$ 时,由式(2.3.3)可以计算出

$$v_B = 2.3\text{V}$$

这时三极管处于导通状态,可近似求得 i_B 值为

$$i_B = \frac{v_B - 0.7}{R_B} = 0.43(\text{mA})$$

而饱和电流为

$$I_{BS} = \frac{V_{CC} - V_{CE(sat)}}{\beta R_C} = 0.049\text{mA}$$

故 $i_B > I_{BS}$,三极管处于饱和导通状态,输出为低电平,$v_O = V_{OL} = 0.1\text{V}$。

当输入信号 A 悬空时,图 2.3.4 的输入电路的等效电压源 v_B 和等效内阻 R_B 为

$$v_B = V_{CC} - \frac{V_{CC} + |V_{EE}|}{R_1 + R_2 + R_3}(R_1 + R_3) = 1.1\text{V}$$

$$R_B = \frac{(R_1 + R_3)R_2}{R_1 + R_2 + R_3} = 5.4\text{k}\Omega$$

这时,

$$i_B = \frac{v_B - 0.7}{R_B} = \frac{1.1 - 0.7}{5.4} = 0.074(\text{mA}) > I_{BS}$$

故三极管也处于饱和状态,输出为低电平。

由上述分析可知,输入信号为高电平时输出为低电平,而输入信号为低电平时输出为高电平,因此能够实现逻辑非运算,即 $Y = \overline{A}$。

2.3.3 二极管-三极管与非、或非门

除了上面讨论的与门、或门和非门外,还有其他常用的门电路,如二极管和三极管构成的与非门、或非门。图 2.3.5 是将二极管的与门和三极管的非门级联,构成与非门,即 $Y = \overline{AB}$。图 2.3.6 是将二极管的或门和三极管的非门级联,构成或非门,即 $Y = \overline{A+B}$。

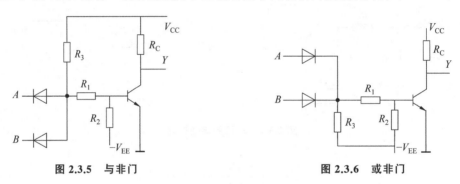

图 2.3.5   与非门   图 2.3.6   或非门

2.4   TTL 集成门电路

2.3 节介绍的门电路是由二极管、三极管和电阻组成的逻辑门电路,称为分立元件门电路。随着半导体技术和集成电路技术的发展,现在将电路中的半导体器件、电阻、电容及连线制作在同一硅片上,并封装在一个管壳内,即集成电路。目前可以将数以万计的半导体器件集成在几十平方毫米的硅片上。与分立元件门电路相比,集成电路具有体积小、重量轻、可靠性高等优点,已基本取代所有分立元件门电路。

通常按照集成度(即每一片硅片上封装的逻辑门或元器件的个数)可分为 4 种: 小规模集成电路(Small-Scale Integration,SSI),其集成度为 1~10 个门/片;中规模集成电路(Medium-Scale Integration,MSI),集成度为 10~100 个门/片;大规模集成电路(LSI),集成度为大于 100 个门/片;超大规模集成电路(VLSI),元件个数超过 10 万个以上。

根据制造工艺的不同,集成电路又分成 TTL 型和 MOS 型。TTL 电路是目前双极型数字集成电路中应用得最多的一种,又分为多个系列,主要有 74 系列、74L 系列、74H 系列、74S 系列、74LS 系列等,它们主要在功耗、速度和电源电压范围等方面有所不同。

2.4.1 TTL 与非门电路结构和工作原理

1. 电路结构

TTL 与非门(74 系列)的典型电路如图 2.4.1 所示。因为这种电路都采用三极管结构,所以称为三极管-三极管逻辑电路(Transistor-Transistor Logic),简称 TTL 电路。

图 2.4.1 所示的电路由 3 部分组成:输入级(T_1、R_1、D_1、D_2)、倒相级(T_2、R_2、R_3)和输出级(T_4、T_5、D_3、R_4)。其中,T_1 为多发射极三极管,可看成两个发射极独立,基极和集电极共用,其结构和等效电路如图 2.4.2 所示;T_2 的集电极和发射极输出的电压信号变化方向相反,分别驱动 T_4 和 T_5,从而完成倒相放大作用;T_4 和 T_5 组成推拉式的输出级,可有效地降低输出级的静态功耗,提高驱动负载能力。D_1 和 D_2 是输入端钳位二极管,可以抑制输入端的负极性干扰脉冲,以保护输入端的多发射极三极管。

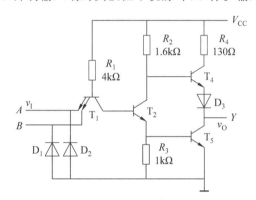

图 2.4.1 TTL 与非门电路

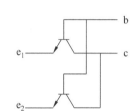

图 2.4.2 多发射极三极管等效电路

2. 工作原理

设电源电压 $V_{CC}=5V$,输入信号的高、低电平分别为 $V_{IH}=3.4V$,$V_{IL}=0.2V$,三极管基极和发射极间开启电压 $V_{ON}=0.7V$。

当输入信号 A、B 中至少有一个为低电平($V_{IL}=0.2V$)时,对应的发射极必然导通,T_1 的基极电压被钳位在 $v_{B1}=0.9V$ 的电平上,而 T_1 的基极电压不足以让 T_2 和 T_5 导通。由于 T_2 截止,R_2 上的压降很小,$V_{C2} \approx V_{CC}=5V$,而 V_{E2} 为低电平,这时 T_4 导通,T_5 截止。因此,$v_O=V_{B4}-V_{BE4}-V_{D3}=3.6V$,即输出信号为高电平 V_{OH}。

当输入信号 A、B 全为高电平($V_{IH}=3.4V$)时,此时假设 T_1 导通,则 $V_{B1}=V_{IH}+0.7=4.1V$,T_1 的发射极与集电极之间的电压约为 0.3V,使得 T_1 的集电极电压约为 3.7V,从而 T_2 和 T_5 的发射极导通,则 T_2 的基极电压被钳位在 $V_{B2}=1.4V$ 的电平上,此时三极管 T_1 的 $V_{B1}>V_{C1}$,$V_{E1}>V_{C1}$,相当于把原来的集电极作为发射极使用,原来的发射极作为集电极使用,在这种状态下,三极管 T_1 工作在倒置状态,同时使 T_1 的基极电压 V_{B1} 被钳位在 2.1V 的电平上。T_2 导通,使 V_{C2} 下降,同时 v_{E2} 上升,导致 T_4 截止,T_5 导通,输出信号变为低电平 V_{OL}。

综上所述,TTL 与非门只要有一个输入信号为低电平,输出信号即为高电平;只有所有输入信号为高电平时,输出信号才为低电平,即满足 $Y=\overline{AB}$。

2.4.2 TTL 与非门的外部特性及参数

为了正确地解决门电路与门电路、门电路与其他电路的连接问题,必须了解门电路的静态输入特性、静态输出特性、负载特性、电压传输特性和噪声容限等问题。

1. 静态输入特性和输出特性

1) 静态输入特性

静态输入特性是指稳态(输入为 0 或 1)情况下输入电压与输入电流之间的伏安特性,即 i_I 随 v_I 变化的关系曲线。图 2.4.3(a)为输入级等效电路,图 2.4.3(b)为输入特性曲线。

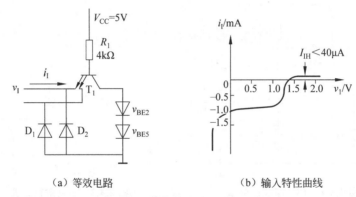

(a) 等效电路　　　　　　　　　　(b) 输入特性曲线

图 2.4.3　输入级等效电路及输入特性曲线

(1) 输入低电平电流 I_{IL}。

在图 2.4.3 中,若以 i_I 流入与非门为正方向,则当 $v_I=V_{IL}=0.2V$ 时,i_I 为负值。由于 T_2 和 T_5 截止,T_1 的发射极电流与基极电流相等,都等于 i_I,所以

$$I_{IL}=-\frac{V_{CC}-v_{BE1}-V_{IL}}{R_1}\approx-1\mathrm{mA} \tag{2.4.1}$$

而当 $v_I=0$ 时,对应的输入电流称为输入短路电流 I_{IS}。显然,I_{IS} 的数值比 I_{IL} 的数值要大一些。

(2) 输入高电平电流 I_{IH}。

随着 v_I 的增大,当 v_I 接近 0.7V、v_{B1} 接近 1.4V 时,T_2 开始导通,但 T_1 的集电极支路电流仍很小。只有当 v_I 上升到阈值电压 $V_T=1.4V$ 时,T_5 导通,i_I 随着 v_I 增大迅速减小。这时 T_1 处于倒置状态,T_1 的集电极电流流入 T_2 的基极,输入电流方向与参考方向一致,i_I 转变为正值。

由于倒置状态下三极管的电流放大系数 β 极小(为 0.1～0.5),所以高电平输入电流(也称输入漏电流)I_{IH} 也很小。一般地,对于 74 系列门电路,每个输入端 I_{IH} 值在 40μA 以下。

2）静态输出特性

静态输出特性是指稳态（输出为 0 或 1）情况下输出电压 v_O 随负载电流 i_L 的变化而变化的关系曲线，也称为输出特性曲线。

（1）输出高电平时的输出特性。

根据与非门工作原理可知，当 $v_O = V_{OH}$ 时，门电路中的 T_5 截止，T_4 和 D_3 导通，其等效电路如图 2.4.4(a) 所示。假定负载电流 i_L 以流入门电路为正方向。

由图 2.4.4 可见，T_4 工作在发射极输出状态，电路的输出电阻很小。在负载电流较小的情况下，负载电流的变化对 V_{OH} 的影响很小。由于负载电流 $i_L = I_{OH}$ 从 T_4 流出，为负值，故称 I_{OH} 为拉电流，高电平输出特性曲线如图 2.4.4(b) 所示。

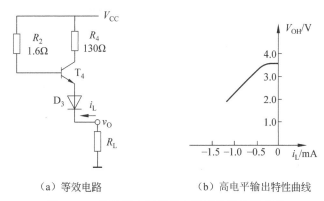

（a）等效电路　　　　　　（b）高电平输出特性曲线

图 2.4.4　输出高电平等效电路及输出特性曲线

随着负载电流 i_L 绝对值的增加，R_4 上的压降也随之加大，最终将使 T_4 的集电极变为正向偏置，T_4 进入饱和状态，这时 T_4 失去跟踪能力，因而 V_{OH} 随 i_L 绝对值的增加而线性下降，如图 2.4.4(b) 所示。由于功耗的限制，74 系列门电路在输出为高电平时要求最大负载电流不能超过 0.4mA，即 $I_{OH(max)} \approx 0.4\text{mA}$。若 $V_{CC} = 5\text{V}$，$V_{OH} = 2.4\text{V}$，则当 $I_{OH} = 0.4\text{mA}$ 时门电路的内部功耗达到 1mW。

（2）输出低电平时的输出特性。

当 $v_O = V_{OL}$ 时，与非门电路中的 T_5 饱和导通，T_4 截止，一般外接电源 V_{CC} 和负载电阻 R_L，其等效电路如图 2.4.5(a) 所示。假定负载电流 i_L 以流入门电路为正方向，由于负载电流流入 T_5 的集电极，所以也称 I_{OL} 为灌电流。

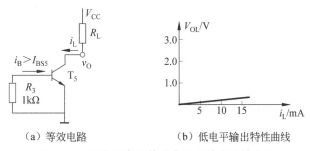

（a）等效电路　　　　　　（b）低电平输出特性曲线

图 2.4.5　输出低电平等效电路及输出特性曲线

由于 T_5 饱和导通时,集电极和发射极间的内阻很小(通常在几十欧以内),所以输出的低电平 V_{OL} 随着负载电流 i_L 的增加稍有升高。低电平输出特性曲线如图 2.4.5(b)所示。当负载电流 I_{OL} 过大时,T_5 有可能损坏,因此,74 系列的门电路输出低电平时的灌电流最大值为 $I_{OL(max)}=16mA$。

2. 负载特性

1)输入端负载特性

在具体使用门电路时,有时需要在输入端与地之间或输入端与信号的低电平之间接入负载电阻 R_P,如图 2.4.6 所示。当 R_P 在一定范围内增大时,由于输入电流流过 R_P 会产生压降,其数值也随之增大,反映两者之间变化关系的曲线叫作输入负载特性曲线,如图 2.4.7 所示。

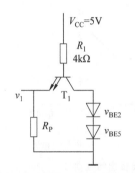

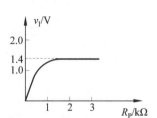

图 2.4.6 输入端接入负载时的电路   图 2.4.7 输入负载特性曲线

由图 2.4.7 可知,随着电阻 R_P 的变化,v_I 的变化规律为

$$v_I = \frac{R_P}{R_1 + R_P}(V_{CC} - v_{BE1}) \tag{2.4.2}$$

式(2.4.2)表明,在 $R_P \ll R_1$ 的条件下,v_I 与 R_P 近似成正比。但是当 v_I 上升到 1.4V 以后,T_5 导通,v_{B1} 被钳位在 2.1V 左右的电平上,这时即使 R_P 再增大,v_I 也不会再升高了,维持在 1.4V 左右,特性曲线近似一条水平线。通常把 T_5 开始导通时的输入电阻 R_P 叫作开门电阻 R_{ON},其数值约为 1.5kΩ。也就是说,只要与非门输入端所接电阻大于 R_{ON},则相当于输入端接高电平。

【例 2.4.1】 在图 2.4.1 所示的 TTL 与非门电路中,如果用电压灵敏度为 20kΩ/V 的电压表测量输入端 B 的电压,在下列情况下,测到的电压值为多少?

(1)输入端 A 接 0.2V 电平。

(2)输入端 A 接地。

(3)输入端 A 通过一个 5kΩ 的电阻接地。

(4)输入端 A 通过一个 200Ω 的电阻接地。

解:(1)当输入端 A 接 0.2V 电平时,T_1 处于深度饱和状态,基极电位被钳位在 $v_{B1}=v_{BE1}+0.2=0.9V$ 的电平上。当用电压表测量 B 端时

$$v_B = v_{B1} - v_{BE1} = 0.2V$$

（2）当输入端 A 接地时，由于 T_1 的发射极导通，使 $v_{B1}=0.7V$，电压表测量 B 端时

$$v_B = 0$$

（3）当输入端 A 通过 $5k\Omega$ 的电阻接地时，因为所接电阻大于开启电阻 R_{ON}，A 端相当于输入高电平，这时 v_{B1} 被钳位在 2.1V 的电平上，所以测得 B 端电压为

$$v_B = v_{B1} - v_{BE1} = 2.1V - 0.7V = 1.4V$$

（4）当输入端 A 通过 200Ω 的电阻接地时，等效于在 A 端加了一个输入电压

$$v_{IA} = \frac{R_P}{R_1 + R_P}(V_{CC} - v_{BE1}) = \frac{200}{4000 + 200}(5 - 0.7)V = 0.2V$$

相当于在 A 端加了一个 0.2V 的逻辑低电平，与第一种情况一样，电压表测得 B 端电压为 0.2V。

2）带负载能力

TTL 与非门带负载能力表示一个与非门能驱动的同类门的最大数目，常用扇出系数 N_O 表示。

当驱动门输出高电平时，

$$N_H = \frac{I_{OH(max)}}{I_{IH}} \tag{2.4.3}$$

当驱动门输出低电平时，

$$N_L = \frac{I_{OL(max)}}{I_{IL}} \tag{2.4.4}$$

式中，$I_{OH(max)}$ 为驱动门输出高电平时的最大输出电流，$I_{OL(max)}$ 为驱动门输出低电平时的最大灌电流；I_{IH}、I_{IL} 为负载门输入高、低电平时的输入电流。扇出系数 N_O 取 N_H 和 N_L 的较小者。

【例 2.4.2】 由 74 系列组成的门电路如图 2.4.8 所示，求 G_M 能驱动多少个与非门。要求 G_M 输出的高、低电平满足 $V_{OH} \geqslant 3.2V$，$V_{OL} \leqslant 0.4V$。与非门的输入电流为 $I_{IL} \leqslant -1.6mA$，$I_{IH} \leqslant 40\mu A$。与非门输出低电平时最大灌电流 $I_{OL(max)} = 16mA$，输出高电平时的最大输出电流 $I_{OH(max)} = -0.4mA$。

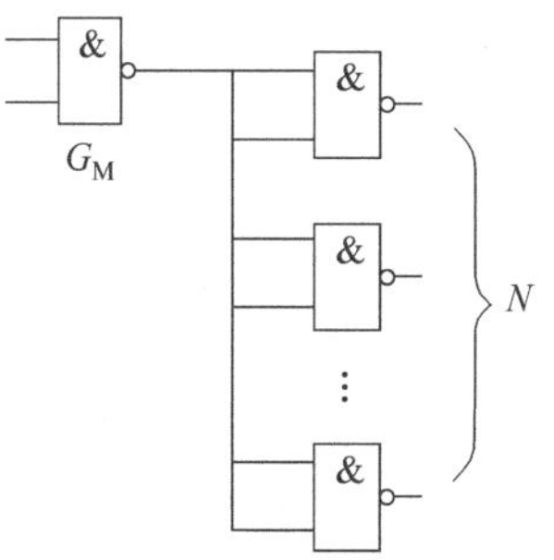

解：首先计算保证 G_M 输出低电平时可以驱动的门电路数 N_1。由低电平输出特性知，G_M 的负载电流是所有负载门的低电平输入电流之和。而由低电平输入特性知，每个负载与非门所有输入电流之和等于 I_{IL}。所以

图 2.4.8　例 2.4.2 电路图

$$N_1 = \frac{I_{OL(max)}}{I_{IL}} = \frac{16}{1.6} = 10$$

然后计算保证 G_M 输出高电平时可以驱动的门电路数 N_2。由高电平输出特性知，G_M 的负载电流是所有负载门的高电平输入电流之和。而每个负载与非门都有两条支路输入，每条支路电流为 I_{IH}。所以

$$N_2 = \frac{I_{OH(max)}}{2I_{IH}} = \frac{0.4}{2 \times 0.04} = 5$$

最后，G_M 能驱动与非门的个数为 $N=\min\{N_1,N_2\}=5$。

3. 电压传输特性

图 2.4.1 所示的与非门的输出电压 v_O 随输入电压 v_I 的变化关系曲线叫作电压传输
特性曲线，如图 2.4.9 所示。对该曲线的各段说明如下：

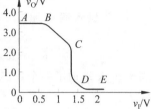

（1）AB 段。当 $v_I<0.6\text{V}$ 时，$v_{B1}<1.3\text{V}$，T_2 和 T_5 截
止，T_4 导通，输出高电平，$v_O=V_{OH}=V_{CC}-v_{R2}-v_{BE4}-v_{D3}$
$=3.4\text{V}$。此曲线段称为电压传输特性的截止区。

（2）BC 段。当 $0.6\text{V}<v_I<1.3\text{V}$ 时，$1.3\text{V}<v_{B1}<$
2.0V，T_2 导通，工作在放大区，T_5 仍然截止。随着 v_I 的上
升，v_{C2} 和 v_O 线性下降。此曲线段称为特性曲线的线性区。

**图 2.4.9　TTL 与非门的电压
传输特性曲线**

（3）CD 段。当 $1.3\text{V}<v_I<1.4\text{V}$ 时，$v_{B1}\approx2.1\text{V}$，T_2 和
T_5 同时导通，v_{C2} 急剧下降，T_4 截止，v_O 也急剧下降。这段
曲线称为转折区，曲线中点对应的输入电压 V_{TH} 称为阈值电压或门槛电压，$V_{TH}=1.4\text{V}$。

（4）DE 段。当 $v_I>1.4\text{V}$，$v_{B1}=2.1\text{V}$，T_2 和 T_5 均饱和导通，T_4 截止，$v_O=V_{OL}=$
$V_{CE(sat)}=0.3\text{V}$。

4. 噪声容限

噪声容限是指在保证逻辑门完成正常逻辑功能的情况下，逻辑门输入端所能承受的
最大干扰电压值。噪声容限有低噪声容限 V_{NL} 和高噪声容限 V_{NH}。图 2.4.10 给出了噪声
容限的示意图。

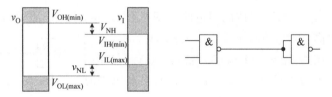

图 2.4.10　噪声容限示意图

图 2.4.10 中首先规定了输出高、低电平的下限 $V_{OH(min)}$ 和上限 $V_{OL(max)}$，又根据传输特
性规定了输入高、低电平的下限 $V_{IH(min)}$ 和上限 $V_{IL(max)}$。

在将两个与非门直接级联时，为保证逻辑电平传输的正确性，必须满足条件 $V_{OH(min)}$
$>V_{IH(min)}$，$V_{OL(max)}<V_{IL(max)}$。由此可以得出高电平的噪声容限：

$$V_{NH}=V_{OH(min)}-V_{IH(min)} \tag{2.4.5}$$

同样可得低电平的噪声容限：

$$V_{NL}=V_{IL(max)}-V_{OL(max)} \tag{2.4.6}$$

74 系列门电路 $V_{OH(min)}=2.4\text{V}$，$V_{OL(max)}=0.4\text{V}$，$V_{IH(min)}=2.0\text{V}$，$V_{IL(max)}=0.8\text{V}$，所以
$V_{NH}=0.4\text{V}$，$V_{NL}=0.4\text{V}$。

【例 2.4.3】　在如图 2.4.11 所示的两个 74 系列 TTL 与非门级联电路中，计算连接电

阻 R_P 的取值范围。

解：当 $v_{O1}=V_{OH}$，$v_{I2}\geqslant V_{IH(min)}$ 时应满足

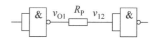

$$V_{OH}-I_{IH}R_P \geqslant V_{IH(min)}$$

图 2.4.11 **TTL 与非门级联电路**

则

$$R_P \leqslant \frac{V_{OH}-V_{IH(min)}}{I_{IH}}=\frac{3.2-2.0}{40\times 10^{-6}}\Omega=30k\Omega$$

当 $v_{O1}=V_{OL}$，$v_{I2}\leqslant V_{IL(max)}$ 时应满足

$$\frac{V_{CC}-V_{BE1}-V_{IL(max)}}{R_1} \leqslant \frac{V_{IL(max)}-V_{OL}}{R_P}$$

则

$$R_P \leqslant \frac{V_{IL(max)}-V_{OL}}{V_{CC}-V_{BE1}-V_{IL(max)}}R_1 = \frac{0.8-0.2}{5-0.7-0.8}\times 4k\Omega=0.69k\Omega$$

因此 R_P 不应大于 690Ω。

5. TTL 与非门动态特性

1）传输延迟时间

在理想情况下，当 TTL 电路的输入状态发生变化时，输出状态应按照逻辑关系立即发生响应。但在实际电路中，由于三极管内部电荷的积累

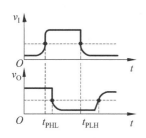

图 2.4.12 **与非门传输延迟时间**

和消散需要一定的时间，而且三极管、电阻及连线等存在寄生电容，所以输出电压 v_O 的波形不仅比输入电压 v_I 的波形滞后，而且上升沿和下降沿均变缓，如图 2.4.12 所示。通常把输出波形滞后于输入波形的时间称为传输延迟时间，而且把输出电压从高电平到低电平的传输延迟时间记为 t_{PHL}，由低电平到高电平的传输延迟时间记作 t_{PLH}，它们的定义方法如图 2.4.12 中所示。

在 74 系列门电路中，由于 T_5 工作在深度饱和状态，所以从饱和到截止需要的时间较长，即 $t_{PLH} > t_{PHL}$。在器件手册中，一般给出平均传输延迟时间 $t_{pd}=(t_{PLH}+t_{PHL})/2$，TTL 与非门的 t_{pd} 大约为 9ns 左右。

2）电源的动态尖峰电流

TTL 工作在稳态时，T_4 和 T_5 不同时导通，电源的供电电流很小，大约为几毫安。然而在动态时，特别是输入电压 v_I 从高电平快速变为低电平时，T_1 迅速饱和导通，T_2 截止，从而 T_4、D_3 导通；由于 T_5 原来工作在饱和状态，转变到截止状态需要一定时间，这时出现短时的 T_4 和 T_5 同时导通的情况，电源与地之间形成一个低电阻通路，产生一个流经电源的尖峰电流脉冲（约 40mA），如图 2.4.13 所示。

从图 2.4.13 中可以看出，信号的重复频率越高，门电路的传输延迟时间 t_{PLH} 越长，电流平均值增加得越多，电源功耗就越大。同时这个尖峰电流脉冲将通过电源线和地线以及电源的内阻形成一个系统内部的噪声源，因此应采取措施减少尖峰电流脉冲的影响。

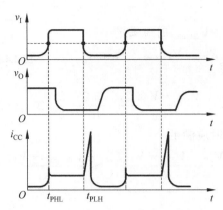

图 2.4.13　TTL 与非门动态尖峰电流脉冲

2.4.3　其他类型的 TTL 门电路

1. 其他逻辑功能的门电路

1）与或非门

图 2.4.14 是 74 系列与或非门的典型电路。它与图 2.4.1 所示的与非门的区别在于增加了一组输入级 T_1'、R_1' 和倒相级 T_2'，其电路与 T_1、R_1 和 T_2 完全相同。

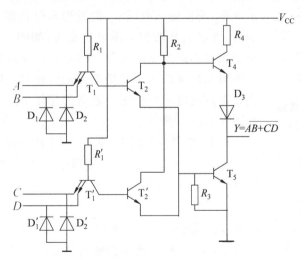

图 2.4.14　TTL 与或非门电路

由于 T_2 和 T_2' 的集电极、发射极分别接在一起，所以 A 和 B 同时为高电平，或者 C 和 D 同时为高电平，这样，T_2 和 T_2' 中的任何一个导通，都可以使 T_5 饱和导通，T_4 截止，输出为低电平。只有当 A 或 B 至少一个为低电平，同时 C 或 D 至少一个为低电平时，T_2 和 T_2' 同时截止，使 T_5 截止而 T_4 导通，输出才是高电平。因此，该电路的 Y 和 A、B 及 C、D 是与或非关系，即 $Y = \overline{AB + CD}$。

2）异或门

异或门的典型电路结构如图 2.4.15 所示。

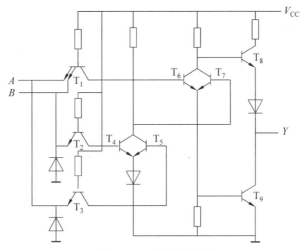

图 2.4.15 异或门电路

由图 2.4.15 可知,当输入端 A、B 全为高电平时,T_1 处于倒置工作状态,则 T_6、T_9 饱和导通而 T_8 截止,输出为低电平;当 A、B 同时为低电平时,T_1、T_2、T_3 处于正向深度饱和状态,T_6、T_4、T_5 同时截止,使 T_4、T_5 集电极电位增加,从而 T_7、T_9 饱和导通,T_8 截止,输出为低电平;当 A、B 中有一个为高电平,另一个为低电平,即 A、B 相异时,T_1 处于深度饱和状态,T_6 截止,又因为 A、B 有一个为高电平,必使 T_4 和 T_5 中有一个导通,另一个截止,使 T_7 基极为低电平,T_7 也截止。因为 T_6、T_7 同时截止,使 T_8 导通,T_9 截止,输出为高电平。因此 Y 和 A、B 间为异或关系,即 $Y = A\bar{B} + \bar{A}B = A \oplus B$。

2. 集电极开路与非门

前面介绍的 TTL 与非门输出结构采用推拉式输出电路,无论输出高电平还是低电平,输出电阻都很低,但使用时有一定的局限性,例如,在组成逻辑电路时,不能直接将两个门电路的输出端连接在一起。这是因为,若一个门的输出是高电平而另一个门的输出是低电平,则输出端并联后一个门截止而另一个门饱和导通,必然有一个很大的电流流过两个门的输出级,如图 2.4.16 所示。由于此电流很大,远远超过正常的工作电流,不但使导通门的低电平严重抬高,而且可能把截止门的 T_4 烧坏。

采用推拉式输出电路的 TTL 与非门电路的另一个缺点是不能满足驱动较大电流和较高电压的负载要求。因为这种门电路只要电源电压一经确定($V_{CC} = 5V$),T4 导通、T5 截止时输出高电平及输出电流就已经固定($V_{OH} = 3.4V$,$I_{OH} = $

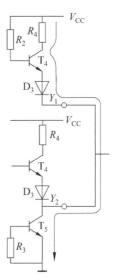

图 2.4.16 **TTL 与非门输出端并联的情况**

-0.4mA),因而不能满足大负载电流要求。

为了克服上述局限性,可以把 TTL 与非门电路的推拉式输出级改为三极管集电极开路输出,称为集电极开路(Open Collecter)的门电路,简称 OC 门,其电路结构和逻辑符号如图 2.4.17 所示。当 T_5 饱和导通时,OC 门输出低电平,其静态输出特性和推拉式 TTL 与非门相同;当 T_2、T_5 截止时,OC 门输出的高电平 V_{OH} 需要外接电源来提供,其大小等于外接电源电压值。而输出高电平电流 I_{OH} 为 T_5 的漏电流,其数值大约为几百微安,方向为正。

由上述分析可知,OC 门工作时其输出端需要外接负载电阻和电源。只要电阻阻值和电源电压选择得当,就能够做到既保证输出的高、低电平符合要求,并联使用时输出管电流又不会过大。图 2.4.18 是将 n 个 OC 门的输出端并联后共用一个集电极负载电阻 R_L 和电源 V'_{CC}。显然,在所有的与非门输出中只要一个为低电平,Y 就为低电平;而只有所有输出为高电平时,Y 才为高电平,所以输出 $Y = Y_1 \cdot Y_2 \cdots \cdot Y_n$,这种连接方式称为线与逻辑。

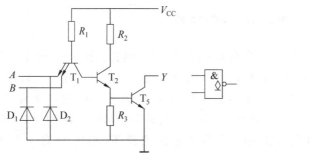

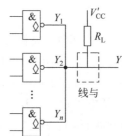

图 2.4.17　OC 门电路结构和逻辑符号　　　**图 2.4.18　OC 门输出并联情况**

另外,有些 OC 门的输出管设计尺寸较大,足以承受较大的电流和较高的电压。例如 SN7407 输出管允许的最大负载电流为 40mA,截止时耐压值为 30V,足以直接驱动小型继电器。

为了使线与输出的高、低电平值符合其所在电路系统的要求,对外接负载电阻 R_L 应作适当的选择,下面介绍外接负载电阻的计算方法。

1) 求负载电阻的最大值 $R_{\text{L(max)}}$

在如图 2.4.19 所示的电路中,假定有 n 个 OC 门输出端并联使用,当所有 OC 门截止时输出为高电平,负载 TTL 与非门有 m 个。为保证 OC 门输出高电平不低于规定的 $V_{\text{OH(min)}}$,显然 R_L 不能选得过大。若 I_{OH} 是每个 OC 门输出为高电平时输出管的截止电流,I_{IH} 是负载门在输入高电平时的每个输入端输入电流。由此可以计算 R_L 的最大值:

$$R_{\text{L(max)}} = \frac{V'_{\text{CC}} - V_{\text{OH(min)}}}{n I_{\text{OH}} + m' I_{\text{IH}}} \tag{2.4.7}$$

式(2.4.7)中,m' 是 TTL 与非门输入端的个数。

2) 求负载电阻的最小值 $R_{\text{L(min)}}$

在如图 2.4.20 所示的电路中,从最不利的情况考虑,假设 n 个线与的 OC 门只有一

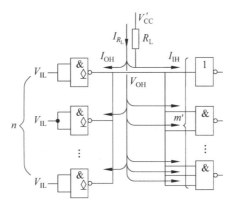

图 2.4.19　计算 OC 门输出高电平时负载电阻最大值

个饱和导通,其他门均截止,也就是说所有负载门的输入电流全部流入导通的 OC 门,所以 R_L 不能太小,以确保流入导通 OC 门的电流不超过最大允许的负载电流 I_{LM}。由此可以计算 R_L 的最小值:

$$R_{L(min)} = \frac{V'_{CC} - V_{OL(max)}}{I_{LM} - m I_{IL}} \tag{2.4.8}$$

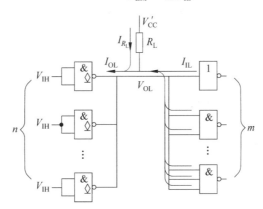

图 2.4.20　计算 OC 门输出低电平时负载电阻最小值

如果负载门为或非门,则 m 为或非门输入端的个数。最后选择的负载 R_L 的电阻值应介于式(2.4.7)和式(2.4.8)计算的最大值和最小值之间。

3. 三态门电路

三态门(Three-State Logic,简称 TS 门)是在普通门电路的基础上附加控制电路而构成的。所谓三态,是指门的输出不仅有高电平和低电平两种状态,还有第三种状态——高阻态。三态门电路结构及逻辑符号如图 2.4.21 所示。

在图 2.4.21(a)中,当 EN=1 时,二极管 D_1 截止,电路的输出 $Y = \overline{A \cdot B}$,处于与非门工作状态;当 EN=0 时,T_1 饱和导通,T_2、T_5 截止,同时 T_4 基极电位被钳位在 0.7V 的电平上,使 T_4 截止。由于 T_4、T_5 同时截止,所以输出端呈高阻状态。

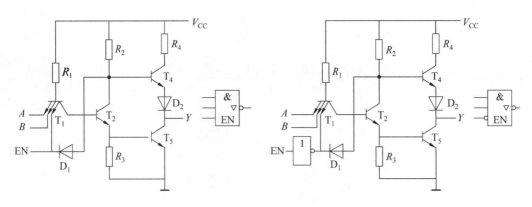

（a）控制端高电平有效   （b）控制端低电平有效

图 2.4.21　三态门电路结构及逻辑符号

而在图 2.4.21(b)中，由于附加控制端加入了一个非门，所以在 EN＝0 时为正常的与非门工作状态，在 EN＝1 时为高阻状态，故称这种门为低电平有效的三态门。

三态门的主要用途是在一些复杂的数字电路系统(如微型计算机系统)中构成总线控制电路。图 2.4.22 为三态门构成的单向总线电路，三态门通过附加控制端轮流使 EN 等于 1 来分时控制若干个门电路的输出信号，仅有 EN＝1 时，三态门的输出信号才能传输到总线上。

图 2.4.23 为用三态门构成的双向总线电路，当 EN＝1 时，G_1 工作，G_2 为高阻状态，数据 D_0 经 G_1 反相后送到总线上去；当 EN＝0 时，G_1 工作在高阻态，G_2 为与非门工作状态，总线上的数据 D_1 经 G_2 反相后由 $\overline{D_1}$ 送出。

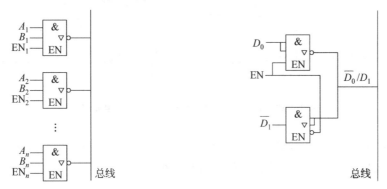

图 2.4.22　三态门构成的单向总线电路　　**图 2.4.23　三态门构成的双向总线电路**

为了满足提高 TTL 门电路的工作速度和降低功耗两个方面的要求，继上述的 74 系列之后，又出现了其他肖特基 TTL 门(74S)系列、低功耗肖特基 TTL 门(74LS)系列和改进肖特基门(74AS、74ALS)系列等改进的 TTL 门电路。

74LS 系列与非门的主要参数如下：输出高、低电平分别为 3.5V 和 0.3V，阈值电压为 1.3～1.4V，平均延迟时间为 10ns，每个门的功耗为 2mW，速度-功耗积为 20ns-mW。74LS 系列门电路是目前应用较广泛的电路之一。

2.4.4　TTL 门电路的使用

TTL 门集成电路产品多数为 14 根引线的小规模集成电路。不论哪种产品，其外形都有扁平封装(全称为塑料四边引脚扁平封装，Plastic Quad Flat Package，QFP)和双列直插封装(Dual In-line Package，DIP)两种形式。多数门电路在同一外壳内含有两个以上彼此独立、功能相同、公用电源及地端的门电路。这些门电路在实际使用时应注意以下几点。

1. 电源及电源干扰的消除

电源电压 V_{CC} 应满足 5V±5％的要求。考虑到电源通断瞬间或其他原因引起的冲击电压，外界干扰或电路间相互干扰会通过电源引入，故必须对电源进行滤波，在电源输入端加接一个 0.01～0.1μF 的高频滤波电容。

2. 不用输入端的处理及注意事项

(1) 将不用输入端接上一个电压，其值可在 2.4V 至输入电压最大值之间选取，例如接电源电压 V_{CC}。

(2) 不要将未使用的输入端悬空，否则易接收外界干扰。

(3) 不要将 74LS 系列电路的未使用输入端连接到其他有同样与非或者与功能的输入端，因为这种一般 TTL 电路推荐的处理方法会增加输入端的电容，削弱芯片的抗交流噪声干扰性能。

3. 输出端处理

具有有源推拉输出结构的 TTL 门电路不允许输出端直接连接。输出端不能过载，更不允许对地短路，也不允许直接接电源。

当输出端连接容性负载时，电路从断开到接通的瞬间有很大的冲击电流流过输出管，会导致输出管的损坏。为防止这一情况，应接入限流电阻，一般当容性负载 C_L 大于 100pF 时，限流电阻取 180Ω。

4. 其他注意事项

为了避免损坏电路，在焊接时最好选用中性焊剂，焊接后严禁将电路连同印刷电路板放入有机溶液浸泡清洗，只允许用少量酒精擦洗引脚上的焊剂。

2.5　MOS 门电路

绝缘栅型场效应管也就是 MOS 管。由 MOS 管组成的集成门电路称为 MOS 门电路，由 NMOS 管组成的电路称为 NMOS 电路，由 PMOS 管组成的电路称为 PMOS 电路，由 NMOS 管和 PMOS 管组成的互补型 MOS 电路称为 CMOS 电路。

MOS 门电路具有制造工艺简单、集成度高、抗干扰能力强、功耗低、价格便宜等突出优点,目前在大规模集成电路和超大规模集成电路中得到广泛应用。

2.5.1 CMOS 反相器

1. 电路工艺结构和工作原理

1) 工艺结构

在互补型 MOS(Complementary MOS,CMOS)电子技术中,可用的有 NMOS 管和 PMOS 管,其工艺结构如图 2.5.1 所示。简单来看,PMOS 管是通过掺杂不同浓度的杂质类型(包括衬底和基板)获得的,但在工艺实践中,NMOS 管和 PMOS 管必须在相同的晶圆上制造,即相同的衬底或基板。因此,一种器件类型可以放置在局部衬底中,称为阱(well)。在 CMOS 工艺中,PMOS 管是在 n-阱(n-well)中制造的。注意,一般 n-阱必须连接到电源电压,这样 PMOS 管的源-漏极在所有条件下都保持反向偏压。在大多数电路中,为了简洁起见,有时分别称 NMOS 管和 PMOS 管为 NFET 和 PFET。

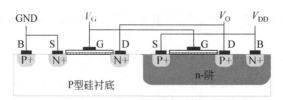

图 2.5.1 CMOS 管的工艺结构

新一代的 CMOS 技术融合了 FinFET(鳍式场效应晶体管)结构,与传统的平面器件不同,FinFET 结构的场效应管在三维空间中进行扩展,其工艺结构如 2.5.2(a)所示,它由一个 N+墙(类似于鲨鱼鳍)和一个围绕 N+墙弯曲的栅极 G 组成。FinFET 中的电流从漏极 D 到源极 S 沿着 N+墙的表面流动,由于栅极 G 的两个垂直壁间电场的作用,FinFET 的沟道长度调制和泄漏较小。现代的 MOS 器件被一个浅的"沟道"所包围,以避免相邻晶体管之间形成沟道。FinEET 工艺结构的顶视图如图 2.5.2(b)所示。

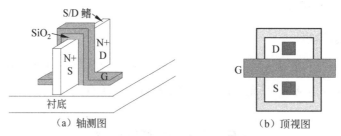

(a)轴测图   (b)顶视图

图 2.5.2 FinFET 的工艺结构

FinFET 具有更好的栅极控制、更低的阈值电压和更少的漏电。但是,当 FinFET 转向低于 10nm 工艺技术节点时,会再次出现漏电问题,这会导致许多其他问题。例如,由于热量很容易积聚在鳍上,FinFET 结构在热耗散方面效率较低。针对这些问题,可能会产生新的设计解决方案,包括修改器件结构,用新材料替换现有的硅材料,这些材料主要包括化合物半导体碳化硅(SiC)、铟镓磷化物(InGaP)、磷化铟(InP)和氮化镓(GaN)。其中,GaN 已经开始带来重大收益,特别是在那些速度快、频率高、效率高、耐热性强、高功耗的应用领域。除了硅器件之外,采用新材料和制造工艺的电路已经实现突破,如用GaN 制成的器件,已经创造出了一些新晶体管类型。

2) CMOS 反相器工作原理

CMOS 反相器的基本电路结构如图 2.5.3 所示。该电路为有源负载反相器,T_1 是 N 沟道增强型 MOS 管,T_2 是 P 沟道增强型 MOS 管,T_1 和 T_2 的漏极接在一起,作为反相器的输出端;T_1 和 T_2 的栅极接在一起,作为反相器的输入端;NMOS 管 T_1 的源极接地,PMOS 管 T_2 的源极接电源。

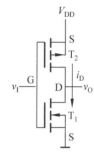

图 2.5.3　CMOS 反相器的
基本电路结构

设 T_1 和 T_2 的开启电压分别为 $V_{GS(th)N}$ 和 $V_{GS(th)P}$,同时 $V_{DD}>V_{GS(th)N}+|V_{GS(th)P}|$,即电源电压大于两个 MOS 管阈值电压绝对值之和。

当输入为高电平,即 $v_I=V_{IH}=V_{DD}$ 时,满足:$v_{GS1}=V_{DD}>V_{GS(th)N}$,$T_1$ 导通而且导通内阻很低(小于 $1k\Omega$);而 $v_{GS2}=0<|V_{GS(th)P}|$,T_2 截止而且内阻很高(可达 $10^9\Omega$)。反相器输出低电平,即 $v_O=V_{OL}\approx0$。

当输入为低电平,即 $v_I=V_{IL}=0$ 时,满足:$v_{GS1}=0<V_{GS(th)N}$,T_1 截止;而 $v_{GS2}=-V_{DD}$,且满足 $|v_{GS2}|>|V_{GS(th)P}|$,T_2 导通。反相器输出高电平,即 $v_O=V_{OH}\approx V_{DD}$。

可见,输出与输入之间为逻辑非的关系。

由上述分析可知,反相器处于稳态时,无论 v_1 是高电平还是低电平,T_1、T_2 中必有一个截止,另一个导通,而且截止内阻很高,流过 T_1 和 T_2 的静态电源电流极小,故 CMOS 反相器的静态功耗极小,在微瓦(μW)级以下,这是 CMOS 反相器最突出的优点。

2. CMOS 反相器传输特性

1) 电压传输特性

CMOS 反相器工作时,若 T_1 和 T_2 导通和截止时具有同样的导通内阻 R_{ON} 和 R_{OFF},则输出电压随输入电压变化的曲线(即电压传输特性)如图 2.5.4 所示,该曲线大致可分为 3 段:AB 段、BC 段、CD 段。

(1) AB 段。由于 $v_1<V_{GS(th)N}$,而 $|v_{GS2}|>|V_{GS(th)P}|$,故 T_2 导通并工作在低内阻电阻区,T_1 截止,分压结果使 $v_O=V_{OH}\approx V_{DD}$。

(2) BC 段。由于 $V_{GS(th)N}<v_1<V_{DD}-|V_{GS(th)P}|$,所以 $v_{GS1}>V_{GS(th)N}$ 且 $|v_{GS2}|>|V_{GS(th)P}|$,故 T_1 和 T_2 同时导通。由于 T_1 和 T_2 的参数完全对称,在特性曲线中点,两导通内阻分压的结果使 $v_O=\frac{1}{2}V_{DD}$,因此 CMOS 反相器的阈值电压为 $V_{TH}\approx\frac{1}{2}V_{DD}$。

(3) CD 段。由于 $v_1>V_{DD}-|V_{GS(th)P}|$,而 $|v_{GS2}|<|V_{GS(th)P}|$,故 T_2 截止同时 T_1 导通,分压结果使 $v_O=V_{OL}\approx0$。

从图 2.5.4 所示的曲线可以看到,CMOS 反相器电压传输特性在转折区的变化率很大,更接近于理想的开关特性,而且高低电平之差较大,获得了更大的输入噪声容限,具有较高的抗干扰能力。

2) 电流传输特性

CMOS 反相器的电流传输特性是指流过 T_1、T_2 的电流 i_D 随输入电压 v_1 的变化,其特性曲线如图 2.5.5 所示。

由以上分析可知,在静态工作情况下,无论输入高电平还是低电平,总有一个三极管截止,只有很小的漏电流。CMOS 反相器的输出电压和输出电流只在 $v_1 = \dfrac{1}{2} V_{DD}$ 附近有较大的变化。

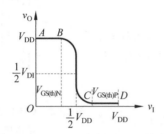

图 2.5.4　CMOS 反相器电压传输特性

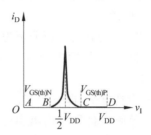

图 2.5.5　CMOS 反相器电流传输特性

3. 噪声容限

在 CMOS 电路的性能指标中规定,在输出高、低电平的变化不大于 $10\%V_{DD}$ 的条件下,输入信号高、低电平允许的最大变化量称为噪声容限,又分为高电平噪声容限 V_{NH} 和低电平噪声容限 V_{NL}。对国产 CC4000 系列 CMOS 电路进行测试,结果表明 $V_{NH} = V_{NL} \geqslant 30\%V_{DD}$。因此,为了提高 CMOS 反相器的输入噪声容限,可以适当提高 V_{DD},而这在 TTL 电路中是做不到的。

2.5.2　CMOS 反相器的外部特性及参数

1. 静态输入特性

MOS 管的栅极和衬底之间存在着以 SiO_2 为介质的输入电容,而且绝缘介质极薄,极易被击穿,所以 CMOS 反相器在生产时必须采取保护措施。

目前在 CC4000 系列 CMOS 器件中,多采用图 2.5.6 所示的输入保护电路。图中的 D_1 和 D_2 都是双极型二极管,它们的正向导通压降为 $0.5 \sim 0.7V$,反向击穿电压约为 30V。C_1 和 C_2 分别表示 T_1 和 T_2 的栅极等效电容。

在输入信号电压的正常工作范围内,即 $0 \leqslant v_1 \leqslant V_{DD}$,输入保护电路不起作用。若二极管的正向导通压降为 V_{DF},则当 $v_1 > V_{DD} + V_{DF}$ 时,D_1 导通,将 T_1 和 T_2 的栅极电位钳在 $V_{DD} + V_{DF}$ 的电平上,保证 C_2 上的电压不超过 $V_{DD} + V_{DF}$,这时 CMOS 反相器输入电流经 D_1 流到电源 V_{DD}。而当 $v_1 < -V_{DF}$ 时,D_2 导通,将 T_1 和 T_2 的栅极电位钳在 $-V_{DF}$ 的

电平上,保证 C_1 上的电压也不超过 $V_{DD}+V_{DF}$。因此,当输入端出现瞬时的正向或反向过冲电压时,二极管 D_1 和 D_2 可以保证 CMOS 反相器的栅极电位不至于过大,以避免栅极被击穿。

根据图 2.5.6 所示的输入保护电路可以画出它的输入特性曲线,如图 2.5.7 所示。在正常工作范围内,即 $-V_{DF}\leqslant v_I\leqslant V_{DD}+V_{DF}$,输入电流 i_I 近似为 0;当 $v_I>V_{DD}+V_{DF}$ 以后,i_I 迅速增大,流向 V_{DD};而在 $v_I<-V_{DF}$ 以后,电流 i_I 经 D_2、R_S 导通,流至输入端,其绝对值随 v_I 绝对值的增加而加大。

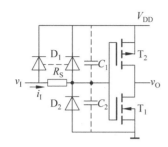

图 2.5.6　CMOS 反相器输入保护电路

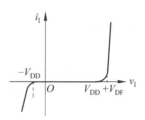

图 2.5.7　CMOS 反相器输入特性

2. 静态输出特性

1）高电平输出特性

当 CMOS 反相器输入接低电平,输出为高电平,即 $v_O=V_{OH}$ 时,T_2 导通而 T_1 截止,电路的工作状态如图 2.5.8 所示。这时负载电流 I_{OH} 是从门电路输出端流出的,与规定的输出电流正方向相反。输出电压和输出电流之间的关系为

$$V_{OH}=V_{DD}-V_{T2}=V_{DD}-R_{ON}I_{OH}$$

显然,随着负载电流的增加,T_2 的导通压降 V_{T2} 增大,输出电压 V_{OH} 下降。由于 T_2 导通内阻与 v_{GS2} 的大小有关,v_{GS2} 越大,导通内阻越小,所以,在同样的 I_{OH} 值条件下,V_{DD} 越大,则 T_2 导通时 v_{GS2} 越大,导通内阻也就越小,V_{OH} 也就下降得越少。CMOS 反相器高电平输出特性如图 2.5.9 所示。

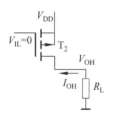

图 2.5.8　CMOS 反相器输出高电平时
电路的工作状态

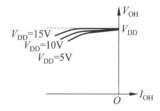

图 2.5.9　CMOS 反相器高电平输出特性

2）低电平输出特性

当 CMOS 反相器输入接高电平,输出为低电平,即 $v_O=V_{OL}$ 时,T_1 导通而 T_2 截止,电路的工作状态如图 2.5.10 所示。这时负载电流 I_{OL} 从负载电路注入 T_1,输出电平随

I_{OL} 的增加而提高。输出电压和输出电流之间的关系为

$$V_{OL} = R_{ON} I_{OL}$$

同样，由于 T_1 导通内阻与 v_{GS1} 的大小有关，v_{GS1} 越大，导通内阻越小，所以，在同样的 I_{OL} 值的条件下，V_{DD} 越大，则 T_1 导通时 v_{GS1} 越大，导通内阻越小，V_{OL} 也随之降低。CMOS 反相器低电平输出特性如图 2.5.11 所示。

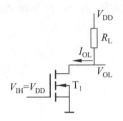

图 2.5.10　CMOS 反相器输出低电平时电路的工作状态

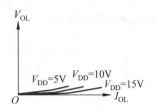

图 2.5.11　CMOS 反相器低电平输出特性

3. 动态特性

1）传输延迟时间

尽管在 MOS 管的开关过程中不发生载流子的聚集和消散，但由于集成电路内部电阻、电容的存在以及负载电容的影响，输出电压的变化仍然滞后于输入电压的变化，因此会产生传输延迟。由于 CMOS 电路的输出电阻比 TTL 电路的输出电阻大得多，所以负载电容对传输延迟时间影响更加显著。因此，CMOS 电路开关速度较慢。

2）功率损耗

功率损耗分为静态功率损耗和动态功率损耗。

（1）静态功率损耗。

从上面的分析可知，CMOS 反相器的静态功耗是很小的，但实际上 CMOS 反相器由于在输入端设置了保护电路，加之电路在制造过程中不可避免地存在一些寄生二极管，这些寄生二极管的漏电流就构成静态电源电流的主要成分。即便如此，CMOS 反相器的静态功耗还是很小的。例如，CC4000 系列静态电源电流在 $1\mu A$ 以下，故静态功耗极小，可以忽略不计。

（2）动态功率损耗。

当 CMOS 反相器从一种稳定状态突然转变到另一种稳定状态的过程中将产生附加的功耗，叫作动态功耗。动态功耗由两部分组成，一部分是由 NMOS 管和 PMOS 管在状态转换瞬间同时导通所产生的瞬时导通功耗 P_T；另一部分是对输出端的负载电容 C_L 充放电所产生的功耗 P_C。

$$P_T = V_{DD} I_{TAV}$$

$$P_C = C_L f V_{DD}^2$$

式中，I_{TAV} 为 NMOS 管和 PMOS 管同时导通时瞬时电流 i_D 的平均值；C_L 为负载电容；f 为输入信号的重复频率。

可见,在工作频率较高情况下,CMOS 反相器的动态功耗远大于静态功耗,所以 CMOS 电路在频率很高的情况下功耗较大,其优点得不到体现。

4. CMOS 集成电路的主要特点

随着电子技术的发展,低电源电压有助于降低功耗,V_{DD} 为 3.3V 的 CMOS 器件已大量使用。在便携式应用中,V_{DD} 为 2.7V 甚至 1.8V 的单片机也已经出现。将来电源电压还会继续下降,降到 0.9V,但低于 V_{DD} 的 35% 的电平视为逻辑 0、高于 V_{DD} 的 65% 的电平视为逻辑 1 的规律仍然是适用的。

CMOS 集成电路的性能特点如下:

- 微功耗。CMOS 电路的单门静态功耗在纳瓦(nW)数量级。
- 高噪声容限。CMOS 电路的噪声容限一般在 40% 电源电压以上。
- 宽工作电压范围。CMOS 电路的电源电压一般为 1.5~18V。
- 高逻辑摆幅。CMOS 电路输出高、低电平的幅度达到 V_{DD}。
- 高输入阻抗。CMOS 电路的输入阻抗大于 $10^8\,\Omega$,一般可达 $10^{10}\,\Omega$。
- 高扇出能力。CMOS 电路的扇出能力大于 50。
- 低输入电容。CMOS 电路的输入电容一般不大于 5pF。
- 宽工作温度范围。陶瓷封装的 CMOS 电路工作温度范围为 -55~125℃,塑封的 CMOS 电路为 -40~85℃。

2.5.3 其他类型的 CMOS 门电路

在 CMOS 门电路中,除反相器外,还有与非门、或非门、与或非门、异或门等。下面仅介绍与非门和或非门两种门电路。

1. 与非门

CMOS 与非门的基本电路结构如图 2.5.12 所示。在该电路中,两个 NMOS 管 T_1、T_3 串联,两个 PMOS 管 T_2、T_4 并联。

当输入 A、B 中至少有一个为低电平时,两个串联的 NMOS 管 T_1、T_3 中必然有一个截止(接低电平的截止),而两个并联的 PMOS 管 T_2、T_4 中必然有一个导通(接低电平的导通),于是输出 Y 为高电平;当输入 A、B 全为高电平时,两个串联的 NMOS 管均导通,而两个并联的 PMOS 管均截止,于是输出为低电平。

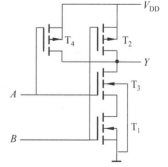

**图 2.5.12 CMOS 与非门基本
电路结构**

可见 CMOS 与非门电路能实现与非功能,即 $Y=\overline{AB}$。

2. 或非门

CMOS 或非门的基本电路结构如图 2.5.13 所示。在该电路中,两个 NMOS 管 T_1、T_3 并联,两个 PMOS 管 T_2、T_4 串联。

当输入 A、B 中至少有一个为高电平时,两个并联的 NMOS 管 T_1、T_3 中必然有一个导通(接高电平的导通),而两个串联的 PMOS 管 T_2、T_4 中必然有一个截止(接高电平的截止),于是输出 Y 为低电平;当输入 A、B 全为低电平时,两个并联的 NMOS 管均截止,而两个串联的 PMOS 管均导通,于是输出为高电平。

可见 CMOS 或非门电路能实现或非功能,即 $Y=\overline{A+B}$。

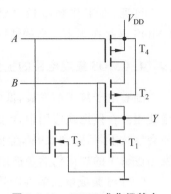

图 2.5.13 CMOS 或非门基本电路结构

3. 带缓冲级的 CMOS 门电路

上面介绍的与非门和或非门电路虽然简单,但存在着严重的缺点。

首先,输出电阻 R_O 受输入状态的影响。假定 MOS 管导通内阻为 R_{ON},截止内阻 $R_{OFF}\approx\infty$。根据前面的分析可知:对于与非门,当输入 A、B 中有一个为低电平时,T_2、T_4 有一个导通,输出电阻 $R_O=R_{ON}$;当输入 A、B 全为低电平时,T_2、T_4 均导通而 T_1、T_3 均截止,输出电阻 $R_O=\dfrac{1}{2}R_{ON}$;当输入 A、B 全为高电平时,T_2、T_4 均截止而 T_1、T_3 均导通,输出电阻 $R_O=2R_{ON}$。

其次,输出的高、低电平受输入端数目的影响。当输出为低电平时,NMOS 管串联越多,输出的低电平越高;当输出为高电平时,PMOS 管并联越多,输出电阻越小,输出的高电平越高。

因此,上述电路结构的门电路输出电阻 R_{ON} 和输出的高、低电压值受输入端状态和个数影响。

为了克服这些缺点,目前生产的 CC4000 系列和 73HC 系列的 CMOS 电路中均采用带缓冲级的结构,即,在基本的单元门电路基础上,在每个输入端和输出端各增加一级反相器。带缓冲器的 CMOS 与非门和或非门电路如图 2.5.14 和图 2.5.15 所示。

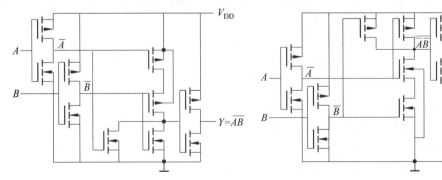

图 2.5.14 带缓冲级的 CMOS 与非门电路   图 2.5.15 带缓冲级的 CMOS 或非门电路

这些带缓冲级的门电路的输出电阻仅取决于最后的反相器的开关状态,而不受输入状态的影响。输出的高、低电平也不受输入端个数的影响。但要注意增设缓冲级逻辑功能发生变化,原来的与非变成或非,而原来的或非变成与非。

4. 漏极开路的 CMOS 门和 CMOS 三态门

与 TTL 电路一样,在 CMOS 电路中也有漏极开路输出结构的 CMOS 门和 CMOS 三态门,它们的作用与 TTL 的 OC 门和三态门相同。

1) 漏极开路的 CMOS 门

图 2.5.16 是 CC40107 两个输入的漏极开路与非缓冲/驱动器,它的两个输入端是带缓冲的与非门,中间一级为反相器,输出级是一只漏极开路的 NMOS 管。在输出低电平 $V_{OL} < 0.5V$ 的条件下,它能吸收高达 $50mA$ 的灌电流。此外,输出的高电平可以转换为 V_{DD2},可实现输入输出电平转移。

2) CMOS 三态门

图 2.5.17 是低电平控制的三态门,它在反相器的基础上增加了一对附加管,一个为 PMOS 管 T_2',另一个为 NMOS 管 T_1',这两个 MOS 管串接。当控制端 EN=1 时,附加管 T_1' 和 T_2' 同时截止,故输出 Y 为高阻态;当控制端 EN=0 时,附加管 T_1' 和 T_2' 同时导通,反相器正常工作,输出 $Y = \bar{A}$。当然还有用或非门和高电平控制的 CMOS 三态门,这里不再介绍。

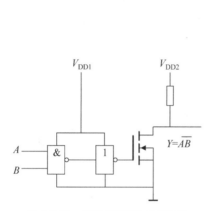

图 2.5.16　漏极开路的 CMOS 门

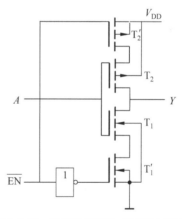

图 2.5.17　低电平控制的 CMOS 三态门

5. CMOS 传输门和模拟开关

利用一个 NMOS 管 T_1 和一个 PMOS 管 T_2 并联,可构成如图 2.5.18 所示的 CMOS 传输门。CMOS 传输门如同 CMOS 反相器一样,也是构成各种逻辑电路的一种基本单元电路。

图 2.5.18 中 C 和 $\bar{C}$ 为一对互补的控制信号,T_1 和 T_2 的源极和漏极分别相连,作为传输门的输入端和输出端,由于 T_1、T_2 的结构形式是对称的,即漏极和源极可互易使用,因而 CMOS 传输门属于双向传输器件,即输入和输出可互换使用。

假定输入电压的变化范围为 $0 \sim V_{DD}$,控制信号 C 和 $\bar{C}$ 的高、低电平分别为 V_{DD} 和 0。

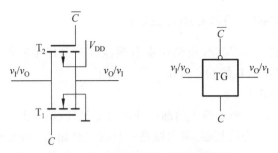

图 2.5.18　CMOS 传输门及逻辑符号

(1) 当 $C=1,\overline{C}=0$ 时,传输门接通,此时又分 3 种情况。

① 若 $0<v_{\mathrm{I}}<V_{\mathrm{GS(th)N}}$,则 T_1 导通,T_2 截止,由于导通电阻很小,故 $v_{\mathrm{O}}=v_{\mathrm{I}}$。

② v_{I} 升高,当 $V_{\mathrm{GS(th)N}}<v_{\mathrm{I}}<V_{\mathrm{DD}}-|V_{\mathrm{GS(th)P}}|$ 时,T_1、T_2 同时导通,故 $v_{\mathrm{O}}=v_{\mathrm{I}}$。

③ v_{I} 继续升高,当 $V_{\mathrm{DD}}-|V_{\mathrm{GS(th)P}}|<v_{\mathrm{I}}<V_{\mathrm{DD}}$ 时,T_1 截止,T_2 仍然导通,故 $v_{\mathrm{O}}=v_{\mathrm{I}}$。

(2) 当 $C=0,\overline{C}=1$ 时,T_1 和 T_2 同时截止,输入和输出之间呈现高阻状态,输入信号不能传输到输出端,相当于开关断开。

在图 2.5.19 中,v_{I} 和 v_{O} 可以是模拟信号,这时传输门作为模拟开关使用。利用 CMOS 传输门和反相器构成的双向模拟开关电路如图 2.5.19 所示。在该电路中,因为有了反相器,只要一个控制信号即可控制电路的接通与断开。

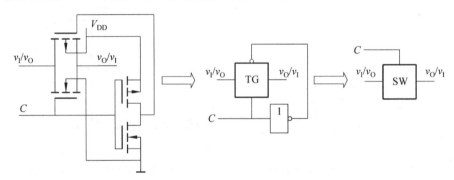

图 2.5.19　CMOS 双向模拟开关电路结构及符号

2.5.4　NMOS 逻辑门

NMOS 逻辑门电路全部由 NMOS 管组成,由于 NMOS 电路工作速度快,尺寸小,加之 NMOS 工艺水平的不断提高和完善,因此目前许多高速大规模集成电路产品仍采用 NMOS 工艺制造。

1. NMOS 与非门

图 2.5.20 给出了 NMOS 与非门的一种常见的形式。其中负载管 T_3 和驱动管 T_1、T_2 都是 NMOS 管,T_1、T_2 串接。A 和 B 为输入端,Y 为输出端。由于负载管 T_3 始终工

作在 $v_{GS}=v_{DS}$ 的状态,所以 T_3 一直处于导通状态。当 A、B 全部为高电平时,T_1、T_2 才导通,输出 Y 为低电平;当 A、B 中有一个为低电平时,T_1 和 T_2 中至少有一个截止,输出 Y 为高电平,所以该电路的逻辑功能为 $Y=\overline{AB}$。

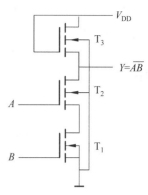

图 2.5.20 NMOS 与非门

2. NMOS 或非门

图 2.5.21 给出了 NMOS 或非门电路。其中驱动管 T_1 和 T_2 并联,T_3 为负载管。A 和 B 为输入端,Y 为输出端。当 A、B 中有一个为高电平时,T_1 和 T_2 中至少有一个导通,输出 Y 为低电平;当 A、B 全部为低电平时,T_1、T_2 都截止,输出 Y 为高电平,所以该电路的逻辑功能为 $Y=\overline{A+B}$。

3. NMOS 与或非门

图 2.5.22 是 NMOS 与或非门电路,其中 T_1 和 T_2、T_1' 和 T_2' 为串联后再并联的驱动管,T_3 为公共负载管。显然该电路的逻辑功能为 $Y=\overline{AB+CD}$。

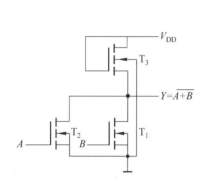

图 2.5.21 NMOS 或非门电路

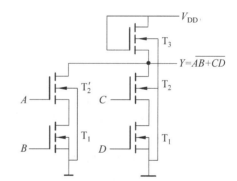

图 2.5.22 NMOS 与或非门电路

2.5.5 MOS 门电路的正确使用

CMOS 门电路一般是由 MOS 管构成的,由于 MOS 管的栅极和其他各极间有绝缘层相隔,在直流状态下,栅极无电流。MOS 管在电路中是压控元件,基于这一特点,输入端信号易受外界干扰,所以在使用 CMOS 门电路时,应特别注意输入端不能悬空。虽然在 CMOS 门电路的输入端已设置了保护电路,但由于其本身的结构特点,在使用中还有一些问题要特别注意。

1. 电源电压

CMOS 门电路可以在很宽的电源电压范围内提供正常的逻辑功能。但电源的上限电压不得超过允许的电源电压最大值 $V_{DD(max)}$,下限电压不能低于保证系统速度所需的电源电压最小值 $V_{DD(min)}$。

CMOS 门电路在连接电源时，V_{DD} 应接电源正极，V_{SS} 接电源负极或接地，不得接反，否则器件会因电流过大而受损。一般，CC4000 系列选用 $3\sim18V$ 电压范围，CD4000 系列选用 $7\sim15V$ 电压范围。CMOS 门电路在不同电源电压下工作，其输出阻抗、工作频率和功耗等参数有所不同，在电路设计中必须加以考虑。

2. 输入端

由于输入保护电路中的钳位二极管电流容量有限，一般在 1mA 左右，为了保护输入级 MOS 管的氧化层不被击穿，输入信号必须在 $V_{SS}\sim V_{DD}$ 范围内取值，一般输入低电平取值范围为 $V_{SS}\leqslant V_{IL}\leqslant30\%V_{DD}$，高电平取值范围为 $70\%V_{DD}\leqslant V_{IH}\leqslant V_{DD}$。每个输入端电流以不超过 1mA 为佳，并限制在 10mA 以内。

当上述条件不能满足，即输入电流过大、输入端接线过长，或接大电容、大电感时，应在输入端串接 $1\sim10k\Omega$ 的保护电阻，将输入电流的瞬态值限制在 10mA 以下，如图 2.5.23 和图 2.5.24 所示。

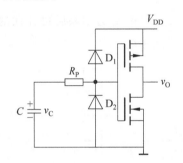

图 2.5.23　输入端接大电容时的保护电路

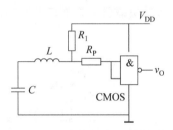

图 2.5.24　输入端接线过长时的保护电路

对于未使用的输入端采用以下处理方法：与门和与非门的未使用的输入端应接至正电源端或高电平，或门和或非门应接地或低电平。未使用的输入端绝不能悬空。因为悬空的栅极易产生感应电荷，使输入端可能为高电平，也可能为低电平，会造成逻辑混乱。

为了防止门电路开关过程中的过冲电流以及栅极易接收静电电荷，在进行实验、测量和调试时，应先接入直流电源，后接输入信号源；而关机时，应先关闭输入信号源，后关闭直流电源。

3. 输出端

CMOS 集成电路的输出端不应直接和 V_{DD} 或 V_{SS} 相连。否则，将因拉电流或灌电流过大而损坏器件。另外，除了三态门和 OD 器件外，也不允许 CMOS 器件输出并联使用。

输出与大电容、大电感直接相连时，将使功耗增加，工作速度下降，为此，应在输出和大电容之间串接保护电阻，并尽力减少容性负载的影响。

2.6　门电路产品简介与接口电路

2.6.1　门电路产品简介

目前生产和使用的数字集成电路种类很多,可以从制造工艺、逻辑功能和输出结构 3 个方面分别归类。

1. 按制造工艺分类

按制造工艺可将门电路分为双极型、MOS 型和 Bi-CMOS 型 3 种。其中,双极型又分为 TTL 电路、HTL 电路、ECL 电路和 I^2L 电路,MOS 型又分为 CMOS 电路、NMOS 电路和 PMOS 电路。表 2.6.1 给出了 TTL 型、ECL 型和 MOS 型的子系列。

门电路的选用原则是:根据逻辑系统的实际需要和市场供应情况并兼顾经济以及某些设计的特殊要求来选择所需电路的型号。数字系统实际设计时主要考虑器件的工作频率、功耗、抗干扰能力、使用方便性、可靠性、成本等因素。

表 2.6.1　TTL 型、ECL 型和 MOS 型门电路的子系列

分类	子系列	名　　称	国际型号	速度-功耗积
TTL 型	TTL	中速 TTL 系列(标准 TTL 系列)	54/74TTL	10ns-10mW
	HTTL	高速 TTL 系列	54/74HTTL	6ns-22mW
	STTL	甚高速 TTL 系列	54/74STTL	3ns-19mW
	LSTTL	低功耗肖特基 TTL 系列	54/74LSTTL	5ns-2mW
	ALSTTL	先进低功耗肖特基 TTL 系列	54/74ALSTTL	4ns-1mW
ECL 型	MECL Ⅰ	发射极耦合高速器件	10K	2ns-25mW
	MECL Ⅱ	发射极耦合高速器件	100K	0.75ns-40mW
MOS 型	NMOS	N 沟道系列	CD4000	
	CMOS	互补场效应管系列	CC4000	45ns-5μW
	HCMOS	高速 CMOS 系列	54/74HC	10ns-1μW
	HCMOST	与 TTL 兼容的 HC 系列	54/74HCT	

ECL 器件的工作频率大于 700MHz,一般仅在工作频率很高时采用。中速 TTL(如 7400)的工作速度与低功耗肖特基 TTL(LSTTL)的工作速度差不多,而前者功耗大很多;高速 TTL(如 74H00)的功耗更大,而速度却比 LSTTL 快一点;先进低功耗肖特基 TTL 的功耗虽比低功耗肖特基 TTL 的功耗低,但速度只略低于后者。故人们通常愿意选用功耗更低的 CMOS 器件,而很少使用 TTL 器件。当工作频率在 5MHz 以下,又要求使用方便时,可选用 LSTTL。当工作频率较低(如低于 1MHz 以下),又要求功耗小或输出电阻大时,可选用普通 CMOS 器件。

另外,根据数字系统的复杂程度,还应合理地选用 SSI、MSI 及 LSI 器件,这样可以使印刷电路板制作简便,并且调试、排除故障及检修更简便易行。

2. 按逻辑功能分类

按照逻辑功能可将门电路分为与门、与非门、或门、或非门、与或非门、反相器和驱动器等。表 2.6.2 列出了部分 TTL 和 MOS 门电路产品。其中,TTL74 系列有 6 类,即 74××(标准 TTL)、74S××(肖特基 TTL)、74LS××(低功耗肖特基 TTL)、74AS××(改进肖特基 TTL)、74ALS××(改进低功耗肖特基 TTL)、74H××(高速 TTL),它们的逻辑功能完全相同。CMOS 电路共分为 3 类产品,即 HC 系列(CMOS 工作电平)、HCT 系列(TTL 工作电平,可与 74LS 系列互换使用)、HCU 系列(无缓冲级 CMOS 电路)。

表 2.6.2 部分 TTL 和 MOS 门电路产品

类型	功　　能	型　　号		
与门	4 个 2 输入与门	7408	74LS08	74HC08
	3 个 3 输入与门	7411	74LS11	74HCT11
	3 个 3 输入 OC 与门	7415	74LS15	74ALS15
	2 个 4 输入与门	7421	74LS21	CC4082
与非门	4 个 2 输入与非门	74LS00	74HC00	
	3 个 3 输入与非门	7410	74LS10	74HC10
	2 个 4 输入与非门	7420	74LS20	74ALS40
	8 输入与非门	74LS30	74HC30	74ALS30
或门	4 个 2 输入或门	7432	74HC32	74AS32
	2 个 4 输入或门	CC4072		
或非门	4 个 2 输入或非门	74LS02	74ALS02	CC4001
与或非门	2 个 2 输入双与或非门	4806	CC4085B	
反相器	6 个反相器	7404	74LS04	74HC04
驱动器	6 个缓冲门/驱动门(OC)	7407	74LS07	
	4 个 2 输入或非缓冲器	7428		
	六缓冲器	7434		

表 2.6.3 列出了各种门电路的主要参数。由于不同厂家生产的同一类型产品性能相差较大,故表 2.6.3 中的数据仅作比较时参考。

图 2.6.1 为常用的等效逻辑符号。

表 2.6.3 各种门电路的主要参数

参　数	TTL				CMOS		ECL	
	74	74LS	74AS	74ALS	4000	74HC	10K	100K
V_{CC}/V	5.0	5.0	5.0	5.0	5.0	5.0	-5.2	-4.5
$V_{IH(min)}/V$	2.0	2.0	2.0	2.0	3.5	3.5	-1.2	-1.2
$V_{IL(max)}/V$	0.8	0.8	0.8	0.8	1.5	1.0	-1.4	-1.4
$V_{OH(min)}/V$	2.4	2.7	2.7	2.7	4.6	4.4	-0.9	-0.9
$V_{OL(max)}/V$	0.4	0.5	0.5	0.5	0.05	0.1	-1.7	-1.7
$I_{IH(max)}/\mu A$	40.0	20.0	200.0	20.0	0.1	0.1	500.0	500.0
$I_{IL(max)}/mA$	-1.6	-0.4	-2.0	-0.2	-1×10^{-4}	-1×10^{-4}	-0.5	-0.5
$I_{OH(max)}/mA$	-0.4	-0.4	-2.0	-0.4	-0.51	-4.0	-50.0	-50.0
$I_{OL(max)}/mA$	16.0	8.0	20.0	8.0	0.51	4.0	50.0	50.0

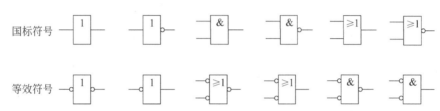

图 2.6.1 常用门电路的国标符号和等效符号

3. 按输出结构分类

按输出结构可将门电路分为推拉式输出或 CMOS 反相器输出、OC 输出或 OD 输出和三态输出 3 种。

2.6.2 各门电路间的接口电路

在目前 TTL 与 CMOS 两种门电路并存的情况下,常常有不同类型的门电路混合使用,便出现 TTL 与 CMOS 门电路的连接问题。两种不同类型的门电路由于输入和输出逻辑电平、负载能力等参数不同,在连接时,必须通过接口电路进行电平或电流的变换,才能使用。

通过比较 TTL 和 CMOS 门电路的有关参数可知,高速 74HCT 系列 CMOS 门电路与 TTL 门电路完全兼容,它们可直接互相连接。另外,74HC 系列 CMOS 门电路也可直接驱动 74 系列和 74LS 系列 TTL 门电路。这里仅介绍 CMOS 门电路与 TTL 门电路逻辑电平或驱动电流不匹配时的互连问题。

1. 用 TTL 门电路驱动 CMOS 门电路

TTL 门电路的电源电压范围较窄(V_{CC} 为 4.5~5.5V),而 CMOS 门电路的电源电压范围较宽(V_{DD} 为 5~15V),取公用电源电压 5V,可满足电源电压的兼容要求。这里主要考虑逻辑电平的转换。

TTL 门电路(74 系列、74LS 系列)输出高电平最小值为 $V_{OH(min)}=2.4V$,输出低电平最大值为 $V_{OL(max)}=0.5V$。而 CMOS 门电路(4000 系列、74HC 系列)在电源电压为 5V 时,输入低电平的最大值为 $V_{IL(max)}=1V$,输入高电平的最小值为 $V_{IH(min)}=3.5V$。

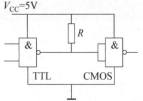

图 2.6.2 接上拉电阻提升输出端高电平

由于 $V_{OL(max)}<V_{IL(max)}$,因此 TTL 门电路输出低电平时与 CMOS 门电路兼容。而由于 $V_{OH(min)}<V_{IH(min)}$,即 TTL 门电路的输出高电平低于 CMOS 门电路的输入高电平电压,两者逻辑电平不兼容。为此,可在 TTL 门电路的输出端与电源之间接入上拉电组 R(一般取 $1.5\sim4.7k\Omega$)来提升 TTL 门电路输出端高电平,如图 2.6.2 所示。

当 TTL 门电路的输出为高电平时,输出级的负载管和驱动管同时截止,故有

$$V_{OH}=V_{DD}-RI_{OH}$$

式中 I_{OH} 为 TTL 门电路输出级三极管 T_5 截止时的漏电流,非常小。所以只要 R 选择得合适,输出高电平将被提升至 CMOS 门电路所需的高电平数值。

当所用 CMOS 门电路的电源电压 V_{DD} 高于 5V 时,仍可用上拉电阻 R 解决电平转换问题,此时 TTL 门电路宜采用 OC 门,如图 2.6.3(a)所示。另外,还可以用三极管反相放大电路作为接口转换电路,如图 2.6.3(b)所示。

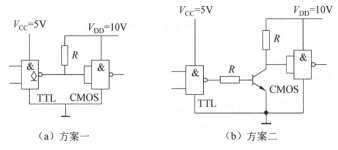

（a）方案一   （b）方案二

图 2.6.3 TTL 到 CMOS 的电平转换电路

2. 用 CMOS 门电路驱动 TTL 门电路

CMOS 门电路的输出逻辑电平与 TTL 门电路的输入逻辑电平可以兼容,但 CMOS 门电路的输出功率较小,驱动能力不够,一般不能直接驱动 TTL 门电路。常用的方法有以下两种。

(1) 在 CMOS 门电路的输出端增加一级 CMOS 驱动器,如图 2.6.4 所示。驱动器可选用 CC4010,当电源电压取 5V 时,最大负载电流 $I_{OL}\geqslant3.2mA$,足以驱动两个 74 系列的 TTL 门电路。此外,也可以选用漏极开路的 CMOS 驱动器 CC40107,其输出低电平时的负载电流大于 16mA,能同时驱动 10 个 74 系列的 TTL 门电路。

(2) 选用分立器件的电流放大器实现电流扩展,如图 2.6.5 所示。只要放大器的电路参数选择得合适,可做到既满足 CMOS、TTL 门电路的电流要求,又使放大器输出高低

电平满足 TTL 门电路的逻辑电平要求。

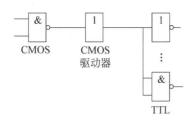

图 2.6.4　CMOS 驱动电路

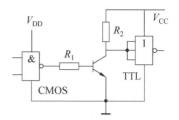

图 2.6.5　电流放大器驱动电路

* 2.7　用 VHDL 实现基本逻辑门电路的描述

　　基本逻辑门包括反相器、与门、或门、与非门、或非门、异或门。这些门电路的功能可以直接用布尔方程式来描述。

　　下面用 VHDL 描述一个简单的组合电路,该电路的输入为 A、B、C、D、E,其输出为 Y_0、Y_1、Y_2、Y_3、Y_4、Y_5,并且各输出与输入的逻辑关系如表 2.7.1 所示。

表 2.7.1　各输出与输出的逻辑关系

门　类　型	逻　辑　函　数	门　类　型	逻　辑　函　数
非门	$Y_1 = \overline{A}$	与非门	$Y_4 = \overline{BC}$
与门	$Y_2 = BC$	或非门	$Y_5 = \overline{D+E}$
或门	$Y_3 = D+C$	异或门	$Y_6 = A \oplus B$

　　程序如下:

```
LIBRARY IEEE;
USE IEEE.STD_LOGIC_1164.ALL;
ENTITY basic_gate IS
    PORT(A,B,C,D,E:IN STD_LOGIC;
        Y1,Y2,Y3,Y4,Y5,Y6:OUT STD_LOGIC);
END basic_gate;
ARCHITECTURE gate OF basic_gate IS
BEGIN
    Y1<=NOT A;
    Y2<=B AND C;
    Y3<=D OR C;
    Y4<=B NAND C;
    Y5<=D NOR E;
    Y6<=A XOR B;
END gate;
```

　　另外,还有其他 VHDL 编程方法实现基本的门电路,例如,下面是实现一个如图 2.7.1

所示的三输入与非门的 VHDL 程序：

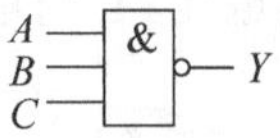

图 2.7.1   三输入与非门

```
LIBRARY IEEE;
USE IEEE.STD_LOGIC_1164.ALL;
ENTITY nand3 IS
    PORT(A,B,C:IN STD_LOGIC;
          Y:OUT STD_LOGIC);
END nand3;
ARCHITECTURE gate OF nand3 IS
BEGIN
    P1:PROCESS(A,B,C)
      VARIABLE tmp:STD_LOGIC_VECTOR(2 DOWNTO 0);
      BEGIN
        tmp:=A&B&C;
        CASE tmp IS
          WHEN "000"=>Y<='1';
          WHEN "001"=>Y<='1';
          WHEN "010"=>Y<='1';
          WHEN "011"=>Y<='1';
          WHEN "100"=>Y<='1';
          WHEN "101"=>Y<='1';
          WHEN "110"=>Y<='1';
          WHEN "111"=>Y<='0';
          WHEN OTHERS=>Y<='X';
        END CASE;
    END PROCESS P1;
END gate;
```

2.8   本 章 小 结

　　门电路是构成复杂数字电路的基本逻辑单元。掌握各种门电路的逻辑功能和常用集成逻辑门电路的电气特性，对于正确使用数字集成电路是十分必要的。

　　本章主要介绍了分离元件构成的逻辑门电路、TTL 门电路和 CMOS 门电路。在学习这些集成电路时应将重点放在它们的外部特性上。门电路的外部特性包括输入输出特性、动态特性、负载特性及开关速度、功耗等方面。各种集成门电路的型号、外引线排列图及主要参数可参见有关产品手册。

　　以标准 TTL 和标准 CMOS 门电路相比较，TTL 门电路的电源电压范围窄（4.5～5.5V），输入电流大（400～1600μA），输出高、低电平典型值分别为 2.7V 和 0.5V，阈值电压低（1.4V），噪声容限小（0.4V），开关速度快（5～10ns），功耗大（1～10mW），带负载能力取决于电流负载能力。而 CMOS 门电路的电源电压范围宽（5～15V），输入电流小（0.01～1μA），输出高、低电平典型值分别为 V_{DD} 和 0，阈值电压高（3～4V），噪声容限大（30％V_{DD}），开关速度慢（40～90ns），功耗小（1μW），带负载能力取决于工作频率，更易于集成化。

使用各种 TTL 和 CMOS 集成门电路时,必须掌握正确的使用方法,闲置端需要进行处理。不同类型的门电路混合使用时,应采用适当的接口电路。

本章还介绍了门电路的 VHDL 描述方法。

2.9 习　　题

2.1　判断如图 2.9.1 中各三极管处在什么工作状态,分别求出它们的基极电流 I_B、集电极电流 I_C,并求出相应的 V_C 和 V_E。

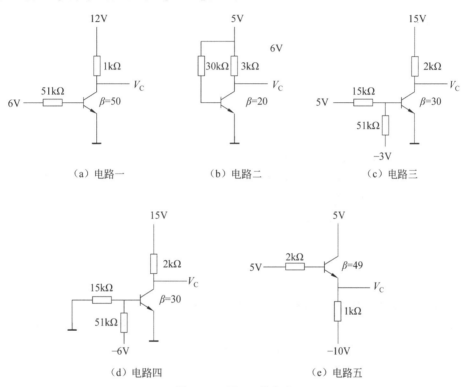

（a）电路一　　　　（b）电路二　　　　（c）电路三

（d）电路四　　　　　　（e）电路五

图 2.9.1　题 2.1 的电路

2.2　在如图 2.9.2 所示的电路中,若输入为矩形脉冲信号,其高、低电平分别为 4V 和 1V。求三极管 T 和二极管 D 分别在高、低电平下的工作状态及相应的输出电平 V_O。

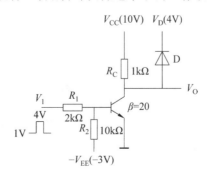

图 2.9.2　题 2.2 的电路

2.3　图 2.9.3(a)、(b)分别为二极管组成的两个门电路,(c)为输入端 A、B、C 的波形。

(1) 分析各电路的逻辑功能,写出逻辑表达式。

(2) 画出输出端 Y_1 和 Y_2 的波形。

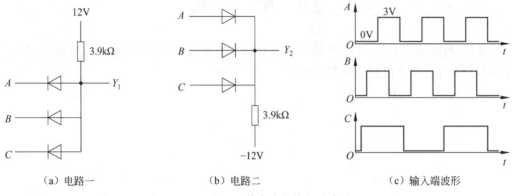

（a）电路一　　　　（b）电路二　　　　（c）输入端波形

图 2.9.3　题 2.3 的电路及输入端波形

2.4　三极管门电路如图 2.9.4 所示。

(1) 说明 R_2 和 $-V_{EE}$ 在电路中的作用。

(2) 简要说明该电路为什么具有逻辑非的功能。

2.5　画出如图 2.9.5(a)、(b)所示电路在下面两种情况下的输出电压波形:

(1) 忽略所有门电路的传输延迟时间。

(2) 考虑每个门电路的传输延迟时间 t_{pd}。

输入端 A、B 的电压波形如图 2.9.5(c)所示。

2.6　图 2.9.6 中的门电路均为 TTL 门电路。指出各门电路的输出是什么状态(高电平、低电平或高阻态)。

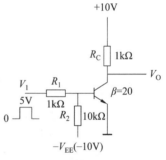

图 2.9.4　题 2.4 的电路

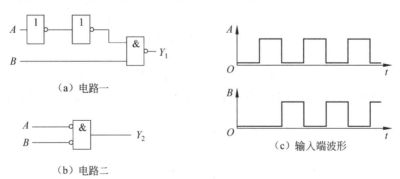

（a）电路一

（b）电路二

图 2.9.5　题 2.5 的电路及输入端波形

2.7　图 2.9.7 中的门电路均为 CC4000 系列 CMOS 门电路。指出各门电路的输出是什么状态(高电平、低电平或高阻态)。

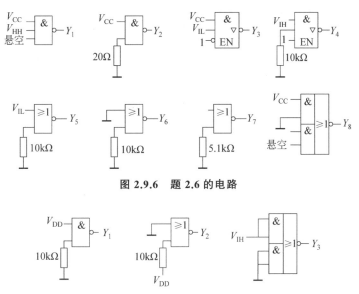

图 2.9.6　题 2.6 的电路

图 2.9.7　题 2.7 的电路

　　2.8　根据图 2.4.4 和图 2.4.5 的 TTL 与非门电路输出高、低电平时的输出特性，如果要求如图 2.9.8 所示的电路中的与非门输出的高、低电平满足 $V_{OH} \geqslant 3V$、$V_{OL} \leqslant 0.3V$，求各门电路中负载电阻 R_L 的取值范围。

　　2.9　在如图 2.9.9 所示的电路中，G1 和 G2 是 74LS 系列 OC 门。每个门的输出为低电平时允许的最大负载电流 $I_{LM} = 8mA$，输出管截止时的漏电流 $I_{OH} \leqslant 100\mu A$。G3、G4、G5 分别为 74LS 系列的非门、或非门和与非门，它们的输入短路电流 $I_{IL} \leqslant -0.4mA$，输入为高电平时输入电流 $I_{IH} \leqslant 20\mu A$。求 OC 门在满足 $V_{OH} \geqslant 3.2V$、$V_{OL} \leqslant 0.4V$ 的条件下上拉电阻 R_L 的取值范围。

　　2.10　图 2.9.10 是用 TTL 门电路驱动 CMOS 门电路的实例，计算上拉电阻 R_L 的取值范围。TTL 与非门输出为低电平（$V_{OL} \leqslant 0.4V$）时允许的最大灌电流为 $I_{LM} = 8mA$，输出为高电平（$V_{OH} \geqslant 3.2V$）时输出电流最大值为 $I_{OH(max)} = -0.4mA$。CMOS 或非门的输入电流可以忽略，电源电压 $V_{DD} = 5V$。

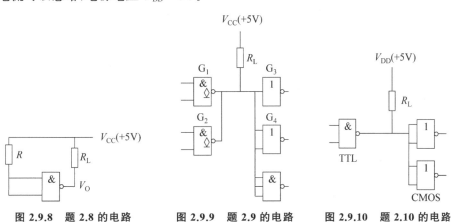

图 2.9.8　题 2.8 的电路　　　图 2.9.9　题 2.9 的电路　　　图 2.9.10　题 2.10 的电路

2.11　在如图 2.9.11 所示的 CMOS 门电路中,哪些能正常工作,哪些不能? 写出能正常工作的门电路的输出信号的逻辑表达式。

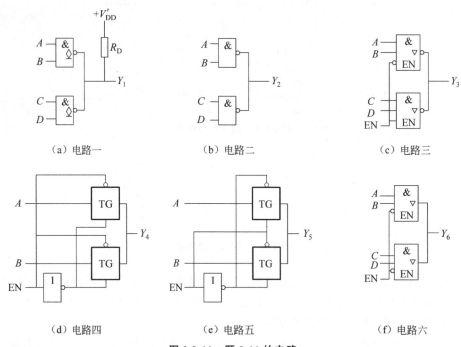

（a）电路一　　　　　（b）电路二　　　　　（c）电路三

（d）电路四　　　　　（e）电路五　　　　　（f）电路六

图 2.9.11　题 2.11 的电路

2.12　对于如图 2.9.12 所示的 4 个电路,在下面两种情况下,要实现相应表达式规定的逻辑功能,电路连接有什么错误? 请改正之。

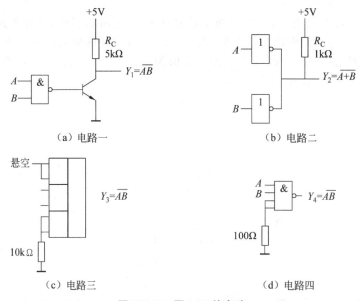

（a）电路一　　　　　　　　　　（b）电路二

（c）电路三　　　　　　　　　　（d）电路四

图 2.9.12　题 2.12 的电路

（1）电路中所示门电路均为 TTL 门电路。

（2）电路中所示门电路均为 CMOS 门电路。

2.13 图 2.13 为用 OC 门驱动发光二极管的典型接法。该发光二极管的正向压降
为 1.5V，发光时的工作电流为 10mA，7405 和
74LS05 的输出为低电平时的最大灌电流 I_{LM} 分别为
16mA 和 8mA。

（1）应选用哪个型号的 OC 门？

（2）电阻 R_L 应取何值？

2.14 分析图 2.9.14 中各 CMOS 门电路的逻辑功能，写出逻辑表达式。

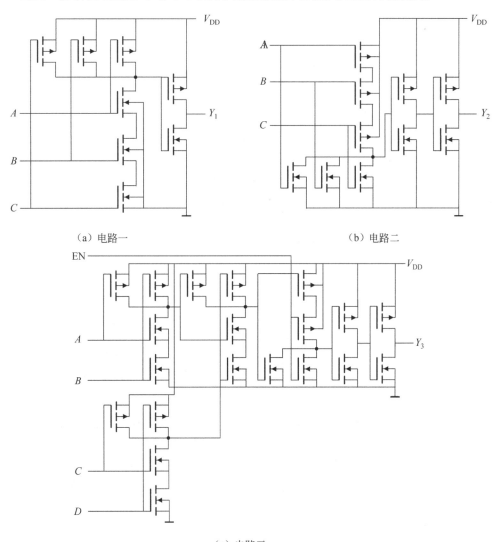

图 2.9.13 题 2.13 的电路

（a）电路一   （b）电路二

（c）电路三

图 2.9.14 题 2.14 的电路

2.15 说明下列各种门电路中哪些可以将输出端并联使用(输入端的状态不一定相同)。

(1) 具有推拉式输出级的 TTL 门电路。

(2) 集电极开路 TTL 门电路。

(3) 漏极开路 CMOS 门电路。

(4) TTL 三态输出门。

(5) CMOS 电路传输门。

(6) CMOS 普通门电路。

2.16 在如图 2.9.15 所示的 TTL 与非门电路中,如果用电压灵敏度为 $20k\Omega/V$ 的万用表测量输入端 B 的电压,在下列情况下,测到的电压值为多少?

(1) 输入端 A 悬空。

(2) 输入端 A 接在 V_{CC} 上。

(3) 输入端 A 通过一个 $10k\Omega$ 的电阻接地。

(4) 输入端 A 通过一个 10Ω 的电阻接地。

(5) 输入端接高电平(3.2V)。

(6) 输入端接低电平(0.2V)。

2.17 电路如图 2.9.16 所示,已知 CMOS 门的输出高、低电压分别为 $V_{OH}=4.7V$、$V_{OL}=0.1V$,TTL 门的高电平输入电流 $I_{IH}=20\mu A$,低电平输入电流 $I_{IL}=-0.4mA$。计算接口电路的输出电位 V_O,并说明接口参数选择是否合理。

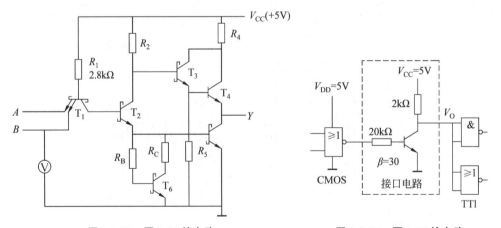

图 2.9.15　题 2.16 的电路　　　　图 2.9.16　题 2.17 的电路

2.18 用 VHDL 设计实现 $Y=(A \oplus B) \cdot C + A \cdot B \cdot C + \overline{A} \cdot \overline{B} \cdot C + \overline{B} \cdot D$ 逻辑功能的电路,在 MAX+plus Ⅱ 编程环境下,观察 Y 的状态和输入的关系,列出真值表。

第3章

chapter 3

组合逻辑电路

本章主要介绍组合逻辑电路的分析和设计方法,以及常用的各种中规模集成的组合逻辑电路,如编码器、译码器、数据分配器、数据选择器、加法器、乘法器、数值比较器和奇偶校验电路等,并介绍组合逻辑电路中的竞争-冒险现象及消除方法。

3.1 概 述

数字系统中常用的各种数字部件按逻辑功能分为组合逻辑电路和时序逻辑电路两大类。组合逻辑电路的特点是任意时刻的输出仅取决于该时刻的输入信号组合,而与电路原来所处的状态无关。从电路结构上看,组合逻辑电路是由逻辑门组成的,无记忆元件,输出与输入之间无反馈。

图 3.1.1 组合逻辑电路结构框图

任何一个多输入多输出的组合逻辑电路都可以用图 3.1.1 所示的结构框图来表示。

在图 3.1.1 中,$X=[x_1,x_2,\cdots,x_n]$表示输入变量,$Y=[y_1,y_2,\cdots,y_m]$表示输出变量。输出与输入之间的关系可以用如下逻辑函数来描述:

$$y_i=f_i(x_1,x_2,\cdots,x_n),\quad i=1,2,\cdots,m$$

或者写成向量函数的形式:

$$Y=F(X)$$

逻辑函数表达式是表示组合逻辑电路的一种表示方法,此外,还可以用真值表、卡诺图和逻辑图等表示组合逻辑电路的逻辑功能。

3.2 组合逻辑电路的分析方法和设计方法

3.2.1 组合逻辑电路的分析

组合逻辑电路的分析,即已知逻辑电路图,找出输出与输入之间的函数关系,并分析电路的逻辑功能。

组合逻辑电路的分析步骤如下：

（1）分别用符号标记各级门的输出端。

（2）从电路的输入到输出逐级写出逻辑表达式，最后得到整个电路的输出与输入关系的逻辑函数。

（3）用卡诺图或公式化简法将逻辑函数化成最简形式。

（4）为使电路功能更加直观，列出逻辑函数的真值表，分析电路的逻辑功能。

【例 3.2.1】 分析图 3.2.1 所示电路的逻辑功能。

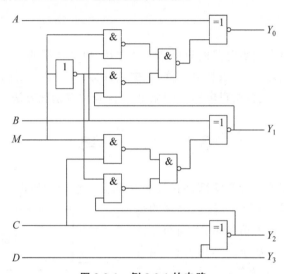

图 3.2.1 例 3.2.1 的电路

解：根据逻辑图，Y_0、Y_1、Y_2、Y_3 与 D、C、B、A、M 之间的逻辑函数为

$$Y_3 = D$$
$$Y_2 = C \oplus D$$
$$Y_1 = B \oplus (MC + \overline{M} Y_2)$$
$$Y_0 = A \oplus (MB + \overline{M} Y_1)$$

当 $M = 0$ 时

$$Y_3 = D$$
$$Y_2 = C \oplus D$$
$$Y_1 = B \oplus C \oplus D$$
$$Y_0 = A \oplus B \oplus C \oplus D$$

当 $M = 1$ 时

$$Y_3 = D$$
$$Y_2 = C \oplus D$$
$$Y_1 = B \oplus C$$
$$Y_0 = A \oplus B$$

两种情况下的真值表如表 3.2.1 所示。

表 3.2.1　例 3.2.1 真值表

M＝1								M＝0							
D	C	B	A	Y_3	Y_2	Y_1	Y_0	D	C	B	A	Y_3	Y_2	Y_1	Y_0
0	0	0	0	0	0	0	0	0	0	0	0	0	0	0	0
0	0	0	1	0	0	0	1	0	0	0	1	0	0	0	1
0	0	1	0	0	0	1	1	0	0	1	1	0	0	1	0
0	0	1	1	0	0	1	0	0	0	1	0	0	0	1	1
0	1	0	0	0	1	1	0	0	1	1	0	0	1	0	0
0	1	0	1	0	1	1	1	0	1	1	1	0	1	0	1
0	1	1	0	0	1	0	1	0	1	0	1	0	1	1	0
0	1	1	1	0	1	0	0	0	1	0	0	0	1	1	1
1	0	0	0	1	1	0	0	1	1	0	0	1	0	0	0
1	0	0	1	1	1	0	1	1	1	0	1	1	0	0	1
1	0	1	0	1	1	1	1	1	1	1	1	1	0	1	0
1	0	1	1	1	1	1	0	1	1	1	0	1	0	1	1
1	1	0	0	1	0	1	0	1	0	1	0	1	1	0	0
1	1	0	1	1	0	1	1	1	0	1	1	1	1	0	1
1	1	1	0	1	0	0	1	1	0	0	1	1	1	1	0
1	1	1	1	1	0	0	0	1	0	0	0	1	1	1	1

由真值表可知，$M＝1$ 时，该电路可以将 8421BCD 码转换为格雷码；$M＝0$ 时，该电路可以将格雷码转换为 8421BCD 码。

3.2.2　组合逻辑电路的设计

组合逻辑电路的设计过程与分析过程相反，其任务是：根据给定的实际逻辑问题，设计出一个最简的逻辑电路图。这里所说的"最简"，是指电路中所用的器件个数最少，器件种类最少，而且器件之间的连线最少。

组合逻辑电路设计的一般步骤如下：

（1）根据设计题目要求，进行逻辑抽象，确定输入变量和输出变量及数目，明确输出变量和输入变量之间的逻辑关系。

（2）将输出变量和输入变量之间的逻辑关系（或因果关系）列成真值表。

（3）根据真值表写出逻辑函数，并用公式法和卡诺图方法将逻辑函数化成最简形式。

（4）选用小规模集成逻辑门电路、中规模组合逻辑电路或存储器和可编程逻辑器件构成相应的逻辑函数。具体如何选择，应根据电路的具体要求和器件的资源情况来决定。

（5）根据选择的器件，将逻辑函数转换成适当的形式。

① 在使用小规模集成门电路进行设计时，为获得最简单的设计结果，应把逻辑函数

转换成最简形式,即器件数目和种类最少。因此通常把逻辑函数转换为与非-与非式或者与或非式,这样可以用与非门或者与或非门来实现。

② 在使用中规模组合逻辑电路进行设计时,需要将逻辑函数化成常用组合逻辑电路的逻辑函数形式,具体做法将在 3.3 节介绍。

③ 如果使用存储器和可编程逻辑器件来实现,具体做法将在第 7 章介绍。

(6) 根据化简或变换后的逻辑函数,画出逻辑电路的逻辑图。

【例 3.2.2】 设计供 3 个人使用的表决逻辑电路,即,3 个人中有不少于两个人表示同意,则表决通过,否则为不通过。

解:(1)首先进行逻辑抽象。

用 A、B、C 表示每个人的表决结果,用 Y 表示 3 个人的表决结果。因此,A、B、C 为输入逻辑变量,Y 为输出逻辑变量。用 1 表示表决人同意或表决通过,用 0 表示表决人不同意或表决不通过。

根据题意列出表 3.2.2 所示的真值表。

表 3.2.2 例 3.2.2 的真值表

A	B	C	Y	A	B	C	Y
0	0	0	0	1	0	0	0
0	0	1	0	1	0	1	1
0	1	0	0	1	1	0	1
0	1	1	1	1	1	1	1

(2) 根据真值表,画出三变量逻辑函数卡诺图,如图 3.2.2 所示,化简后得到 Y 的逻辑函数。

$$Y = AB + BC + AC \tag{3.2.1}$$

(3) 选定器件类型为小规模集成门电路。

(4) 根据式(3.2.1)画出逻辑电路图,如图 3.2.3 所示。这里用到与门和或门。若用其他类型的门电路来组成这个逻辑电路,应将最简与或式转换成相应的形式。

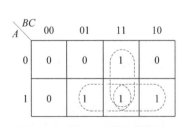

图 3.2.2 例 3.2.2 的卡诺图一

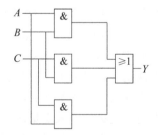

图 3.2.3 例 3.2.2 的逻辑电路图一

例如,要求用与非门实现这个逻辑电路时,应当将逻辑函数化成与非-与非表达式。

$$Y = \overline{\overline{Y}} = \overline{\overline{AB + BC + AC}}$$
$$= \overline{\overline{AB} \cdot \overline{BC} \cdot \overline{AC}} \tag{3.2.2}$$

根据式(3.2.2)，全部用与非门实现的逻辑电路图如图 3.2.4 所示。

如果用与或非门实现这个逻辑电路，必须把式(3.2.2)化成最简的与或非表达式。在第 1 章讲过，可以圈出卡诺图中的 0，然后求反，得到最简的与或非表达式。圈 0 卡诺图如图 3.2.5 所示，得到式(3.2.3)的最简与或非表达式：

$$Y = \overline{\overline{AB} + \overline{AC} + \overline{BC}} \tag{3.2.3}$$

按照式(3.2.3)画出用与或非门组成的逻辑电路，如图 3.2.6 所示。

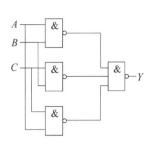

图 3.2.4　例 3.2.2 的逻辑
电路图二

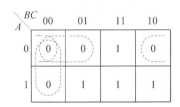

图 3.2.5　例 3.2.2 的卡诺图二

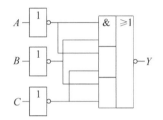

图 3.2.6　例 3.2.2 的逻辑电路图三

3.3　编码器和译码器

3.3.1　编码器

广义上讲，将具有特定意义的信息(如文字、符号或数字)赋予相应的二进制码的过程称为编码。用来实现编码操作的电路叫作编码器。根据被编码信号的不同特点和要求，编码器分为二进制编码器、二进制优先编码器、BCD 码优先编码器等。

1. 二进制编码器

用 n 位二进制码对 2^n 个信号进行编码的电路称为二进制编码器。对 N 个信号进行编码时，可用 $2^n \geqslant N$ 来确定需要使用的二进制码的位数 n。下面以 3 位二进制编码器为例说明二进制编码器的工作原理和设计过程。

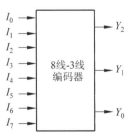

图 3.3.1　8 线-3 线编码器

3 位二进制编码器是将 $I_0, I_1, \cdots, I_7$ 共 8 个输入信号编成二进制码。由于 $2^3 = 8$，输出可用 3 位二进制代码进行编码，所以该编码器有 8 个输入变量和 3 个输出变量，因此 3 位二进制编码器也称为 8 线-3 线编码器，如图 3.3.1 所示。

在某一时刻，该编码器只能对一个输入信号进行编码，即在编码器输入端，同一时刻不允许两个或两个以上的输入信号同时出现，也就是 $I_0, I_1, \cdots, I_7$ 互相排斥，所以该编码器真值表如表 3.3.1 所示。

表 3.3.1   8 线-3 线编码器真值表

I_0	I_1	I_2	I_3	I_4	I_5	I_6	I_7	Y_2	Y_1	Y_0
1	0	0	0	0	0	0	0	0	0	0
0	1	0	0	0	0	0	0	0	0	1
0	0	1	0	0	0	0	0	0	1	0
0	0	0	1	0	0	0	0	0	1	1
0	0	0	0	1	0	0	0	1	0	0
0	0	0	0	0	1	0	0	1	0	1
0	0	0	0	0	0	1	0	1	1	0
0	0	0	0	0	0	0	1	1	1	1

根据真值表和 $I_0, I_1, \cdots, I_7$ 互相排斥的约束条件,只要将使输出值为 1 的输入变量直接相或,即可得到输出的最简与或表达式:

$$Y_2 = I_4 + I_5 + I_6 + I_7$$
$$Y_1 = I_2 + I_3 + I_6 + I_7$$
$$Y_0 = I_1 + I_3 + I_5 + I_7$$

相应的与非-与非表达式如下

$$Y_2 = \overline{\overline{I_4}\,\overline{I_5}\,\overline{I_6}\,\overline{I_7}}$$
$$Y_1 = \overline{\overline{I_2}\,\overline{I_3}\,\overline{I_6}\,\overline{I_7}}$$
$$Y_0 = \overline{\overline{I_1}\,\overline{I_3}\,\overline{I_5}\,\overline{I_7}}$$

图 3.3.2 是用与非门实现的 8 线-3 线编码器。当 $I_1 \sim I_7$ 均为 0 时,电路输出为 I_0 的编码。

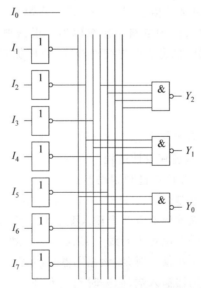

图 3.3.2   用与非门实现的 8 线-3 线编码器

2. 二进制优先编码器

实际应用中,常常有以下设计要求:当几个输入端同时加输入信号时,编码器能够按照一定的优先次序,对优先级最高的输入信号进行编码,而不理睬优先级低的信号。这种根据优先顺序进行编码的电路称为优先编码器。

图 3.3.3 给出了 8 线-3 线优先编码器(74LS148)的逻辑电路图、逻辑符号及引脚排列。其真值表如表 3.3.2 所示。

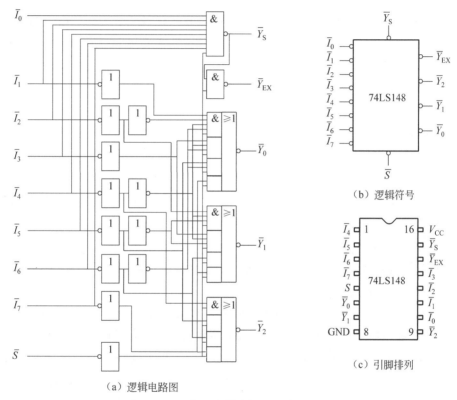

（a）逻辑电路图

（b）逻辑符号

（c）引脚排列

图 3.3.3 8 线-3 线优先编码器(74LS148)

表 3.3.2 8 线-3 线优先编码器真值表

$\bar{S}$	$\bar{I}_0$	$\bar{I}_1$	$\bar{I}_2$	$\bar{I}_3$	$\bar{I}_4$	$\bar{I}_5$	$\bar{I}_6$	$\bar{I}_7$	$\bar{Y}_2$	$\bar{Y}_1$	$\bar{Y}_0$	$\bar{Y}_{EX}$	$\bar{Y}_S$
1	×	×	×	×	×	×	×	×	1	1	1	1	1
0	1	1	1	1	1	1	1	1	1	1	1	1	0
0	×	×	×	×	×	×	×	0	0	0	0	0	1
0	×	×	×	×	×	×	0	1	0	0	1	0	1
0	×	×	×	×	×	0	1	1	0	1	0	0	1
0	×	×	×	×	0	1	1	1	0	1	1	0	1
0	×	×	×	0	1	1	1	1	1	0	0	0	1
0	×	×	0	1	1	1	1	1	1	0	1	0	1
0	×	0	1	1	1	1	1	1	1	1	0	0	1
0	0	1	1	1	1	1	1	1	1	1	1	0	1

由逻辑电路图可得到输出表达式：

$$\overline{Y}_2 = \overline{(I_4 + I_5 + I_6 + I_7) \cdot S}$$

$$\overline{Y}_1 = \overline{(I_7 + I_6 + I_3\overline{I}_4\overline{I}_5 + I_2\overline{I}_4\overline{I}_5) \cdot S}$$

$$\overline{Y}_0 = \overline{(I_7 + I_5\overline{I}_6 + I_3\overline{I}_4\overline{I}_6 + I_1\overline{I}_2\overline{I}_4\overline{I}_6) \cdot S}$$

$$\overline{Y}_S = \overline{\overline{I}_0\overline{I}_1\overline{I}_2\overline{I}_3\overline{I}_4\overline{I}_5\overline{I}_6\overline{I}_7 S}$$

$$\overline{Y}_{EX} = \overline{(I_0 + I_1 + I_2 + I_3 + I_4 + I_5 + I_6 + I_7) \cdot S}$$

由逻辑电路图和逻辑符号可以看出，$\overline{I}_0 \sim \overline{I}_7$ 为输入信号，$\overline{Y}_2$、$\overline{Y}_1$ 和 $\overline{Y}_0$ 为输出信号，低电平有效。为了便于扩展，8 线-3 线优先编码器还设置了 3 个附加控制端：$\overline{S}$ 为选通输入端，低电平有效，$\overline{Y}_S$ 为选通输出端，$\overline{Y}_{EX}$ 为优先扩展输出端。

由真值表可以看出，$\overline{S}=1$ 时编码器不工作，编码器输出全为 1。只有 $\overline{S}=0$ 时编码器正常工作，此时又分两种情况：

(1) 所有输入全为 1 时，即无输入信号要求编码，编码器输出 $\overline{Y}_2=1$，$\overline{Y}_1=1$，$\overline{Y}_0=1$ 且 $\overline{Y}_{EX}=1$，$Y_S=0$。

(2) 当 $\overline{I}_0 \sim \overline{I}_7$ 至少有一个为 0 时，编码器按输入的优先级进行编码，$\overline{I}_7$ 的优先级最高，$\overline{I}_6$ 次之，$\overline{I}_0$ 最低。例如，当 $\overline{I}_7=1$，$\overline{I}_6=1$，而 $\overline{I}_5=0$ 时，不管其他输入为何值，都对 $\overline{I}_5$ 进行编码，输出 $\overline{Y}_2=0$，$\overline{Y}_1=1$，$\overline{Y}_0=0$，而 $\overline{Y}_{EX}=0$，$\overline{Y}_S=1$。

一片 8 线-3 线优先编码器 74LS148 只具有 8 级优先编码功能，利用选通输入端 $\overline{S}$、选通输出端 $\overline{Y}_S$ 和优先扩展输出端 $\overline{Y}_{EX}$，可以实现多级优先编码。下面结合一个例子说明 $\overline{Y}_{EX}$ 和 $\overline{Y}_S$ 信号实现电路扩展的方法。

【例 3.3.1】 用两片 74LS148 实现 16 线-4 线优先编码器。要求 16 个输入端为 $\overline{A}_{15} \sim \overline{A}_0$，4 个输出端为 $Z_3 \sim Z_0$，其中 $\overline{A}_{15}$ 优先级最高，$\overline{A}_0$ 优先级最低。

解： 将两片 74LS148 串行连接，如图 3.3.4 所示。片 1 的输入端作为低 8 位（$\overline{A}_7 \sim \overline{A}_0$）输入端，片 1 的输出端 $\overline{Y}_S$ 作为 16 线-4 线优先编码器的选通输出端；片 2 的输入端作为高 8 位（$\overline{A}_{15} \sim \overline{A}_8$）输入端，片 2 的输出端 $\overline{Y}_S$ 接片 1 的选通输入端 $\overline{S}$，片 2 的 $\overline{Y}_{EX}$ 经反相器输出作为 Z_3；两片 74LS148 的 $\overline{Y}_2$、$\overline{Y}_1$、$\overline{Y}_0$ 经与非门输出分别为 Z_2、Z_1、Z_0，两片

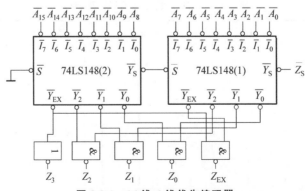

图 3.3.4　16 线-4 线优先编码器

74LS148 的 $\overline{Y}_{EX}$ 经与非门输出作为电路总的优先扩展输出端 Z_{EX}；片 2 的 $\overline{S}$ 端接地。

下面举例说明优先编码过程：当片 2 输入 $\overline{A}_9 = 0$ 时，则片 2 的 $\overline{Y}_{EX} = 0$、$\overline{Y}_S = 1$，片 2 进行编码，由于片 1 的 $\overline{S} = 1$，不进行编码，电路的总输出为 $Z_3 = 1$，$Z_2 = 0$，$Z_1 = 0$，$Z_0 = 1$。当片 2 输入全为 1 时，即 $\overline{A}_{15} \sim \overline{A}_8$ 没有编码输入信号，片 2 的输出为 $\overline{Y}_2 = 1$，$\overline{Y}_1 = 1$，$\overline{Y}_0 = 1$，$\overline{Y}_{EX} = 1$，$\overline{Y}_S = 0$，使片 1 的 $\overline{S} = 0$，片 1 可以进行编码，若 $\overline{A}_6 = 0$，则片 1 的输出为 $\overline{Y}_2 = 0$，$\overline{Y}_1 = 0$，$\overline{Y}_0 = 1$，电路的总输出为 $Z_3 = 0$，$Z_2 = 1$，$Z_1 = 1$，$Z_0 = 0$。

3. BCD 码优先编码器

将 $\overline{I}_0 \sim \overline{I}_9$ 这 10 个信号编成 10 个 BCD 码。在这 10 个输入信号中，$\overline{I}_9$ 的优先级最高，$\overline{I}_0$ 的优先级最低。图 3.3.5 是 BCD 码优先编码器（74LS147）逻辑电路图、逻辑符号及引脚排列。

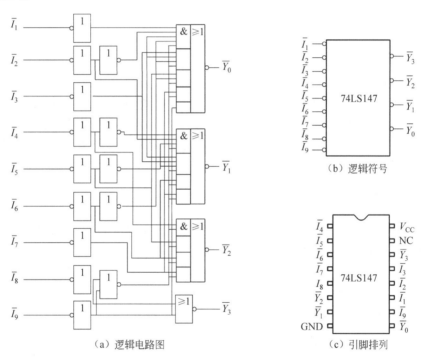

（a）逻辑电路图　　（b）逻辑符号　　（c）引脚排列

图 3.3.5　BCD 码优先编码器（74LS147）

由逻辑电路图可得到输出表达式：

$$\overline{Y}_3 = \overline{I_8 + I_9}$$

$$\overline{Y}_2 = \overline{I_4 \overline{I}_8 \overline{I}_9 + I_5 \overline{I}_8 \overline{I}_9 + I_6 \overline{I}_8 \overline{I}_9 + I_7 \overline{I}_8 \overline{I}_9}$$

$$\overline{Y}_1 = \overline{I_2 \overline{I}_4 \overline{I}_5 \overline{I}_8 \overline{I}_9 + I_3 \overline{I}_4 \overline{I}_5 \overline{I}_8 \overline{I}_9 + I_6 \overline{I}_8 \overline{I}_9 + I_7 \overline{I}_8 \overline{I}_9}$$

$$\overline{Y}_0 = \overline{I_1 \overline{I}_2 \overline{I}_4 \overline{I}_5 \overline{I}_8 \overline{I}_9 + I_3 \overline{I}_4 \overline{I}_5 \overline{I}_8 \overline{I}_9 + I_5 \overline{I}_6 \overline{I}_8 \overline{I}_9 + I_7 \overline{I}_8 \overline{I}_9 + I_9}$$

其真值表如表 3.3.3 所示。从中可以看出，编码器的输出是以 BCD 码的反码形式给出的。

表 3.3.3   BCD 码优先编码器真值表

$\overline{I}_0$	$\overline{I}_1$	$\overline{I}_2$	$\overline{I}_3$	$\overline{I}_4$	$\overline{I}_5$	$\overline{I}_6$	$\overline{I}_7$	$\overline{I}_8$	$\overline{I}_9$	$\overline{Y}_3$	$\overline{Y}_2$	$\overline{Y}_1$	$\overline{Y}_0$
×	×	×	×	×	×	×	×	×	0	0	1	1	0
×	×	×	×	×	×	×	×	0	1	0	1	1	1
×	×	×	×	×	×	×	0	1	1	1	0	0	0
×	×	×	×	×	×	0	1	1	1	1	0	0	1
×	×	×	×	×	0	1	1	1	1	1	0	1	0
×	×	×	×	0	1	1	1	1	1	1	0	1	1
×	×	×	0	1	1	1	1	1	1	1	1	0	0
×	×	0	1	1	1	1	1	1	1	1	1	0	1
×	0	1	1	1	1	1	1	1	1	1	1	1	0
0	1	1	1	1	1	1	1	1	1	1	1	1	1

3.3.2 译码器

编码的逆过程（把表示特定意义的信息代码翻译出来的过程）叫作译码，实现译码操作的电路称为译码器。译码器分为 3 类：一是二进制译码器，也称最小项译码器，有 3 线-8 线译码器、4 线-16 线译码器等；二是码制转换译码器，有 8421BCD 码转换十进制译码器、余 3 码转换十进制译码器等；三是显示译码器，用来驱动各类显示器，如发光二极管、液晶数码管等。

1. 二进制译码器

二进制译码器的输入为二进制码，输出为与输入一一对应的高、低电平信号。3 线-8 线译码器示意图如图 3.3.6 所示。

3 线-8 线译码器的真值表如表 3.3.4 所示。$\overline{Y}_0 \sim \overline{Y}_7$ 是相互独立的 8 个信号，分别对应于 A_2、A_1、A_0 的 8 种组合状态，输出低电平有效。

由真值表可直接列出输出表达式：

$$\overline{Y}_0 = \overline{\overline{A}_2 \overline{A}_1 \overline{A}_0}$$

$$\overline{Y}_1 = \overline{\overline{A}_2 \overline{A}_1 A_0}$$

$$\overline{Y}_2 = \overline{\overline{A}_2 A_1 \overline{A}_0}$$

$$\overline{Y}_3 = \overline{\overline{A}_2 A_1 A_0}$$

$$\overline{Y}_4 = \overline{A_2 \overline{A}_1 \overline{A}_0}$$

$$\overline{Y}_5 = \overline{A_2 \overline{A}_1 A_0}$$

$$\overline{Y}_6 = \overline{A_2 A_1 \overline{A}_0}$$

$$\overline{Y}_7 = \overline{A_2 A_1 A_0}$$

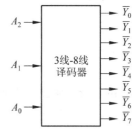

图 3.3.6   3 线-8 线译码器

由输出表达式可以看出,每个输出函数都是输入变量的一个最小项,对应每个输入状态,仅有一个输出为 0,其余为 1。例如,$A_2=1$,$A_1=0$,$A_0=1$ 时,仅 $\overline{Y}_5=0$,即 $\overline{Y}_5$ 是输入二进制码 101 的译码输出,所以这种译码器也称为最小项译码器。

表 3.3.4　3 线-8 线译码器真值表

A_2	A_1	A_0	$\overline{Y}_0$	$\overline{Y}_1$	$\overline{Y}_2$	$\overline{Y}_3$	$\overline{Y}_4$	$\overline{Y}_5$	$\overline{Y}_6$	$\overline{Y}_7$
0	0	0	0	1	1	1	1	1	1	1
0	0	1	1	0	1	1	1	1	1	1
0	1	0	1	1	0	1	1	1	1	1
0	1	1	1	1	1	0	1	1	1	1
1	0	0	1	1	1	1	0	1	1	1
1	0	1	1	1	1	1	1	0	1	1
1	1	0	1	1	1	1	1	1	0	1
1	1	1	1	1	1	1	1	1	1	0

图 3.3.7(a)是用与非门实现的 3 线-8 线译码器(74LS138)的逻辑电路图。输入为 3 位二进制数 A_2、A_1、A_0,输出有 $\overline{Y}_0 \sim \overline{Y}_7$ 共 8 个信号,分别对应输入的 8 种组合。另外,74LS138 有 3 个附加控制端 S_1、$\overline{S}_2$ 和 $\overline{S}_3$。只有当 $S_1=1$,$\overline{S}_2=\overline{S}_3=0$ 时,译码器才处于工作状态;否则,译码器不实现译码,也就是说不管输入为任何值,8 个输出信号均为 1。3 线-8 线译码器 74LS138 的真值表如表 3.3.5 所示。

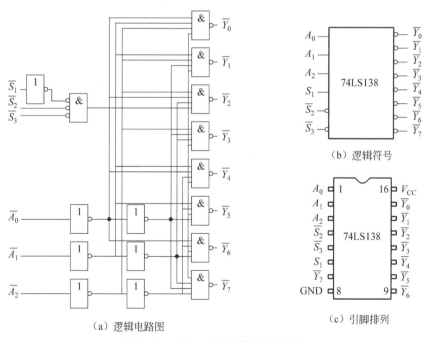

（a）逻辑电路图

（b）逻辑符号

（c）引脚排列

图 3.3.7　3 线-8 线译码器(74LS138)

表 3.3.5　3 线-8 线译码器 74LS138 真值表

S_1	$\overline{S}_2+\overline{S}_3$	A_2	A_1	A_0	$\overline{Y}_0$	$\overline{Y}_1$	$\overline{Y}_2$	$\overline{Y}_3$	$\overline{Y}_4$	$\overline{Y}_5$	$\overline{Y}_6$	$\overline{Y}_7$
×	1	×	×	×	1	1	1	1	1	1	1	1
0	×	×	×	×	1	1	1	1	1	1	1	1
1	0	0	0	0	0	1	1	1	1	1	1	1
1	0	0	0	1	1	0	1	1	1	1	1	1
1	0	0	1	0	1	1	0	1	1	1	1	1
1	0	0	1	1	1	1	1	0	1	1	1	1
1	0	1	0	0	1	1	1	1	0	1	1	1
1	0	1	0	1	1	1	1	1	1	0	1	1
1	0	1	1	0	1	1	1	1	1	1	0	1
1	0	1	1	1	1	1	1	1	1	1	1	0

附加控制端 S_1、$\overline{S}_2$ 和 $\overline{S}_3$ 也叫作片选输入端,利用片选的作用可以将多片连接起来,以扩展译码器的功能。

图 3.3.7(b)、(c)分别为 74LS138 的逻辑符号和引脚排列。

2. 二-十进制译码器

二-十进制译码器是码制转换译码器的一种,是将输入的 10 个 BCD 码翻译成十进制代码 0~9 的逻辑电路。

图 3.3.8(a)是二-十进制译码器 74LS42 的逻辑电路图,图 3.3.8(b)、(c)分别为 74LS42 的逻辑符号和引脚排列。其真值表如表 3.3.6 所示。

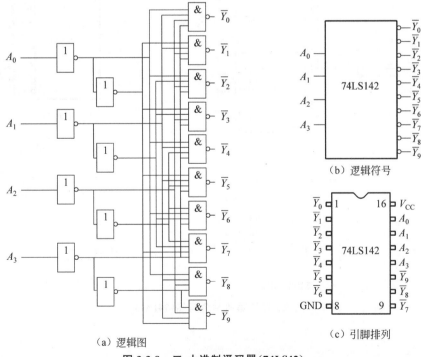

（a）逻辑图　（b）逻辑符号　（c）引脚排列

图 3.3.8　二-十进制译码器(74LS42)

表 3.3.6 二-十进制译码器 74LS42 真值表

A_3	A_2	A_1	A_0	$\overline{Y}_0$	$\overline{Y}_1$	$\overline{Y}_2$	$\overline{Y}_3$	$\overline{Y}_4$	$\overline{Y}_5$	$\overline{Y}_6$	$\overline{Y}_7$	$\overline{Y}_8$	$\overline{Y}_9$
0	0	0	0	0	1	1	1	1	1	1	1	1	1
0	0	0	1	1	0	1	1	1	1	1	1	1	1
0	0	1	0	1	1	0	1	1	1	1	1	1	1
0	0	1	1	1	1	1	0	1	1	1	1	1	1
0	1	0	0	1	1	1	1	0	1	1	1	1	1
0	1	0	1	1	1	1	1	1	0	1	1	1	1
0	1	1	0	1	1	1	1	1	1	0	1	1	1
0	1	1	1	1	1	1	1	1	1	1	0	1	1
1	0	0	0	1	1	1	1	1	1	1	1	0	1
1	0	0	1	1	1	1	1	1	1	1	1	1	0
1	0	1	0	1	1	1	1	1	1	1	1	1	1
1	0	1	1	1	1	1	1	1	1	1	1	1	1
1	1	0	0	1	1	1	1	1	1	1	1	1	1
1	1	0	1	1	1	1	1	1	1	1	1	1	1
1	1	1	0	1	1	1	1	1	1	1	1	1	1
1	1	1	1	1	1	1	1	1	1	1	1	1	1

根据真值表可写出输出表达式:

$$\overline{Y}_0 = \overline{\overline{A}_3 \overline{A}_2 \overline{A}_1 \overline{A}_0}$$

$$\overline{Y}_1 = \overline{\overline{A}_3 \overline{A}_2 \overline{A}_1 A_0}$$

$$\overline{Y}_2 = \overline{\overline{A}_3 \overline{A}_2 A_1 \overline{A}_0}$$

$$\overline{Y}_3 = \overline{\overline{A}_3 \overline{A}_2 A_1 A_0}$$

$$\overline{Y}_4 = \overline{\overline{A}_3 A_2 \overline{A}_1 \overline{A}_0}$$

$$\overline{Y}_5 = \overline{\overline{A}_3 A_2 \overline{A}_1 A_0}$$

$$\overline{Y}_6 = \overline{\overline{A}_3 A_2 A_1 \overline{A}_0}$$

$$\overline{Y}_7 = \overline{\overline{A}_3 A_2 A_1 A_0}$$

$$\overline{Y}_8 = \overline{A_3 \overline{A}_2 \overline{A}_1 \overline{A}_0}$$

$$\overline{Y}_9 = \overline{A_3 \overline{A}_2 \overline{A}_1 A_0}$$

4 个输入端为 A_3、A_2、A_1 和 A_0,用于输入 8421BCD 码,10 个输出端 $\overline{Y}_0 \sim \overline{Y}_9$ 对应十进制数 $0 \sim 9$,输出低电平有效。BCD 码以外的伪码(即 $1010 \sim 1111$,共 6 个伪码,见表 3.3.6 中最下面的 6 行)作为输入时,译码器拒绝翻译,输出均无低电平,所以这个电路具有拒绝伪码的功能。

3. 显示译码器

在数字系统中,经常需要将数字、文字和符号的二进制码以人们习惯的形式直观地显示出来,供人们读取或监视系统的工作情况。能够把二进制码翻译并显示出来的电路叫作显示译码器,它包括译码驱动电路和数码显示器两部分。

1) 数码显示器的分类及特点

常用的数码显示器有两种,分别是液晶显示器和发光二极管显示器。

液晶显示器(Liguid Crystal Display,LCD)的特点是驱动电压低(在 1V 以下就可以工作)、工作电流非常小、功耗极小($1\mu W$ 以下),配合 CMOS 电路可以组成微功耗系统。它的缺点是亮度低、响应速度低(为 $10\sim200ms$),这限制了它在快速系统中的应用。

发光二极管(Light Emitting Diode,LED)显示器的特点是清晰悦目、工作电压低($1.5\sim3V$)、体积小、寿命长、可靠性高、响应时间短($1\sim100ns$)、颜色丰富(有红、绿、黄等颜色)、亮度高。它的缺点是工作电流比较大,每段的工作电流在 10mA 左右。

发光二极管使用的材料与普通的硅二极管和锗二极管不同,有磷砷化镓、磷化镓或砷化镓等几种,而且杂质浓度很高。当 PN 结外加正向电压时,P 区多数载流子空穴和 N 区多数载流子电子在扩散过程中复合,同时释放出能量,发出一定波长的光。发光二极管发出的光线波长与磷和砷的比例有关,含磷的比例越大,波长越短,同时发光效率越低。目前生产的磷砷化镓发光二极管(如 BS201、BS211 等)发出的光线波长在 6500Å 左右,呈橙红色。

下面主要介绍以发光二极管作为显示器件的七段数码管。七段数码管是将 7 个发光二极管按一定的方式连接在一起,每段为一个发光二极管,7 段分别为 a、b、c、d、e、f、g,显示哪个字型,则相应段的发光二极管发光。在 BS201 等一些数码管的右下角增设一个小数点(DP),形成八段数码管,其外形图如图 3.3.9(a)所示。

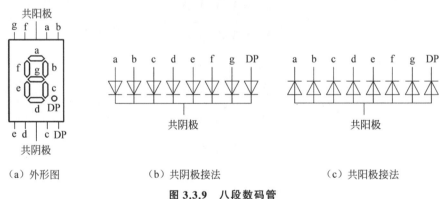

（a）外形图 （b）共阴极接法 （c）共阳极接法

图 3.3.9 八段数码管

按连接方式不同,八段数码管分为共阴极和共阳极两种。共阴极是指 8 个 BS201 发光二极管的阴极连接在一起,每个发光二极管的阳极经限流电阻接到显示译码器输出端(显示译码器输出高电平有效),如图 3.3.9(b)所示。而共阳极是指 8 个 BS201 发光二极管的阳极连接在一起,每个发光二极管的阴极经限流电阻接到显示译码器输出端(显示译码器输出低电平有效),如图 3.3.9(c)所示。改变限流电阻大小,可改变二极管中的电流大小,从而控制其发光亮度。

2) BCD 七段显示译码器

最常用的显示译码器是能驱动七段数码管的 BCD 七段显示译码器。

发光二极管显示器和液晶显示器都可以用 TTL 或 CMOS 集成电路直接驱动。为了使七段数码管显示 0～9 这 10 个数字,需要使用 BCD 七段显示译码器将 BCD 码翻译成七段数码管所要求的驱动信号。中规模 BCD 七段显示译码器的种类很多,下面以配合半导体数码管 BS201A 工作的 4 线-7 线译码器/驱动器 7448 为例加以介绍。

以 $A_3 \sim A_0$ 表示显示译码器输入的 BCD 码,以 $Y_a \sim Y_g$ 表示七段半导体数码管的驱动信号。假设译码器输出高电平有效,即输出为 1 时相应段的发光二极管发光。按照图 3.3.9(a)所示字形,可列出显示译码器的真值表,如表 3.3.7 所示。表中除列出了 BCD 码的 10 个状态以外,还规定了 1010～1111 这 6 个状态(伪码)的显示字形,见表 3.3.7 中最下面的 6 行。

表 3.3.7 BCD 七段显示译码器真值表

序号	A_3	A_2	A_1	A_0	Y_a	Y_b	Y_c	Y_d	Y_e	Y_f	Y_g	字形
0	0	0	0	0	1	1	1	1	1	1	0	
1	0	0	0	1	0	1	1	0	0	0	0	
2	0	0	1	0	1	1	0	1	1	0	1	
3	0	0	1	1	1	1	1	1	0	0	1	
4	0	1	0	0	0	1	1	0	0	1	1	
5	0	1	0	1	1	0	1	1	0	1	1	
6	0	1	1	0	0	0	1	1	1	1	1	
7	0	1	1	1	1	1	1	0	0	0	0	
8	1	0	0	0	1	1	1	1	1	1	1	
9	1	0	0	1	1	1	1	0	0	1	1	
10	1	0	1	0	0	0	0	1	1	0	1	
11	1	0	1	1	0	0	1	1	0	0	1	
12	1	1	0	0	0	1	0	0	0	1	1	
13	1	1	0	1	1	0	0	1	0	1	1	
14	1	1	1	0	0	0	0	1	1	1	1	
15	1	1	1	1	0	0	0	0	0	0	0	

从得到的真值表,利用卡诺图化简法可得到 $Y_a \sim Y_g$ 的函数表达式:

$$Y_a = \overline{\overline{A_3}\,\overline{A_2}\,\overline{A_1}A_0 + A_2\overline{A_0} + A_3A_1}$$

$$Y_b = \overline{\overline{A_2}\,\overline{A_1}A_0 + A_2A_1\overline{A_0} + A_3A_1}$$

$$Y_c = \overline{\overline{A_2}A_1\overline{A_0} + A_3A_2}$$

$$Y_d = \overline{\overline{A_2}\,\overline{A_1}A_0 + A_2A_1A_0 + A_2\overline{A_1}\,\overline{A_0}}$$

$$Y_e = \overline{A_2\overline{A_1} + A_0}$$

$$Y_f = \overline{A_1 A_0 + \overline{A}_3 \overline{A}_2 A_0 + \overline{A}_2 A_1}$$

$$Y_g = \overline{A_2 A_1 A_0 + \overline{A}_3 \overline{A}_2 \overline{A}_1}$$

根据函数表达式可画出 BCD 七段显示译码器 7448 的逻辑电路图,如图 3.3.10(a)所示,图 3.3.10(b)和(c)分别为 7448 的逻辑符号和引脚排列。

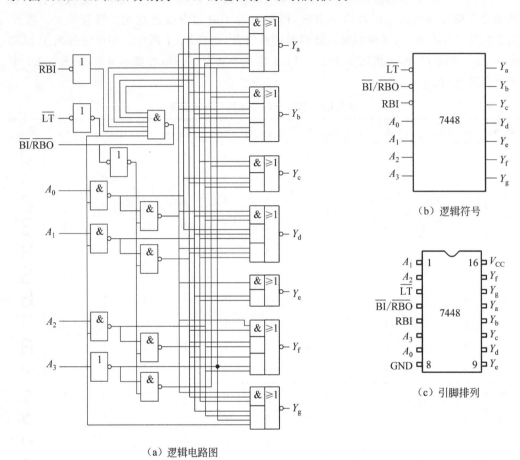

（a）逻辑电路图

（b）逻辑符号

（c）引脚排列

图 3.3.10　BCD 七段显示译码器 7448

另外,7448 的逻辑电路中增加了附加控制电路。下面介绍其功能和用法。

(1) 灯测试输入端$\overline{LT}$。

当$\overline{LT}=0$ 时,$\overline{Y}_a \sim \overline{Y}_g$均输出高电平,七段数码管全部点亮,显示 8 字形,用来测试数码管的好坏;当$\overline{LT}=1$ 时显示译码器按输入的 BCD 码正常显示。

(2) 灭零输入端$\overline{RBI}$。

当$\overline{RBI}=0$ 时,若输入端 $A_3 \sim A_0$ 为 0000,则$\overline{Y}_a \sim \overline{Y}_g$均输出低电平,实现灭零;若输入端为其他的 BCD 码,则正常显示。设置灭零输入端$\overline{RBI}$的目的是为了把不希望显示的 0 熄灭。例如,有一个 4 位的数码管显示电路显示 03.40 时,前后两位的 0 是多余的,可以在对应位的灭零输入端加入灭零信号,即$\overline{RBI}=0$,则只显示 3.4。对不需要灭零的位则

应使 $\overline{\text{RBI}}=1$。

（3）灭灯输入/灭零输出端 $\overline{\text{BI}}/\overline{\text{RBO}}$。

当 $\overline{\text{BI}}/\overline{\text{RBO}}$ 作为输入端使用时，称为灭灯输入端。若 $\overline{\text{BI}}=0$，则无论输入为何种状态，$\overline{Y}_a \sim \overline{Y}_g$ 输出均为 0，七段数码管全部熄灭，可用来控制是否显示。若 $\overline{\text{BI}}=1$，正常译码显示。当 $\overline{\text{BI}}/\overline{\text{RBO}}$ 作为输出端使用时，称为灭零输出端，其表达式为

$$\overline{\text{RBO}}=\overline{\overline{\text{LT}}\,\overline{A}_3\overline{A}_2\overline{A}_1\overline{A}_0\overline{\text{RBI}}}$$

由此可知，当 $A_3 \sim A_0$ 为 0000 而且有灭零输入信号（$\overline{\text{RBI}}=0$）和 $\overline{\text{LT}}=1$ 时，$\overline{\text{RBO}}=0$，该信号既可以使本位灭零（$\overline{\text{RBI}}=0$），又同时输出低电平信号（$\overline{\text{RBO}}=0$），为相邻位灭零提供条件。这样可以消去多位数显示中前后不必要的 0。

用 7448 可以直接驱动七段数码管 BS201，其接线图如图 3.3.11 所示。图 3.3.11 中流过发光二极管的电流由电源电压经上拉电阻 R 提供，因此，应选取合适的电阻值，使电流大于数码管所需的电流。

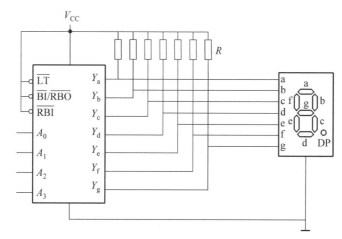

图 3.3.11　7448 驱动七段数码管 BS201 的接线图

4. 译码器的应用举例

1）3 线-8 线译码器 74LS138 的应用

【例 3.3.2】　利用两片 74LS138 组成 4 线-16 线译码器，将 4 位输入的二进制码 A、B、C、D 译成 16 个独立的低电平信号 $\overline{Z}_0 \sim \overline{Z}_{15}$，其中 A 为最高位。

解： 由 74LS138 的逻辑符号可知，译码器有 3 个地址输入端 A_2、A_1 和 A_0 可作为 4 线-16 线译码器低 3 位 B、C、D，再利用 3 个附加控制端 S_1、$\overline{S}_2$ 和 $\overline{S}_3$ 进行合理组合，构成第 4 个地址输入端 A，图 3.3.12 给出了两片 74LS138 扩展成 4 线-16 线译码器的电路。

当 $A=0$ 时，片 1 的 $\overline{S}_2=0$ 时允许译码，其输出取决于输入变量 B、C、D；而片 2 的 $S_1=0$ 时禁止译码，其输出均为 1。当 $A=1$ 时，片 1 的 $\overline{S}_2=1$ 时禁止译码，其输出均为 1；而片 2 的 $S_1=1$ 时允许译码，其输出由 B、C、D 决定。这样接成的 4 线-16 线译码器

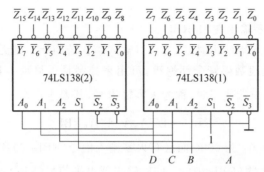

图 3.3.12　例 3.3.2 的电路(4 线-16 线译码器)

电路的 3 个附加控制端分别为片 1 的 S_1 和片 2 的 $\overline{S}_2$、$\overline{S}_3$,利用它们可以再接成 5 线-32 线译码器。

【例 3.3.3】　画出用 74LS138 和门电路实现如下多输出逻辑函数的逻辑电路。

$$Z_1 = AC$$

$$Z_2 = \overline{A}\,\overline{B}C + A\overline{B}\,\overline{C} + AB$$

$$Z_3 = AB\overline{C} + B\overline{C}$$

解:首先将逻辑函数化成最小项之和形式,得到

$$Z_1 = AC = ABC + A\overline{B}C = m_5 + m_7$$

$$Z_2 = \overline{A}\,\overline{B}C + A\overline{B}\,\overline{C} + AB = \overline{A}\,\overline{B}C + A\overline{B}\,\overline{C} + ABC + AB\overline{C} = m_1 + m_4 + m_6 + m_7$$

$$Z_3 = AB\overline{C} + B\overline{C} = AB\overline{C} + A\overline{B}\,\overline{C} + \overline{A}B\overline{C} = m_2 + m_6$$

将上式整理成与非-与非形式:

$$Z_1 = \overline{\overline{m}_5\,\overline{m}_7}$$

$$Z_2 = \overline{\overline{m}_1\,\overline{m}_4\,\overline{m}_6\,\overline{m}_7}$$

$$Z_3 = \overline{\overline{m}_2\,\overline{m}_6}$$

由于 74LS138 为最小项译码器,每一个输出 $\overline{Y}_i = \overline{m}_i$,因此只要在输出端增加 3 个与非门即可实现 $Z_1 \sim Z_3$ 的逻辑电路,如图 3.3.13 所示。

另外,在微机系统中,译码器常用作存储器或输入输出接口芯片的地址译码器。n 位地址线可以寻址 2^n 个存储单元。

2) 显示译码器 7448 灭零功能的应用

【例 3.3.4】　用显示译码器 7448 和数码管实现多位数码显示系统。

解:将灭零输入端和灭零输出端配合使用,可以实现多位数码显示器整数前和小数后的灭零控制,其连接方法如图 3.3.14 所示。接法如下:整数部分的高位$\overline{RBO}$和低位的$\overline{RBI}$相连,最高位$\overline{RBI}$接 0;小数部分的低位$\overline{RBO}$和高位的$\overline{RBI}$相连,最低位$\overline{RBI}$接 1;小数点位$\overline{RBI}$接 1。这样,整数部分只有高位为 0,而且在被熄灭

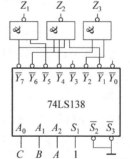

图 3.3.13　例 3.3.3 的电路

的情况下,低位才有灭零输入信号;小数部分只有低位为 0,而且在被熄灭的情况下,高位才有灭零输入信号。这样就实现了多位十进制数码的灭零控制。

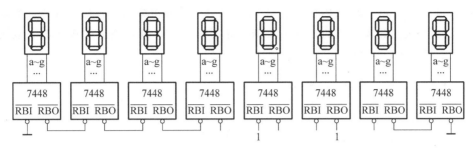

图 3.3.14 例 3.3.4 的电路(灭零功能的多位数码显示器)

3.4 数据选择器和分配器

3.4.1 数据选择器

在数字系统中,通常需要从多路数据中选择一路进行传输,执行这种功能的电路称为数据选择器,也称多路开关、多路选择器(multiplexer),简称 MUX。图 3.4.1 为四选一数据选择器功能示意图,$D_0 \sim D_3$ 是数据输入端,A_1、A_0 是数据选择控制端,又称地址输入端。四选一数据选择器真值表如表 3.4.1 所示。

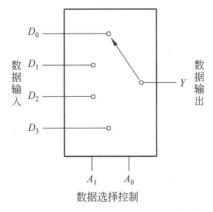

图 3.4.1 四选一数据选择器示意图

表 3.4.1 四选一数据选择器真值表

A_1	A_0	Y	A_1	A_0	Y
0	0	D_0	1	0	D_2
0	1	D_1	1	1	D_3

由表 3.4.1 可得到输出变量的逻辑函数:

$$Y = (\overline{A}_1 \overline{A}_0) D_0 + (\overline{A}_1 A_0) D_1 + (A_1 \overline{A}_0) D_2 + (A_1 A_0) D_3$$

中规模集成电路数据选择器按其所用半导体材料和制造工艺,可分为 CMOS 数据选择器和 TTL 数据选择器;按内部结构的不同,可分为单通道数据选择器和双通道数据选择器。下面主要讨论单通道的八选一数据选择器 74LS151 和双通道的双四选一数据选择器 74LS153 的工作原理。

1. 八选一数据选择器 74LS151

图 3.4.2(a)为 TTL 中规模集成电路 74LS151 型八选一数据选择器的逻辑电路图,它通过给定不同的地址代码,即 $A_2 \sim A_0$ 的状态,从 8 个输入数据 $D_0 \sim D_7$ 中选出一个,并送至输出端。$\overline{S}$ 是附加控制端,用于控制电路工作状态和扩展功能,$\overline{Y}$ 为 Y 的互补输出端。其真值表如表 3.4.2 所示。

表 3.4.2　74LS151 型八选一数据选择器真值表

$\overline{S}$	A_2	A_1	A_0	Y	$\overline{Y}$	$\overline{S}$	A_2	A_1	A_0	Y	$\overline{Y}$
1	×	×	×	0	1	0	1	0	0	D_4	$\overline{D}_4$
0	0	0	0	D_0	$\overline{D}_0$	0	1	0	1	D_5	$\overline{D}_5$
0	0	0	1	D_1	$\overline{D}_1$	0	1	1	0	D_6	$\overline{D}_6$
0	0	1	0	D_2	$\overline{D}_2$	0	1	1	1	D_7	$\overline{D}_7$
0	0	1	1	D_3	$\overline{D}_3$						

74LS151 的逻辑符号和引脚排列如图 3.4.2(b)、(c)所示。

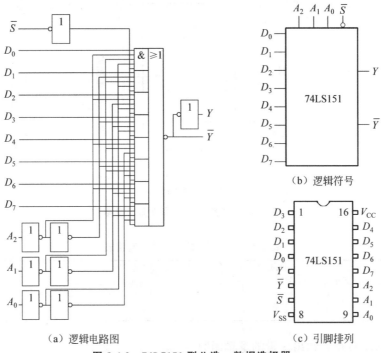

（a）逻辑电路图　　（b）逻辑符号　　（c）引脚排列

图 3.4.2　74LS151 型八选一数据选择器

由表 3.4.2 可知，74LS151 型八选一数据选择器输出变量逻辑表达式为

$$Y = ((\overline{A}_2\overline{A}_1\overline{A}_0)D_0 + (\overline{A}_2\overline{A}_1 A_0)D_1 + (\overline{A}_2 A_1\overline{A}_0)D_2 + (\overline{A}_2 A_1 A_0)D_3$$
$$+ (A_2\overline{A}_1\overline{A}_0)D_4 + (A_2\overline{A}_1 A_0)D_5 + (A_2 A_1\overline{A}_0)D_6 + (A_2 A_1 A_0)D_7) \cdot S$$

2. 双四选一数据选择器 74LS153

图 3.4.3(a)为 TTL 中规模集成电路 74LS153 型双四选一数据选择器的逻辑电路图，图 3.4.3(b)为逻辑符号。A_1、A_0 为两个公用的选择输入端，两个附加控制端 $\overline{S}_1$、$\overline{S}_2$ 相互独立，低电平控制数据输出，两个输出端 Y_1、Y_2 也是相互独立的。其真值表如表 3.4.3 所示。

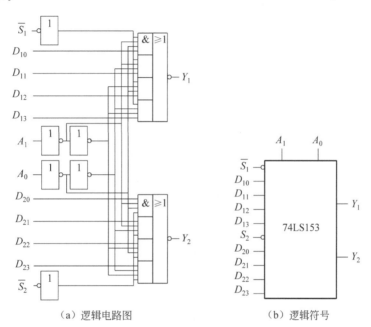

（a）逻辑电路图　　　　　　　　（b）逻辑符号

图 3.4.3　74LS153 型双四选一数据选择器

表 3.4.3　74LS153 型双四选一数据选择器真值表

$\overline{S}_1$	$\overline{S}_2$	A_1	A_0	Y_1	Y_2
1	1	$\times$	$\times$	0	0
0	0	0	0	D_{10}	D_{20}
0	0	0	1	D_{11}	D_{21}
0	0	1	0	D_{12}	D_{22}
0	0	1	1	D_{13}	D_{23}

输出逻辑表达式可写成

$$Y_1 = ((\overline{A}_1\overline{A}_0)D_{10} + (\overline{A}_1 A_0)D_{11} + (A_1\overline{A}_0)D_{12} + (A_1 A_0)D_{13}) \cdot S_1$$

$$Y_2 = ((\overline{A}_1\overline{A}_0)D_{20} + (\overline{A}_1 A_0)D_{21} + (A_1\overline{A}_0)D_{22} + (A_1 A_0)D_{23}) \cdot S_2$$

在 CMOS 集成电路中经常用传输门组成数据选择器。图 3.4.4 中给出了双四选一

数据选择器 CC14539 的逻辑电路结构,地址输入 A_1、A_0 是公用的,两组的数据输入、输出和控制端都是互相独立的。通过 A_1、A_0 的不同状态选通不同的传输门,从而控制将哪一个数据传输至输出端。例如,当 A_1、A_0 为 10 时,传输门 TG_1、TG_3、TG_7 和 TG_9 导通,同时 TG_6 和 TG_{12} 也导通,只有 D_{12}、D_{22} 两个输入端的数据通过传输门,分别到达输出端 Y_1 和 Y_2。

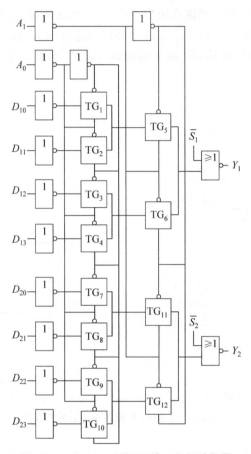

图 3.4.4 CC14539 型双四选一数据选择器

由于集成电路受到电路芯片面积和外部封装大小的限制,目前生产的中规模数据选择器的最大数据通道为 16 个。当有较多的数据源需要选择时,可以用多片小容量的数据选择器组合来进行容量的扩展。

【例 3.4.1】 用两片八选一数据选择器 74LS151 组成一个十六选一数据选择器。

解:为了指定 16 个输入数据的任何一个,必须用 4 位输入地址代码,而八选一数据选择器地址只有 3 位,因此第 4 位地址输入端只能借用控制端 $\overline{S}$。

用两片 74LS151,将输入的低位地址 A_2、A_1、A_0 并接组成 4 位地址代码的低 3 位,将高位输入地址 A_3 接至 74LS151(1)的控制端 $\overline{S}$,而将 $\overline{A}_3$ 接至 74LS151(2)的控制端 $\overline{S}$,同时将两片 74LS151 的输出端相加,就得到了图 3.4.5 的十六选一数据选择器。

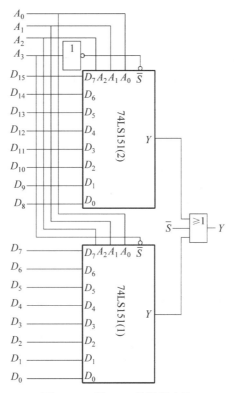

图 3.4.5　例 3.4.1 的逻辑电路

在需要对该十六选一数据选择器进行工作状态控制时,只需在或门输入端增加一个控制输入端即可。例如,图 3.4.5 中的 $\overline{S}$ 为控制端。

【例 3.4.2】　用八选一数据选择器 74LS151 实现以下逻辑函数:

$$Y = ABC + \overline{A}C + B\overline{C}$$

解:由于八选一数据选择器的输出逻辑函数为

$$\begin{aligned}Y = &(\overline{A}_2\overline{A}_1\overline{A}_0)D_0 + (\overline{A}_2\overline{A}_1A_0)D_1 + (\overline{A}_2A_1\overline{A}_0)D_2 + (\overline{A}_2A_1A_0)D_3 \\ &+ (A_2\overline{A}_1\overline{A}_0)D_4 + (A_2\overline{A}_1A_0)D_5 + (A_2A_1\overline{A}_0)D_6 + (A_2A_1A_0)D_7\end{aligned}$$

而所求的逻辑函数为

$$Y = ABC + \overline{A}C + B\overline{C} = ABC + \overline{A}BC + \overline{A}\overline{B}C + AB\overline{C} + \overline{A}B\overline{C}$$

比较上面两式可知:当 $A_2A_1A_0 = ABC$,$D_1 = D_2 = D_3 = D_6 = D_7 = 1$ 且 $D_0 = D_4 = D_5 = 0$ 时两式相同,因此数据选择器输入端采用置 1、置 0 方法即可实现所求的逻辑函数,如图 3.4.6(a)所示。

3 个变量的逻辑函数也可以用双四选一数据选择器 74LS153 中的一个来实现。由于双四选一数据选择器的输出逻辑函数为

$$Y_1 = (\overline{A}_1\overline{A}_0)D_{10} + (\overline{A}_1A_0)D_{11} + (A_1\overline{A}_0)D_{12} + (A_1A_0)D_{13}$$

所求的逻辑函数整理成

$$Y = ABC + \overline{A}C + B\overline{C} = (\overline{A}\overline{B})C + (\overline{A}B)\cdot 1 + (A\overline{B})\cdot 0 + (AB)\cdot 1$$

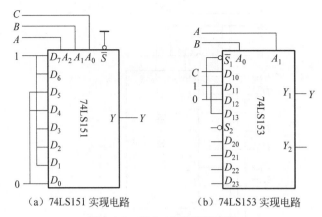

(a) 74LS151 实现电路　　　　　　　（b) 74LS153 实现电路

图 3.4.6　例 3.4.2 的逻辑电路

选取 $A_1A_0 = AB$、$D_{10} = C$、$D_{11} = D_{13} = 1$、$D_{12} = 0$ 即可实现所求的逻辑函数，如图 3.4.6(b) 所示。

数据选择器和译码器都可以实现逻辑函数，而且不需要对逻辑函数进行化简，并可使集成电路芯片数目减到最少。不同之处在于：一个译码器可以同时实现多个逻辑函数，但逻辑函数的变量数多于译码器输入端数时，实现起来较为困难，只能将译码器扩展后实现；一个数据选择器只能实现一个逻辑函数，但可以实现逻辑函数的变量数多于译码器输入端数的情况。

【例 3.4.3】 用八选一数据选择器 74LS151 实现以下逻辑函数：

$$Y = A\bar{B}C\bar{D}E + AB\bar{C}\bar{D}E + A\bar{B}C\bar{D}\bar{E} + \bar{A}B\bar{C}DE + \bar{A}B\bar{C}\bar{D}\bar{E} + ABCDE$$

解：将逻辑变量 D 和 E 分离出来，画出逻辑函数 Y 的引入变量卡诺图，如图 3.4.7(a) 所示，74LS151 地址输入端 $A_2A_1A_0 = ABC$，控制端 $\bar{S} = 0$，数据输入端用逻辑门接好，如图 3.4.7(b) 所示。

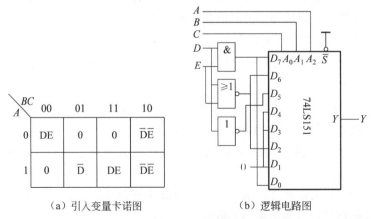

BC A	00	01	11	10
0	DE	0	0	$\bar{D}E$
1	0	$\bar{D}$	DE	$\bar{D}\bar{E}$

(a) 引入变量卡诺图　　　　　　　（b) 逻辑电路图

图 3.4.7　例 3.4.3 的逻辑函数实现

3.4.2　数据分配器

在数据传输过程中,有时需要将一路数据分配到不同的数据通道上,执行这种逻辑功能的逻辑电路称为数据分配器,也称多路分配器(demultiplexer),简称 DEMUX。图 3.4.8 表示四路数据分配器示意图和逻辑电路图,D 为数据输入端,A_1、A_0 为选择输入端,$Y_0 \sim Y_3$ 为数据输出端,或称数据通道。

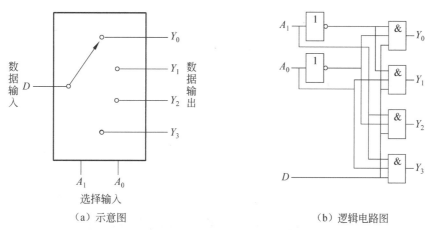

（a）示意图　　　　　　　　　　　（b）逻辑电路图

图 3.4.8　四路数据分配器示意图和逻辑图

四路数据分配器的输出逻辑函数为

$$Y_0 = \overline{A}_1 \overline{A}_0 D \quad Y_1 = \overline{A}_1 A_0 D \quad Y_2 = A_1 \overline{A}_0 D \quad Y_3 = A_1 A_0 D$$

由此可见,数据分配器实际上是地址译码器与数据选择器的组合。

74LS138 不仅可以用作 3 线-8 线译码器,而且可以作为 1 路-8 路数据分配器使用。74LS138 用作数据分配器时,译码输出作为 8 路数据输出,译码输入作为 3 个选择输入端,而 3 个附加控制端中任何一个均可作为数据的输入端 D。数据从 S_1 输入时,以反码输出;数据从 $\overline{S}_2$ 或 $\overline{S}_3$ 输入时,以原码输出。例如,以 $\overline{S}_3$ 作为数据输入端 D,连接方法如图 3.4.9 所示,当 $D=1$ 时,译码器不译码,3 个输入端 $A_2 \sim A_0$ 选中的输出端状态为 1;而当 $D=0$ 时,译码器正常工作,3 个输入端 $A_2 \sim A_0$ 选中的输出端状态为 0。因此选择输出端状态与 $\overline{S}_3$ 状态相同。

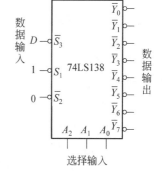

图 3.4.9　74LS138 用作 1 路-8 路数据分配器

同样,其他类型的带附加控制端的译码器都可以作为数据分配器使用,即译码器具有译码和数据分配的功能。

在实际使用时,数据选择器和数据分配器配合使用,可以实现多路信号分时传送。例如在发送端设置一个八选一数据选择器 74LS151,在接收端用一个 1 路-8 路数据分配器 74LS138,两者共用选择输入信号,如图 3.4.10 所示。这样,发送端将 $X_i(i=0,1,$

2,…,7)根据选择输入信号对应的十进制数发送到相应的信号线上,接收端将其接收。此时信号不能同时传送,只能按照 $A_2 \sim A_0$ 的组合 000～111 的顺序分时传输一位数据,其优点是减少了传输线的数目,信号路数越多,节约越明显。

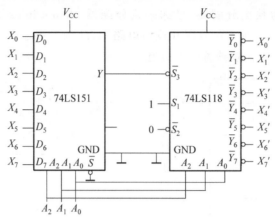

图 3.4.10　多路信号分时传送

3.5　数码奇偶发生器/校验器

在数据传输过程中,由于系统噪声或外界干扰,可能给信息引入误差,使正确信息变成错误信息。为了发现并纠正错误,以提高设备抗干扰能力和系统的可靠性,在数字传输系统中都设置了误差检验电路。常用的误差检验方法之一是奇偶校验。

1. 奇偶校验的基本原理

奇偶校验是检验数据码中 1 的总个数是奇数还是偶数。待发送的信息码中,除包含要传送的数据位,还包含一个校验位,表 3.5.1 为 8421BCD 码采用奇偶校验时传输的信息码举例。其中,$B_0 \sim B_3$ 是要传输的数据位,O 表示采用奇校验时的校验位,E 表示采用偶校验时的校验位。

奇偶校验有两种:一种是奇校验(1 的个数为奇数),另一种是偶校验(1 的个数为偶数)。在接收端,通过检查接收到的信息码中 1 的个数来判断传输过程中是否有误传现象,若传输正确则向接收端发出接收命令,否则拒绝接收或发出报警信号。产生奇偶校验位的工作由奇偶发生器完成,而判断传输信息码中 1 的个数的工作由奇偶校验器完成。

1) 奇偶校验器

信息码元经过信道传输后,判断是否仍保持原校验码奇偶性的电路称为奇偶校验器。

由异或门逻辑电路性质可知:当两个变量输入同一个异或门时,如果两个变量相异,则输出为 1;如果两个变量相同,则输出为 0。不难证明,当 n 个输入经异或运算 $S = b_1 \oplus b_2 \oplus \cdots \oplus b_n$ 时,若 n 个输入中 1 的总个数为奇数,运算结果为 1;若 n 个输入中 1 的总个数为偶数,运算结果为 0。

表 3.5.1　8421BCD 码采用奇偶校验时传输的信息码

数 据 位				校验位		信 息 码									
B_0	B_1	B_2	B_3	O	E	B_0	B_1	B_2	B_3	O	B_0	B_1	B_2	B_3	E
0	0	0	0	1	0	0	0	0	0	1	0	0	0	0	0
0	0	0	1	0	1	0	0	0	1	0	0	0	0	1	1
0	0	1	0	0	1	0	0	1	0	0	0	0	1	0	1
0	0	1	1	1	0	0	0	1	1	1	0	0	1	1	0
0	1	0	0	0	1	0	1	0	0	0	0	1	0	0	1
0	1	0	1	1	0	0	1	0	1	1	0	1	0	1	0
0	1	1	0	1	0	0	1	1	0	1	0	1	1	0	0
0	1	1	1	0	1	0	1	1	1	0	0	1	1	1	1
1	0	0	0	1	0	1	0	0	0	1	1	0	0	0	1
1	0	0	1	1	0	1	0	0	1	1	1	0	0	1	0

根据表 3.5.1 可以设计出 4 位 8421BCD 码奇偶校验器电路,如图 3.5.1 所示。当进行奇偶校验时,若发送端的 5 位信息码中有奇数个 1,则 $O=1$, $E=0$;有偶数个 1,则 $O=0$, $E=1$,也就是说,从输出端可以判断出 5 位信息码中 1 的个数是奇数还是偶数。

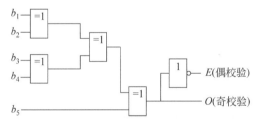

图 3.5.1　4 位 8421BCD 码奇偶校验器电路

2) 奇偶发生器

用来形成奇偶校验位的电路称为奇偶发生器,奇偶发生器同样可以根据奇偶校验原理用异或门来实现。图 3.5.1 所示电路既可以作为奇偶校验器,也可以作为 4 位信息码的奇偶发生器。当 $b_5=1$ 时,电路输出端 O 就产生奇校验位,输出端 E 就产生偶校验位。

2. 中规模集成奇偶发生器/校验器 74LS180

图 3.5.2(a) 为 TTL 中规模集成电路 74LS180 型八位奇偶发生器/校验器的逻辑电路,图 3.5.2(b) 为其逻辑符号。由于在圆点所示的位置设置输出控制端和奇偶控制输入端,将 P_O 和 P_E 组合使用,所以 74LS180 既可作为奇偶发生器,又可作为奇偶校验器,既可用于奇校验,又可用于偶校验。

奇偶校验器和奇偶发生器的区别在于:奇偶校验器的输入信息码包含 8 个数据位 $b_1 \sim b_8$ 和一个校验位 P_O 或 P_E,输出是奇校验的结果 O 或偶校验的结果 E(用于判断传输正确或错误),功能是检验输入信息码的奇偶性是否符合要求;奇偶发生器的输入仅包含 8 个数据位 $b_1 \sim b_8$,输出是一个校验位,功能是形成奇偶校验位。在图 3.5.2 中,$b_1 \sim b_8$

是 8 个数据位,P_O 和 P_E 是奇校验位和偶校验位,O 是奇校验结果输出端,E 是偶校验结果输出端。其逻辑功能如表 3.5.2 所示。

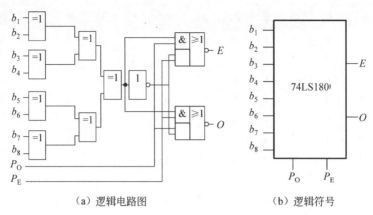

（a）逻辑电路图　　　　　　　　（b）逻辑符号

图 3.5.2　74LS180 型奇偶发生器/校验器

表 3.5.2　74LS180 型奇偶发生器/校验器的逻辑功能

功　　能	输　　入			输　　出	
	$b_1 \sim b_8$ 中的 1 的个数	P_O	P_E	奇校验结果 O	偶校验结果 E
偶发生器/校验器	偶数	0	1	1	0
	奇数	0	1	0	1
奇发生器/校验器	偶数	1	0	1	0
	奇数	1	0	0	1
无效	×	1	1	0	0
	×	0	0	1	1

从表 3.5.2 可知,当把 74LS180 作为奇偶发生器使用时,若进行奇校验,则 $P_O P_E =$ 10,校验位从 O 端引出;若进行偶校验,则 $P_O P_E = 01$,校验位从 E 端引出。这样即可保证传输信息码中 1 的个数为奇数。

图 3.5.3 是由 74LS180 构成的 8 位奇校验系统。在发送端,74LS180 作为奇偶发生器,它的 $P_O P_E = 10$,输出端 O 给出待传输的 8 个数据位的校验位,形成 9 位传输信息码。在接收端,74LS180 作为奇偶校验器,它的 P_O 端接校验位,P_E 端接校验位的反。若 8 个数据位中有奇数个 1,奇偶发生器的 O 端发出 0 信号,这时奇偶校验器的 $P_O P_E =$ 01,若 8 个数据位传输正确,由表 3.5.2 可知奇偶校验器的 O 端发出 1 信号;若 8 个数据位中有偶数个 1,奇偶发生器的 O 端发出 1 信号,这时奇偶校验器的 $P_O P_E = 10$,若 8 位信息传输正确,奇偶校验器的 O 端也发出 1 信号。因此,奇偶校验器的 O 端发出 1 信号,表示数据传输正确,接收端允许接收信息;反之,若奇偶校验器的 O 端发出 0 信号,表示数据传输错误,接收端拒绝接收信息。

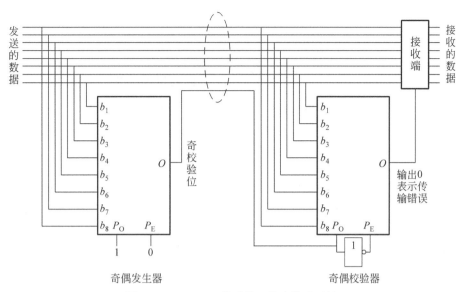

图 3.5.3   74LS180 构成的 8 位奇校验系统

3.6   算术运算电路

数字计算机的基本功能之一是进行算术运算,而加、减、乘、除都是转换成若干步加法运算进行的。因此,加法器是构成算术运算的基本单元。

1. 半加器和全加器

1) 半加器

两个一位二进制数相加,如果仅考虑本位相加,不考虑低位进位,这种运算叫作半加,实现半加运算的逻辑电路称为半加器。

根据半加器的定义可列出其真值表,如表 3.6.1 所示,表中 A_i、B_i 是两个本位二进制加数,S_i 是相加的和,C_{i+1} 是向高位的进位。

表 3.6.1   半加器真值表

A_i	B_i	S_i	C_i	A_i	B_i	S_i	C_i
0	0	0	0	1	0	1	0
0	1	1	0	1	1	0	1

由真值表可写出 S_i、C_{i+1} 和 A_i、B_i 的函数关系表达式:

$$S_i = \overline{A}_i B_i + A_i \overline{B}_i$$

$$C_{i+1} = A_i B_i$$

用一个异或门和与门实现的半加器逻辑电路如图 3.6.1(a)所示,图 3.6.1(b)是半加器的逻辑符号。

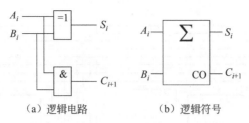

（a）逻辑电路 （b）逻辑符号

图 3.6.1 半加器

2）全加器

在实际的加法运算中，除最低位外，其他各位都应考虑来自低位的进位，这种运算叫作全加，即本位两个二进制数和低位进位数 3 个数相加。实现全加运算的电路称为全加器。根据全加器的定义可列出其真值表，如表 3.6.2 所示，表中 A_i、B_i 是两个本位二进制加数，C_i 是相邻低位的进位数，S_i 是相加的和中留在本位的数，C_{i+1} 是向高位的进位。

表 3.6.2 全加器真值表

A_i	B_i	C_i	S_i	C_{i+1}	A_i	B_i	C_i	S_i	C_{i+1}
0	0	0	0	0	1	0	0	1	0
0	0	1	1	0	1	0	1	0	1
0	1	0	1	0	1	1	0	0	1
0	1	1	0	1	1	1	1	1	1

由真值表可写出 S_i、C_{i+1} 和 A_i、B_i、C_i 的函数关系表达式：

$$S_i = \overline{A}_i\overline{B}_iC_i + \overline{A}_iB_i\overline{C}_i + A_i\overline{B}_i\overline{C}_i + A_iB_iC_i = A_i \oplus B_i \oplus C_i$$

$$C_{i+1} = \overline{A}_iB_iC_i + A_i\overline{B}_iC_i + A_iB_i\overline{C}_i + A_iB_iC_i$$
$$= A_iB_i + (A_i \oplus B_i)C_i$$

全加器的逻辑电路和逻辑符号如图 3.6.2(a)、(b)所示。

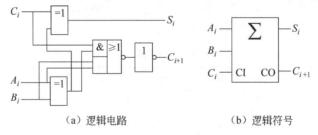

（a）逻辑电路 （b）逻辑符号

图 3.6.2 全加器

2. 多位加法器

多位加法器按照相加方式不同，分为串行进位加法器和并行进位加法器；按运算数的计数规则，又分为多位二进制加法器和多位十进制加法器。

1）串行进位加法器

多位二进制数相加是从二进制数的最低位开始，逐位相加至最高位，每一位相加都是带进位的，因而必须使用全加器。只要依次将低位全加器的进位 CO 接到相邻高位全加器的进位 CI，就构成了多位二进制加法器。

图 3.6.3 是按照串行进位工作方式接成的 4 位加法器电路。显然，每一位相加必须等到低位的进位产生后才能进行，最后一位的进位输出 C_4 要经过 4 位全加器传递之后才能形成。如果位数增加，传输延迟时间将增长。因此，串行进位方式的缺点是工作速度较慢。但是，它的电路结构简单，因此主要在一些中低速数字设备中使用。

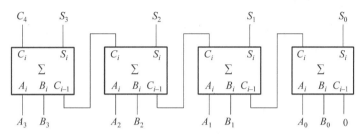

图 3.6.3 串行进位加法器

2）并行进位加法器

为了提高运算速度，必须设法消除由于进位信号传递引起的传输延迟时间。把串行进位改为并行进位（又称超前进位）工作方式，可以比较好地解决这个问题，实现并行进位加法的电路称为并行进位加法器。

我们知道，第 i 位的进位输入信号 C_i 是低位输入变量的函数，也就是说，第 i 位的进位输入信号 C_i 一定能由 $A_{i-1}, A_{i-2}, \cdots, A_0$ 和 $B_{i-1}, B_{i-2}, \cdots, B_0$ 唯一确定。根据这个原理，可以通过逻辑电路事先构造的进位函数得到每一位全加器的进位输入信号。为了说明超前进位加法器的原理，将全加器的进位输出函数重新写为

$$C_{i+1} = \overline{A}_i B_i C_i + A_i \overline{B}_i C_i + A_i B_i \overline{C}_i + A_i B_i C_i$$
$$= A_i B_i + (A_i + B_i) C_i$$

令进位生成函数为 $G_i = A_i B_i$，进位传输函数为 $P_i = A_i + B_i$，进而得到

$$C_{i+1} = G_i + P_i C_i$$

将上式展开后得到

$$C_{i+1} = G_i + P_i (G_{i-1} + P_{i-1} C_{i-1})$$
$$= G_i + P_i G_{i-1} + P_i P_{i-1} C_{i-1}$$
$$\vdots$$
$$= G_i + P_i G_{i-1} + P_i P_{i-1} G_{i-2} + \cdots + P_i P_{i-1} \cdots P_1 G_0 + P_i P_{i-1} \cdots P_1 C_0$$

从上式可以看出，C_{i+1} 用两级门电路就可以产生，而不必经过前级全加器，这就大大缩短了传输延迟时间。

常用的 TTL 中规模集成 4 位二进制超前进位加法器 74LS283 速度快，适用于高速数字计算机、数据处理及控制系统。

74LS283 的逻辑电路如图 3.6.4(a)所示，其逻辑符号和引脚排列如图 3.6.4(b)和(c)

所示。CMOS 4 位二进制超前进位加法器 CC4008 的内部电路结构与 74LS283 不同,但基本原理是一样的,其引脚排列如图 3.6.4(d)所示。

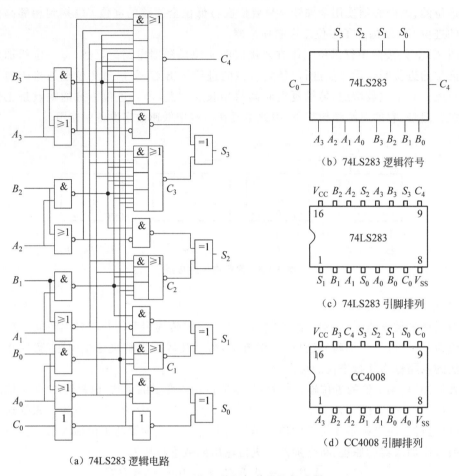

（a）74LS283 逻辑电路

（b）74LS283 逻辑符号

（c）74LS283 引脚排列

（d）CC4008 引脚排列

图 3.6.4　4 位二进制超前进位加法器

　　显然,超前进位加法器各位的进位延迟时间不随位数的增加而增加,因此大大提高了运算速度。但是随着加法器位数的增加,超前进位逻辑电路越来越复杂,因此,在实际应用中常采用折中的方法,将全部位数分成若干组,组内采用超前进位,组间采用串行进位。这种方法可在保证速度的前提下尽可能地降低成本。例如,可以将两片 74LS283 级联组成 8 位的二进制加法电路,如图 3.6.5 所示。

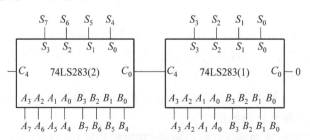

图 3.6.5　两片 74LS283 级联组成 8 位加法器

3. 用 74LS283 设计一位十进制加法器

一个 8421BCD 码十进制加法器有 9 个输入端（加数和被加数各 4 位，进位输入 1 位）和 5 个输出端（和 4 位，进位输出 1 位）。两个一位十进制数相加，和的最大值为 $9+9+1=19$，其中，加数中的 1 是相邻低位的进位，和数中十位的 1 是向相邻高位的进位。0～19 的二进制码和 8421BCD 码对照表如表 3.6.3 所示。

表 3.6.3 0～19 的二进制码和 8421BCD 码对照表

二进制码					8421BCD 码				
K	Z_3	Z_2	Z_1	Z_0	C	M_3	M_2	M_1	M_0
0	0	0	0	0	0	0	0	0	0
0	0	0	0	1	0	0	0	0	1
0	0	0	1	0	0	0	0	1	0
0	0	0	1	1	0	0	0	1	1
0	0	1	0	0	0	0	1	0	0
0	0	1	0	1	0	0	1	0	1
0	0	1	1	0	0	0	1	1	0
0	0	1	1	1	0	0	1	1	1
0	1	0	0	0	0	1	0	0	0
0	1	0	0	1	0	1	0	0	1
0	1	0	1	0	1	0	0	0	0
0	1	0	1	1	1	0	0	0	1
0	1	1	0	0	1	0	0	1	0
0	1	1	0	1	1	0	0	1	1
0	1	1	1	0	1	0	1	0	0
0	1	1	1	1	1	0	1	0	1
1	0	0	0	0	1	0	1	1	0
1	0	0	0	1	1	0	1	1	1
1	0	0	1	0	1	1	0	0	0
1	0	0	1	1	1	1	0	0	1

经过比较发现，当和数小于或等于 1001 时，二进制码与 8421BCD 码相同；当大于 1001 时，只要在 4 位二进制码上加上 0110 就可以把二进制码转换为 8421BCD 码，同时产生进位输出。分析表 3.6.3 可知：当两数之和大于或等于 10000 时，进位输出 $C=1$；当和数为 1010～1111 时，进位 C 输出取决于表 3.6.3 中的 Z_3、Z_2 和 Z_1，即当 $Z_3=1$ 且 Z_2 和 Z_1 中至少有一个为 1 时，进位输出 $C=1$，所以 $C=K+Z_3(Z_2+Z_1)$。当 $C=1$ 时，把 0110 加到二进制加法器输出上即可。

根据上述讨论，可以用两片 74LS283 设计一位十进制加法器，如图 3.6.6 所示。

4. 用 74LS283 设计二进制乘法器

二进制乘法器的乘数和被乘数采用二进制补码输入，乘数 $N_sN_2N_1N_0$ 和被乘数 $M_sM_2M_1M_0$ 可以为正数，也可以为负数，N_s 和 M_s 为符号位。按照十进制两个数相乘规则，乘法按位从低位到高位依次相乘，再求和得到，3 位二进制乘法示例如图 3.6.7 所示，最后乘积为 $R_6R_5R_4R_3R_2R_1R_0$，其中 R_6 为符号位，R_0～R_5 为数值位，以补码输出。

这里,使用 3 个 74LS283 超前进位加法器进行二进制加法运算,从低位到高位每一位相乘采用与门实现。3 位二进制乘法器逻辑电路如图 3.6.8 所示。

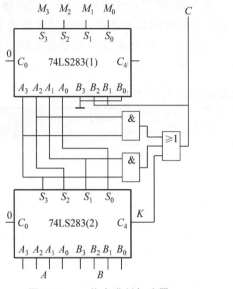

图 3.6.6　一位十进制加法器

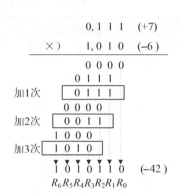

图 3.6.7　3 位二进制乘法示例

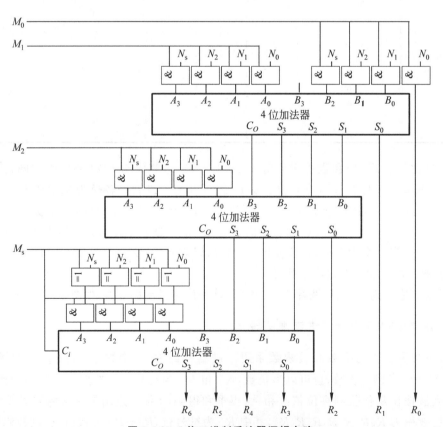

图 3.6.8　3 位二进制乘法器逻辑电路

3.7　数值比较器

在数字系统中,常常需要比较两个数的大小。为完成这一功能所设计的各种逻辑电路称为数值比较器。

1. 一位数值比较器

首先讨论两个一位二进制数相比较的情况。比较器的输入为 A、B,比较结果有 3 种情况:

(1) $A > B$,即 $A = 1$、$B = 0$ 的情况,则比较器输出记作 $Y_{(A>B)} = A\overline{B}$。

(2) $A = B$,则应比较器输出记作 $Y_{(A=B)} = \overline{A \oplus B} = AB + \overline{A}\,\overline{B}$。

(3) $A < B$,即 $A = 0$、$B = 1$ 的情况,则比较器输出记作 $Y_{(A<B)} = \overline{A}B$。

根据上述讨论结果画成逻辑图,得到一位数值比较器的逻辑电路,如图 3.7.1 所示。

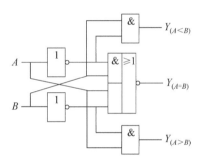

图 3.7.1　一位数值比较器

2. 4 位数值比较器

在比较两个多位数大小时,必须自高而低地逐位比较,而且只有高位相等,才需要比较低位。

例如,A、B 是两个 4 位二进制数,分别用 $A_3A_2A_1A_0$ 和 $B_3B_2B_1B_0$ 表示。进行比较时,应先比较 A_3 和 B_3。如果 $A_3 > B_3$,则不管其他位为何值,均可肯定 $A > B$;反之,若 $A_3 < B_3$,则 $A < B$。如果 $A_3 = B_3$,则必须比较下一位 A_2 和 B_2 的大小,以确定 A 和 B 的大小。依此类推,直至给出比较结果。

图 3.7.2(a)是 TTL 中规模集成电路 74LS85 型 4 位数值比较器的逻辑电路。由图 3.7.2 可以看到,$A_3 \sim A_0$ 和 $B_3 \sim B_0$ 是待比较的两组 4 位数码输入端,$Y_{(A>B)}$、$Y_{(A=B)}$ 和 $Y_{(A<B)}$ 为 3 个比较结果输出端。另外,74LS85 还增加了 $Y_{(A'>B')}$、$Y_{(A'=B')}$ 和 $Y_{(A'<B')}$ 3 个控制输入端,又称为级联输入端,供多片集成电路之间级联使用。图 3.7.2(b)、(c)为 74LS85 型 4 位数值比较器的逻辑符号和引脚排列。

74LS85 型 4 位数值比较器的真值表如表 3.7.1 所示。

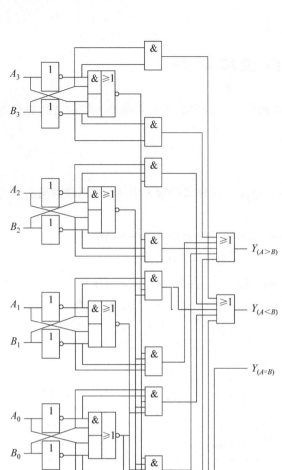

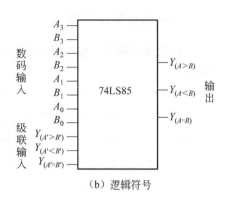

（a）逻辑电路

（b）逻辑符号

（c）引脚排列

图 3.7.2　74LS85 型 4 位数值比较器

表 3.7.1　74LS85 型 4 位数值比较器的真值表

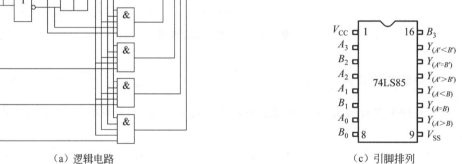

数码输入				级联输入			输　　出		
A_3, B_3	A_2, B_2	A_1, B_1	A_0, B_0	$Y_{(A'>B')}$	$Y_{(A'<B')}$	$Y_{(A'=B')}$	$Y_{(A>B)}$	$Y_{(A<B)}$	$Y_{(A=B)}$
$A_3 > B_3$	$\times$	$\times$	$\times$	$\times$	$\times$	$\times$	1	0	0
$A_3 < B_3$	$\times$	$\times$	$\times$	$\times$	$\times$	$\times$	0	1	0
$A_3 = B_3$	$A_2 > B_2$	$\times$	$\times$	$\times$	$\times$	$\times$	1	0	0
$A_3 = B_3$	$A_2 < B_2$	$\times$	$\times$	$\times$	$\times$	$\times$	0	1	0
$A_3 = B_3$	$A_2 = B_2$	$A_1 > B_1$	$\times$	$\times$	$\times$	$\times$	1	0	0

数码输入				级联输入			输　　出		
A_3, B_3	A_2, B_2	A_1, B_1	A_0, B_0	$Y_{(A'>B')}$	$Y_{(A'<B')}$	$Y_{(A'=B')}$	$Y_{(A>B)}$	$Y_{(A<B)}$	$Y_{(A=B)}$
$A_3=B_3$	$A_2=B_2$	$A_1<B_1$	$\times$	$\times$	$\times$	$\times$	0	1	0
$A_3=B_3$	$A_2=B_2$	$A_1=B_1$	$A_0>B_0$	$\times$	$\times$	$\times$	1	0	0
$A_3=B_3$	$A_2=B_2$	$A_1=B_1$	$A_0<B_0$	$\times$	$\times$	$\times$	0	1	0
$A_3=B_3$	$A_2=B_2$	$A_1=B_1$	$A_0=B_0$	1	0	0	1	0	0
$A_3=B_3$	$A_2=B_2$	$A_1=B_1$	$A_0=B_0$	0	1	0	0	1	0
$A_3=B_3$	$A_2=B_2$	$A_1=B_1$	$A_0=B_0$	0	0	1	0	0	1

由真值表可知,只要两数最高位不等,就可以确定两数大小,以下各位(包括级联输入)可以为任意值;若高位相等,则需要比较低位情况;若高 4 位都相等,输出状态取决于级联输入端的状态。因此,可以写出 3 个输出端的逻辑表达式:

$$Y_{(A>B)} = A_3\bar{B}_3 + (\overline{A_3 \oplus B_3})A_2\bar{B}_2 + (\overline{A_3 \oplus B_3})(\overline{A_2 \oplus B_2})A_1\bar{B}_1$$
$$+ (\overline{A_3 \oplus B_3})(\overline{A_2 \oplus B_2})(\overline{A_1 \oplus B_1})A_0\bar{B}_0$$
$$+ (\overline{A_3 \oplus B_3})(\overline{A_2 \oplus B_2})(\overline{A_1 \oplus B_1})(\overline{A_0 \oplus B_0})Y_{(A'>B')}$$
$$Y_{(A=B)} = (\overline{A_3 \oplus B_3})(\overline{A_2 \oplus B_2})(\overline{A_1 \oplus B_1})(\overline{A_0 \oplus B_0})Y_{(A'=B')}$$
$$Y_{(A<B)} = \bar{A}_3 B_3 + (\overline{A_3 \oplus B_3})\bar{A}_2 B_2 + (\overline{A_3 \oplus B_3})(\overline{A_2 \oplus B_2})\bar{A}_1 B_1$$
$$+ (\overline{A_3 \oplus B_3})(\overline{A_2 \oplus B_2})(\overline{A_1 \oplus B_1})\bar{A}_0 B_0$$
$$+ (\overline{A_3 \oplus B_3})(\overline{A_2 \oplus B_2})(\overline{A_1 \oplus B_1})(\overline{A_0 \oplus B_0})Y_{(A'=B')}$$

3. 74LS85 比较器扩展

在比较两个 4 位以上的二进制数时,需要用两片以上的 74LS85 组合成更多位的数值比较器。由两片 74LS85 构成的 8 位二进制比较如图 3.7.3 所示。

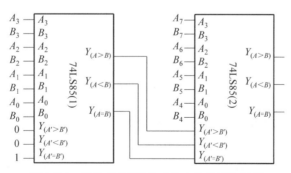

图 3.7.3　两片 74LS85 构成的 8 位数值比较器

在图 3.7.3 中,片 1 的输入端接 A、B 的低 4 位($A_3A_2A_1A_0$ 和 $B_3B_2B_1B_0$),级联输入端 $Y_{(A'=B')}=1$,$Y_{(A'>B')}=Y_{(A'<B')}=0$;片 2 的输入端接 A、B 的高 4 位($A_7A_6A_5A_4$ 和 $B_7B_6B_5B_4$),级联输入端分别接片 1 的 3 个输出端。若 $A_7A_6A_5A_4=B_7B_6B_5B_4$,则 A 和 B 大小比较取决于低位片比较结果;若高 4 位不等,无论片 2 级联输入端为何值,A 和

B 大小都只取决于高 4 位 $A_7A_6A_5A_4$ 和 $B_7B_6B_5B_4$ 的比较结果。

3.8　组合逻辑电路中的竞争与冒险

在前面讨论组合逻辑电路分析和设计方法时,输入输出是在稳定的逻辑电平下进行的,没有考虑门电路的传输延迟时间。为了保证系统工作的可靠性,有必要观察在输入信号发生变化的瞬间电路工作情况,即电路输出是否会产生误动作。本节将分析竞争-冒险现象及其产生原因,判断竞争-冒险现象的方法和竞争-冒险消除的方法。

3.8.1　竞争-冒险现象及产生原因

在组合逻辑电路中,当电路从一种稳定状态转换到另一种稳定状态的瞬间,某个门电路的两个输入信号同时向相反方向变化,由于传输延迟时间不同,到达输出门的时间有先后,这种现象称为竞争。

在图 3.8.1(a)中,输入变量 A 由 0 变为 1,由于经过 G_1 传输延迟,G_2 门的两个输入信号 A、B 向相反方向变化时存在先后,因此 A 和 B 存在竞争。由于竞争,使电路的逻辑关系受到短暂的破坏,并在输出端产生极窄的尖峰脉冲,这种现象称为冒险。如图 3.8.1(b)所示,输出 $Y=A \cdot B=A \cdot \bar{A}=0$,即输出应恒为 0,但由于存在门电路传输延迟时间,B 的变化落后于 A 的变化,当 A 已由 0 变为 1,而 B 尚未由 1 变为 0 时,在输出端 Y 就产生一个瞬间的正尖峰脉冲。这个尖峰脉冲对后面的电路产生干扰。

应当指出,有竞争现象时不一定都会产生尖峰脉冲。例如,在图 3.8.1(c)中,当 A 已由 1 变为 0,而 B 尚未由 0 变为 1 时,在输出端 Y 仍为 0,符合电路的逻辑关系,不会产生尖峰脉冲。

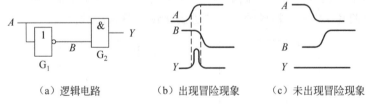

（a）逻辑电路　　　（b）出现冒险现象　　　（c）未出现冒险现象

图 3.8.1　电路中的竞争-冒险现象

另外,在与门和或门组成的复杂数字系统中,由于输入信号经过不同途径到达输出门,在设计时往往难于准确知道到达的先后次序。门电路两个输入端在上升时间和下降时间也可能产生细微差别,都会存在竞争现象。这种由于竞争而在输出端可能出现违背稳态下逻辑关系的尖峰脉冲现象叫作竞争-冒险现象。

在图 3.8.2(a)所示的逻辑电路中,输出逻辑函数 $Y=AC+\bar{A}B$,当 $B=C=1$ 时,逻辑函数的输出恒为 1。但由于门的传输时间不同,出现一个不应出现的负尖脉冲,如图 3.8.2(b)所示。

对图 3.8.3(a)的与非门,当它的两个输入 A 和 B 中有一个为 0 时,输出 Y 为 1。当

输入信号 A 从 0 变为 1，B 从 1 变为 0，而且 A 首先上升到 $V_{\text{IH(min)}}$ 以上时，就会在极短的时间 Δt 内出现 A、B 同时为 1 的情况，输出 Y 为 0，即出现一个极窄的负尖脉冲，如图 3.8.3(b)所示。

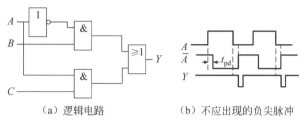

（a）逻辑电路　　　　（b）不应出现的负尖脉冲

图 3.8.2　产生竞争-冒险现象的电路及波形

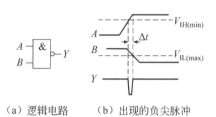

（a）逻辑电路　　（b）出现的负尖脉冲

图 3.8.3　信号边沿不好引起的竞争-冒险现象

3.8.2　竞争-冒险现象的判别方法

数字电路在设计好以后，需要检查是否存在竞争-冒险现象。对于简单的组合逻辑电路，一般采用代数法、卡诺图法判别；对于复杂的组合逻辑电路，通常采用实验的方法进行判别。

1. 代数法

在逻辑函数表达式中，若某个变量同时以原变量和反变量出现，就具备了竞争条件。如果某电路的逻辑函数在一定条件下能简化成

$$Y = A + \overline{A} \quad \text{或} \quad Y = A \cdot \overline{A}$$

则可判定该电路存在竞争-冒险现象。

【例 3.8.1】 判断下列逻辑函数是否存在竞争-冒险现象。

(1) $Y = A\overline{B} + \overline{A}C + B\overline{C}$

(2) $Y = (A + \overline{B})(\overline{A} + C)(B + \overline{C})$

解：(1) 由于逻辑函数为 $Y = A\overline{B} + \overline{A}C + B\overline{C}$，分为以下 3 种情况判别。

- 当 $B = 0$、$C = 1$ 时，$Y = A + \overline{A}$，存在竞争-冒险现象。
- 当 $A = 1$、$C = 0$ 时，$Y = B + \overline{B}$，存在竞争-冒险现象。
- 当 $A = 0$、$B = 1$ 时，$Y = C + \overline{C}$，存在竞争-冒险现象。

所以该逻辑函数存在竞争-冒险现象。

(2) 由于逻辑函数为 $Y = (A + \overline{B})(\overline{A} + C)(B + \overline{C})$，分为以下 3 种情况判别。

- 当 $B=1$、$C=0$ 时，$Y=A\overline{A}$，存在竞争-冒险现象。
- 当 $A=0$、$C=1$ 时，$Y=B\overline{B}$，存在竞争-冒险现象。
- 当 $A=1$、$B=0$ 时，$Y=C\overline{C}$，存在竞争-冒险现象。

所以该逻辑函数存在-冒险现象。

2. 卡诺图法

将例 3.8.1 中的逻辑函数分别填入卡诺图中，如图 3.8.4 所示。可以看出，只要在卡诺图中存在两个相切但不相交的圈，就会产生竞争-冒险现象。

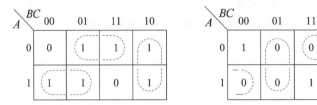

图 3.8.4   利用卡诺图判断竞争-冒险现象

3. 实验法

利用计算机辅助分析手段，从原理上检查复杂电路的竞争-冒险现象。通过在计算机上运行数字电路模拟程序，能够迅速检查电路是否存在竞争-冒险现象。目前已有这类成熟程序可供使用。

另一种方法是通过实际运行来检查电路的输出端是否存在尖峰脉冲，这时加到输入端的信号应包含输入变量的所有可能的状态变化。

3.8.3   消除竞争-冒险现象的方法

消除竞争-冒险现象的方法有引入选通脉冲法、接入滤波电容法和修改逻辑函数法。

1. 引入选通脉冲法

由于尖峰脉冲是在瞬间产生的，所以可在电路中引入一个选通脉冲。在输入信号稳定前，用它封锁可能出现竞争-冒险现象的门，待门电路输入信号稳定后，再撤去选通脉冲。例如，在图 3.8.5 中，当输入信号 A 从 0 变成 1 以后，B 从 1 变成 0，待 A、B 稳定后，选通脉冲为 1，输出端恒为 0，从而消除了正尖脉冲。

2. 接入滤波电容法

由于尖峰脉冲是在瞬间产生的，一般宽度很窄(多为几十纳秒)，所以只要在输出端接入一个很小的滤波电容 C_f 如图 3.8.5 所示，它足以把尖峰脉冲的幅度削弱至门电路的阈值电压以下。在 TTL 电路中，C_f 的数值通常在几十至几百皮法的范围内。

这种方法简单易行，但它的缺点是增加了输出波形的上升时间和下降时间，使波形变坏，因此，该方法只适用于对输出波形的前后沿无严格要求的场合。

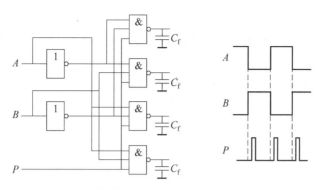

图 3.8.5　利用选通脉冲和滤波电容消除竞争-冒险现象

3. 修改逻辑函数法

修改逻辑函数法主要包括代数法和卡诺图法。

1）代数法

在产生竞争-冒险现象的逻辑表达式上增加冗余项或冗余因子，使之不出现 $A+\overline{A}$ 或 $A \cdot \overline{A}$ 的形式，即可消除竞争-冒险现象。

例如，逻辑函数 $Y=AC+\overline{A}B$ 在 $B=C=1$ 时产生冒险现象，修改逻辑函数为

$$Y = AC + \overline{A}B + BC$$

则可以消除竞争-冒险现象。

再如，逻辑函数 $Y=(A+C)(\overline{A}+B)$ 在 $B=C=0$ 时产生竞争-冒险现象，修改逻辑函数为

$$Y = (A + C)(\overline{A} + B)(B + C)$$

则可以消除竞争-冒险现象。

2）卡诺图法

将卡诺图中相切的圈的相邻方格用一个多余的圈连接起来（相当于增加了一个冗余项或冗余因子），即可消除竞争-冒险现象。

例如，在逻辑函数 $Y=A\overline{B}+\overline{A}C+B\overline{C}$ 的卡诺图中增加 3 个冗余圈（粗虚线圈），如图 3.8.6 所示。相当于增加了两个冗余项，逻辑函数变为

$$Y = A\overline{B} + \overline{A}C + B\overline{C} + \overline{B}C + \overline{A}B + A\overline{C}$$

可以消除电路中的竞争-冒险现象。

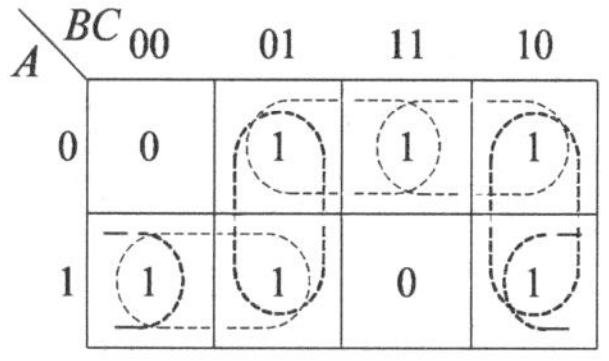

A ＼ BC	00	01	11	10
0	0	1	1	1
1	1	1	0	1

图 3.8.6　利用卡诺图消除竞争-冒险现象

从前面消除竞争-冒险方法的介绍可以看出，选通脉冲的方法比较简单，且不增加器件数目，但必须找到选通脉冲，而且对脉冲的宽度和时间有严格要求。接入滤波电容的方法同样也比较简单，它的缺点是导致输出波形的边沿变坏，这在有些情况下是不可取的。修改逻辑函数的方法如果运用恰当，有时可以得到最满意的效果，但有可能要增加电路器件才能实现。

＊3.9　用 VHDL 实现组合逻辑电路的描述

常用组合逻辑电路单元包括编码器、译码器、数据选择器、加法器等，这些组合逻辑电路单元在各种 EDA 开发系统中已被设计为标准的输入模块。如果采用原理图（schematic）输入方法设计，可以直接调用这些标准输入模块组成较复杂的数字系统；如果采用 VHDL 描述方法设计，掌握常用逻辑电路单元的 VHDL 描述是熟悉数字系统设计的基础。

1. 8 线-3 线优先编码器 74LS148

在优先编码器电路中，允许同时输入两个以上编码信号。根据图 3.3.3(b)所示的 74LS148 逻辑符号，VHDL 描述如下：

```
LIBRARY IEEE;
USE IEEE.STD_LOGIC_1164.ALL;
USE IEEE.STD_LOGIC_ARITH.ALL;
USE IEEE.STD_LOGIC_UNSIGNED.ALL;
ENTITY sn74ls148 IS
PORT(i:IN STD_LOGIC_vector(7 DOWNTO 0);
     s:IN STD_LOGIC;
     ys,yex:OUT STD_LOGIC;
     y:OUT STD_LOGIC_VECTOR(2 DOWNTO 0));
END sn74ls148;
ARCHITECTURE behav OF sn74ls148 IS
BEGIN
    ys<=NOT((NOT(s))AND(i(0))AND(i(1))AND(i(2))AND(i(3))AND(i(4))AND(i(5))
        AND(i(6))AND(i(7)));
    yex<=NOT((NOT(s))AND((NOT i(0))OR(NOT i(1))OR(NOT i(2))OR(NOT i(3))OR(NOT
        i(4))OR(NOT i(5))OR(NOT i(6))OR(NOT i(7))));
    PROCESS(i,s)
    BEGIN
        IF(s='0')THEN
            IF(i(0)='0')THEN
                y<="000";
            ELSEIF(i(1)='0')THEN
                y<="001";
            ELSEIF(i(2)='0')THEN
                y<="010";
            ELSEIF(i(3)='0')THEN
                y<="011";
            ELSEIF(i(4)='0')THEN
                y<="100";
            ELSEIF(i(5)='0')THEN
```

```
            y<="101";
        ELSEIF(i(6)='0')THEN
            y<="110";
        ELSEIF(i(7)='0')THEN
            y<="111";
        ELSE
            y<="XXX";
        END IF;
    END IF;
END PROCESS;
END behav;
```

图 3.9.1 是 74LS148 编码器的仿真图。

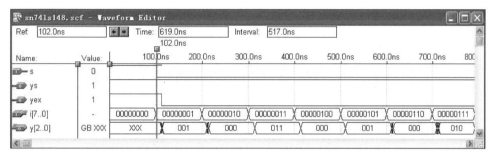

图 3.9.1　74LS148 编码器的仿真图

2. 3 线-8 线译码器 74LS138

根据图 3.3.7(b)所示的逻辑符号,该电路的 VHDL 描述如下:

```
LIBRARY IEEE;
USE IEEE.STD_LOGIC_1164.ALL;
USE IEEE.STD_LOGIC_ARITH.ALL;
USE IEEE.STD_LOGIC_UNSIGNED.ALL;
ENTITY decoder_3_8 IS
    PORT(a0,a1,a2,s1,s2,s3:IN STD_LOGIC;
        y:OUT STD_LOGIC_VECTOR(7 downto 0));
END decoder_3_8;
ARCHITECTURE rtl OF decoder_3_8 IS
    signal indata:STD_LOGIC_VECTOR(2 downto 0);
    BEGIN
        indata<=a2&a1&a0;
        PROCESS(indata,s1,s2,s3)
            BEGIN
                IF(s1='1' AND s2='0' AND s3='0')THEN
                    CASE indata IS
                        WHEN "000"=>y<="11111110";
```

```
                    WHEN "001"=>y<="11111101";
                    WHEN "010"=>y<="11111011";
                    WHEN "011"=>y<="11110111";
                    WHEN "100"=>y<="11101111";
                    WHEN "101"=>y<="11011111";
                    WHEN "110"=>y<="10111111";
                    WHEN "111"=>y<="01111111";
                    WHEN others=>y<="XXXXXXXX";
               END CASE;
          ELSE
               y<="11111111";
          END IF;
     END PROCESS;
END rtl;
```

图 3.9.2 是 74LS138 译码器的仿真图。

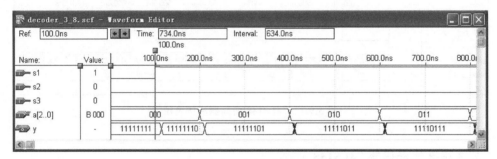

图 3.9.2　74LS138 译码器的仿真图

3. BCD 七段显示译码器 7448

BCD 七段显示译码器 7448 将 BCD 码译成数码管所需要的驱动信号,以便数码管用十进制数字显示 BCD 码所表示的数值。其 VHDL 描述如下:

```
LIBRARY IEEE;
USE IEEE.STD_LOGIC_1164.ALL;
USE IEEE.STD_LOGIC_ARITH.ALL;
USE IEEE.STD_LOGIC_UNSIGNED.ALL;
ENTITY sn7448 IS
    PORT(lt,rbi:IN STD_LOGIC;
        datain:IN STD_LOGIC_VECTOR(3 DOWNTO 0);
        rbo_bi:INOUT STD_LOGIC;
        dataout:OUT STD_LOGIC_VECTOR(7 DOWNTO 0));
END sn7448;
ARCHITECTURE behav OF sn7448 IS
    signal dout:STD_LOGIC_VECTOR(7 downto 0);
    BEGIN
```

```vhdl
    rbo_bi<=NOT(datain(0)AND datain(1)AND datain(2)AND datain(3) AND lt AND
        (NOT rbi));
    PROCESS(datain,lt,rbi,rbo_bi)
      BEGIN
      IF(lt='1')THEN
        IF(rbo_bi='1')THEN
          CASE datain IS
              WHEN "0000"=>dout<="00111111";--"0"
              WHEN "0001"=>dout<="00000110";--"1"
              WHEN "0010"=>dout<="01011011";--"2"
              WHEN "0011"=>dout<="01001111";--"3"
              WHEN "0100"=>dout<="01100110";--"4"
              WHEN "0101"=>dout<="01101101";--"5"
              WHEN "0110"=>dout<="01111101";--"6"
              WHEN "0111"=>dout<="00000111";--"7"
              WHEN "1000"=>dout<="01111111";--"8"
              WHEN "1001"=>dout<="01101111";--"9"
              WHEN "1010"=>dout<="01110111";--"A"
              WHEN "1011"=>dout<="01111100";--"B"
              WHEN "1100"=>dout<="00111001";--"C"
              WHEN "1101"=>dout<="10011110";--"D"
              WHEN "1110"=>dout<="01111001";--"E"
              WHEN "1111"=>dout<="01110001";--"F"
              WHEN others=>dout<="00000000";--"灭"
          END CASE;
        IF(rbi='0' AND dout="00111111") THEN
            dataout<="00000000";
        ELSE
            dataout<=dout;
        END IF;
      ELSE
        dataout<="00000000";
      END IF;
      ELSE
          dataout<="11111111";
      END IF;
    END PROCESS;
END behav;
```

4. 数据选择器 74LS151

数据选择器 74LS151 是八选一互补输出的器件,其 VHDL 描述如下:

```vhdl
LIBRARY IEEE;
USE IEEE.STD_LOGIC_1164.ALL;
```

```
USE IEEE.STD_LOGIC_ARITH.ALL;
USE IEEE.STD_LOGIC_UNSIGNED.ALL;
ENTITY sn74ls151 IS
    port(a0,a1,a2,s:IN STD_LOGIC;
            d:IN STD_LOGIC_VECTOR(7 DOWNTO 0);
            y,noty:OUT STD_LOGIC);
END sn74ls151;
ARCHITECTURE rtl OF sn74ls151 IS
  signal sel:STD_LOGIC_VECTOR(2 DOWNTO 0);
  BEGIN
    sel<=a2&a1&a0;
    PROCESS(sel,s,d)
      BEGIN
        IF(s='0')THEN
          CASE sel IS
            WHEN "000"=>y<=d(0);noty<=NOT d(0);
            WHEN "001"=>y<=d(1);noty<=NOT d(1);
            WHEN "010"=>y<=d(2);noty<=NOT d(2);
            WHEN "011"=>y<=d(3);noty<=NOT d(3);
            WHEN "100"=>y<=d(4);noty<=NOT d(4);
            WHEN "101"=>y<=d(5);noty<=NOT d(5);
            WHEN "110"=>y<=d(6);noty<=NOT d(6);
            WHEN "111"=>y<=d(7);noty<=NOT d(7);
            WHEN OTHERS=>y<='X';noty<='X';
          END CASE;
        ELSE
          y<='0';noty<='1';
        END IF;
    END PROCESS;
END rtl;
```

5. 4 位加法器 73LS283

4 位加法器 73LS283 的 VHDL 描述如下：

```
LIBRARY IEEE;
USE IEEE.STD_LOGIC_1164.ALL;
USE IEEE.STD_LOGIC_UNSIGNED.ALL;
ENTITY adder4bit IS
    PORT(cin:IN STD_LOGIC;
            a,b:IN STD_LOGIC_VECTOR(3 DOWNTO 0);
            s:OUT STD_LOGIC_VECTOR(3 DOWNTO 0);
            cout:OUT STD_LOGIC);
END adder4bit;
ARCHITECTURE behav OF adder4bit IS
    signal sint:STD_LOGIC_VECTOR(4 DOWNTO 0);
```

```
        signal aa,bb:STD_LOGIC_VECTOR(4 DOWNTO 0);
    BEGIN
        aa<='0' & a(3 DOWNTO 0);  --4 位加数矢量扩为 5 位,提供进位空间
        bb<='0' & b(3 DOWNTO 0);
        sint<=aa+bb+cin;
        s(3 downto 0)<=sint(3 DOWNTO 0);
        cout<=sint(4);
END behav;
```

6. 单向总线驱动器

一个 8 位的单向总线缓冲器由 8 个三态门组成,具有 8 个输入和 8 个输出,并且每个三态门的输入、输出同相,由一个使能信号 EN 控制。它常用来作数字系统的总线驱动器。其 VHDL 描述如下:

```
LIBRARY IEEE;
USE IEEE.STD_LOGIC_1164.ALL;
USE IEEE.STD_LOGIC_UNSIGNED.ALL;
ENTITY tri_buf8 IS
    PORT(din:IN STD_LOGIC_VECTOR(7 DOWNTO 0);
          en:IN STD_LOGIC;
          dout:OUT STD_LOGIC_VECTOR(7 DOWNTO 0));
END tri_buf8;
ARCHITECTURE behav OF tri_buf8 IS
    BEGIN
    PROCESS(en,din)
      BEGIN
        IF(en='1')THEN
          dout<=din;
        ELSE
          dout<="ZZZZZZZZ";
        END IF;
    END PROCESS;
END behav;
```

3.10 本 章 小 结

组合逻辑电路一般由若干基本逻辑单元组成,其特点是任何时刻的输出仅取决于该时刻的输入,而与电路原来的状态无关。它只包含门电路,而没有存储单元。

本章重点介绍了组合逻辑电路的分析和设计方法。组合逻辑电路的分析步骤如下:

(1) 根据逻辑电路图,用符号标记各级门的输出端。

(2) 从电路的输入到输出逐级写出逻辑函数,最后得到组合逻辑电路的逻辑函数。

(3) 利用卡诺图法或公式法化简逻辑函数。

（4）列出逻辑函数真值表，分析电路逻辑功能。

组合逻辑电路设计的一般步骤如下：

（1）逻辑抽象。根据设计要求，确定输入变量和输出变量及数目，明确输出变量和输入变量之间的逻辑关系。

（2）列出真值表。

（3）根据真值表写出逻辑函数，并用公式法和卡诺图法化简。

（4）选用小规模集成逻辑门电路、中规模的常用集成组合逻辑电路或可编程逻辑器件实现相应的逻辑函数。具体如何选择，应根据电路的具体要求和器件的资源情况来决定。

（5）根据选择的器件，将逻辑函数转换成适当的形式，画出逻辑电路图。

组合逻辑电路中最常用的中规模集成器件包括编码器和译码器、数据选择器和分配器、数码奇偶发生器/校验器、加法器、数值比较器等。必须熟悉它们的逻辑功能、电气特性和外部引线排列图，才能灵活运用。

在设计组合逻辑电路时最棘手的问题是电路中的竞争-冒险现象。要求掌握竞争-冒险现象的产生原因、判别方法以及一般的消除方法。

最后，要求了解常用的中规模集成器件的 VHDL 描述问题。

3.11 习 题

3.1 写出如图 3.11.1 所示的各电路输出逻辑表达式，并分析电路的逻辑功能。

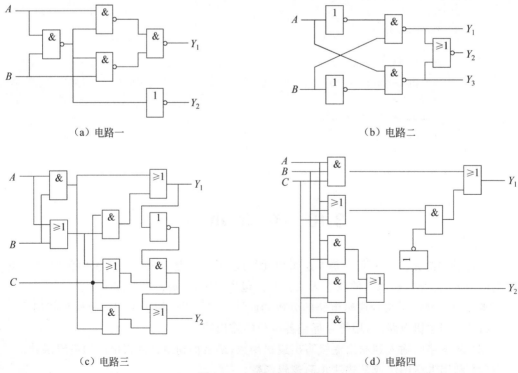

（a）电路一 　　　　　　　　　　　　　　（b）电路二

（c）电路三 　　　　　　　　　　　　　　（d）电路四

图 3.11.1 题 3.1 的电路

3.2 写出如图 3.11.2 所示的电路输出 Y 的逻辑表达式。双 4 选 1 数据选择器 74LS153 的功能表如表 3.4.3 所示。

3.3 写出如图 3.11.3 所示的电路输出 Y_1、Y_2、Y_3 的逻辑表达式。3 线-8 线译码器 74LS138 的功能表如表 3.3.4 所示。

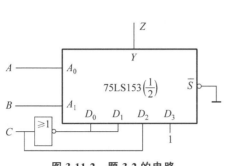

图 3.11.2 题 3.2 的电路

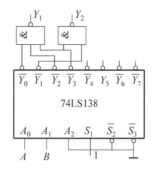

图 3.11.3 题 3.3 的电路

3.4 对于如图 3.11.4 所示的电路,分析输出 $\overline{Y}_0$、$\overline{Y}_1$、$\overline{Y}_2$、$\overline{Y}_{EX}$、$\overline{Y}_S$ 是高电平还是低电平。74LS148 是 8 线-3 线优先编码器。

3.5 图 3.11.5 所示的电路中的 74LS180 是 8 位的奇偶发生器/校验器。分析输入信号 A 是高电平还是低电平。

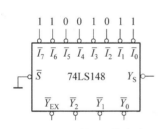

图 3.11.4 题 3.4 的电路

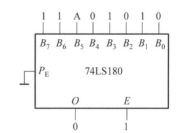

图 3.11.5 题 3.5 的电路

3.6 用与非门设计四变量的多数表决器电路。当 A、B、C、D 有 3 个或 3 个以上为 1 时输出为 1,为其他状态时输出为 0。

3.7 用与非门设计一个 4 位的补码输出电路,输入是 4 位二进制数,输出为输入的补码。

3.8 某工厂有 3 个车间,每个车间需 1kW 的电力,这 3 个车间由两台发电机组供电,一台的功率是 1kW,另一台的功率是 2kW。这 3 个车间经常不同时工作,可能只有一个车间工作,也可能有两个车间或 3 个车间工作。为了既节省能源又保证电力的供应,用门电路设计一个逻辑电路,自动完成配电任务。

3.9 现有 3 台用电设备,每台用电量均为 10kW,由两台发电机组供电,一台发电机组的功率为 10kW,另一台发电机组的功率为 20kW。用 3 线-8 线译码器 74LS138 设计一个供电控制系统,在保证电力供应的条件下,达到节省能源的目的。

3.10 将下列逻辑函数化简,并用与非门画出逻辑电路图。

(1) $Y_1 = AB + (A\overline{B} + B\overline{A})C$

(2) $Y_2 = A\overline{B} + AC\overline{D} + \overline{A}C + BC$

(3) $Y_3 = \sum_i m_i \, (i = 1,2,3,5,6,8,9,12)$

(4) $Y_4 = \prod_i M_i \, (i = 0,2,4,5,9,10,13,14)$

3.11　用 3 线-8 线译码器 74LS138 和与非门实现下列逻辑函数。

(1) $F(A,B,C) = AB\overline{C} + \overline{A}(B + C)$

(2) $F(A,B,C) = \sum_i m_i \, (i = 0,3,6,7)$

(3) $F_1(A,B,C) = (A + \overline{C})(\overline{A} + B + C)$
　　$F_2(A,B,C) = AB + AC + BC$

3.12　分析如图 3.11.6(a)、(b)所示的用数据选择器 74LS151 构成的电路,写出其逻辑表达式。

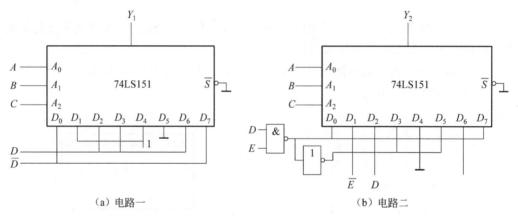

（a）电路一　　　　　　　　　　　　　　（b）电路二

图 3.11.6　题 3.12 的电路

3.13　用 8 选 1 数据选择器 74LS151 实现下列逻辑函数。

(1) $Y_1 = \sum_i m_i \, (i = 0,1,6,8,12,15)$

(2) $Y_2 = \sum_i m_i \, (i = 1,2,4,7)$

(3) $Y_3 = A + BC$

(4) $Y_4 = AB + AC + BC$

3.14　分别用下列方法设计全加器。

(1) 用与非门。

(2) 用或非门。

(3) 用双 4 选 1 数据选择器 74LS153。

(4) 用 3 线-8 线译码器 74LS138 和与非门。

3.15　用 4 位加法器 74LS283 设计一个将 8421BCD 码转换成余 3 码的电路。

3.16　用 3 线-8 线译码器和与非门实现下列多输出函数:

$$F_1 = AB + \overline{A}\overline{B}\overline{C}$$

$$F_2 = A + B + \overline{C}$$

$$F_3 = \overline{A}B + A\overline{B}$$

3.17 设计用 3 个开关控制一个电灯的逻辑电路,要求改变任何一个开关的状态都能控制电灯由亮变灭或由灭变亮。要求用数据选择器实现。

3.18 用 4 位并行加法器 74LS283 设计一个加减运算电路。当控制信号 $K=0$ 时将两个输入的 4 位二进制数相加,而当 $K=1$ 时将两个输入的 4 位二进制数相减。允许附加必要的门电路。

3.19 用二-十进制编码器、译码器和七段数码管组成一个 1 位数码显示电路。当 $0\sim9$ 这 10 个输入端中某一个接地时,显示相应的数字。选择合适的器件,画出连线图。

3.20 已知输入信号 A、B、C、D 的波形如图 3.11.7 所示。选择适当的集成门电路,设计产生输出 Y 波形的组合电路。

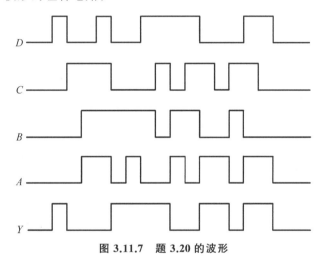

图 3.11.7 题 3.20 的波形

3.21 用卡诺图法或代数法判断如图 3.11.8 所示的两个组合逻辑电路是否存在竞争-冒险现象,属于哪一种竞争-冒险现象。

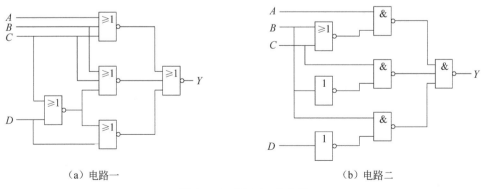

（a）电路一 　　　　　　（b）电路二

图 3.11.8 题 3.21 的电路

3.22   判断下列逻辑函数是否存在竞争-冒险现象。若存在,用修改逻辑函数的方法将竞争-冒险消除。

(1) $F(A,B,C)=A\bar{C}+BC$

(2) $F(A,B,C)=(A+\bar{C})(B+C)$

(3) $F(A,B,C)=(A+\bar{B}+C)(\bar{A}+\bar{B}+C)(A+B+C)$

3.23   用卡诺图法化简下列逻辑函数,并用与门、或门实现它们。要求在任何变量改变状态时均不得有竞争-冒险现象。

(1) $F_1(A,B,C,D)=\sum_i m_i(i=2,6,8,9,11,12,14)$

(2) $F_1(A,B,C,D)=\sum_i m_i(i=0,2,3,4,8,9,14,15)$

3.24   用 VHDL 描述以两片 3 线-8 线译码器 74LS138 构成的 4 线-16 线译码器。

第4章

触 发 器

本章介绍构成数字系统的另一个基本逻辑单元——触发器。首先介绍基本 RS 触发器和同步触发器,然后介绍主从触发器、边沿触发器的电路结构和动作特点,最后扼要介绍各类触发器的逻辑功能和描述方法、不同逻辑功能触发器之间的相互转换以及触发器的应用等。

4.1 概 述

在前面章节介绍的组合逻辑电路中,某时刻的输出状态都由该时刻的输入状态所决定,而与以前的输入、输出状态无关,这类电路不具有记忆功能。

数字系统中的另一类电路称为时序逻辑电路(见第 5 章),这类电路输出不仅与当前输入状态有关,而且与以前的输入、输出状态有关,因此需要具有记忆功能的电路。通常具有两个不同稳定状态的二进制存储单元统称为触发器。

为了记忆两个不同稳定状态,触发器必须具备以下两个特点:

(1) 具有两个能自行保持的稳定状态——0 态和 1 态。所谓 0 态,表示触发器的两个互补输出端 $Q=0$、$\bar{Q}=1$;所谓 1 态,表示触发器的两个互补输出端 $Q=1$、$\bar{Q}=0$。

(2) 在外加触发信号作用下,触发器可以置成 1 态或 0 态。

触发器有各种各样的分类方法。按照电路结构形式可分为基本 RS 触发器、同步 RS 触发器、主从触发器、维持阻塞触发器、CMOS 边沿触发器等,按照逻辑功能可分为 RS 触发器、JK 触发器、D 触发器、T 触发器、T′ 触发器,按照触发方式又分为电平触发、主从触发和边沿触发等类型。

本章主要介绍各类触发器的电路结构、触发方式、逻辑功能及描述方法。

4.2 RS 触发器

4.2.1 基本 RS 触发器

1. 与非门构成的基本 RS 触发器

1) 电路结构及工作原理

图 4.2.1(a)为两个与非门交叉耦合构成的基本 RS 触发器,它是任何类型触发器的

一个基本组成单元。基本 RS 触发器有两个输入端——$\bar{S}$ 端和 $\bar{R}$ 端,低电平有效,$\bar{S}$ 端称为置 1 端,$\bar{R}$ 端称为置 0 端或复位端。触发器有两个输出端——Q 端和 $\bar{Q}$ 端,正常工作时 Q 端和 $\bar{Q}$ 端互为逻辑非关系,有时也称 Q 端为 1 端,$\bar{Q}$ 端为 0 端。图 4.2.1(b)为基本 RS 触发器的逻辑符号。

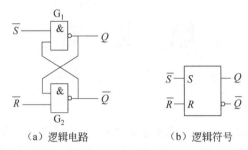

（a）逻辑电路　　　　（b）逻辑符号

图 4.2.1　与非门构成的基本 RS 触发器

下面分析基本 RS 触发器的工作原理。

(1) $\bar{S}=\bar{R}=1$ 时,触发器处于保持状态。

设触发器的现态 $Q^n=1$,$\bar{Q}^n=0$,则门 G_2 的两个输入都为 1,其输出即触发器的次态 $\bar{Q}^{n+1}=0$,同时 $\bar{Q}^n=0$ 使门 G_1 输出的次态 $Q^{n+1}=1$;反之,若触发器的现态 $Q^n=0$,$\bar{Q}^n=1$ 时,经同样分析,得 $Q^{n+1}=0$,$\bar{Q}^{n+1}=1$。所以,触发器的次态等于现态,即 $Q^{n+1}=Q^n$。

(2) $\bar{S}=0$、$\bar{R}=1$ 时,无论触发器现态为何值,其次态都置成 1 态。

设触发器的现态 $Q^n=1$,$\bar{Q}^n=0$,则门 G_2 的两个输入都为 1,其输出即触发器的次态 $\bar{Q}^{n+1}=0$,同时 $\bar{S}=0$、$\bar{Q}^n=0$ 使门 G_1 输出的次态 $Q^{n+1}=1$,即触发器的 1 态得以保持;反之,若触发器现态 $Q^n=0$,$\bar{Q}^n=1$,$\bar{S}=0$ 使门 G_1 的输出为 1,该电平耦合到门 G_2 的输入端,使 G_2 的两个输入都为 1,G_2 的输出为 0,即触发器由 0 态翻转到 1 态。所以,当 $\bar{S}=0$、$\bar{R}=1$ 时,触发器的次态等于 1,即 $Q^{n+1}=1$,$\bar{S}=0$ 称为置 1 端。

(3) $\bar{S}=1$、$\bar{R}=0$ 时,无论触发器现态为何值,其次态都置成 0 态。

设触发器的现态 $Q^n=1$,$\bar{Q}^n=0$,则 $\bar{R}=0$ 使门 G_2 的输出为 1,该电平耦合到门 G_1 的输入端,使 G_1 的两个输入都为 1,其输出为 0,即触发器由 1 态翻转到 0 态;反之,若触发器现态 $Q^n=0$,$\bar{Q}^n=1$,则门 G_1 的两个输入都为 1,其输出即触发器的次态 $Q^{n+1}=0$,同时 $\bar{R}=0$、$Q^n=0$ 使门 G_2 输出的次态 $\bar{Q}^{n+1}=1$,即触发器的 0 态得以保持。所以,当 $\bar{S}=1$、$\bar{R}=0$ 时,触发器的次态等于 0,即 $Q^{n+1}=0$,$\bar{R}=0$ 称为置 0 端。

(4) $\bar{S}=\bar{R}=0$ 时,则有 $Q^{n+1}=\bar{Q}^{n+1}=1$,此既非 0 态也非 1 态。如果 $\bar{S}$、$\bar{R}$ 仍保持 0 信号,触发器状态尚可确定都为 1;但如果 $\bar{S}$ 与 $\bar{R}$ 同时由 0 变为 1,触发器的状态取决于两个与非门的翻转速度或传输延迟时间,Q^{n+1} 可能为 0,也可能为 1,称为触发器状态不定。因此,在实际应用中,$\bar{S}=\bar{R}=0$ 不允许出现,即 $\bar{S}$、$\bar{R}$ 应满足约束条件:$\bar{S}+\bar{R}=1$。

2) 逻辑功能描述

基本 RS 触发器的逻辑功能可以用状态转换特性表、特性方程和状态转换图 3 种方式描述。

（1）状态转换特性表。根据以上分析,可以得到基本 RS 触发器的状态转换特性表（含有状态变量的真值表,也叫功能表）如表 4.2.1 所示。其中,Q^n 表示触发器原来所处状态,称为现态;Q^{n+1} 表示在输入信号 $\overline{S}$、$\overline{R}$ 作用下触发器的新状态,称为次态。

表 4.2.1　与非门构成的基本 RS 触发器特性表

$\overline{S}$	$\overline{R}$	Q^n	Q^{n+1}	备注
1	1	0	0	状态保持
1	1	1	1	
0	1	0	1	置 1
0	1	1	1	
1	0	0	0	置 0
1	0	1	0	
0	0	0	1*	状态不定
0	0	1	1*	

（2）特性方程。表 4.2.1 的卡诺图如图 4.2.2 所示,其中 $\overline{S}=0$、$\overline{R}=0$ 的状态组合在正常工作时是不允许出现的,在化简时要作为约束项处理。化简得基本 RS 触发器特性方程：

$$Q^{n+1} = S + \overline{R}Q^n$$
$$\overline{S} + \overline{R} = 1$$

（3）状态转换图。由表 4.2.1 可画出基本 RS 触发器的状态转换图,如图 4.2.3 所示状态转换。图中的圆圈表示触发器的稳定状态,箭头表示在触发信号作用下状态转换方向,箭头旁边标注的是转换条件。×表示任意状态。

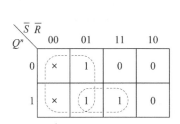

图 4.2.2　基本 RS 触发器卡诺图

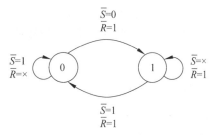

图 4.2.3　基本 RS 触发器状态转换图

【例 4.2.1】　已知 $\overline{S}$ 和 $\overline{R}$ 的波形如图 4.2.4 所示,画出基本 RS 触发器 Q 端和 $\overline{Q}$ 端的波形（假设触发器的初态 $Q=0$）。

解：在 t_1 时刻前,触发器保持 0 态不变。t_1 时刻后 $\overline{S}=0$、$\overline{R}=1$,触发器置 1。t_2 时刻后 $\overline{S}=1$、$\overline{R}=1$,触发器 1 态保持。t_3 时刻后 $\overline{S}=0$、$\overline{R}=0$,因此 $Q=\overline{Q}=1$,触发器处于不定状态。在 t_4 时刻,$\overline{S}$ 和 $\overline{R}$ 同时由 0 变 1,由于两个与非门传输延迟时间很难确定,触发器状态可能为 1,也可能为 0,用虚线表示。直到 t_5 时刻 $\overline{S}=0$、$\overline{R}=1$,触发器状态确定为 1,但在 t_6 时刻,由于 $\overline{S}=1$、$\overline{R}=0$,触发器复位。

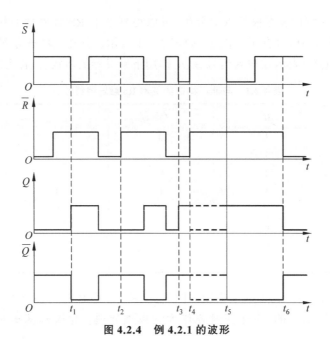

图 4.2.4 例 4.2.1 的波形

3）对触发脉冲宽度的要求

由于门电路都存在传输延迟，所以触发器状态从现态翻转到次态必然存在一定的延迟时间。为保证触发器可靠翻转，必须对触发信号脉冲宽度提出一定要求。

假设图 4.2.1(a)中两个门的延迟时间 t_{pd} 相同，触发器现态为 1 态。当置 0 信号即 $\overline{S}=1$、$\overline{R}=0$ 到来时，经过一个门的延迟时间 t_{pd}，G_2 输出为 1 并耦合到 G_1 的输入端，又经过一个门的延迟时间 t_{pd} 后，触发器次态才能翻转为 0。可见，从输入触发信号到触发器翻转，共需要 $2t_{pd}$ 时间。所以，为保证触发器可靠翻转，要求触发信号脉冲宽度 t_W 大于或等于 $2t_{pd}$。

2. 或非门构成的基本 RS 触发器

基本 RS 触发器也可以由或非门构成，其逻辑电路和逻辑符号如图 4.2.5 所示，其特性表如表 4.2.2 所示。

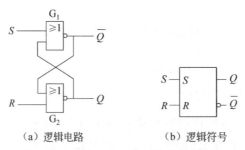

（a）逻辑电路   （b）逻辑符号

图 4.2.5 或非门构成的基本 RS 触发器

表 4.2.2 或非门构成的基本 RS 触发器特性表

S	R	Q^n	Q^{n+1}	备注
0	0	0	0	状态保持
0	0	1	1	
1	0	0	1	置 1
1	0	1	1	
0	1	0	0	置 0
0	1	1	0	
1	1	0	0^*	状态不定
1	1	1	0^*	

在或非门构成的基本 RS 触发器中,置 0、置 1 信号高电平有效,正脉冲上升沿引起触发器改变状态。当 $S=R=0$ 时,触发器处于保持状态;当 $S=1$、$R=0$ 时,触发器置 1;当 $S=0$、$R=1$ 时,触发器置 0;当 $S=R=1$ 时,触发器的两个输出端都为 0,这时若两个输入端同时返回 0,则触发器出现不确定状态。为了使触发器正常工作,$S=R=1$ 为不允许输入情况。由或非门构成的基本 RS 触发器特性方程为

$$Q^{n+1} = S + \bar{R}Q^n$$
$$SR = 0$$

4.2.2 同步 RS 触发器

基本 RS 触发器的状态置入无法从时间上加以控制,触发器的状态只有在触发信号出现时才作相应变化。而在数字系统中,常常要求触发器的状态按一定的节拍同步动作,以取得系统的协调。为此,必须引入同步信号,使触发器仅在同步信号到达时按输入信号改变状态。通常把这个同步信号叫作时钟脉冲(Clock Pulse),简记为 CP。这种用时钟脉冲作为控制信号的触发器,称为时钟触发器,也称同步触发器。

1. 同步 RS 触发器

1)电路结构及工作原理

在基本 RS 触发器的输入端附加两个控制门 G_3 和 G_4,使触发器仅在时钟脉冲 CP 出现时才能接收输入信号。由与非门组成的同步 RS 触发器逻辑电路和逻辑符号如图 4.2.6(a)、(b)所示,R 端为置 0 端,S 端为置 1 端。

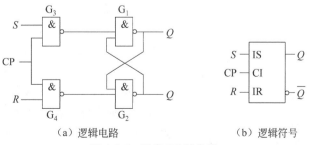

（a）逻辑电路   （b）逻辑符号

图 4.2.6 同步 RS 触发器

当 CP＝0 时，G_3 和 G_4 被封锁，R 和 S 端输入信号不起作用，这时有 $\overline{R}_D = \overline{S}_D = 1$，所以基本 RS 触发器状态保持不变，即同步 RS 触发器状态保持不变。

当 CP＝1 时，R 和 S 端的信号通过 G_3、G_4 反相后，作用到基本 RS 触发器输入端，触发器状态改变。

(1) 当 $S＝R＝0$ 时，则 $\overline{S}_D = \overline{R}_D = 1$，触发器处于保持状态，即 $Q^{n+1} = Q^n$。

(2) 当 $S＝1$、$R＝0$ 时，则 $\overline{S}_D = 0$、$\overline{R}_D = 1$，触发器的次态置 1 态，即 $Q^{n+1} = 1$。

(3) 当 $S＝0$、$R＝1$ 时，则 $\overline{S}_D = 1$、$\overline{R}_D = 0$，触发器的次态置 0 态，即 $Q^{n+1} = 0$。

(4) 当 $S＝R＝1$ 时，则 $\overline{S}_D = \overline{R}_D = 0$，触发器的两个输出端同时变为 1，时钟结束后，触发器的状态不确定，0 态和 1 态都可能出现，这取决于门的延迟时间差异。

2) 逻辑功能描述

根据以上分析，可以对同步 RS 触发器的逻辑功能进行描述。当 CP＝1 时，可列出同步 RS 触发器的特性表，如表 4.2.3 所示。

表 4.2.3　同步 RS 触发器的特性表

CP	S	R	Q^n	Q^{n+1}	备　注
0	×	×	0	0	不变
0	×	×	1	1	
1	0	0	0	0	状态保持
1	0	0	1	1	
1	0	1	0	0	置 0
1	0	1	1	0	
1	1	0	0	1	置 1
1	1	0	1	1	
1	1	1	0	1*	状态不定
1	1	1	1	1*	

由特性表画出卡诺图，经化简得到特性方程：

$$Q^{n+1} = S + \overline{R}Q^n$$
$$SR = 0$$

再根据特性表画出同步 RS 触发器的状态转换图，如图 4.2.7 所示。

3) 电平触发方式中的空翻现象

上述讨论的同步 RS 触发器属于电平触发方式。当 CP＝0 时，触发器不接收输入信号，而保持状态不变；当 CP＝1 时，触发器才接收输入信号。这种触发方式称为电平触发方式或电位触发方式。这里讨论的同步 RS 触发器为高电平触发。另外还有低电平触发方式。

由于电平触发型触发器在 CP＝1 的期间都接收输入信号的变化，因此，如果输入信号发生多次变化，触发器状态也会发生多次翻转。这种在同

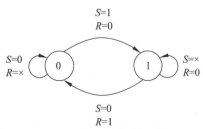

图 4.2.7　同步 RS 触发器的状态转换图

一 CP 脉冲周期触发器发生多次翻转的现象称为空翻。为了克服这个问题,下面将介绍无空翻的主从触发器和边沿触发器。

【例 4.2.2】　已知电路结构如图 4.2.6(a)所示的同步 RS 触发器输入信号波形如图 4.2.8 所示,画出 Q 和 $\overline{Q}$ 端的波形。假设触发器的初始状态为 0。

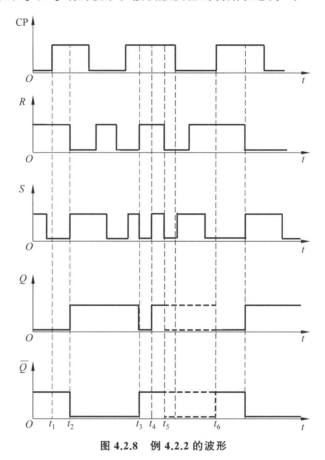

图 4.2.8　例 4.2.2 的波形

解:由于 CP=0 期间,无论 R 和 S 如何变化,触发器状态都保持不变,因此只分析 CP=1 期间的状态改变。到 t_1 时刻 $R=1$、$S=0$,输出 $Q=0$、$\overline{Q}=1$。到 t_2 时刻 $R=0$、$S=1$,输出 $Q=1$、$\overline{Q}=0$。到 t_3 时刻 $R=1$、$S=0$,输出 $Q=0$、$\overline{Q}=1$。到 t_4 时刻 $R=1$、$S=1$,输出 $Q=1$、$\overline{Q}=1$。到 t_5 时刻 R、S 同时变为 0,触发器的输出不定,并一直延续到 t_6 时刻变为 $R=1$、$S=0$,触发器的输出才确定为 $Q=0$、$\overline{Q}=1$。

2. 同步 RS 触发器的其他接法

1) 带异步置位、复位端的同步 RS 触发器

在使用同步 RS 触发器过程中,有时需要在 CP 高电平到来之前将触发器状态预置成指定的状态,为此在同步 RS 电路结构的基础上,增加异步置 1 输入端和异步置 0(复位)输入端,如图 4.2.9(a)所示,其逻辑符号如图 4.2.9(b)所示。

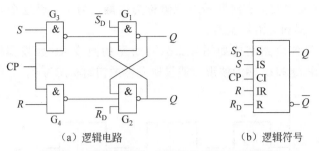

（a）逻辑电路　　　　　　　　（b）逻辑符号

图 4.2.9　带异步置位、复位端的同步 RS 触发器

注意，用 $\overline{S}_D$ 或 $\overline{R}_D$ 将触发器异步置位或复位应在 CP＝0 条件下进行，而且触发器在时钟信号控制下正常工作时应使 $\overline{S}_D$ 和 $\overline{R}_D$ 处于高电平。

2）D 型锁存器

为了从根本上避免同步 RS 触发器输入同时为 1 的情况出现，可在 R 和 S 之间接一个反相器，如图 4.2.10(a)所示。通常把这种单端输入的同步 RS 电路叫作 D 型锁存器。它的逻辑符号如图 4.2.10(b)所示。将 $S＝D$、$R＝\overline{D}$ 代入同步 RS 触发器的特性方程，可直接写出 D 型锁存器的特性方程：

$$Q^{n+1} = D$$

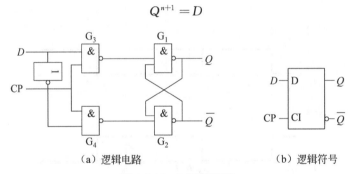

（a）逻辑电路　　　　　　　　（b）逻辑符号

图 4.2.10　D 型锁存器

4.3　主从触发器

为了提高触发器工作的可靠性，希望在每个 CP 脉冲周期触发器的状态只翻转一次。为此，在同步 RS 触发器基础上设计了主从 RS 触发器。

4.3.1　主从 RS 触发器

1. 电路结构及工作原理

主从 RS 触发器电路结构如图 4.3.1(a)所示。

主从 RS 触发器由两个同步 RS 触发器构成，左边为主触发器，右边为从触发器。从触发器的状态是整个触发器的状态。主触发器的时钟信号为 CP；而 $\overline{\text{CP}}$ 作为从触发器的

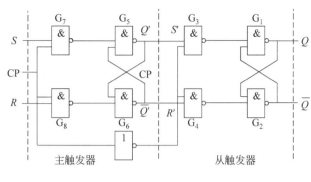

（a）逻辑电路 （b）逻辑符号

图 4.3.1 主从 RS 触发器

时钟信号,该时钟信号使主触发器、从触发器的工作分两步进行。

图 4.3.1(b)是主从 RS 触发器的逻辑符号,其中输出端的延迟符号 ¬ 表示在 CP 信号的下降沿时改变状态。

当 CP=1 时,主触发器接收 R 和 S 信号,其状态随 R 和 S 的变化而变化。主触发器输出 Q' 与 R、S 之间的关系见同步 RS 触发器特性表(表 4.2.3)。此时主触发器可能发生多次翻转。而由于从触发器的时钟信号 $\overline{CP}=0$,所以从触发器的状态保持不变,即在整个 CP=1 期间,主从 RS 触发器状态不变。

当 CP 从 1 变到 0 后,主触发器不再接收 R、S 信号,其状态保持不变,即 Q' 和 $\overline{Q}'$ 不变。而此时从触发器时钟信号 $\overline{CP}=1$,从触发器状态取决于 Q' 和 $\overline{Q}'$。由于在 CP=0 期间主触发器不接收输入信号,主触发器状态保持不变,所以在一个 CP 脉冲周期主从 RS 触发器状态 Q 只翻转一次,这样就克服了空翻现象。

2. 逻辑功能描述

主触发器为同步 RS 触发器,其特性方程为

$$Q'^{n+1} = S + \bar{R}Q'^n$$
$$RS = 0$$

由同步 RS 触发器特性表(表 4.2.3)可知,除了 $S=R=1$ 时主触发器状态不定外,其他 3 种情况下主触发器两个输出端是互补的,该互补输出信号在 CP=0 期间作为从触发器的触发信号,则有

$$Q^{n+1} = Q'^{n+1}$$

所以主从 RS 触发器的特性方程为

$$Q^{n+1} = S + \bar{R}Q^n$$
$$RS = 0$$

主从 RS 触发器仍属于电平触发方式,触发器的状态转换在时钟信号的下降沿发生,其特性表如表 4.3.1 所示。主从 RS 触发器的状态转换图与同步 RS 触发器相同。

表 4.3.1 主从 RS 触发器的特性表

CP	S	R	Q^n	Q^{n+1}	备 注
×	×	×	×	Q^n	不变
⌐⌐	0	0	0	0	状态保持
⌐⌐	0	0	1	1	
⌐⌐	1	0	0	1	置 1
⌐⌐	1	0	1	1	
⌐⌐	0	1	0	0	置 0
⌐⌐	0	1	1	0	
⌐⌐	1	1	0	1*	状态不定
⌐⌐	1	1	1	1*	

【例 4.3.1】 已知主从 RS 触发器的输入信号 R、S 和时钟信号波形,画出 Q' 端和 Q 端的波形。假设初态为 $Q'=Q=0$。

解：画出 Q' 端和 Q 端的波形,如图 4.3.2 所示。由图 4.3.2 可见,在 CP=1 期间,虽然主触发器因 R 和 S 的变化而发生多次翻转,但从触发器状态只在 CP 信号的下降沿翻转一次,即没有空翻现象。

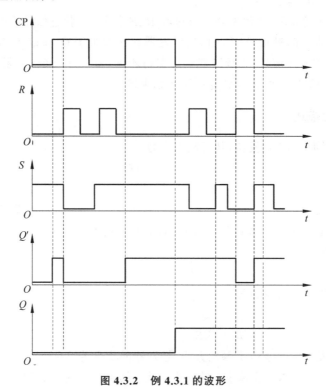

图 4.3.2 例 4.3.1 的波形

4.3.2 主从 JK 触发器

1. 电路结构及工作原理

为了使用方便,希望在 $S = R = 1$ 的条件下,触发器的次态也是确定的,因此需要进一步改进触发器的电路结构。而如果把主从 RS 触发器的 Q 和 $\bar{Q}$ 端作为附加控制信号反馈到输入端,就可以达到上述目的。为表示它与主从 RS 触发器在逻辑功能上的区别,以 J、K 表示两个信号输入端,其逻辑电路和逻辑符号如图 4.3.3 所示。

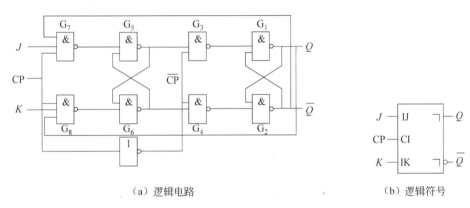

（a）逻辑电路　　　　　　　　　　　　　　　　（b）逻辑符号

图 4.3.3　主从 JK 触发器

当 $J = K = 0$ 时,相当于主从 RS 触发器的 $S = J\bar{Q}^n = 0$、$R = KQ^n = 0$,从主从 RS 触发器特性表(表 4.3.1)可知,触发器保持原状态不变,即 $Q^{n+1} = Q^n$。

当 $J = 1$、$K = 0$ 时,若触发器的现态为 $Q^n = 1$,则 $S = J\bar{Q}^n = 0$、$R = KQ^n = 0$,触发器的次态保持 1;若触发器的现态为 $Q^n = 0$,则 $S = J\bar{Q}^n = 1$、$R = KQ^n = 0$,触发器的次态置 1。所以 $J = 1$、$K = 0$ 时,触发器的次态为 $Q^{n+1} = 1$。

当 $J = 0$、$K = 1$ 时,若触发器的现态为 $Q^n = 1$,则 $S = J\bar{Q}^n = 0$、$R = KQ^n = 1$,触发器的次态置 0;若触发器的现态为 $Q^n = 0$,则 $S = J\bar{Q}^n = 0$、$R = KQ^n = 0$,触发器的次态保持 1。所以 $J = 0$、$K = 1$ 时,触发器的次态为 $Q^{n+1} = 0$。

当 $J = 1$、$K = 1$ 时,若触发器的现态为 $Q^n = 1$,则 $S = J\bar{Q}^n = 0$、$R = KQ^n = 1$,触发器的次态置 0;若触发器的现态为 $Q^n = 0$,则 $S = J\bar{Q}^n = 1$、$R = KQ^n = 0$,触发器的次态置 1。所以 $J = 1$、$K = 1$ 时,触发器的次态为 $Q^{n+1} = \bar{Q}^n$。

2. 逻辑功能描述

根据以上分析,得到表 4.3.2 所示的主从 JK 触发器的特性表。根据特性表画出卡诺图,化简后得到特性方程:

$$Q^{n+1} = J\bar{Q}^n + \bar{K}Q^n$$

主从 JK 触发器的状态转换图如图 4.3.4 所示。

表 4.3.2 主从 JK 触发器的特性表

CP	J	K	Q^n	Q^{n+1}	备　注
×	×	×	×	Q^n	不变
⅃	0	0	0	0	状态保持
⅃	0	0	1	1	
⅃	1	0	0	1	置 1
⅃	1	0	1	1	
⅃	0	1	0	0	置 0
⅃	0	1	1	0	
⅃	1	1	0	1	状态翻转
⅃	1	1	1	0	

3. 动作特点

通过对主从 RS 触发器和主从 JK 触发器的分析可以看到,主从结构触发器的状态翻转分为两步。第一步,在 CP=1 期间主触发器接收输入端(S、R 或 J、K)的信号,被置成相应状态,而从触发器状态不变;第二步,CP 下降沿到来时从触发器按照主触发器的状态翻转,所以 Q、$\bar{Q}$ 端状态的改变发生在 CP 的下降沿。

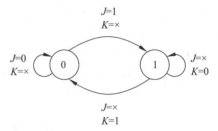

图 4.3.4　主从 JK 触发器的状态转换图

由于主触发器本身也是一个同步 RS 触发器,所以在 CP=1 期间输入信号发生多次变化以后,CP 下降沿到达时从触发器状态不一定按照此时刻输入信号的状态来确定,必须考虑整个 CP=1 期间输入信号的变化过程才能确定触发器的状态。

例如,对于图 4.3.1(a)所示的主从 RS 触发器,根据前面的分析,主触发器在 CP=1 期间可能发生多次翻转,而从触发器在 CP 下降沿时的状态仅取决于主触发器最后一次翻转的状态。

在图 4.3.3(a)所示的主从 JK 触发器中也存在类似的问题,即在 CP=1 期间主触发器都可以接收输入信号。而且,由于 Q 和 $\bar{Q}$ 端反馈到输入端,相当于主从 RS 触发器的输入信号为 $S=J\bar{Q}^n$、$R=KQ^n$,所以在 $Q^n=0$ 时主触发器只接收 $J=1$ 的置 1 输入信号,也就是说在 CP=1、$Q^n=0$ 的条件下,主触发器仅在 $J=1$ 时改变状态。同样,在 $Q^n=1$ 时,由于 $S=0$、$R=K$,所以主触发器只接收 $K=1$ 的置 0 信号。Q 和 $\bar{Q}$ 端反馈到输入端的结果就是在 CP=1 期间主触发器只有可能翻转一次,一旦翻转就不会翻转到原来的状态。

由上述分析知,CP=1 期间主触发器只能翻转一次,其状态改变取决于 J、K 和 Q^n 信号的变化,并在 CP 从 1 变 0 时将主触发器的状态送入从触发器。

主从 JK 触发器的逻辑功能较强,并且 J 与 K 间不存在约束条件,因此用途广泛。但它有一个缺点,即要求 CP=1 期间 J 和 K 信号保持不变,否则可能导致触发器误翻转。例如,当触发器初态为 0 且 $J=0$、$K=1$ 时,CP=1 期间 J 端容易受到正向脉冲的干扰,会将触发器错误置 1。

4. 对 CP 信号及 *J* 和 *K* 信号的要求

主从 JK 触发器的一次翻转现象降低了它的抗干扰能力。因此,为保证触发器可靠工作,要求 *J* 和 *K* 信号在整个 CP＝1 期间应保持不变,且输入信号的上升沿应略超前于 CP 脉冲周期的上升沿,而下降沿略滞后于 CP 脉冲周期下降沿。

显然,CP 脉宽越窄,触发器受干扰的可能性越小。但电路有一个最高工作频率 $f_{\max}$,要求 CP 脉冲频率小于 $f_{\max}$。

$$f_{\max} \leqslant \frac{1}{6t_{pd}}$$

式中,t_{pd} 为一个门的延迟时间,也就是说整个触发器翻转完毕需要时间为 $6t_{pd}$。

【**例 4.3.2**】　已知主从 JK 触发器的 *J*、*K* 端输入信号波形,画出 *Q*、$\overline{Q}$ 端波形(假设 *Q* 的初始状态为 0)。

解:*Q* 和 $\overline{Q}$ 端波形如图 4.3.5 所示。画波形图时应注意以下两个方面的问题:①触发器状态翻转时间对应于时钟信号 CP 的下降沿;②触发器的次态 Q^{n+1} 和 $\overline{Q}^{n+1}$ 由整个 CP＝1 期间的输入信号决定。由于主触发器只有一次翻转,而且在 CP＝1 期间 *J*、*K* 中只能有一个信号的作用有效,即,当 Q^n＝0 时触发器状态只接收 *J*＝1 的置 1 输入信号,

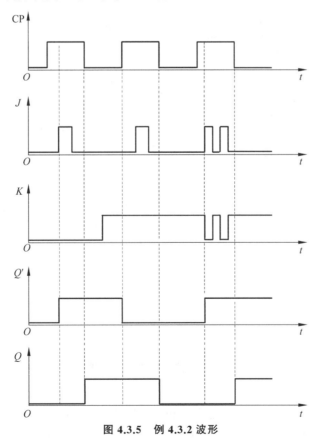

图 4.3.5　例 4.3.2 波形

而当 $Q^n = 1$ 时触发器状态只接收 $K = 1$ 的置 0 输入信号。

5. 集成主从 JK 触发器

图 4.3.6(a)所示为集成主从 JK 触发器 74H72 的逻辑电路,它的 J、K 输入端分别经过 4 个输入端的与非门,并加上异步输入端 $\overline{R}_D$ 和 $\overline{S}_D$。74H72 的逻辑符号如图 4.3.6(b)所示。其功能表如表 4.3.3 所示。

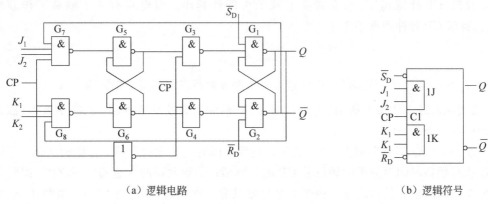

（a）逻辑电路　　　　　　　　　　　　　　（b）逻辑符号

图 4.3.6　多输入端主从 JK 触发器

表 4.3.3　集成主从 JK 触发器 74H72 的功能表

CP	$\overline{S}_D$	$\overline{R}_D$	J	K	Q^n	Q^{n+1}	备　注
×	0	1	×	×	×	1	异步置 1
×	1	0	×	×	×	0	异步置 0
×	0	0	×	×	×	1*	状态不定
⌐	1	1	0	0	0	0	状态保持
⌐	1	1	0	0	1	1	
⌐	1	1	1	0	0	1	置 1
⌐	1	1	1	0	1	1	
⌐	1	1	0	1	0	0	置 0
⌐	1	1	0	1	1	0	
⌐	1	1	1	1	0	1	状态翻转
⌐	1	1	1	1	1	0	

为使用方便,输入端逻辑关系为

$$J = J_1 J_2, \quad K = K_1 K_2$$

4.4　边沿触发器

主从 JK 触发器虽然克服了空翻现象和主触发器的多次翻转问题,但仍有一次翻转,容易受脉冲干扰而造成错误翻转。为了提高触发器的可靠性,增强抗干扰能力,希望触发器的次态仅仅取决于 CP 上升沿或下降沿到达时刻输入信号的状态。为实现这一设想,人们相继研制了各种边沿触发器。

4.4.1 维持阻塞结构的边沿触发器

1. 电路结构及工作原理

图 4.4.1(a)是维持阻塞上升沿 D 触发器。该电路由 6 个与非门组成,G_1、G_2 构成基本 RS 触发器,$G_3 \sim G_6$ 组成维持阻塞电路。该触发器状态仅取决于 CP 上升沿到来时刻触发信号 D 的状态。为表示触发器仅在 CP 上升沿时接收信号并立即翻转,时钟输入端加入符号>,其逻辑符号如图 4.4.1(b)所示。$\overline{S}_D$、$\overline{R}_D$ 为异步置位端及复位端。

(1) 当 CP=0 时,G_3、G_4 被封锁,输出均为 1,基本 RS 触发器保持原来的状态不变。

(2) 当 CP 信号上升沿到达时,触发器状态仅取决于此时输入 D 的状态。

若 D=0,在 CP 上升沿到来之前(CP=0),G_3 和 G_4 输出均为 1。由于 D=0,所以 G_5 输出为 1,G_6 输出为 0。在 CP 上升沿到来时,G_3 输出变为 0,使基本 RS 触发器置 0。在 CP=1 期间,若 D 由 0 变为 1,由于 G_3 输出 0 反馈到 G_5 输入端,使得 G_5 输出继续保持为 1,所以称线①为置 0 维持线。同时,G_5 输出 1 反馈到 G_6 输入端,使 G_6 输出仍为 0,G_4 输出仍为 1,称线②为置 1 阻塞线,所以基本 RS 触发器仍输出为 0,触发器不会发生翻转。

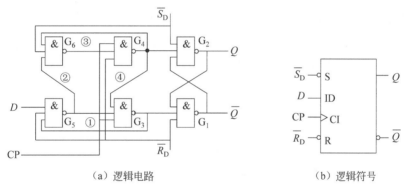

（a）逻辑电路　　　　　　　　　　　（b）逻辑符号

图 4.4.1　维持阻塞上升沿 D 触发器

若 D=1,在 CP 上升沿到来之前,G_3 和 G_4 输出均为 1。由于 D=1,所以 G_5 输出为 0,G_6 输出为 1。在 CP 上升沿到来时,G_4 输出变为 0,使基本 RS 触发器置 1。在 CP=1 期间,若 D 由 1 变为 0,尽管 G_5 输出由 0 变为 1,但由于 G_4 输出 0 反馈到 G_6 输入端,使 G_6 输出仍为 1,称线③为置 1 维持线。同时 G_4 输出 0 反馈到 G_3 输入端,使 G_3 输出仍为 1,称线④为置 0 阻塞线。所以维持线和阻塞线保证了触发器不会发生空翻。

下面讨论对触发信号 D 的要求。由上述分析可知,在 CP 上升沿时,触发器接收 D 输入端信号并发生相应的状态翻转。但是,D 端信号必须比 CP 上升沿提前建立,以保证在 G_5 和 G_6 建立起相应的状态之后,CP 脉冲上升沿再来,这一段提前准备时间(称为建立时间 t_{set})就是通过 G_5 和 G_6 的时间,即 $2t_{pd}$,而上升沿翻转后,并经 t_{pd} 建立起维持阻塞作用(这段时间称为保持时间 t_H),然后 D 信号再发生变化,触发器都不会空翻和误翻。因此,为了可靠的工作,在从建立时间开始到保持时间为止的这段时间内,D 输入端信号不应发生变化。

2. 集成维持阻塞 D 触发器

常用的集成维持阻塞 D 触发器有 7474(T1074)、74H74(T2074)、74S74(T3074)和 74LS74(T4074),这 4 种触发器均为双 D 触发器。它们具有相同的逻辑功能,具有相同的引脚排列,其特性表如表 4.4.1 所示。

表 4.4.1　7474 等 4 种双 D 触发器特性表

CP	$\bar{S}_D$	$\bar{R}_D$	D	Q^{n+1}	备　注
$\times$	0	0	$\times$	1*	状态不定
$\times$	0	1	$\times$	1	异步置 1
$\times$	1	0	$\times$	0	异步置 0
$\uparrow$	1	1	0	0	$Q^{n+1}=D$
$\uparrow$	1	1	1	1	

【**例 4.4.1**】　已知双 D 触发器 7474 的 CP、$\bar{R}_D$、$\bar{S}_D$ 及 D 端波形,其初始状态为 $Q=1$。画出输出端 Q 的波形。

解:由于维持阻塞双 D 触发器 7474 的 $\bar{R}_D=0$、$\bar{S}_D=1$ 为异步置 0 信号,不受控于 CP,所以触发器的状态先置 0。而当 $\bar{R}_D=1$、$\bar{S}_D=1$ 时触发器的状态仅仅取决于 CP 上升沿到达时刻 D 端的状态,即 $D=1$ 则 $Q^{n+1}=1$,$D=0$ 则 $Q^{n+1}=0$,于是得到对应的输出波形,如图 4.4.2 所示。

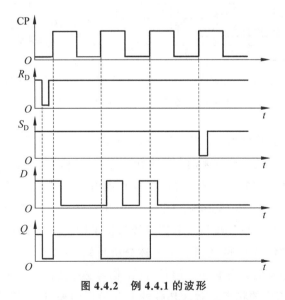

图 4.4.2　例 4.4.1 的波形

4.4.2　利用传输延迟时间的边沿触发器

1. 电路结构及工作原理

边沿触发器的另一种逻辑电路结构如图 4.4.3(a)所示,它是利用门电路的传输延迟时间实现边沿触发的。

图 4.4.3(a)是下降沿 JK 触发器,它由两部分组成:$G_1 \sim G_3$ 组成的或非门和 $G_4 \sim G_6$ 组成的与或非门一起构成基本 RS 触发器;G_7、G_8 为两个输入控制门。值得注意的是,时钟信号 CP 经 G_7、G_8 延时,所以到达 G_3、G_5 的时间比到达 G_2、G_6 的时间晚一个与非门的延迟时间,这就保证了触发器的翻转对应 CP 的下降沿。

设触发器的初始状态为 $Q=0$、$\bar{Q}=1$。下面是 $J=1$、$K=0$ 时触发器的工作过程。

(1) 当 CP=0 时,G_2 和 G_6 被封锁,G_7、G_8 输出为 1,基本 RS 触发器状态通过 G_3、G_5 得以保持,即 J、K 的变化对触发器状态无影响。

(2) 当 CP 由 0 变为 1 后,G_2 和 G_6 首先解除封锁,基本 RS 触发器状态通过 G_2、G_6 继续保持原状态不变;同时由于 $J=1$、$K=0$,经过 G_7、G_8 延迟后输出分别为 0 和 1,G_2 和 G_5 被封锁,所以对基本 RS 触发器状态没有影响。同样可分析 J、K 取其他值时,基本 RS 触发器状态仍然保持不变。

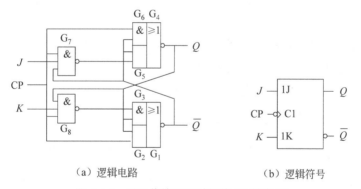

(a) 逻辑电路　　　　　　　　　　(b) 逻辑符号

图 4.4.3　利用传输延迟时间的 JK 触发器

(3) 当 CP=1 时,由于 $Q=0$ 封锁了 G_8,阻塞了 K 变化对触发器状态的影响,又因 $\bar{Q}=1$,故 G_6 输出为 1,使 Q 保持为 0,所以 CP=1 期间触发器状态不发生变化。

(4) 当 CP 由 1 变为 0 后,即下降沿到达时,G_2、G_6 立即被封锁,但由于 G_7、G_8 存在传输延迟时间,所以它们的输出不会马上改变(在 $J=1$、$K=0$ 条件下)。因此,在瞬间出现 G_5、G_6 两个与门输入端各有一个为低电平,使 $Q=1$,并经过 G_3 输出 1,使 $\bar{Q}=0$。由于 G_7 的传输延迟时间足够长,可以保证 $\bar{Q}=0$ 反馈到 G_5,所以在 G_7 输出低电平消失后触发器的 1 态仍然保持下去。

对 J、K 为不同取值时触发器的工作过程进行分析,可得到边沿 JK 触发器的特性表,如表 4.4.2 所示。

由上述分析可知,触发器的次态仅取决于下降沿前一时刻 J、K 的状态,在时钟的其他

时间 J、K 值都可以变化,因而这种触发器的抗干扰能力强。

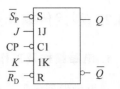

图 4.4.4　74S112 与 74LS112 的逻辑符号

2. 集成下降沿 JK 触发器

常用的集成下降沿双 JK 触发器有 74S112(T3112)和 74LS112(T4112)等。它们的逻辑功能、引脚排列及逻辑符号完全相同。图 4.4.4 是 74S112 和 74LS112 的逻辑符号,这两种触发器的功能表如表 4.4.2 所示。

表 4.4.2　74S112 和 74LS112 的功能表

CP	$\bar{S}_D$	$\bar{R}_D$	J	K	Q^n	Q^{n+1}	备 注
$\times$	0	0	$\times$	$\times$	$\times$	1*	状态不定
$\times$	0	1	$\times$	$\times$	$\times$	1	异步置1
$\times$	1	0	$\times$	$\times$	$\times$	0	异步置0
$\downarrow$	1	1	0	0	$\times$	$Q^{n+1}=Q^n$	保持
$\downarrow$	1	1	1	0	$\times$	1	置1
$\downarrow$	1	1	0	1	$\times$	0	置0
$\downarrow$	1	1	1	1	$\times$	$Q^{n+1}=\bar{Q}^n$	状态翻转

【例 4.4.2】 已知下降沿 JK 触发器的 CP、$\bar{R}_D$、$\bar{S}_D$ 及 J、K 端波形,其初始状态为 $Q=0$。画出输出端 Q 的波形。

解:由于 JK 触发器的 $\bar{R}_D=1$、$\bar{S}_D=0$ 为异步置 1 信号,不受控于 CP,所以触发器的状态先置 1。而当 $\bar{R}_D=1$、$\bar{S}_D=1$ 时触发器的状态仅仅取决于 CP 下降沿到达时刻 J、K 端的状态,于是得到对应的输出波形,如图 4.4.5 所示。

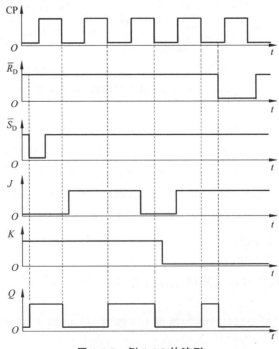

图 4.4.5　例 4.4.2 的波形

4.4.3 CMOS 主从结构的边沿触发器

1. 电路结构及工作原理

图 4.4.6 是利用传输门构成的主从结构的边沿触发器。它由两个 D 型触发器构成，传输门 TG_1、TG_2 和反相器 G_1、G_2 构成主触发器；传输门 TG_3、TG_4 和反相器 G_3、G_4 构成从触发器。

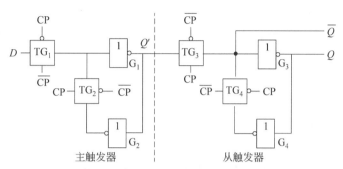

图 4.4.6 CMOS 主从边沿 D 触发器

当 $CP=0$、$\overline{CP}=1$ 时，TG_1 导通，TG_2 截止，主触发器接收 D 端的输入信号，使 $Q'=\overline{D}$。这时，由于 TG_2 截止，未形成反馈连接，Q' 随 D 的变化而变化。同时，TG_3 截止，TG_4 导通，所以从触发器和主触发器断开，Q 状态保持不变。

当 CP 上升沿到达时，即 $CP=1$、$\overline{CP}=0$，TG_1 截止，TG_2 导通，Q' 不再随 D 的变化而变化，且 TG_2 形成反馈连接，使主触发器状态被保存。同时，TG_3 导通，TG_4 截止，主触发器状态通过 TG_3 和 G_3 送到输出端，使 $Q=\overline{Q'}=D$。

由上面的分析可知：$CP=0$ 时，$Q'=\overline{D}$，当 CP 上升沿到达时，有 $Q^{n+1}=\overline{Q'}^n=D^n$。在 $CP=1$ 期间，因主触发器封锁，故不会产生空翻。CMOS 主从 D 触发器逻辑功能、特性表及特性方程与维持阻塞 D 触发器相同。

为了实现异步置位、复位功能，需要引入 S_D 和 R_D 信号。将图 4.4.6 的 4 个反相器改成或非门，形成图 4.4.7(a)所示的逻辑电路，其逻辑符号如图 4.4.7(b)所示。双 D 触发器 CD4013(CC4013)就是这样的触发器，其功能表如表 4.4.3 所示。

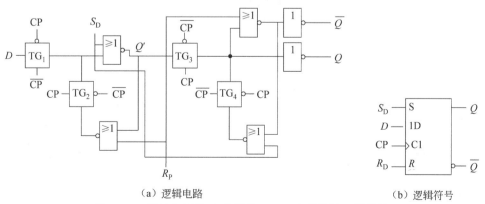

（a）逻辑电路　　　　　　　　　　　（b）逻辑符号

图 4.4.7 带异步置位、复位端的 CMOS 主从边沿 D 触发器

表 4.4.3　CC4013 触发器功能表

CP	S	R	D	Q^{n+1}	功　能
×	1	1	×	1*	状态不定
×	1	0	×	1	异步置 1
×	0	1	×	0	异步置 0
↑	0	0	0	0	同步置 0
↑	0	0	1	1	同步置 1

2. CMOS 主从 JK 边沿触发器

　　CMOS 主从 JK 边沿触发器是在 CMOS 主从 JK 触发器基础上增加转换电路而构成。由于主从 JK 触发器特性方程为 $Q^{n+1} = J\overline{Q}^n + \overline{K}Q^n$，故 $D = J\overline{Q}^n + \overline{K}Q^n = \overline{\overline{J+Q}+KQ}$，其逻辑电路如图 4.4.8 所示。

　　双 JK 触发器 CD4027 以上述电路为主干构成，它的逻辑符号如图 4.4.9 所示，其特性表如表 4.4.4 所示，其特性方程与主从 JK 触发器相同。

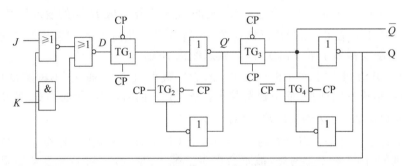

图 4.4.8　CMOS 主从 JK 边沿触发器逻辑电路

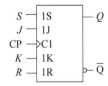

图 4.4.9　CD4027 逻辑符号

表 4.4.4　CD4027 的特性表

CP	S	R	J	K	Q^{n+1}	功　能
×	1	1	×	×	1*	状态不定
×	1	0	×	×	1	异步置 1
×	0	1	×	×	0	异步置 0

CP	S	R	J	K	Q^{n+1}	功　能
↑	0	0	0	0	Q^n	保持
↑	0	0	1	0	1	同步置 1
↑	0	0	0	1	0	同步置 0
↑	0	0	1	1	$\overline{Q^n}$	状态翻转

3. 集成触发器简介

目前,市场上有许多种集成触发器可供选用,表 4.4.5 列出了常用的集成触发器产品。其中既有 TTL 电路产品,也有 CMOS 电路产品。集成 CMOS 触发器具有功耗低、电源电压适用范围大、抗干扰能力强的特点。

表 4.4.5　常用的集成触发器产品

产品型号	名称及功能
74LS70,74HCT70	上升沿 JK 触发器
74LS73,74ALS73,74HCT73	带复位下降沿双 JK 触发器
74LS76,74ALS76,74HC76,74LS112 74ALS112,74HC112,74HCT112	带置位、复位下降沿双 JK 触发器
CC4027,CC4027B,CD4027	带置位、复位双主从 JK 触发器
74LS74A,74HC74,74HCT74	带置位、复位上降沿双 D 触发器
CC4013B,CC4013,CC14013	双 D 触发器
74LS78A,74LS109A	带置位端双 JK 触发器
74104	带置位、复位与门输入的 JK 触发器
74112A,74LS113A,74LS114A	下降沿双 JK 触发器
74LS378	带使能输入端的六 D 触发器
74LS374	带三态输出的八 D 触发器

4.5　触发器的主要参数

触发器的主要参数包括建立时间、保持时间、传输延迟时间和最高时钟频率。

1. 建立时间

建立时间是指输入信号应先于 CP 信号达到的时间,用 t_{set} 表示。对于维持阻塞双 D 触发器 7474 而言,输入信号 D 的建立必须先于 CP 上升沿 $2t_{pd}$,手册中给出的参数是

$t_{\text{set}} \leqslant 20\text{ns}$。

2. 保持时间

为保证触发器可靠翻转,输入信号在 CP 触发沿到达后需要再保持一段时间,这段时间称为保持时间,用 t_{h} 表示。对于维持阻塞双 D 触发器 7474 而言,在 CP 上升沿到达后,输入信号 D 仍需保持 t_{pd} 的时间以等待维持阻塞作用的建立。

3. 传输延迟时间

对于有时钟信号的触发器,从触发信号 CP 上升沿或下降沿开始,触发器新状态稳定地建立起来的这段时间,称为传输延迟时间。其中,从 CP 下降沿到上升沿的传输延迟时间用 t_{PLH} 表示,从 CP 上升沿到下降沿的传输延迟时间用 t_{PHL} 表示。对于 7474 而言,t_{PLH} 和 t_{PHL} 分别为

$$t_{\text{PLH}} = 2t_{\text{pd}}$$
$$t_{\text{PHL}} = 3t_{\text{pd}}$$

4. 最高时钟频率

为保证触发器可靠翻转,时钟信号 CP 的高、低电平持续时间要大于触发器的传输延迟时间。因此要求时钟信号 CP 有一个最高频率,用 $f_{\text{C(max)}}$ 表示。

例如,同步 RS 触发器,CP 高电平保持时间要大于 t_{PHL},而为保证下一个 CP 上升沿到达之前触发器的输出得以稳定建立,CP 的低电平保持时间应大于 t_{set} 和一个门的延迟时间。因此

$$f_{\text{C(max)}} = \frac{1}{t_{\text{PHL}} + t_{\text{set}} + t_{\text{pd}}}$$

4.6 不同类型触发器之间的转换

1. JK 触发器转换成 D 触发器

JK 触发器的特性方程为

$$Q^{n+1} = J\bar{Q}^n + \bar{K}Q^n$$

若令 $J = D, K = \bar{D}$,则

$$Q^{n+1} = J\bar{Q}^n + \bar{K}Q^n = D\bar{Q}^n + DQ^n = D$$

即得到 D 触发器的特性方程。

因此,只要使 $J = D$,输入端 D 经反相器输出后接到 K 输入端,就构成 D 触发器,转换电路如图 4.6.1 所示。

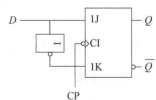

图 4.6.1 JK 触发器转换成 D 触发器

2. D 型触发器转换成 JK 触发器

由 D 触发器的特性方程 $Q^{n+1} = D$ 和 JK 触发器的特

性方程 $Q^{n+1} = J\bar{Q}^n + \bar{K}Q^n$ 知,若用 D 触发器构成 JK 触发器,必须使

$$D = J\bar{Q}^n + \bar{K}Q^n$$

将上式写成与非-与非式得

$$D = \overline{\overline{J\bar{Q}^n} \cdot \overline{\bar{K}Q^n}}$$

　　用给定的 D 触发器和与非门构成的 JK 触发器如图 4.6.2 所示。转换后的 JK 触发器的翻转与给定的 D 触发器一致。

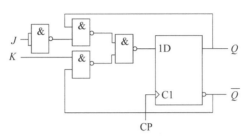

图 4.6.2　D 触发器转换成 JK 触发器

3. T 触发器

　　在某些场合下,需要这样一种逻辑功能的触发器:当输入信号 $T=1$ 时,每来一个 CP 信号,触发器的状态就翻转一次;而当 $T=0$ 时,CP 信号到达后触发器状态保持不变。这种触发器称为 T 触发器,它的特性表如表 4.6.1 所示。

表 4.6.1　T 触发器特性表

T	Q^n	Q^{n+1}
0	0	0
0	1	1
1	0	1
1	1	0

　　根据特性表写出 T 触发器的特性方程:

$$Q^{n+1} = T\bar{Q}^n + \bar{T}Q^n$$

　　T 触发器的状态转换图如图 4.6.3 所示。若将 JK 触发器的两个输入端接在一起,即 $J=K=T$,就构成了 T 触发器,如图 4.6.4 所示。

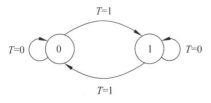

图 4.6.3　T 触发器状态转换图

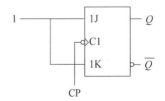

图 4.6.4　JK 触发器转换成 T 触发器

T 触发器也可以用 D 触发器构成,只要将输入信号 T 和 Q^n 进行异或运算即可,其逻辑电路如图 4.6.5 所示。

4. T′ 触发器

T′ 触发器是 T 触发器的一个特例,只要使输入端 $T=1$,即构成 T′ 触发器,如图 4.6.6 所示。其特性方程为

$$Q^{n+1} = \bar{Q}^n$$

即每来一个 CP 信号,触发器的状态就翻转一次,因此这种触发器也叫作计数触发器。

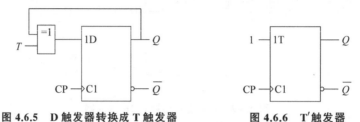

图 4.6.5　D 触发器转换成 T 触发器　　　　图 4.6.6　T′ 触发器

4.7　用 VHDL 描述 D 锁存器和触发器

本节给出常见的 D 锁存器和两种触发器(D 触发器、JK 触发器)的 VHDL 描述。

1. D 锁存器

D 锁存器有两个输入信号,一个是时钟,另一个是输入数据 D,有一个输出引脚 Q,该锁存器在时钟信号的上升沿将输入数据锁存,直到下一个时钟的上升沿才能改变。其 VHDL 描述如下:

```
LIBRARY IEEE;
USE IEEE.STD_LOGIC_1164.ALL;
USE IEEE.STD_LOGIC_ARITH.ALL;
USE IEEE.STD_LOGIC_UNSIGNED.ALL;
ENTITY dff1 IS
    PORT(clk,d:IN STD_LOGIC;
        q:OUT STD_LOGIC);
END dff1;
ARCHITECTURE rtl OF dff1 IS
BEGIN
    PROCESS(clk)
        BEGIN
            IF((clk'event) AND (clk='1')) THEN
                q<=d;
            END IF;
    END PROCESS;
```

```
END rtl;
```

2. 带异步置位、复位的 D 触发器

带异步置位、复位的 D 触发器是数字电路中常用的元件。它比 D 锁存器多了两个输入信号：一个是异步置位信号 $\overline{S}_D$，低电平有效；另一个是异步清零信号 $\overline{R}_D$，低电平有效。其 VHDL 描述如下：

```
LIBRARY IEEE;
USE IEEE.STD_LOGIC_1164.ALL;
USE IEEE.STD_LOGIC_ARITH.ALL;
USE IEEE.STD_LOGIC_UNSIGNED.ALL;
ENTITY dff2 IS
    PORT(clk,rd,sd,d:IN STD_LOGIC;
         q,notq:OUT STD_LOGIC);
END dff2;
ARCHITECTURE rtl OF dff2 IS
BEGIN
    PROCESS(clk,rd,sd)
        BEGIN
            IF(rd='0') THEN
                q<='0';
                notq<='1';
            ELSIF(sd='0') THEN
                q<='1';
                notq<='0';
            ELSE
                IF((clk'event) AND (clk='1')) THEN
                    q<=d;
                    notq<=not d;
                END IF;
            END IF;
        END PROCESS;
END rtl;
```

图 4.7.1 是以上程序的仿真结果。

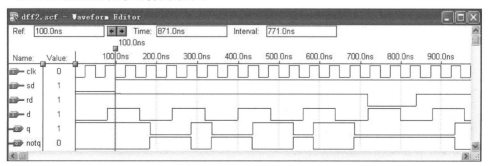

图 4.7.1　带异步置位、复位的 D 触发器仿真结果

3. 带异步置位、复位的 JK 触发器

在 JK 触发器中,J、K 信号分别扮演置位、复位信号角色。按照有无复位、置位信号,常见的 JK 触发器也有多种类型。这里仅给出带异步置位、复位的 JK 触发器,其 VHDL 描述如下:

```
LIBRARY IEEE;
USE IEEE.STD_LOGIC_1164.ALL;
USE IEEE.STD_LOGIC_ARITH.ALL;
USE IEEE.STD_LOGIC_UNSIGNED.ALL;
ENTITY dff_jk IS
PORT(clk,rd,sd,j,k:IN STD_LOGIC;
     q,notq:OUT STD_LOGIC);
END dff_jk;
ARCHITECTURE rtl OF dff_jk IS
signal q_tmp:STD_LOGIC;
BEGIN
    PROCESS(clk,rd,sd)
        BEGIN
            IF rd='0' THEN
                q_tmp<='0';
            ELSIF sd='0' THEN
                q_tmp<='1';
            ELSIF((clk'event) AND (clk='1')) THEN
                    IF (j='0') AND (k='0') THEN
                        q_tmp<=q_tmp;
                    ELSIF (j='0') AND (k='1') THEN
                        q_tmp<='0';
                    ELSIF (j='1') AND (k='0') THEN
                        q_tmp<='1';
                    ELSIF (j='1') AND (k='1') THEN
                        q_tmp<=NOT q_tmp;
                    ELSE
                        q_tmp<='X';
                    END IF;
            END IF;
    END PROCESS;
        q<=q_tmp;
        notq<=NOT q_tmp;
END rtl;
```

图 4.7.2 是以上程序的仿真结果。

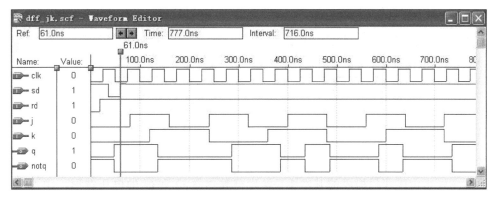

图 4.7.2 带异步置位、复位的 JK 触发器仿真结果

4.8 本章小结

本章所讲述的触发器是构成各种复杂数字系统的一种基本逻辑单元。触发器是一种能存储一位二进制数据 0 和 1 的电路,它有一对互补输出端,因此,又把触发器叫作半导体存储单元或记忆单元。

本章主要介绍了 RS 触发器、锁存器、JK 触发器、D 触发器、T 触发器和 T′触发器等几种逻辑电路。这些逻辑电路可以用特性表、特性方程、状态转换图以及 VHDL 来描述。

此外,从电路结构形式上又可以把触发器分为基本 RS 触发器、同步 RS 触发器、主从 RS 触发器、维持阻塞触发器、利用 CMOS 传输门的边沿触发器以及利用传输延迟时间的边沿触发器等几种类型。介绍这些电路结构的主要目的,在于说明电路结构不同而带来的不同动作特点。只有了解这些触发器不同的动作特点,才能正确地使用这些触发器。

要特别指出的是,触发器的电路结构和逻辑功能是两个不同的概念,同一种逻辑功能的触发器可以用不同的电路结构实现。同一种电路结构的触发器可以完成不同的逻辑功能。因此,当选用触发器时,不仅要知道它的逻辑功能,还必须知道它的电路结构。只有这样,才能把握住它的动作特点,作出正确的设计。

为了保证触发器在动态工作时能可靠地翻转,输入信号、时钟信号以及它们在时间上的相互配合应满足一定的要求。这些要求表现在对建立时间、保持时间、时钟信号的宽度和最高工作频率的限制上。在具体选用某种型号的触发器时,可以从手册上查到这些动态参数,以检验其是否符合设计要求。

4.9 习题

4.1 画出由与非门构成的基本 RS 触发器输出端 Q 和 $\overline{Q}$ 的电压波形。输入端 $\overline{S}_\mathrm{D}$ 和 $\overline{R}_\mathrm{D}$ 的电压波形分别如图 4.9.1(a)、(b)所示。

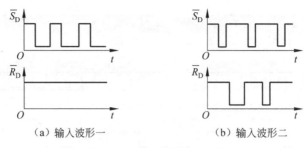

（a）输入波形一　　　　　　　（b）输入波形二

图 4.9.1　题 4.1 的输入波形

4.2　画出由或非门构成的基本 RS 触发器输出端 Q 和 $\overline{Q}$ 的电压波形。输入端 S_D 和 R_D 的电压波形如图 4.9.2 所示。

4.3　分析图 4.9.3 所示电路的逻辑功能，列出真值表，写出逻辑函数。

图 4.9.2　题 4.2 的输入波形　　　　　**图 4.9.3　题 4.1 的电路**

4.4　在如图 4.9.4(a)所示的逻辑电路中，若 CP、S 和 R 端的电压波形如图 4.9.4(b) 所示，画出 Q 和 $\overline{Q}$ 端的输出波形。设触发器的初态为 0。

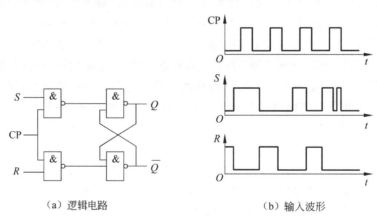

（a）逻辑电路　　　　　　　　　（b）输入波形

图 4.9.4　题 4.4 的逻辑电路和输入波形

4.5　图 4.9.5(a)为一个防抖动输出的开关电路。当拨动开关 S 时，开关触点接通瞬间会发生颤动，$\overline{S}_D$ 和 $\overline{R}_D$ 的电压波形如图 4.9.5(b)所示。画出输出端 Q 和 $\overline{Q}$ 的电压波形。

4.6　图 4.9.6(a)是主从结构 RS 触发器的逻辑电路，其各输入端电压波形如图 4.9.6 (b)所示。画出输出端 Q 和 $\overline{Q}$ 的电压波形。设触发器的初态为 $Q=0$。

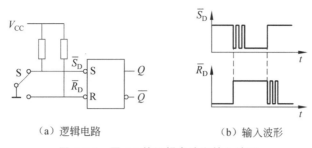

（a）逻辑电路　　　　　　　　（b）输入波形

图 4.9.5　题 4.5 的逻辑电路和输入波形

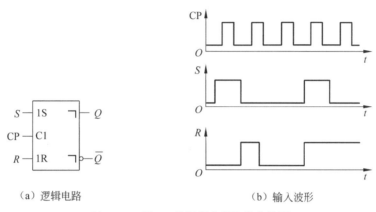

（a）逻辑电路　　　　　　　　（b）输入波形

图 4.9.6　题 4.6 的逻辑电路和输入波形

4.7　主从 JK 触发器的逻辑电路如图 4.9.7(a)所示，其输入端 CP、J 和 K 的电压波形如图 4.9.7(b)所示。画出输出端 Q 和 $\overline{Q}$ 的电压波形。设触发器的初态为 $Q=0$。

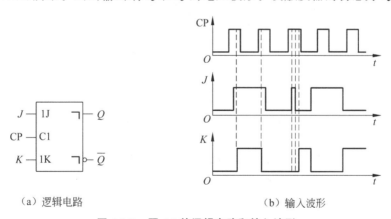

（a）逻辑电路　　　　　　　　（b）输入波形

图 4.9.7　题 4.7 的逻辑电路和输入波形

4.8　主从 JK 触发器的逻辑电路如图 4.9.8 所示，其输入端 CP、$\overline{S}_D$、$\overline{R}_D$、J 和 K 的电压波形如图 4.9.8(b)所示。画出输出端 Q 和 $\overline{Q}$ 的电压波形。

4.9　维持阻塞 D 触发器的逻辑电路如图 4.9.9 所示，其输入端 CP、S_D、R_D、D 的电压波形如图 4.9.9(b)所示。画出输出端 Q 和 $\overline{Q}$ 的电压波形。

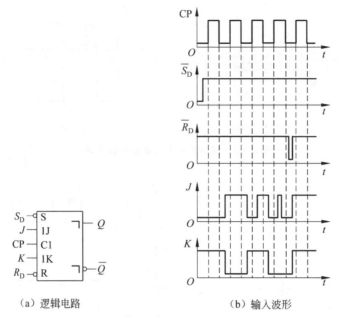

（a）逻辑电路 　　　　　（b）输入波形

图 4.9.8　题 4.8 的逻辑电路和输入波形

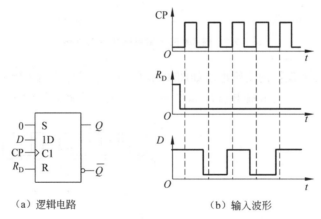

（a）逻辑电路 　　　　　（b）输入波形

图 4.9.9　题 4.9 的逻辑电路和输入波形

4.10　图 4.9.10(a)是上升沿 JK 触发器 CD4027 的逻辑电路,已知 CP、R_D、J、K 的电压波形如图 4.9.10(b)所示。画出输出端 Q 和 $\overline{Q}$ 的电压波形。

4.11　写出图 4.9.11 中各触发器的次态输出方程式。

4.12　假设图 4.9.12(a)中各触发器的初始状态均为 0,CP 的电压波形如图 4.9.12 (b)所示。画出每一个触发器的 Q 端波形。

4.13　用 T 触发器和门电路构成 D 触发器和 JK 触发器。

4.14　分别用 JK 触发器和 D 触发器外加逻辑门电路构成实现特性方程 $Q^{n+1}=A\oplus B\oplus Q^n$ 的触发器。

4.15　在如图 4.9.13(a)所示的主从 JK 触发器逻辑电路中,CP 和 A 的电压波形如

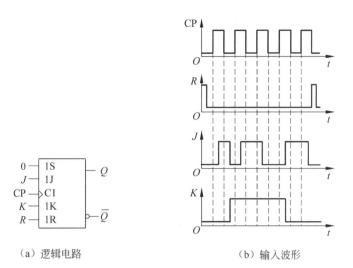

（a）逻辑电路　　　　　　　　　　（b）输入波形

图 4.9.10　题 4.10 的逻辑电路和输入波形

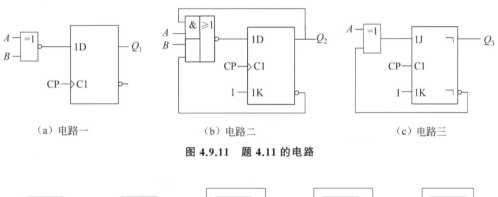

（a）电路一　　　　　　　（b）电路二　　　　　　　（c）电路三

图 4.9.11　题 4.11 的电路

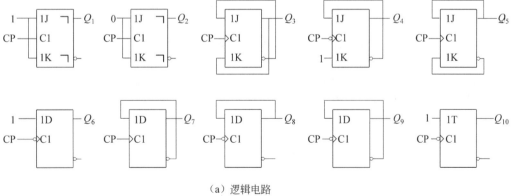

（a）逻辑电路

（b）输入波形

图 4.9.12　题 4.12 的逻辑电路和输入波形

图 4.9.13(b)所示。画出 Q 端对应的波形。设触发器的初始状态为 $Q=0$。

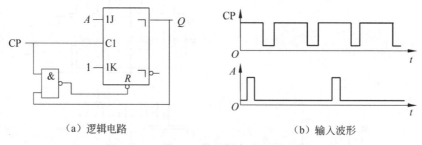

（a）逻辑电路　　　　　　　（b）输入波形

图 4.9.13　题 4.15 的逻辑电路和输入波形

4.16　在如图 4.9.14(a)所示的触发器电路中，已知 A 和 B 的波形如图 4.9.14(b)所示。画出对应的 Q_1、Q_2 的波形。设触发器的初始状态为 $Q=0$。

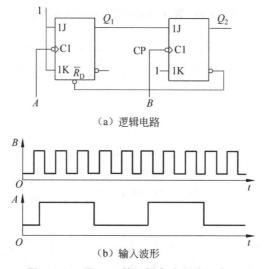

（a）逻辑电路

（b）输入波形

图 4.9.14　题 4.16 的逻辑电路和输入波形

4.17　在如图 4.9.15(a)所示的逻辑电路中，FF_1 是 JK 触发器，FF_2 是 D 触发器，初始状态为 0，CP 的电压波形如图 4.9.15(b)所示。画出在 CP 作用下 Q_1、Q_2 的波形。

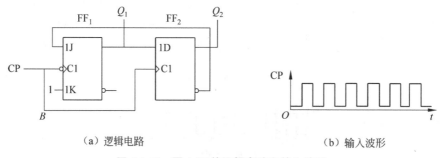

（a）逻辑电路　　　　　　　（b）输入波形

图 4.9.15　题 4.17 的逻辑电路和输入波形

4.18　图 4.9.16 是用 CMOS 边沿触发器和或非门组成的脉冲分配电路。画出在一系列 CP 脉冲作用下 Q_1、Q_2 和 Z 端对应的输出电压波形。设触发器的初始状态为 $Q=0$。

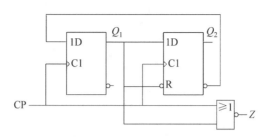

图 4.9.16　题 4.18 的逻辑电路

4.19　图 4.9.17(a) 是由集成触发器 CT4074 组成的电路，CP、D 的电压波形如图 4.9.17(b) 所示。画出在 CP、D 信号的作用下 Q_1、Q_2 对应的输出电压波形。设触发器的初始状态为 $Q=0$。

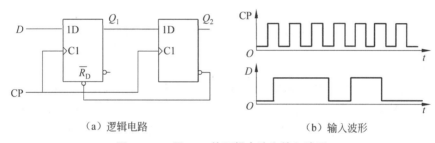

（a）逻辑电路　　　　　　　　　　（b）输入波形

图 4.9.17　题 4.19 的逻辑电路和输入波形

4.20　维持阻塞 D 触发器和边沿 JK 触发器组成的电路如图 4.9.18(a) 所示，CP、D 的电压波形如图 4.9.18(b) 所示。画出在 CP、D 信号的作用下 Q_1、Q_2 对应的输出电压波形。设触发器的初始状态为 $Q=0$。

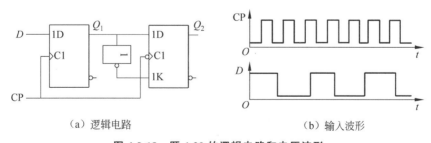

（a）逻辑电路　　　　　　　　　　（b）输入波形

图 4.9.18　题 4.20 的逻辑电路和电压波形

4.21　画出如图 4.9.19(a) 所示的电路中在 CP、$\overline{R}_D$ 信号作用下 Q_1、Q_2 和 Q_3 端的输出电压波形，并说明 Q_1、Q_2 和 Q_3 输出信号的周期和 CP 信号周期之间的关系。CP、$\overline{R}_D$ 的电压波形如图 4.9.19(b) 所示。

4.22　用 VHDL 描述将 JK 触发器转换成 T 触发器、T' 触发器、D 触发器、RS 触发

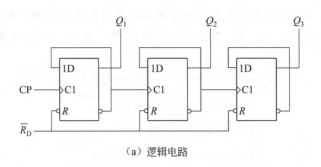

（a）逻辑电路

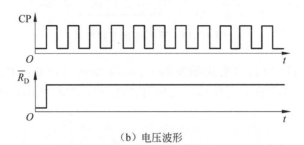

（b）电压波形

图 4.9.19　题 4.21 的逻辑电路和电压波形

器,并画出仿真结果。

4.23　用 VHDL 描述将 D 触发器转换成 T 触发器、T′触发器,并画出仿真结果。

4.24　用触发器和门电路设计一个三人抢答器。每个抢答人控制一个按钮开关,抢先按开关能使自己控制的指示灯亮,同时封锁另外两人的动作,即另外两人随后按开关就不再起作用。主持人按主持人开关可使指示灯熄灭并解除封锁。

第 5 章

时序逻辑电路

时序逻辑电路是数字系统的重要内容。本章首先讲述时序逻辑电路功能和电路结构特点,并详细介绍时序逻辑电路的分析方法和步骤;然后介绍寄存器、计数器、序列信号发生器等常用时序逻辑电路的工作原理和使用方法;最后讲述时序逻辑电路的设计方法以及时序逻辑电路的 VHDL 描述。

5.1 概　　述

1. 时序逻辑电路的特点

数字逻辑电路分为两大类:一类是组合逻辑电路,其特点是任何时刻电路的输出仅取决于当时的输入信号,这种电路已在第 3 章介绍过;另一类是时序逻辑电路,其特点是任一时刻的输出信号不仅取决于该时刻的输入信号,而且还取决于电路原来的状态,或者与以前的输入信号也有关。换句话说,时序逻辑电路具有记忆性。

2. 时序逻辑电路的一般结构

时序逻辑电路一般由组合电路和存储电路两部分构成,如图 5.1.1 所示。存储单元由触发器组成,是记忆元件,是必不可少的,其输出必须反馈到组合电路的输入端,与输入信号一起决定组合电路的输出。

图 5.1.1 是时序逻辑电路的一般结构。其中的 $X(x_1 \sim x_n)$ 为时序逻辑电路的外输入变量,$Y(y_1 \sim y_m)$ 为时序逻辑电路的外输出变量,$W(w_1 \sim w_k)$ 为存储电路的输入变量,$Q(q_1 \sim q_l)$ 为存储电路的输出变量(也称为状态变量)。这些信号之间的逻辑关系可以用 3 个方程组来描述。

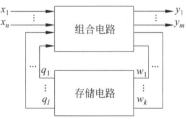

图 5.1.1　时序逻辑电路的一般结构

(1) 驱动方程(或称激励方程)。它表示存储电路输入信号与时序电路外输入信号和电路状态之间的逻辑关系,它的一般表达形式为

$$
\begin{cases}
w_1 = g_1(x_1, x_2, \cdots x_n, q_1, q_2, \cdots, q_l) \\
w_2 = g_2(x_1, x_2, \cdots x_n, q_1, q_2, \cdots, q_l) \\
\vdots \\
w_k = g_k(x_1, x_2, \cdots x_n, q_1, q_2, \cdots, q_l)
\end{cases} \tag{5.1.1}
$$

（2）状态方程。它表示电路下一时刻 $n+1$ 对应的状态（称为次态或新状态）和现在时刻 n 对应的状态（称为现态或原状态）及存储电路输入信号之间的逻辑关系,它的一般表达形式为

$$
\begin{cases}
q_1^{n+1} = h_1(w_1, w_2, \cdots w_k, q_1^n, q_2^n, \cdots, q_l^n) \\
q_2^{n+1} = h_2(w_1, w_2, \cdots w_k, q_1^n, q_2^n, \cdots, q_l^n) \\
\vdots \\
q_l^{n+1} = h_l(w_1, w_2, \cdots w_k, q_1^n, q_2^n, \cdots, q_l^n)
\end{cases} \tag{5.1.2}
$$

（3）输出方程。它表示时序逻辑电路外输出信号与外输入信号及电路状态之间的逻辑关系,它的一般表达形式为

$$
\begin{cases}
y_1 = f_1(x_1, x_2, \cdots x_n, q_1^n, q_2^n, \cdots, q_l^n) \\
y_2 = f_2(x_1, x_2, \cdots x_n, q_1^n, q_2^n, \cdots, q_l^n) \\
\vdots \\
y_m = f_m(x_1, x_2, \cdots x_n, q_1^n, q_2^n, \cdots, q_l^n)
\end{cases} \tag{5.1.3}
$$

如果将式(5.1.1)、式(5.1.2)和式(5.1.3)写成向量函数的形式,则得到

$$
\begin{cases}
\boldsymbol{W} = \boldsymbol{G}(\boldsymbol{X}, \boldsymbol{Q}) \\
\boldsymbol{Q}^{n+1} = \boldsymbol{H}(\boldsymbol{W}, \boldsymbol{Q}^n) \\
\boldsymbol{Y} = \boldsymbol{F}(\boldsymbol{X}, \boldsymbol{Q}^n)
\end{cases} \tag{5.1.4}
$$

时序逻辑电路的分析方法与组合逻辑电路有所不同。在组合逻辑电路中用真值表描述一个组合逻辑问题,而在时序逻辑电路中用状态转换表、状态转换图和时序图来描述时序逻辑问题。

3. 时序逻辑电路的分类

时序逻辑电路的分类方法有很多。

时序逻辑电路按照电路的工作方式不同分为同步时序逻辑电路和异步时序逻辑电路。

在同步时序逻辑电路中,所有触发器状态的变化都是在同一时钟信号下同时发生的,由于时钟脉冲在这种电路中起到同步作用,故这种电路称为同步时序逻辑电路。而异步时序逻辑电路中的各触发器没有统一的时钟脉冲,各触发器的状态变化不是同时发生的。

时序逻辑电路按照输出信号的特点分为米利(Mealy)型和穆尔(Moore)型两种。在米利型时序逻辑电路中,输出信号不仅取决于存储单元电路的状态,而且与输入信号有关;在穆尔型时序逻辑电路中,输出信号仅仅取决于存储单元电路的状态。

时序逻辑电路按照逻辑功能又可分为寄存器、计数器和时序信号发生器等。

5.2　时序逻辑电路的分析方法

5.2.1　同步时序逻辑电路的分析方法

同步时序逻辑电路分析的任务是：对于给定逻辑图,分析其在一系列输入信号和时钟脉冲的作用下电路的状态和输出信号的变化规律,进而理解整个电路的功能。

在 5.1 节已经讲过,时序逻辑电路的逻辑功能可以用驱动方程、状态方程和输出方程全面描述,因此只要列出这 3 个方程即可求得任何给定输入变量和电路状态下的输出和次态。但是这 3 个方程还不能获得电路逻辑功能的完整印象,这主要由于电路每一时刻的状态和电路的历史状态有关。

描述时序逻辑电路状态转换全部过程的方法有状态转换表(也称状态转换真值表)、状态转换图和时序图等。状态转换表是表示时序电路的输出变量 Y、次态 Q^{n+1} 与输入变量 X、现态 Q^n 之间的逻辑关系真值表,如表 5.2.1 和表 5.2.2 所示。状态转换图是表示电路状态转换规律及相应输入、输出的有向几何图形,如图 5.2.4 所示。图中的圆圈表示电路的各个状态,箭头表示状态转换方向,箭头旁边标注状态转换前输入变量取值和输出值。而时序图是表示在时钟脉冲序列的作用下电路的状态和输入、输出信号随时间变化的波形图,如图 5.2.5 所示。

由于上述 3 种方法和 5.1 节介绍的 3 个方程一样,都可以描述同一个时序逻辑电路的逻辑功能,所以它们之间可以互相转换。

一般来说,同步时序逻辑电路的分析步骤如下:

(1) 从给定的逻辑图写出每个触发器的驱动方程(即触发器输入信号的逻辑式)。

(2) 将得到的驱动方程代入触发器的特性方程,得到时序逻辑电路的状态方程,再写出电路的输出方程。

(3) 列出状态转换表。已知电路的外输入信号和电路的初始状态,根据得到的状态方程和输出方程,求出各触发器的次态和电路的输出信号。这里状态转换表也可以用卡诺图的形式来表示。

(4) 根据状态转换表画出状态转换图。

(5) 根据状态转换表画出时序图。

同步时序逻辑电路的分析步骤可用图 5.2.1 表示。

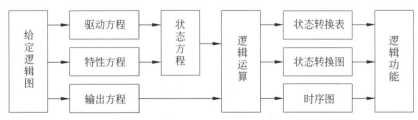

图 5.2.1　同步时序逻辑电路分析步骤

【例 5.2.1】 分析图 5.2.2 给出的时序逻辑电路,说明该电路实现的功能。

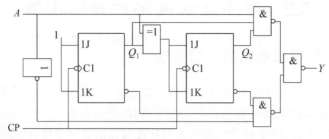

图 5.2.2   例 5.2.1 电路

解:(1)触发器的驱动方程为

$$\begin{cases} J_1 = K_1 = 1 \\ J_2 = K_2 = A \oplus Q_1 \end{cases} \tag{5.2.1}$$

(2)将得到的驱动方程代入 JK 触发器的特性方程 $Q^{n+1} = J\bar{Q} + \bar{K}Q$,得到时序逻辑电路的状态方程:

$$\begin{cases} Q_1^{n+1} = \bar{Q}_1 \\ Q_2^{n+1} = A \oplus Q_1 \oplus Q_2 \end{cases} \tag{5.2.2}$$

根据逻辑图写出输出方程:

$$Y = AQ_1Q_2 + \bar{A}\bar{Q}_1\bar{Q}_2 \tag{5.2.3}$$

(3)由图 5.2.2 可知,该电路有一个输入变量 A,因此该电路的次态 Q^{n+1} 和输出 Y 取决于该电路的初态 Q_2^n、Q_1^n 和输入变量 A,它属于米利型时序逻辑电路。设该电路的初态为 $Q_2^n = 0$、$Q_1^n = 0$,输入变量分别为 $A = 0$ 和 $A = 1$,代入状态方程和输出方程,经过递推得到该电路的状态转换表,如表 5.2.1 所示。

表 5.2.1   例 5.2.1 电路的状态转换表

A	Q_2^n	Q_1^n	Q_2^{n+1}	Q_1^{n+1}	Y
0	0	0	0	1	1
0	0	1	1	0	0
0	1	0	1	1	0
0	1	1	0	0	0
1	0	0	1	1	0
1	1	1	1	0	1
1	1	0	0	1	0
1	0	1	0	0	0

最后还要检查状态转换表是否包含输入变量的所有组合,从表 5.2.1 中发现 A、Q_2^n、Q_1^n 共有 8 种状态组合,包含所有输入情况,因此该电路加电后可以自启动,也称具有自启动功能的时序逻辑电路。

有时也将时序逻辑电路的状态转换表列成表 5.2.2 的形式。这种状态转换表给出了在一系列时钟信号作用下电路状态的顺序，比较直观。

表 5.2.2　例 5.2.1 电路的状态转换表的另一种形式

A	CP 的顺序	Q_2	Q_1	Y
0	0	0	0	1
0	1	0	1	0
0	2	1	0	0
0	3	1	1	0
1	0	0	0	0
1	1	1	1	1
1	2	1	0	0
1	3	0	1	0

从表 5.2.2 中很容易看出，$A=0$ 时作二进制加法计数，$A=1$ 时作二进制减法计数。将状态转换表转换成卡诺图，如图 5.2.3 所示，卡诺图中方格的内容表示电路的次态和输出，即 Q_2^{n+1}、Q_1^{n+1} 和 Y。

（4）为了更直观地显示时序逻辑电路的逻辑功能，把状态转换表的内容表示成状态转换图的形式，如图 5.2.4 所示。其中，圆圈中的两个数字分别表示 Q_2 和 Q_1，弧箭线上的两个数字分别表示 A 和 Y。

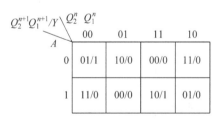

图 5.2.3　例 5.2.1 的卡诺图

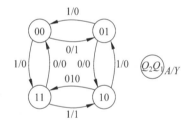

图 5.2.4　例 5.2.1 的状态转换图

（5）为了便于用实验观察方法检查时序电路的逻辑功能，还可以将状态转换表的内容画成时序图。在时钟脉冲序列作用下，例 5.2.1 电路的时序图如图 5.2.5 所示。

5.2.2　异步时序逻辑电路的分析方法

在异步时序逻辑电路中，所有触发器的时钟信号并没有完全连接在一起，每次电路状态发生转换时，并不是所有触发器状态变化都与时钟脉冲同步。只有那些有时钟信号的触发器才需要用特性方程去计算次态，而没有时钟信号的触发器将保持原状态不变，因此异步时序逻辑电路的分析方法与同步时序逻辑电路不同，下面举例说明。

【例 5.2.2】　异步时序逻辑电路如图 5.2.6 所示，分析它的逻辑功能，画出电路的状态转换图和时序图。触发器和门电路均为 TTL 电路。

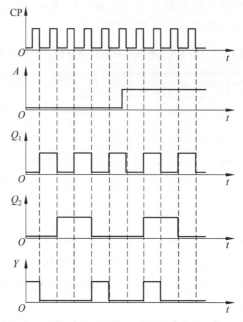

图 5.2.5   例 5.2.1 的时序图

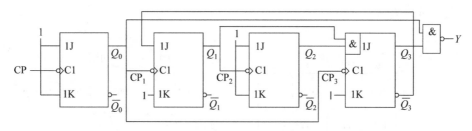

图 5.2.6   例 5.2.2 电路

解：(1) 根据逻辑电路写出驱动方程：

$$\begin{cases} J_0 = 1, & K_0 = 1 \\ J_1 = \bar{Q}_3, & K_1 = 1 \\ J_2 = 1, & K_2 = 1 \\ J_3 = Q_2 Q_1 & K_3 = 1 \end{cases} \tag{5.2.4}$$

(2) 将式(5.2.4)代入 JK 触发器的特性方程 $Q^{n+1} = J\bar{Q} + \bar{K}Q$ 后得到电路的状态方程：

$$\begin{cases} Q_0^{n+1} = \bar{Q}_0, & \text{CP 下降沿时} \\ Q_1^{n+1} = \bar{Q}_3 \bar{Q}_1, & Q_0(\text{CP}_1 = \text{CP}_3) \text{ 由 1 到 0 时} \\ Q_2^{n+1} = \bar{Q}_2, & Q_1(\text{CP}_2) \text{ 由 1 到 0 时} \\ Q_3^{n+1} = Q_2 Q_1 \bar{Q}_3, & Q_0(\text{CP}_1 = \text{CP}_3) \text{ 由 1 到 0 时} \end{cases}$$

根据逻辑电路写出输出方程：

$$Y = Q_0 Q_3$$

（3）由状态方程和输出方程，经过递推得到电路的状态转换表，如表 5.2.3 所示。

表 5.2.3　例 5.2.2 电路的状态转换表

CP	Q_3	Q_2	$Q_1(CP_2)$	$Q_0(CP_1, CP_3)$	Y
0	0	0	0	0	0
1	0	0	0	1	0
2	0	0	1	0	0
3	0	0	1	1	0
4	0	1	0	0	0
5	0	1	0	1	0
6	0	1	1	0	0
7	0	1	1	1	0
8	1	0	0	0	0
9	1	0	0	1	1
10	0	0	0	0	0

（4）为了更直观地显示时序逻辑电路的逻辑功能，把状态转换表的内容表示成状态转换图的形式，如图 5.2.7 所示。

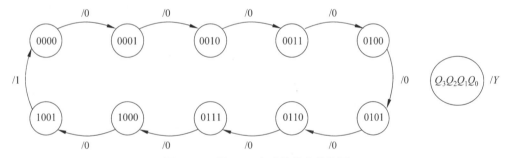

图 5.2.7　例 5.2.2 电路的状态转换图

从状态转换图明显可以看到，例 5.2.2 的异步时序电路是模为 10 的异步加法计数器，其时序图可以很容易从状态转换表得到，这里省略。

异步时序逻辑电路速度比同步时序逻辑电路速度慢。异步时序逻辑电路设计较复杂，本章不介绍异步时序电路设计方法，有兴趣的读者可以参阅其他书籍。

5.3　寄　存　器

寄存器是一种重要的数字电路器件，其逻辑功能是将数码、运算结果或指令信息（用二进制表示的）暂时存放起来。由于一个触发器可以存放一位二进制信息，所以存放 n 位二进制信息需要 n 个触发器。寄存器由触发器和门电路组成，具有接收数据、存放数据和输出数据的功能。

寄存器可分为数码寄存器和移位寄存器。

5.3.1　数码寄存器

存放二进制数码的寄存器称为数码寄存器。这种寄存器中的触发器只要具有置1、置0的功能即可，因而用同步RS结构、主从结构或边沿触发结构的触发器都可以组成数码寄存器。

图5.3.1是用维持阻塞结构边沿触发器组成的4位寄存器74LS175的逻辑电路，图中$\overline{R}_D$是寄存器的异步置0端。根据边沿触发器的动作特点可知，触发器输出端的状态仅取决于CP上升沿到达时刻D端的状态。

为了使用上的方便，有些数码寄存器附加了一些控制电路，如CMOS电路的CC4076就是带附加控制端的寄存器，其逻辑电路如图5.3.2所示。CC4076增添了异步置0、输出三态控制和保持的功能。这里所说的保持是指CP信号到达时触发器不随输入信号D而改变状态，会保持原来状态。

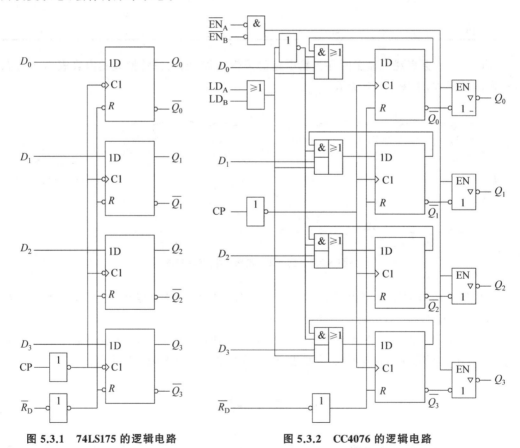

图 5.3.1　74LS175 的逻辑电路　　　　图 5.3.2　CC4076 的逻辑电路

CC4076是三态输出的4位寄存器，能暂存4位二进制信息。其工作状态如表5.3.1所示。

表 5.3.1　CC4076 的工作状态

$\overline{EN_A}$	$\overline{EN_B}$	LD_A	LD_B	状　态
0	0	0	0	保持
0	0	0	1	CP 下降沿到达时,将输入数据存入对应触发器
0	0	1	0	
0	0	1	1	
0	1	×	×	高阻
1	0	×	×	
1	1	×	×	

此外,在 CC4076 上还设置了异步复位端 $\overline{R}_D$,当 $\overline{R}_D = 0$ 时可以直接清除寄存器中的数据,不受时钟信号的控制。

5.3.2　移位寄存器

移位寄存器除了具有存储数值功能外,还具有移位功能。所谓移位功能是指寄存器里的代码能在移位脉冲的作用下依次左移或右移。寄存器根据数码移动的方向分为左移移位、右移移位和双向移位 3 种类型。

1. 右移移位寄存器

图 5.3.3 所示电路是由边沿触发结构的 D 触发器组成的 4 位右移移位寄存器。

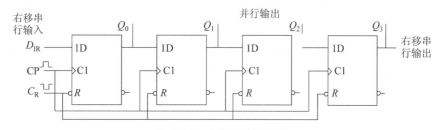

图 5.3.3　右移移位寄存器

D_{IR} 为串行输入数据端,若串行输入数据为 1101,4 个触发器的初始值 $Q_0Q_1Q_2Q_3 = 0101$。在 CP 脉冲上升沿的作用下,原数据 0101 被逐一移出,串行输入数据 1101 逐一移入,经过 4 个 CP 脉冲的上升沿后 $Q_0Q_1Q_2Q_3 = 1011$。右移移位寄存器里代码的移动情况如表 5.3.2 所示。图 5.3.4 给出了各触发器输出端在移位过程中的时序图。

表 5.3.2　右移移位寄存器里代码的移动情况

CP 的顺序	串行输入	Q_0	Q_1	Q_2	Q_3	串行输出
0		0	1	0	1	1
1	1	1	0	1	0	0
2	1	1	1	0	1	1
3	0	0	1	1	0	0
4	1	1	0	1	1	1

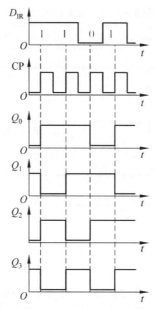

图 5.3.4   图 5.3.3 电路电压波形

若把串行输入端 D_{IR} 和串行输出端 Q_3 连接在一起,则构成右移环移寄存器。若 4 个触发器的 Q 端各接一个指示灯并预置 3 个 0、一个 1,则亮灯位置随着 CP 脉冲的频率环形右移。

从图 5.3.3 可以看到,经过 4 个 CP 脉冲以后,串行输入的 4 位代码全部移入移位寄存器,同时在 4 个触发器的输出端得到并行输出的代码,因此可以利用移位寄存器实现代码的串行-并行转换。若 4 位数据预先置入移位寄存器的 4 个触发器中,经过 4 个 CP 脉冲以后,4 位代码将从串行输出端 Q_3 依次送出,从而实现数据的并行-串行转换。

2. 左移移位寄存器

同样,可以用 4 个边沿触发结构的 D 触发器组成 4 位左移移位寄存器,其逻辑电路如图 5.3.5 所示。

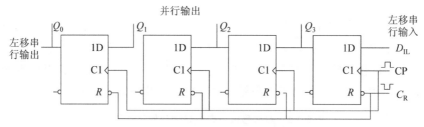

图 5.3.5   左移移位寄存器逻辑电路

3. 双向移位寄存器

为了便于扩展逻辑功能和提高使用的灵活性,在定型生产的移位寄存器集成电路上一般附加了左右移控制、数据并行输入、保持、异步置零(复位)等功能。图 5.3.6(a)给出

了 74LS194 四位双向移位寄存器的逻辑电路,图 5.3.6(b)为逻辑符号,图 5.3.6(c)为 16
引脚的中规模集成芯片 74LS194 的引脚排列。电路内 4 个触发器皆是 CP 上升沿触发。
其功能表如表 5.3.3 所示。

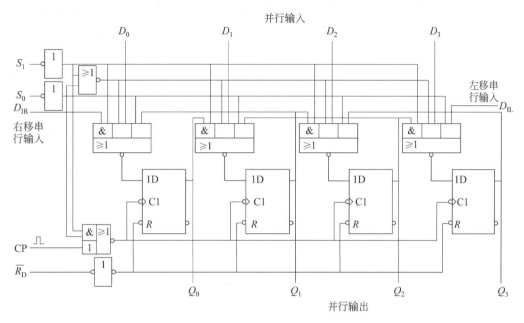

（a）逻辑电路

（b）逻辑符号　　　　　　　　（c）引脚排列

图 5.3.6　74LS194 双向移位寄存器

表 5.3.3　双向移位寄存器 74LS194 的功能表

$\overline{R_D}$	S_1	S_0	工作状态
0	×	×	置零
1	0	0	保持
1	0	1	右移
1	1	0	左移
1	1	1	并行输入

74LS194 由 4 个 D 触发器和各自的输入控制电路组成。图 5.3.6 中的 D_{IR} 为数据右
移串行输入端,D_{IL} 为数据左移串行输入端,$D_0 \sim D_3$ 为数据并行输入端,$Q_0 \sim Q_3$ 为数据
并行输出端。

表 5.3.3 第 1 行表示当清零端 $\overline{R}_D$ 为低电平时,无论其他输入端的状态如何,4 个输出端都将同时被清除而转换为 0 态,因为这种情况与 CP 脉冲无关,所以称之为异步清零。当清零端 $\overline{R}_D$ 为高电平时,在工作方式控制端 S_1、S_0 的控制下可执行 4 种逻辑功能。第 2 行表示当 $S_1=0$、$S_0=0$ 时,74LS194 执行保持功能,CP 脉冲作用前后,其状态不发生变化。第 3 行表示 $S_1=0$、$S_0=1$ 时,74LS194 执行右移功能,CP 脉冲每作用一次,74LS194 就执行一次右移功能。第 4 行表示 $S_1=1$、$S_0=0$ 时,74LS194 执行左移功能,CP 脉冲每作用一次,74LS194 就执行一次左移功能。第 5 行表示 $S_1=1$、$S_0=1$ 时,74LS194 执行并行输入(置数)的功能,CP 脉冲作用之后,将预先准备好的数据 $D_3\sim D_0$ 同时置入 74LS194。

【例 5.3.1】 由 74LS194 和反相器构成的逻辑电路如图 5.3.7 所示,清零后连续加入 CP 脉冲。分析其逻辑功能,画出状态转换表和状态转换图。

解:因为 $S_1=1$、$S_0=0$,所以 74LS194 执行左移功能。左移串行输入信号 $D_{IL}=\overline{Q}_1$,因此状态转换方程为

$$(Q_3Q_2Q_1Q_0)^{n+1}=(D_{IL}Q_3Q_2Q_1)^n=(\overline{Q}_1Q_3Q_2Q_1)^n$$

由状态转换方程可得到如表 5.3.4 所示的状态转换表和如图 5.3.8 所示的状态转换图。

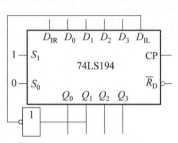

图 5.3.7 例 5.3.1 电路

表 5.3.4 例 5.3.1 电路的状态转换表

CP	D_{IL}	Q_3	Q_2	Q_1	Q_0
0	1	0	0	0	0
1	1	1	0	0	0
2	1	1	1	0	0
3	0	1	1	1	0
4	0	0	1	1	1
5	0	0	0	1	1
6	1	0	0	0	1
7	1	1	0	0	0

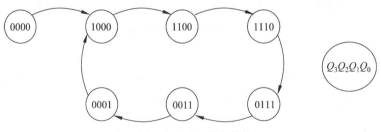

图 5.3.8 例 5.3.1 状态转换图

从图 5.3.8 可以看出,该电路执行的是左移循环功能,CP 脉冲作用 6 次,输出状态就循环一次。该电路状态输出可用来控制 4 路彩灯循环闪烁。用 1 信号控制灯点亮,用 0 信号控制灯熄灭,4 路彩灯就可以有规律地循环闪烁。

【例 5.3.2】 用两片 74LS194 接成 8 位双向移位寄存器。

解:用多片 74LS194 接成多位双向移位寄存器的接法非常简单。只需将其中一片

的 Q_3 接至另一片的右移输入端 D_{IR}；而将另一片的 Q_0 接到这一片的左移输入端 D_{IL}，同时将两片的 CP、S_1、S_0 和 $\overline{R}_D$ 分别并联即可。8 位双向移位寄存器接法如图 5.3.9 所示。

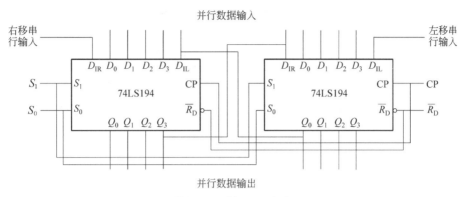

图 5.3.9 例 5.3.2 电路

【例 5.3.3】　分析图 5.3.10 所示电路的逻辑功能，并指出在图 5.3.11 所示的时钟信号 CP 及 S_1、S_0 作用下，输出 Y 与两组并行输入的二进制数 M、N 在数值上的关系。

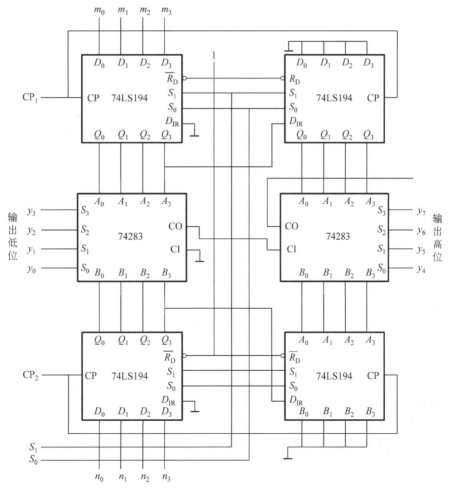

图 5.3.10 例 5.3.3 电路

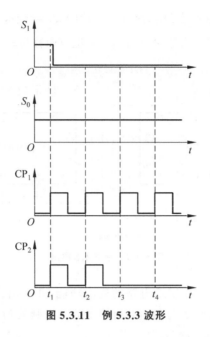

图 5.3.11 例 5.3.3 波形

解：该电路由两片 4 位加法器 74283 和 4 片移位寄存器 74LS194 组成。两片 74283 接成一个 8 位并行加法器，4 片 74LS194 分成两组，分别接成两个 8 位单向移位寄存器。两个 8 位移位寄存器的输出分别加到 8 位并行加法器的两组输入端，这样就构成两个 8 位二进制加法运算电路。

当 $t=t_1$ 时 CP_1、CP_2 两个时钟脉冲上升沿同时到达，而 $S_1=S_0=1$，所以移位寄存器处在数据并行输入工作状态，M、N 的数值被分别存入两个移位寄存器中。

当 $t=t_2$ 时 CP_1、CP_2 两个时钟脉冲上升沿同时到达，而 $S_1=0$、$S_0=1$，M、N 同时右移一位，若 m_0、n_0 是 M、N 的最低位，则右移一位相当于 $M\times2$、$N\times2$。

当 $t=t_3$ 时 CP_1 时钟脉冲上升沿到达，而 $S_1=0$、$S_0=1$，M 再右移一位，相当于 $M\times4$。

当 $t=t_4$ 时 CP_1 时钟脉冲上升沿到达，而 $S_1=0$、$S_0=1$，M 再右移一位，相当于 $M\times8$。

最后，两个 8 位移位寄存器内容相加，得到 $Y=M\times8+N\times2$。

4. 集成移位寄存器

在 4 位双向移位寄存器中，国产系列产品有 CT54194、CT74194、CT74S194、CT74LS194 等，国外系列产品有 SN74194、DM74S194、HD74LS194 等。另外，还有 8 位移位寄存器，例如 8 位并行输出串行移位寄存器 74LS164 和 8 位并行输入转串行输出的移位寄存器 74HC165D 等数字集成电路均为此类产品。

在上述型号名称中，CT 表示中国 TTL 集成电路，SN 表示美国得克萨斯仪器公司的产品，DM 表示美国国家半导体公司的产品，HD 表示日本日立公司的产品。54 表示国际通用 54 系列，为军用产品，工作环境温度为 $-55\sim70$℃；74 表示国际通用 74 系列，为民用产品,工作环境温度为 0~70℃;S 表示肖特基系列,H 表示高速系列,LS 表示低功耗肖特基系列;54 或 74 系列与尾数(如 194)之间无任何字母的为标准系列。

5.4 计 数 器

计数器是数字系统中的基本逻辑部件。它的功能是记录输入脉冲个数,它能记忆的最大脉冲个数称为该计数器的模。计数器不仅能用于对时钟脉冲计数,还可以用于计算机中的时序发生器、时间分配器、分频器、程序计数器、指令计数器等,在数字化仪表中的压力、时间、温度等物理量的 A/D、D/A 转换也都要通过脉冲计数来实现,因此计数器在数字系统中应用广泛。

计数器种类繁多。按工作方式,即触发器是否同时翻转,可分为同步计数器和异步计数器;按计数器中数字的编码方式可分为二进制计数器、二-十进制计数器、循环码计数器等;按计数过程中的数字增减方向又可分为加法计数器、减法计数器和可逆计数器等。

5.4.1 同步二进制计数器

目前生产的同步计数器芯片基本上分为二进制和十进制两种。首先讨论同步二进制计数器。

1. 用 T 触发器构成同步二进制加法计数器

根据二进制加法运算规则可知,在一个多位二进制的末位上加 1 时,第 i 位的状态是否改变(由 0 变成 1,由 1 变成 0),取决于第 i 位以下各位($i-1$,$i-2$,…,0)是否为 1。若第 i 位以下各位全为 1,那么第 i 位状态改变;若第 i 位以下各位有一位为 0,那么第 i 位状态不变。

同步计数器可以用 T 触发器构成,每次同步时钟信号 CP(也称计数脉冲)到达时,该翻转的触发器输入控制端 $T_i=1$,不该翻转的 $T_i=0$。

由上述可知,当用 T 触发器构成时,第 i 位触发器输入端的驱动方程为

$$T_i = Q_{i-1} \cdot Q_{i-2} \cdot \cdots \cdot Q_1 \cdot Q_0 = \prod_{j=0}^{i-1} Q_j$$
$$(i = 1, 2, \cdots, n-1) \quad (5.4.1)$$

只有最低位例外,按照加法规则,每输入一个计数脉冲,最低位都要翻转,故 $T_0=1$。

图 5.4.1 所示电路是按照式(5.4.1)接成的 4 位二进制同步加法计数器,由逻辑电路可得到各触发器的

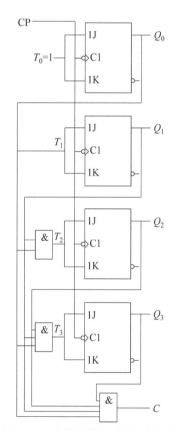

图 5.4.1 用触发器构成的 4 位同步二进制加法计数器

驱动方程:

$$\begin{cases} T_0 = 1 \\ T_1 = Q_0 \\ T_2 = Q_1 Q_0 \\ T_3 = Q_2 Q_1 Q_0 \end{cases} \tag{5.4.2}$$

将式(5.4.2)代入 T 触发器的特性方程 $Q^{n+1} = T \oplus Q^n$,得到电路的状态方程:

$$\begin{cases} Q_0^{n+1} = \overline{Q}_0 \\ Q_1^{n+1} = Q_0 \overline{Q}_1 + \overline{Q}_0 Q_1 \\ Q_2^{n+1} = Q_0 Q_1 \overline{Q}_2 + \overline{Q_0 Q_1} Q_2 \\ Q_3^{n+1} = Q_0 Q_1 Q_2 \overline{Q}_3 + \overline{Q_0 Q_1 Q_2} Q_3 \end{cases} \tag{5.4.3}$$

电路的输出方程为

$$C = Q_0 Q_1 Q_2 Q_3 \tag{5.4.4}$$

根据式(5.4.3)和式(5.4.4),电路的状态转换表如表 5.4.1 所示,状态转换图如图 5.4.2 所示,时序图如 5.4.3 所示。

表 5.4.1　4 位二进制同步加法计数器的状态转换表

计数顺序	电路状态				等效十进制数	进位输出 C
	Q_3	Q_2	Q_1	Q_0		
0	0	0	0	0	0	0
1	0	0	0	1	1	0
2	0	0	1	0	2	0
3	0	0	1	1	3	0
4	0	1	0	0	4	0
5	0	1	0	1	5	0
6	0	1	1	0	6	0
7	0	1	1	1	7	0
8	1	0	0	0	8	0
9	1	0	0	1	9	0
10	1	0	1	0	10	0
11	1	0	1	1	11	0
12	1	1	0	0	12	0
13	1	1	0	1	13	0
14	1	1	1	0	14	0
15	1	1	1	1	15	1
16	0	0	0	0	0	0

由时序图可以看出,若计数脉冲的频率为 f_0,则 Q_0、Q_1、Q_2 和 Q_3 端输出脉冲的频率依次为 $\frac{1}{2}f_0$、$\frac{1}{4}f_0$、$\frac{1}{8}f_0$ 和 $\frac{1}{16}f_0$,因此这种计数器也叫作分频器。Q_0、Q_1、Q_2 和 Q_3 端的输出波形分别是时钟脉冲 CP 的二分频、四分频、八分频和十六分频。

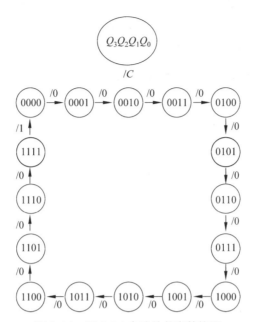

图 5.4.2　图 5.4.1 电路的状态转换图

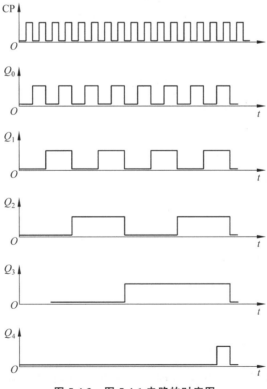

图 5.4.3　图 5.4.1 电路的时序图

此外,每输入 16 个计数脉冲,计数器工作一个循环,并在输出端 Q_3 产生一个进位输出信号,所以又把这个电路叫作十六进制计数器。

计数器能计的最大数称为计数器的容量,n 位二进制计数器的容量等于 $2^n - 1$。

2. 用 T 触发器构成同步二进制减法计数器

根据二进制减法规则,在 n 位二进制减法计数器中,只有当第 i 位以下各位触发器同时为 0 时,再减 1 才能使第 i 位触发器翻转。因此,用 T 触发器构成同步二进制减法计数器时,第 i 位触发器输入端 T_i 的逻辑式为

$$T_i = \bar{Q}_{i-1} \cdot \bar{Q}_{i-2} \cdot \cdots \cdot \bar{Q}_1 \cdot \bar{Q}_0$$
$$= \prod_{j=0}^{i-1} \bar{Q}_j \quad (i = 1, 2, \cdots, n-1) \tag{5.4.5}$$

图 5.4.4 所示电路是按照式(5.4.5)接成的同步二进制减法计数器,其中的 T 触发器是将 JK 触发器的 J 和 K 端接在一起作为输入端 T。

3. 同步二进制可逆计数器

在有些应用场合要求计数器既能进行递增计数又能进行递减计数,这时需要把电路设计成可逆计数器。

将图 5.4.1 所示的加法计数器和图 5.4.4 所示的减法计数器合并,再通过一根加/减控制线来选择加法或减法,就构成了可逆计数器。后面将介绍的图 5.4.6 所示的74LS191 就是按照这种原理设计的 4 位同步二进制可逆计数器,各个触发器输入端的逻辑表达式为

$$\begin{cases} T_0 = 1 \\ T_1 = \overline{\bar{U}/D} Q_0 + \bar{U}/D \bar{Q}_0 \\ T_2 = \overline{\bar{U}/D} (Q_0 Q_1) + \bar{U}/D (\bar{Q}_0 \bar{Q}_1) \\ T_3 = \overline{\bar{U}/D} (Q_0 Q_1 Q_2) + \bar{U}/D (\bar{Q}_0 \bar{Q}_1 \bar{Q}_2) \end{cases} \tag{5.4.6}$$

或写成

$$\begin{cases} T_i = \overline{\bar{U}/D} \prod_{j=0}^{i-1} Q_j + \bar{U}/D \prod_{j=0}^{i-1} \bar{Q}_j \quad (i = 1, 2, \cdots, n-1) \\ T_0 = 1 \end{cases}$$
$$\tag{5.4.7}$$

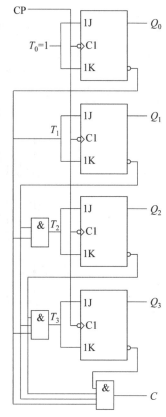

图 5.4.4　用触发器构成同步二进制减法计数器

4. 集成同步二进制计数器

在实际生产的计数器芯片中,往往附加了一些控制电路以增加电路的功能和使用的灵活性。目前常用的中规模集成同步二进制加法计数器有 74161、74LS161、74LS162、74LS163;集成同步二进制可逆计数器有 74LS191、74HC191、74LS193 等。

图 5.4.5(a)为中规模集成的 4 位同步二进制加法计数器 74161 的逻辑电路。这个电路除了具有二进制加法计数外,还具有预置数、保持和异步置零等附加功能。图中 $\overline{LD}$ 为预置数控制端,$D_0 \sim D_3$ 为数据输入端,C 为进位输出端,$\overline{R}_D$ 为异步复位端,EP 和 ET 为工作状态控制端。表 5.4.2 是 74161 的功能表,它给出了电路的工作状态。图 5.4.5(b)为74161 的逻辑符号,图 5.4.5(c)为 74161 的引脚排列。

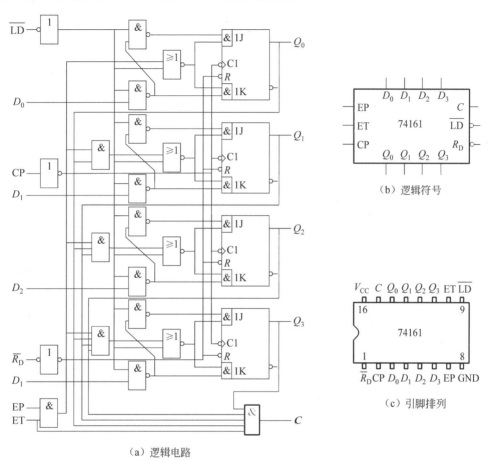

（a）逻辑电路
（b）逻辑符号
（c）引脚排列

图 5.4.5　4 位同步二进制加法计数器 74161

表 5.4.2　4 位同步二进制计数器 74161 的功能表

CP	$\overline{R}_D$	$\overline{LD}$	EP	ET	工作状态
×	0	×	×	×	置零
↑	1	0	×	×	预置数
×	1	1	0	1	保持
×	1	1	×	0	保持($C=0$)
↑	1	1	1	1	计数

74LS161 在内部电路结构上与 74161 有些区别,但引脚配置、引脚排列以及功能表都和74161 相同。74LS162 和 74LS163 采用同步置零方式,使用时应注意与 74161 有所区别。

图 5.4.6(a)为 74LS191 的逻辑电路,图 5.4.6(b)为 74LS191 的逻辑符号,图 5.4.6(c)为引脚排列,74LS191 的功能表如表 5.4.3 所示。

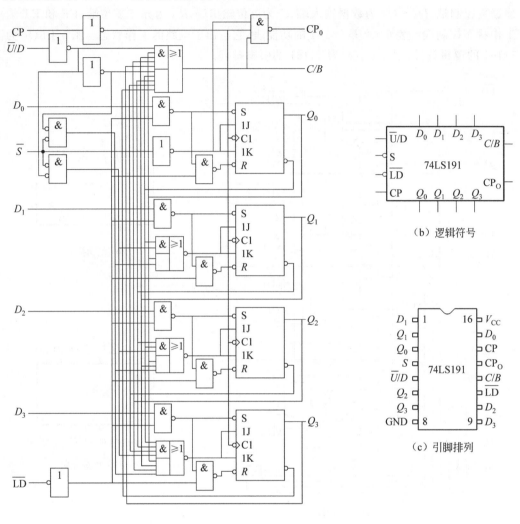

（a）逻辑电路

（b）逻辑符号

（c）引脚排列

图 5.4.6　同步二进制可逆计数器 74LS191

表 5.4.3　同步二进制可逆计数器 74LS191 的功能表

CP	$\overline{S}$	$\overline{LD}$	$\overline{U}/D$	工 作 状 态
×	1	1	×	保持
×	×	0	×	预置数
↑	0	1	0	加法计数
↑	0	1	1	减法计数

4 位同步二进制可逆计数器 74LS191 除了能够做加/减计数外,还有一些附加功能。图 5.4.6 中的 $\overline{LD}$ 为预置数控制端。当 $\overline{LD}=0$ 时电路处于预置数状态,$D_0 \sim D_3$ 数据立即

被置入相应的触发器中,不受时钟输入信号 CP 的控制。因此它的预置数是异步式的,与 74161 不同。$\overline{S}$ 是使能控制端,低电平有效。C/B 是进位/借位信号输出端。$\overline{U}/D$ 是计数器加/减控制端。CP_O 是串行时钟输出端。

由于图 5.4.6(a)所示的电路只有一个时钟信号输入端,电路的加、减功能由 $\overline{U}/D$ 的电平决定,所以称这种电路结构为单时钟结构。

74LS193 也具有异步置零和预置数功能,这与 74LS191 类似,不同之处在于 74LS193 是双时钟可逆计数器。

5.4.2 同步十进制计数器

1. 用 T 触发器构成同步十进制加法计数器

在图 5.4.1 所示的同步二进制加法计数器电路的基础上略加修改,就得到用 T 触发器构成的同步十进制加法计数器,其电路如图 5.4.7 所示。

同步十进制加法计数器从 0000 开始计数。直到输入第 9 个计数脉冲时,它的工作过程与同步二进制加法计数器完全相同。输入第 9 个计数脉冲后,电路的状态为 1001,这时 $\overline{Q}_3$ 的低电平通过与门使 $T_1=0$,而 Q_0 和 Q_3 的高电平使 $T_3=1$,因此 4 个触发器输入端分别为 $T_0=1$、$T_1=0$、$T_2=0$、$T_3=1$。当第 10 个计数脉冲输入后,电路返回 0000 状态。

同步十进制加法计数器电路的驱动方程为

$$\begin{cases} T_0 = 1 \\ T_1 = Q_0\overline{Q}_3 \\ T_2 = Q_0Q_1 \\ T_3 = Q_0Q_1Q_2 + Q_0Q_3 \end{cases} \quad (5.4.8)$$

将上式代入 T 触发器的特性方程,即得到电路的状态方程:

$$\begin{cases} Q_0^{n+1} = \overline{Q}_0 \\ Q_1^{n+1} = Q_0\overline{Q}_3\overline{Q}_1 + \overline{Q_0\overline{Q}_3}Q_1 \\ Q_2^{n+1} = Q_0Q_1\overline{Q}_2 + \overline{Q_0Q_1}Q_2 \quad (5.4.9) \\ Q_3^{n+1} = (Q_0Q_1Q_2 + Q_0Q_3)\overline{Q}_3 \\ \qquad + \overline{(Q_0Q_1Q_2 + Q_0Q_3)}Q_3 \end{cases}$$

电路的输出方程为

$$C = Q_0Q_3 \quad (5.4.10)$$

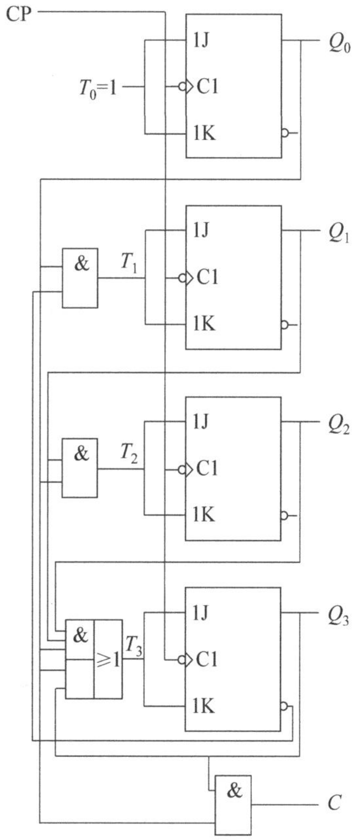

根据式(5.4.9)列出电路的状态转换表,如表 5.4.4 所示。再将状态转换表画成如图 5.4.8 所示的状态转换图。

图 5.4.7 同步十进制加法计算器逻辑电路

表 5.4.4 同步十进制加法计数器的状态转换表

计数顺序	电 路 状 态				等效十进制数	进位输出 C
	Q_3	Q_2	Q_1	Q_0		
0	0	0	0	0	0	0
1	0	0	0	1	1	0
2	0	0	1	0	2	0
3	0	0	1	1	3	0
4	0	1	0	0	4	0
5	0	1	0	0	5	0
6	0	1	1	0	6	0
7	0	1	1	1	7	0
8	1	0	0	0	8	0
9	1	0	0	1	9	1
10	0	0	0	0	10	0
0	1	0	1	0	10	0
1	1	0	1	1	11	1
2	0	1	1	0	6	0
0	1	1	0	0	12	0
1	1	1	0	1	13	1
2	0	1	0	0	4	0
0	1	1	1	0	14	0
1	1	1	1	1	15	1
2	0	0	1	0	2	0

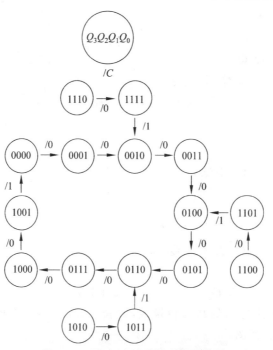

图 5.4.8 图 5.4.7 电路的状态转换图

2. 用 T 触发器构成同步十进制减法计数器

同样,在同步二进制减法计数器电路的基础上,可以得到同步十进制减法计数器,其电路如图 5.4.9 所示。

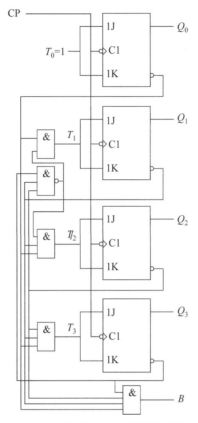

图 5.4.9　同步十进制减法计数器逻辑电路

由图 5.4.9 直接写出电路的驱动方程为:

$$\begin{cases} T_0 = 1 \\ T_1 = \overline{Q}_0 \, \overline{(\overline{Q}_1 \overline{Q}_2 \overline{Q}_3)} \\ T_2 = \overline{Q}_0 \overline{Q}_1 (\overline{Q}_1 \overline{Q}_2 \overline{Q}_3) \\ T_3 = \overline{Q}_0 \overline{Q}_1 \overline{Q}_2 \end{cases} \tag{5.4.11}$$

将式(5.4.11)代入 T 触发器的特性方程,得到电路的状态方程:

$$\begin{cases} Q_0^{n+1} = \overline{Q}_0 \\ Q_1^{n+1} = \overline{Q}_0 (Q_2 + Q_3) \overline{Q}_1 + Q_0 Q_1 \\ Q_2^{n+1} = (\overline{Q}_0 \overline{Q}_1 Q_3) \overline{Q}_2 + (Q_0 + Q_1) Q_2 \\ Q_3^{n+1} = (\overline{Q}_0 \overline{Q}_1 \overline{Q}_2) \overline{Q}_3 + (Q_0 + Q_1 + Q_2) Q_3 \end{cases} \tag{5.4.12}$$

由状态方程可列出如表 5.4.5 所示的状态转换表,并可画出如图 5.4.10 所示的状态

转换图。电路的输出方程为

$$B = \overline{Q}_0 \overline{Q}_1 \overline{Q}_2 \overline{Q}_3 \qquad (5.4.13)$$

从图 5.4.8 和图 5.4.10 可知,同步十进制加法计数器和同步十进制减法计数器都具有自启动功能。

表 5.4.5　同步十进制减法计数器的状态转换表

计数顺序	电路状态				等效十进制数	进位输出 B
	Q_3	Q_2	Q_1	Q_0		
0	0	0	0	0	0	1
1	1	0	0	1	1	0
2	1	0	0	0	2	0
3	0	1	1	1	3	0
4	0	1	1	0	4	0
5	0	1	0	1	5	0
6	0	1	0	0	6	0
7	0	0	1	1	7	0
8	0	0	1	0	8	0
9	0	0	0	1	9	0
10	0	0	0	0	10	1
0	1	1	1	1	15	0
1	1	1	1	0	14	0
2	1	1	0	1	13	0
3	1	1	0	0	12	0
4	1	0	1	1	11	0
5	1	0	1	0	10	0
6	1	0	0	1	9	0

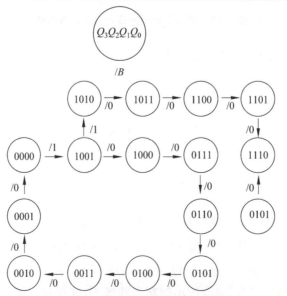

图 5.4.10　图 5.4.9 电路的状态转换图

3. 集成同步十进制计数器

目前常用的中规模集成同步十进制加法计数器有 74160,它在图 5.4.7 的基础上增加了预置数、异步置零和保持功能,其逻辑电路如图 5.4.11(a)所示。图 5.4.11 中 $\overline{LD}$、$\overline{R}_D$、$D_0 \sim D_3$、EP 和 ET 等各输入端的功能和用法与图 5.4.5 所示电路对应的输入端相同。74160 的功能表也与 74161 的功能表相同,不同之处仅在于 74160 是十进制的而 74161 是十六进制的。

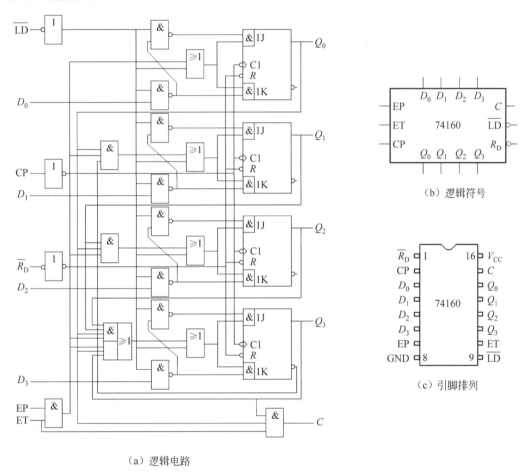

（a）逻辑电路

（b）逻辑符号

（c）引脚排列

图 5.4.11　集成同步十进制 74160

另外,同步十进制计数器也有可逆型的,且有单时钟和双时钟两种,并各有定型的集成电路产品。属于单时钟类型的有 74LS190、74LS168、CC4510 等,属于双时钟类型的有 74LS192、CC40192 等。

图 5.4.12 是单时钟类型同步十进制可逆计数器 74LS190 的逻辑图。74LS190 的功能表也与 74LS191 的功能表相同。

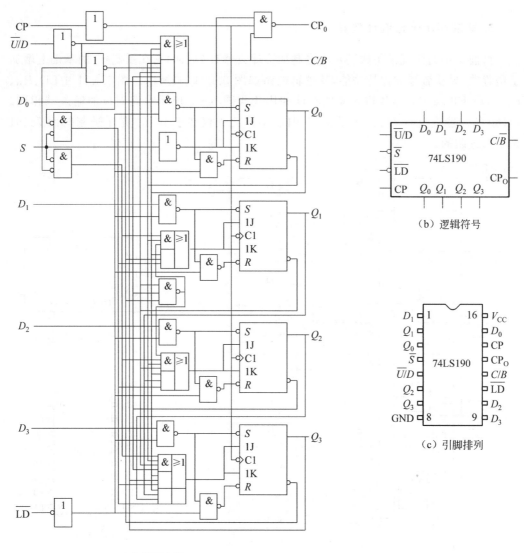

（a）逻辑电路

图 5.4.12 单时钟类型同步十进制可逆计数器 74LS190

【**例 5.4.1**】 用 74161 构成模 256 同步加法计数器。

解：一片 74161 是模为 16 的计数器，256＝16×16，故模 256 同步加法计数器需要两片 74161，接法如图 5.4.13 所示。

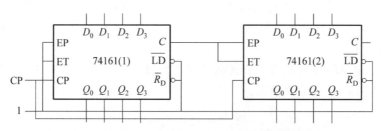

图 5.4.13 用两片 74161 构成模 256 同步加法计数器方式一

　　两片 74161 的时钟信号 CP 连接在一起,片一的 $\overline{R}_D=\overline{LD}=EP=ET=1$,以保证片一加 1 计数。用片一的进位信号 C 连接片二的 EP、ET,当片一计数到 1111 时,进位信号 C 由 0 变为 1,这时片二的 EP=ET=1,片二加 1 计数一次,也就是说,片一对每个 CP 脉冲都进行加 1 计数,而片二是每 16 个 CP 脉冲进行一次加 1 计数,从而完成模 256 同步加法计数。

　　两片 74161 也可以异步级联的方式构成模 256 的加法计数器,如图 5.4.14 所示。两片 74161 的 $\overline{R}_D=\overline{LD}=EP=ET=1$ 都处于计数状态,片一的进位信号 C 经过一个非门接至片二的 CP 端。当片一由 1111 返回到 0000 时,进位信号由 1 变为 0,经过一个反相器,产生一个 CP 上升沿,使片二计数一次,从而完成模 265 计数。

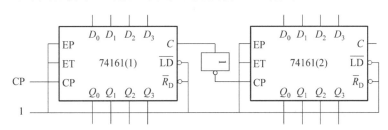

图 5.4.14　用两片 74161 构成模 256 同步加法计数器方式二

【**例 5.4.2**】　用两片 74160 构成 60s 计时电路。

　　解:74160 是十进制计数器,两片 74160 的时钟信号 CP 连接在一起,片一的 EP=ET=$\overline{R}_D$=1,进位信号 C 接至片二的 EP、ET 上,同时信号 C 与片二的 Q_0、Q_2 经与非门输出接至两片的 $\overline{LD}$ 端,电路如图 5.4.15 所示。

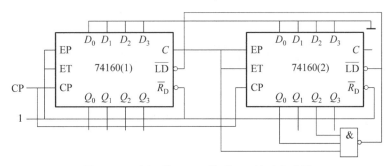

图 5.4.15　用两片 74160 构成 60s 计时电路图

　　片一的计数范围是 0000～1001。当片一计数到 1001,进位信号 C 由 0 变为 1,这时片二计数一次。而当片一计数 50 个脉冲时,片二已计数 5 次,状态为 $Q_3Q_2Q_1Q_0=0101$,而片一再从 0000 计数到 1001 时 $C=1$,经与非门后使 $\overline{LD}=0$,再有一个 CP 脉冲到来时,两片 74160 同时置零,即完成 0～59 的计数。若 CP 的周期为 1s,则此接法可实现 60s 计时,即每经过 60 次秒脉冲计数,与非门输出一次低电平。

5.4.3 异步计数器

1. 异步二进制计数器

异步二进制计数器在进行加法计数时是以从低位到高位逐位进位的方式工作的。按照二进制加法计数规则，第 i 位如果为 1，则再加 1 时应变为 0，同时向高位发出进位信号，使高位翻转。若使用 T′ 触发器构成计数器电路，则只需将低位触发器的 Q 端接至高位触发器的时钟输入端，即可实现进位。

图 5.4.16 是用下降沿触发的 T′ 触发器（即 JK 触发器）组成的模 8 异步二进制加法计数器，所有触发器都在时钟信号下降沿动作。

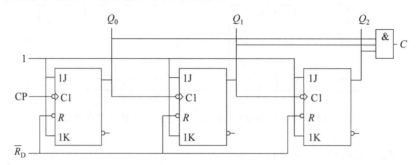

图 5.4.16　模 8 异步二进制加法计数器

在计数之前，先在面端加负脉冲，使计数器清零，即 $Q_2Q_1Q_0=000$。计数开始之后的工作情况用图 5.4.17 所示的时序图进行分析。

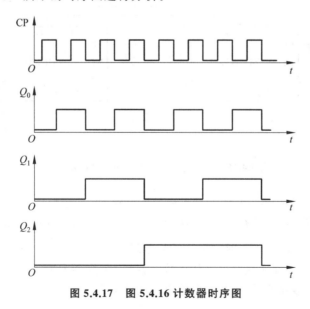

图 5.4.17　图 5.4.16 计数器时序图

由图 5.4.17 可以看出，每输入 8 个 CP 脉冲，计数器就完成一次循环。第 8 个 CP 脉冲输入后,产生进位信号 C,实现了逢八进一的进位。由时序图可画出相应的状态转换图,如图 5.4.18 所示。

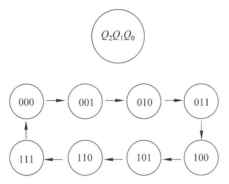

图 5.4.18　图 5.4.16 计数器状态转换图

如果将 T' 触发器按二进制减法计数规则连接,就得到异步二进制减法计数器。若低位触发器为 0,则再减去 1,低位触发器应翻转为 1,同时向高位发出借位信号,使高位翻转。因此,将图 5.4.16 稍加修改,即可得到 3 位异步二进制减法计数器,修改后的电路如图 5.4.19 所示。图中仍采用下降沿触发的 JK 触发器,低位触发器的 $\bar{Q}$ 端作为高位触发器的时钟信号。

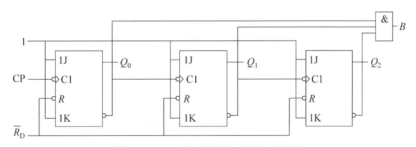

图 5.4.19　3 位异步二进制减法计数器

2. 异步十进制计数器

异步十进制加法计数器是在 4 位异步二进制加法计数器的基础上加以修改得到的。在修改逻辑电路时,必须解决如何使 4 位二进制计数器在计数过程中跳过 $1010\sim1111$ 这 6 个状态的问题。

图 5.4.20 是异步十进制加法计数器的典型电路。假定该电路所用的触发器都是 TTL 电路,J、K 悬空时相当于接逻辑 1 电平。

如果计数器从 $Q_3Q_2Q_1Q_0=0000$ 开始计数,由图 5.4.20 可知,在输入第 8 个脉冲之前,左边 3 个触发器实际上是模 8 的异步二进制加法计数器。

当第 8 个脉冲输入时,由于 $J_3=K_3=1$,所以 Q_0 的下降沿到达后 Q_3 由 0 变为 1。同时,J_1 也随 $\bar{Q}_3$ 变为 0 状态。当第 9 个计数脉冲输入后,电路状态变成 $Q_3Q_2Q_1Q_0=1001$。当第 10 个计数脉冲输入后,Q_0 变为 0,同时 Q_0 的下降沿使 Q_3 变为 0,于是电路

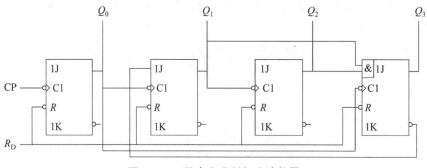

图 5.4.20 异步十进制加法计数器

从 1001 返回到 0000，跳过了 1010～1111 这 6 个状态。上述电路的时序图如图 5.4.21 所示。

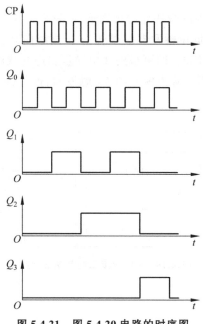

图 5.4.21 图 5.4.20 电路的时序图

3. 集成异步计数器

目前常见的异步二进制加法计数器产品主要有 4 位的（如 74LS293、74LS393、74HC393 等）、7 位的（如 CC4024 等）、12 位的（如 CC4040 等）和 14 位的（如 CC4060 等）几种类型。

除了前面介绍的异步十进制加法计数器以外，另一种常用异步十进制加法计数器是 74LS90，其逻辑电路如图 5.4.22(a)所示，其逻辑符号及引脚排列分别如图 5.4.22(b)和图 5.4.22(c)所示。这种电路可以组成二进制计数器（二分频器）、五进制计数器（五分频器）和十进制计数器（十分频器），因此又称为二-五-十进制异步计数器。

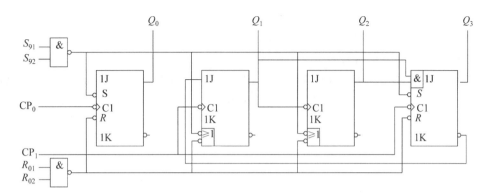

（a）逻辑电路

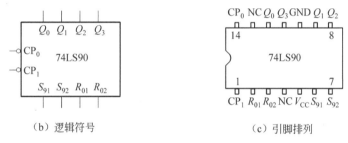

（b）逻辑符号　　　　　　　　　　（c）引脚排列

图 5.4.22　二-五-十进制异步计数器 74LS90

若以 CP_0 为计数输入端,以 Q_0 为输出端,即得到二分频器;若以 CP_1 为时钟输入端,以 Q_3 为输出端,则得到五分频器;若将 CP_1 和 Q_0 相连,同时以 CP_0 为输入端,以 Q_3 为输出端,则得到十分频器。此外,该电路还附加了两个置 0 输入端 R_{01}、R_{02} 和两个置 9 输入端 S_{91}、S_{92},以便工作时根据需要将计数器预先置成 0000 或 1001 状态。图 5.4.22 所示电路的功能表如表 5.4.6 所示。

表 5.4.6　74LS90 的功能表

R_{01}	R_{02}	S_{91}	S_{92}	CP_0	CP_1	Q_3	Q_2	Q_1	Q_0
1	1	0	$\times$	$\times$	$\times$	0	0	0	0
1	1	$\times$	0	$\times$	$\times$	0	0	0	0
$\times$	$\times$	1	1	$\times$	$\times$	1	0	0	1
$\times$	0	$\times$	0	$\downarrow$	0	二进制计数			
$\times$	0	0	$\times$	0	$\downarrow$	五进制计数			
0	$\times$	$\times$	0	$\downarrow$	Q_0	8421 码十进制计数			
0	$\times$	0	$\times$	Q_3	$\downarrow$	5421 码十进制计数($Q_0 Q_3 Q_2 Q_1$)			

【例 5.4.3】　用一片 74LS90 分别实现 8421 码模 10 计数器和 5421 码模 10 计数器。

解:8421 码模 10 计数器的接法如图 5.4.23 所示,$S_{9(1)}$ 和 $S_{9(2)}$ 中至少有一个为 0,$R_{0(1)}$ 和 $R_{0(2)}$ 中至少有一个为 0,计数脉冲从 CP_0 输入,Q_0 是模 2 计数器的输出;把 Q_0 接至 CP_1,当 Q_0 由 1 变为 0 时,使 Q_3、Q_2 和 Q_1 构成模 5 计数器,总模数为 $5 \times 2 = 10$,输出

端自高位至低位顺序为 Q_3、Q_2、Q_1 和 Q_0,对应的权值分别为 8、4、2 和 1。

5421 码模 10 计数器接法如图 5.4.24 所示,$S_{9(1)}$ 和 $S_{9(2)}$ 中至少有一个为 0,$R_{0(1)}$ 和 $R_{0(2)}$ 中至少有一个为 0,计数脉冲从 CP_1 输入,Q_3、Q_2 和 Q_1 构成模 5 计数器,同时 Q_3 接至 CP_0 端。当 $Q_3 Q_2 Q_1$ 由 100 变至 000 时,即 CP_0 由 1 变为 0,实现模 2 计数,实现总模数为 $2 \times 5 = 10$ 的 5421 码计数,输出自高位至低位顺序为 Q_0、Q_3、Q_2 和 Q_1,对应的权值分别为 5、4、2 和 1。

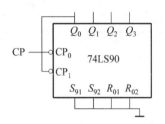 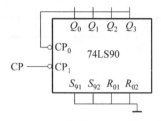

图 5.4.23　74LS90 实现 8421 码模 10 计数器　　图 5.4.24　74LS90 实现 5421 码模 10 计数器

5.4.4　任意进制计数器

目前集成计数器电路产品主要有十进制计数器、十六进制计数器、7 位二进制计数器、12 位二进制计数器等。在需要其他进制的计数器时,只能用已有的计数器产品经过外电路的不同连接方式得到。

假定已有 N 进制计数器,需要一种 M 进制的计数器,这时分为 $M < N$ 和 $M > N$ 两种情况。

1. $M < N$ 的情况

在用 N 进制计数器构成 $M(M < N)$ 进制计数器时,设法使之跳跃 $N - M$ 个状态,就可以得到 M 进制计数器。构成方法又分为置零法(或称复位法)和置数法(或称置位法)两种。

置零法适用于有异步置零输入端的计数器。它的工作原理是:N 进制计数器从 0 至 $N-1$ 的计数过程中,当计数器值计到 M 时立即返回 0,所以计数器为 M 值的状态只是瞬间出现,在稳定的循环状态中只包含 M(从 0 至 $M-1$)个状态。

置数法与置零法不同,它通过给计数器置入某个数值的方法跳越 $N - M$ 个状态,置数操作可以在电路的任何一个状态下进行。这种方法适用于有预置数功能的计数器,又分为同步预置数法和异步预置数法。

对于同步预置数计数器(如 74160、74161),$\overline{LD} = 0$ 的信号只有在下一个 CP 信号到来时,才将要置入的数据置入计数器,因此稳定状态应包含此置入的状态;而对于异步预置数计数器(如 74LS190、74LS191),只要 $\overline{LD} = 0$ 信号出现,就立即将数据置入计数器,而不受 CP 信号的控制,因此此时置入的状态只在瞬间出现,稳定状态中不包含这个状态。

【例 5.4.4】　利用同步十进制计数器 74160 接成五进制计数器。

解:首先利用置零法。图 5.4.25 所示电路是采用置零法接成的五进制计数器。计数器 74160 从 0000 开始计数,当计到 0101(即 $Q_3Q_2Q_1Q_0=0101$)时,通过门电路将 0101 译码,输出低电平信号给异步置零端 $\overline{R}_D$,将计数器立即置成 0000 状态。电路的稳定循环状态只有 0000、0001、0010、0011、0100 这 5 个状态,而 0101 只是瞬间状态,因此是五进制。电路的状态转换图如图 5.4.26 所示。

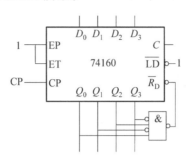

图 5.4.25　用置零法将 74160 接成五进制计数器

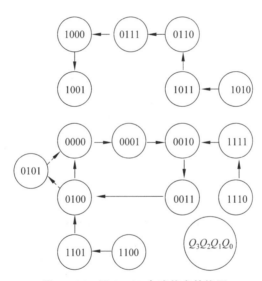

图 5.4.26　图 5.4.25 电路状态转换图

由于置零信号随着计数器置零而立即消失,所以置零信号持续时间很短。如果计数器中的触发器有快有慢,慢的触发器还未来得及复位,复位信号就已经消失,会导致电路误动作。因此,将门电路输出直接接到置零端不可靠。

图 5.4.27 给出的改进电路可以克服这个缺点。置零信号通过一个 RS 触发器输出到 $\overline{R}_D$,这样即使 G_1 输出的低电平消失,但基本 RS 触发器的状态仍保持不变,一直到计数脉冲 CP 回到低电平,置零信号才消失。可见,加到计数器 $\overline{R}_D$ 端的置零信号与输入计数脉冲高电平持续时间相等。

第二种构成方法是置数法。它可以在计数循环中的任何一个状态置入适当的数值,从而跳越 $N-M$ 个状态,得到 M 进制计数器。图 5.4.28 给出了要置入的数为 $D_3D_2D_1D_0=0011$ 时用 74160 接成的五进制计数器。主循环状态从 0011 开始加 1 计数,经过 0100、0101、0110,当计到 0111($Q_3Q_2Q_1Q_0=0111$)时,通过门电路将 0111 译码,输出低电平至计数器的同步置数端$\overline{\text{LD}}$,当下一个 CP 脉冲到来时,计数器置入 0011。由于计数器主循环有 5 个稳定状态,所以称它为五进制计数器。图 5.4.25 所示电路的状态转换图为 5.4.29 所示。这种电路不存在异步置零法中因信号持续时间过短而不可靠的问题。

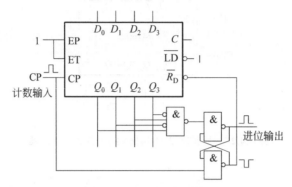

图 5.4.27   图 5.4.25 电路的改进

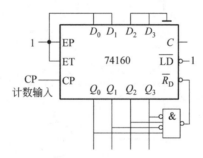

图 5.4.28   用置数法将 74160 接成五进制计数器

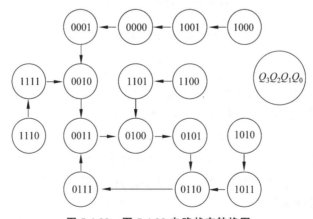

图 5.4.29   图 5.4.28 电路状态转换图

2. $M > N$ 的情况

当用 N 进制计数器构成 $M(M > N)$ 进制计数器时,需要多片 N 进制计数器组合。多片 N 进制计数器的连接方式有串行进位方式、并行进位方式、整体置零方式和整体置数方式几种。

串行进位方式是以低位片的进位输出信号作为高位的时钟输入信号;而并行进位方式是以低位片进位信号作为高位片的工作状态控制信号,各片的 CP 输入端同时接计数输入信号。下面介绍两片 N 进制计数器相连的情况。

若 M 可以分解为两个因数相乘,即 $M = N_1 \times N_2 (N_1 < N, N_2 < N)$,可以采用串行进位或并行进位方式将一片 N 进制计数器接成 N_1 进制,将另一片 N 进制计数器接成 N_2 进制,构成 M 进制。

【例 5.4.5】 用两片同步十进制计数器 74160 接成三十进制计数器。

解:$M = 30, N_1 = 10, N_2 = 3$,将两片 74160 按串行进位和并行进位两种方式连接。图 5.4.30 所示的电路是串行进位连接方式。

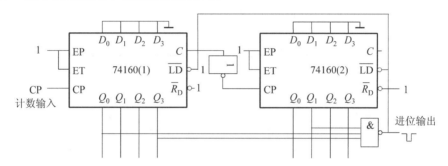

图 5.4.30　用串行进位方式接成的三十进制计数器

两片 74160 的 EP = ET = 1,片一的 $\overline{\text{LD}} = \overline{R}_D = 1$,接成十进制计数器,工作在 0000～1001 共 10 个计数状态。片一计数到 1001 时,C 端输出高电平,经反相器后使片二的 CP 端为低电平;当片一回到 0000 状态时,C 端跳回低电平,片二的 CP 端产生一个上升沿,于是片二计数一次。当片二计数到 0010 并且片一再次计数到 1001 时,经过与非门输出低电平信号至两片 74160 的 $\overline{\text{LD}}$ 端,使整个计数器置零。从上述分析可知:片一是模 10 计数器,片二是模 3 计数器,按串行进位连接后组成三十进制计数器。

图 5.4.31 所示电路是并行进位连接方式。片一的进位信号 C 接至片二的 EP、ET 控制端。片一始终处于模 10 计数状态,片二只有在片一有进位输出信号 $C = 1$ 时才进行计数,而且计数 3 次后两片 74160 置零。

当 M 不能分解成两个因数相乘时,必须采用整体置零方式或整体置数方式构成 M 进制计数器。

【例 5.4.6】 用两片 74160 接成八十七进制计数器。

解:首先将两片 74160 接成一百进制计数器,可以采用并行进位方式,也可以采用串行进位方式。当计数器从全 0 状态开始计数,计入 87 个脉冲时,经译码产生低电平信号

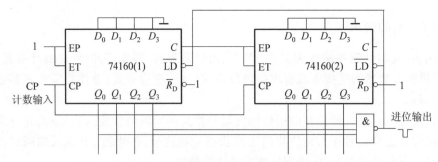

图 5.4.31 并行进位方式接成的三十进制计数器

至两片 74160 的异步置零端 $\overline{R}_D$，则两片 74160 同时置零，于是得到八十七进制计数器。这种方式称为整体置零方式，电路如图 5.4.32 所示。

整体置数方式可以避免整体置零方式的缺点。图 5.4.33 所示电路是采用整体置数法接成的八十七进制计数器。同样，首先将两片 74160 接成一百进制计数器。当计数器从全 0 状态开始计数，计入 86 个脉冲时，经译码产生低电平信号接至两片 74160 的 $\overline{LD}$ 端，在下一个 CP 上升沿到达时，两片 74160 同时置入零，进位信号从译码门电路输出。

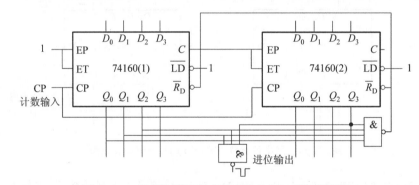

图 5.4.32 用整体置零方式接成的八十七进制计数器

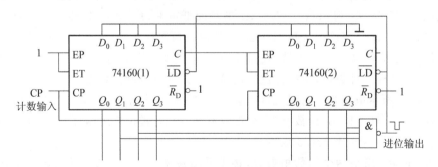

图 5.4.33 用整体置数方式接成的八十七进制计数器

5.4.5 移存型计数器

计数器也可以由移位寄存器构成，这种计数器称为移存型计数器。这时要求移位寄

存器有 M 个状态,分别对应 M 个计数脉冲,并不断地在这 M 个状态中循环。常用的移存型计数器有环形计数器、扭环形计数器和最大长度移存型计数器。

1. 环形计数器

图 5.4.34 所示为 4 位环形计数器,它是将移位寄存器的串行输出端与串行输入端连在一起构成的,即 $D_0=Q_3$,在时钟的控制下,移位寄存器中的数据将循环右移。

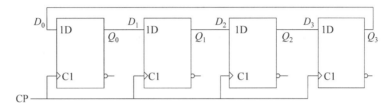

图 5.4.34 4 位环形计数器电路

计数器工作时,启动脉冲使环形计数器处于起始状态,即 $Q_0Q_1Q_2Q_3=1000$。此后,在计数脉冲 CP 作用下,环形计数器的状态按 $1000\rightarrow0100\rightarrow0010\rightarrow0001\rightarrow1000$ 的规律循环。这 4 种状态为有效状态,其余 12 种状态均为无效状态。4 位环形计数器的状态转换图如图 5.4.35 所示,该计数器不能自启动。为确保它能正常工作,必须首先通过串行输入端或并行输入端将电路置成有效状态中的某个状态,然后开始计数。

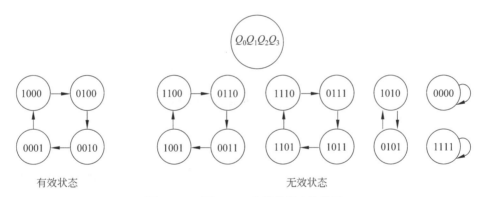

有效状态   无效状态

图 5.4.35 图 5.4.34 电路的状态转换图

环形计数器的突出优点是电路结构极其简单,而且有效循环中的每个状态只包含一个 1(或 0),各触发器输出端的 1 表示电路的一个状态,不需要另外加译码电路。考虑到使用的方便,在许多场合下要求计数器能自启动,因此需要在输出和输入之间加入适当的反馈逻辑电路,使环形计数器电路在无效状态下自动进入有效循环中。图 5.4.36 所示电路是能自启动的 4 位环形计数器电路,其状态转换图如图 5.4.37 所示。

环形计数器的缺点是使用的触发器数目较多,组成 n 状态计数器就需要用 n 个触发器,而电路共有 2^n 个状态,这显然是一种浪费。

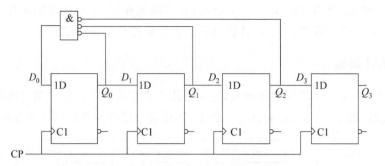

图 5.4.36　能自启动的 4 位环形计数器电路

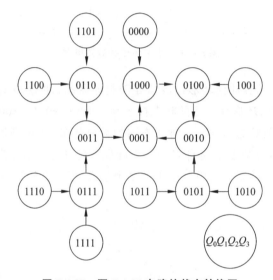

图 5.4.37　图 5.4.36 电路的状态转换图

2. 扭环形计数器

扭环形计数器可以在不改变移位寄存器内部结构的条件下提高环形计数器的电路状态利用率。

扭环形计数器是把移位寄存器最后一级的 $\overline{Q}$ 端与第一级的输入端相连(即 $D_0 = \overline{Q}_3$)而构成的。4 位扭环形计数器的逻辑电路如图 5.4.38 所示。

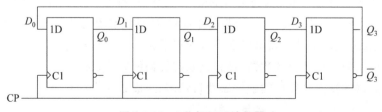

图 5.4.38　4 位扭环形计数器

工作时,首先将计数器置成全 0 状态,此后加入计数脉冲 CP 便可进行计数。4 位扭环形计数器的状态转换图如图 5.4.39 所示。该计数器有 8 个有效状态和 8 个无效状态,不能自启动。修改反馈信号 D_0 的表达式为 $D_0 = Q_1\bar{Q}_2 + \bar{Q}_3$,就得到能自启动的 4 位扭环形计数器,其电路如图 5.4.40 所示,状态转换图如图 5.4.41 所示。

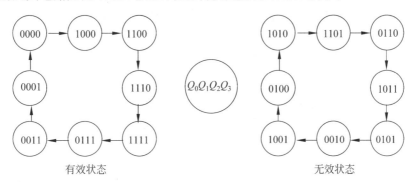

图 5.4.39 图 5.4.38 电路的状态转换图

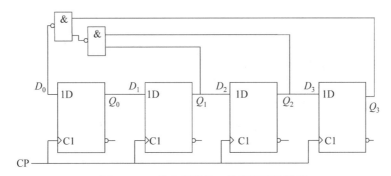

图 5.4.40 能自启动的 4 位扭环形计数器

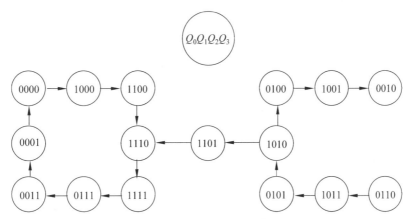

图 5.4.41 图 5.4.40 电路的状态转换图

扭环形计数器的特点是:计数顺序按循环码的顺序进行,有效循环的相邻码之间仅有 1 位不同,在译码输出时不会产生竞争-冒险现象。其缺点是使用的触发器仍较多,与环形计数器相比,虽然有效状态数($2n$)提高了一倍,但仍有 2^n-2n 个状态没有利用。

3. 最大长度移存型计数器

移存型计数器的有效状态数称为它的计数长度。若移存型计数器中有 n 个触发器。当计数长度达到 2^n-1 时,就称之为最大长度移存型计数器(除全 0 状态外,其余状态均可利用)。这种计数器是由 n 位移位寄存器引入异或反馈网络构成的,其反馈既有规律也很简单,按表 5.4.7 所提供的反馈表达式连接电路,就可构成 3～14 位最大长度移存型计数器。

表 5.4.7 最大长度移存型计数器的反馈表达式

位数 n	反馈表达式	位数 n	反馈表达式
3	$D_0=Q_1\oplus Q_2$	9	$D_0=Q_4\oplus Q_8$
4	$D_0=Q_0\oplus Q_3$	10	$D_0=Q_6\oplus Q_9$
5	$D_0=Q_2\oplus Q_4$	11	$D_0=Q_8\oplus Q_{10}$
6	$D_0=Q_4\oplus Q_5$	12	$D_0=Q_5\oplus Q_7\oplus Q_{10}\oplus Q_{12}$
7	$D_0=Q_0\oplus Q_6$	13	$D_0=Q_8\oplus Q_9\oplus Q_{11}\oplus Q_{12}$
8	$D_0=Q_1\oplus Q_2\oplus Q_3\oplus Q_7$	14	$D_0=Q_8\oplus Q_{10}\oplus Q_{12}\oplus Q_{13}$

例如,$n=4$ 时,反馈表达式为 $D_0=Q_0\oplus Q_3$,按此式构成的 4 位最大长度移存型计数器如图 5.4.42 所示,其状态转换图如图 5.4.43 所示。该电路不能自启动,全 0 作为无效状态构成无效循环。

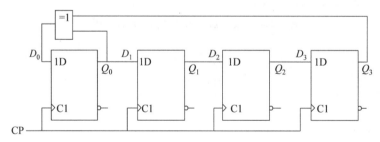

图 5.4.42 4 位最大长度移存型计数器

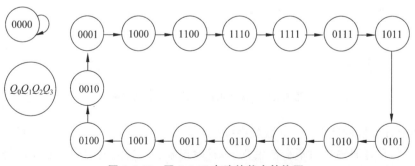

图 5.4.43 图 5.4.42 电路的状态转换图

要使这种计数器具备自启动功能,只需在各反馈表达式后面加上一个 0 的最小项即可,如 $\bar{Q}_0 \bar{Q}_1 \cdots \bar{Q}_n$。图 5.4.44 所示电路具有自启动功能,反馈表达式为 $D_0 = Q_0 \oplus Q_3 + \bar{Q}_0 \bar{Q}_1 \bar{Q}_2 \bar{Q}_3$。其电路状态转换图如图 5.4.45 所示。

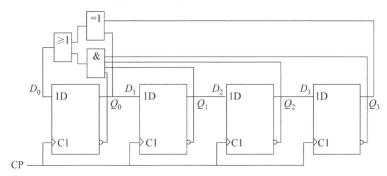

图 5.4.44 能自启动的 4 位最大长度移存型计数器

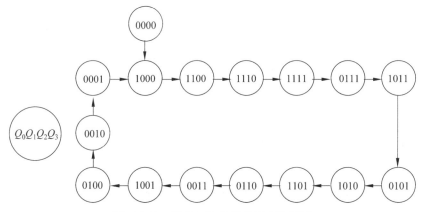

图 5.4.45 图 5.4.44 电路的状态转换图

5.4.6 计数器的应用

计数器应用很广泛,如利用它采测量脉冲的频率、宽度或周期等。日常生活中经常使用的数字钟、电子表中也少不了计数器。

1. 测量脉冲频率

图 5.4.46 是测量脉冲频率的原理图。将待测频率的脉冲信号和取样脉冲信号一起加到门 G。在 $t_1 \sim t_2$ 期间,取样脉冲为正,输出被测脉冲,此脉冲由计数器计数,计数值就是 $t_1 \sim t_2$ 期间被测脉冲的个数 N,由此可求得被测脉冲频率为

$$f = \frac{N}{t_2 - t_1}$$

例如,若脉冲频率为 2100Hz,则在 $t_1 \sim t_2 = 1$s 内,计数器计数值应为 2100,在 0.1s 内为 210,在 0.01s 内为 21。计数器经译码驱动器件便可显示被测脉冲的频率值。

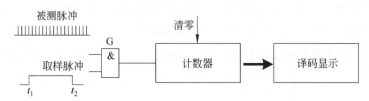

图 5.4.46　测量脉冲频率的原理图

此外,在每次测量前,应先将计数器清零,使计数器从 0 开始计数。显然,上述测量方法的精度取决于取样脉冲时间间隔 $t_1 \sim t_2$ 的精度。为了提高测量精度,通常由频率精确的晶体振荡器经十分频器产生周期为 $100\mu s$、$1ms$、$10ms$、$0.1s$ 的方波取样脉冲信号。

2. 数字钟

计数器广泛用于数字钟,用来显示时、分、秒。图 5.4.47 为一个显示时、分、秒的数字钟组成框图。

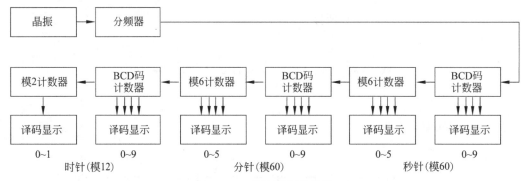

图 5.4.47　数字钟组成框图

每个数字钟都需要一个精确的时钟信号,一般均由晶体振荡器产生。晶振产生的脉冲信号经分频后得到 1Hz 的秒脉冲信号。秒脉冲送"秒针"部分进行计数,显示 0～59,这样 BCD 码计数器每秒加 1 计数,当计满 10 次时复位到 0,并向高位进位;当计数到 59 时,再来一个秒脉冲,BCD 码计数器与模 6 计数器均复位到 0,并向"分针"部分进位。在"分针"部分,每分钟都有一个脉冲到来,使 BCD 码计数器进行加 1 计数,当计满 60 次时复位到 0,并向"时针"部分进位,其工作情况与"秒针"部分类似。"分针"部分每过 60min(即 1h)向"时针"部分送一个脉冲,使之加 1 计数,当计数到 11 时,再来一个脉冲,"时针"部分便复位到 0。

对于上述两种计数器的应用,将在第 9 章详细介绍其电路功能模块及整个电路图。

5.5　序列信号发生器

1. 序列信号的基本概念

序列信号是按照一定顺序排列的周期性的串行二进制码,常用作数字系统的同步信号或地址码,也可以作为可编程逻辑电路的控制信号。环形计数器组成的顺序脉冲发生器只是序列信号中的一种特例,每个序列中只有一个 1 或者只有一个 0。序列信号按照其产生的序列循环长度 M 和移位寄存器(或计数器)的级数 n 分为 3 种:

(1) 最大循环长度序列码,循环长度 $M = 2^n$。

(2) 最长线性序列码(也称伪随机序列码或 M 序列码),循环长度 $M = 2^n - 1$。

(3) 任意循环长度序列码(非最大循环长度序列码),循环长度 $M < 2^n$。

2. 序列信号发生器

1) 最大循环长度序列信号发生器($M = 2^n$)

序列信号发生器的构成方法有多种。一种比较简单、直观的方法是用计数器和数据选择器组成序列信号发生器。

【例 5.5.1】　用计数器 74LS161 和八选一数据选择器 74LS151 构成一个 8 位的序列信号 10011010(时间顺序自左到右)。

解: 取 74LS161(4 位二进制计数器)的低 3 位作为八进制计数器,74LS151 输入端 $D_0 \sim D_7$ 按照输出序列信号连接,输出端作为序列信号发生器的输出。它的逻辑电路如图 5.5.1 所示。

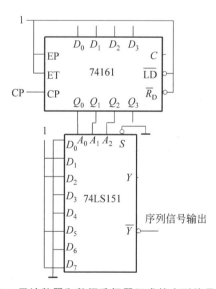

图 5.5.1　用计数器和数据选择器组成的序列信号发生器

当 CP 信号连续不断地加到计数器上时,$Q_2 Q_1 Q_0$ 的状态作为 74LS151 的地址码便按照表 5.5.1 中所示的顺序不断循环,74LS151 输出端便不断出现 $\overline{D_0} \overline{D_1} \cdots \overline{D_7}$ 序列信号。因此,在需要修改序列信号时,只要修改加到 $D_0 \sim D_7$ 的高、低电平即可,而不需要对电路作任何更动。

2) 任意循环长度序列信号发生器($M < 2^n$)

序列信号发生器另一种常见的构成方法是采用带反馈逻辑电路的移位寄存器。如果序列信号的位为 M,移位寄存器的位数为 n,则应取 $M < 2^n$。

表 5.5.1　图 5.5.1 电路的状态转换表

CP 顺序	Q_2 (A_2)	Q_1 (A_1)	Q_0 (A_0)	$\bar{Y}$
0	0	0	0	$\bar{D}_0(1)$
1	0	0	1	$\bar{D}_1(0)$
2	0	1	0	$\bar{D}_2(0)$
3	0	1	1	$\bar{D}_3(1)$
4	1	0	0	$\bar{D}_4(1)$
5	1	0	1	$\bar{D}_5(0)$
6	1	1	0	$\bar{D}_6(1)$
7	1	1	1	$\bar{D}_7(0)$
8	0	0	0	$\bar{D}_0(1)$

【**例 5.5.2**】　用双向移位寄存器 74LS194 和八选一数据选择器 74LS151 构成一个 8 位的序列信号 0001011101(时间顺序自左至右)。

解: 用 4 位双向移位寄存器 74LS194 的右移功能从 Q_3 端输出序列信号,该信号通过右移输入端 D_{IR} 得到。假设移位寄存器初始状态 $Q_3Q_2Q_1Q_0 = 0000$,根据要求产生的序列信号,即可列出移位寄存器应具有的状态转换表,如表 5.5.2 所示。其中非主循环状态 1100、0110、1001、0011、1111 经过一个(或两个)CP 脉冲即可进入主循环。

从状态转换表出发,可以得到 D_{IR} 与 Q_3、Q_2、Q_1、Q_0 之间的函数关系为

$$D_{IR} = \bar{Q}_3\bar{Q}_2\bar{Q}_1\bar{Q}_0 + \bar{Q}_3\bar{Q}_2Q_1\bar{Q}_0 + \bar{Q}_3Q_2Q_1Q_0 + Q_3\bar{Q}_2Q_1Q_0$$
$$+ Q_3Q_2Q_1\bar{Q}_0 + Q_3\bar{Q}_2\bar{Q}_1\bar{Q}_0 + \bar{Q}_3\bar{Q}_2Q_1Q_0$$

上述逻辑表达式用八选一数据选择器 74LS151 来实现,其输出端 $\bar{Y}$ 直接连至 74LS194 的右移输入端,则数据选择器的输出为

表 5.5.2　例 5.5.2 状态转换表

CP 顺序	Q_3	Q_2	Q_1	Q_0	D_{IR}
0	0	0	0	0	1
1	0	0	0	1	0
2	0	0	1	0	1
3	0	1	0	1	1
4	1	0	1	1	1
5	0	1	1	1	0
6	1	1	1	0	1
7	1	1	0	1	1
8	1	0	1	0	0
9	0	1	0	0	0
10	1	0	0	0	1
11	1	1	0	0	0
12	0	1	1	0	0
13	1	0	0	1	1
14	0	0	1	1	1
15	1	1	1	1	0

$$\overline{Y}=D_{IR}=1\cdot(\overline{Q}_2\overline{Q}_1\overline{Q}_0)+0\cdot(\overline{Q}_2\overline{Q}_1Q_0)+\overline{Q}_3\cdot(\overline{Q}_2Q_1\overline{Q}_0)+1\cdot(\overline{Q}_2Q_1Q_0)$$
$$+0\cdot(Q_2\overline{Q}_1\overline{Q})+\overline{Q}_3\cdot(Q_2\overline{Q}_1Q_0)+Q_3\cdot(Q_2Q_1\overline{Q}_0)+0\cdot(Q_2Q_1Q_0)$$

所以

$$\overline{D}_6=Q_3,\quad \overline{D}_2=\overline{D}_5=\overline{Q}_3,\quad \overline{D}_0=\overline{D}_3=1,\quad \overline{D}_1=\overline{D}_4=\overline{D}_7=0$$

根据上述分析,用 74LS151 构成的带反馈逻辑电路的移位寄存器电路如图 5.5.2 所示。当然反馈逻辑电路也可以通过逻辑化简后用逻辑门电路实现,这里省略。

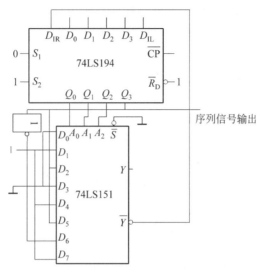

图 5.5.2　任意循环长度的序列信号发生器

3) 最长线性序列信号发生器($M=2^n-1$)

最大长度移存型计数器(在 5.4.5 节已经介绍过)的有效状态数达到 2^n-1,电路是通过引入异或反馈网络构成的,若以计数器的某一位作为序列输出信号,则称这种异或反馈式移存器为线性序列发生器。

图 5.4.43 是能自启动的 4 位最大长度移存型计数器电路,在 CP 的连续作用下,Q_3 输出的脉冲序列为 111101011001000,其循环长度为 $M=2^4-1$。$Q_3Q_2Q_1Q_0=0000$(全 0 状态)是该电路的偏离状态(即无效状态),电路一旦进入偏离状态,在 CP 的作用下会自动进入有效循环状态。

由上述分析可以推论:任何线性序列发生器均存在全 0 状态,有效状态最多有 2^n-1 个(n 为移存型计数器的级数),这种最长线性脉冲序列电路也称为 m 序列信号发生器。由于 m 序列信号在通信中有其特殊的实用价值,这里简单介绍 m 序列信号的特点:

(1) 循环长度 $M=2^n-1$,是最长线性序列。

(2) 每个循环周期中码元为 1 的总数比码元为 0 的总数仅多一个。M 值越大,序列中出现 1 和出现 0 的概率都越接近 1/2,1 和 0 排列的规律性越差。

(3) m 序列的循环长度越长,就越接近随机序列的特性,因此常用这种 m 序列来模拟离散的随机信号,并称它为伪随机序列。

在实际应用中经常需要产生 M 很大的 m 序列信号。例如,对于表 5.4.7 中列出的 m

序列反馈函数,当 $n=14$ 时,输出脉冲序列的循环长度达到 $2^{14}-1=16\,383$。

5.6　时序逻辑电路的设计方法

在设计时序逻辑电路时,要求设计者根据给出的具体逻辑问题得出实现这一逻辑功能的逻辑电路。

当选用小规模集成电路时,电路最简的标准是所用的触发器和门电路的数目最少,而且触发器和门电路的输入端数目也最少;而当使用大规模集成电路时,电路最简的标准是使用的集成电路数目最少,种类最少,而且连线也最少。

同步时序逻辑电路的设计一般可按如下步骤进行:

(1) 功能描述。

① 对给出的逻辑设计问题进行逻辑抽象,确定输入变量、输出变量和状态数。

② 设定电路状态。对输入、输出和电路状态进行定义,并对电路状态顺序编号,按照设计要求画出状态转换图或列出状态转换表。

这样,就把给定的逻辑问题抽象为一个时序逻辑函数了。

(2) 状态化简。

消除多余状态,使电路的状态数目减少,得到最简的状态转换图或状态转换表。

(3) 状态编码。

时序逻辑电路的状态是用触发器状态的不同组合来表示的,所以首先确定触发器数目 n。由于 n 个触发器共有 2^n 种状态组合,所以为获得时序电路所需的 M 个状态,必须取

$$2^{n-1} < M \leqslant 2^n$$

其次,给电路的每一个状态规定与之相对应的触发器状态组合。

(4) 选定触发器类型,写出电路的状态方程、驱动方程和输出方程。

(5) 根据方程画出逻辑电路图。

(6) 检验设计电路能否自启动。

根据设计出的逻辑电路,再反过来分析它的逻辑功能和自启动特性,看是否满足原设计要求。若不满足,则要重新修改设计。

实际设计时,因设计要求千差万别,所以不必拘泥于上述步骤,可以略去或调整其中的某些步骤。例如,有的设计问题以状态转换表的形式给出的,就不必对设计问题进行逻辑抽象和设定电路状态了。

当选用小规模集成电路时,第(3)步以后就不完全适用了。中规模集成电路已经具备了一定的逻辑功能。设计结果应与命题要求的逻辑功能之间有明显的对应关系,以便于修改设计。

下面通过例子介绍时序逻辑电路的一般设计方法。

【例 5.6.1】　利用上升沿触发的 D 触发器和逻辑门设计一个串行数据 1111 检测器,当连续输入信号为 4 个或 4 个以上 1 时输出为 1,其他输入情况下输出为 0。

解：（1）功能描述。

设输入信号为 X（输入变量），监测结果为 Z（输出变量）。设电路在没有输入 1 以前的状态为 S_0，输入一个 1 以后的状态为 S_1，连续输入两个 1 以后的状态为 S_2，连续输入 3 个 1 以后的状态为 S_3，连续输入 4 个或 4 个以上 1 以后的状态为 S_4。依据设计要求即可得到表 5.6.1 所示的状态转换表和图 5.6.1 所示的状态转换图。

表 5.6.1　例 5.6.1 的状态转换表

X	S^{n+1}/Z				
	$S^n = S_0$	$S^n = S_1$	$S^n = S_2$	$S^n = S_3$	$S^n = S_4$
0	$S_0/0$	$S_0/0$	$S_0/0$	$S_0/0$	$S_0/0$
1	$S_1/0$	$S_2/0$	$S_3/0$	$S_4/1$	$S_4/1$

（2）状态化简。

比较一下表 5.6.1 中的 S_3 和 S_4 这两个状态便可发现，它们在同样的输入下有同样的输出和同样的次态，因此 S_3 和 S_4 是等价状态，可以合并为一个。现将表 5.6.1 中的 S_4 都用 S_3 代替，简化后的状态转换图如图 5.6.2 所示。

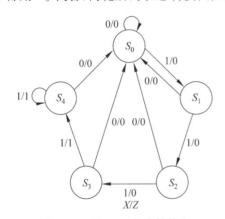

图 5.6.1　例 5.6.1 状态转换图

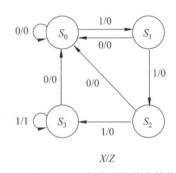

图 5.6.2　例 5.6.1 化简后的状态转换图

（3）状态编码。

S_0、S_1、S_2 和 S_3 代表了电路中各触发器状态的 4 种组合。为了对状态进行编码，首先需要确定所需触发器的个数（级数）n。由于 n 个触发器可以有 2^n 个组合状态，因此，如果需要的组合状态数为 M，则 M 与 n 之间应满足下列关系式：

$$2^{n-1} < M \leqslant 2^n$$

本例中 $M=4$，所以 $n=2$，即需要两个触发器。令两个触发器的状态 Q_1 和 Q_0 的 4 种组合 00、01、10、11 分别代表 S_0、S_1、S_2 和 S_3。

上述过程称为状态编码，将 $S_0=00$、$S_1=01$、$S_2=10$ 和 $S_3=11$ 分别代入化简后的状态转换表，得到电路的状态编码表，如表 5.6.2 所示。

表 5.6.2　例 5.6.1 的状态编码表

X	$Q_1^{n+1}Q_0^{n+1}/Z$			
	$Q_1^nQ_0^n=00$	$Q_1^nQ_0^n=01$	$Q_1^nQ_0^n=11$	$Q_1^nQ_0^n=10$
0	00/0	00/0	00/0	00/0
1	01/0	10/0	11/1	11/0

（4）求状态方程、驱动方程和输出方程。

依据表 5.6.2 将 Q_1^{n+1}、Q_0^{n+1} 和 Z 分别填入卡诺图，如图 5.6.3 所示。对卡诺图进行化简，得到的状态方程为

$$Q_1^{n+1}=XQ_0+XQ_1=X\,\overline{\overline{Q}_0\overline{Q}_1}$$

$$Q_0^{n+1}=X\overline{Q}_0+XQ_1=X\,\overline{Q_0\overline{Q}_1}$$

输出方程为

$$Z=XQ_0Q_1$$

由 D 触发器的特性方程得到的驱动方程为

$$D_1=X\,\overline{\overline{Q}_0\overline{Q}_1},\quad D_0=X\,\overline{Q_0\overline{Q}_1}$$

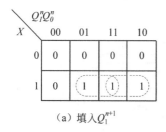

（a）填入 Q_1^{n+1}

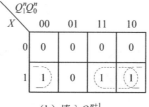

（b）填入 Q_0^{n+1}

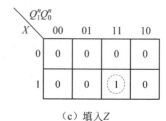

（c）填入 Z

图 5.6.3　例 5.6.1 卡诺图

（5）由驱动方程和输出方程画出逻辑电路图，如图 5.6.4 所示。

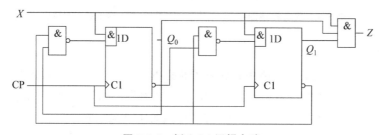

图 5.6.4　例 5.6.1 逻辑电路

（6）检验逻辑电路能否自启动。本例中两个触发器状态 Q_1、Q_0 的 4 种组合均为有效状态，即没有无效状态，所以该电路能自启动。

【例 5.6.2】　用 CC4095 型边沿 JK 触发器设计一个可自启动的六进制同步计数器。要求如下：计数器输出的六进制代码具有相邻性（任何两组相邻代码之间只有一位码不同），而且代码中不包含全 0 和全 1 码组；无进位输出端。

解：(1) 功能描述。

设计一个可自启动的 $M=6$ 的同步计数器，输出代码具有逻辑相邻性，且不包括全 0 和全 1 码。

计数器循环输出 6 组代码，即需要 6 个状态 $S_0 \sim S_5$，分别代表计数值 0～5。因为六进制计数器必须用 6 个不同的状态表示已经输入的脉冲数，所以状态转换图已不能再化简。其状态转换图如图 5.6.5 所示。

图 5.6.5　例 5.6.2 状态转换图

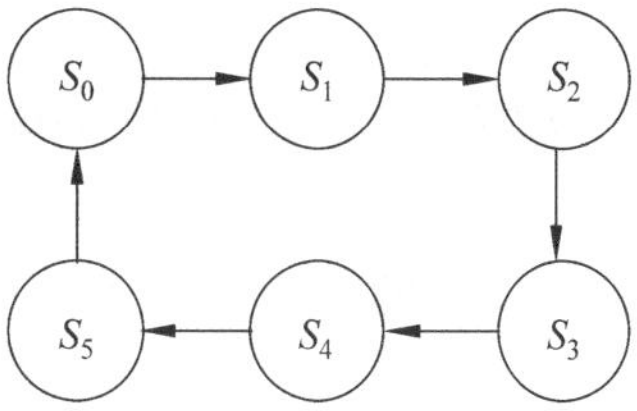

(2) 状态编码。

将 $M=6$ 代入 $2^{n-1}<M\leqslant 2^n$，可得 $n=3$。该计数器应由 3 个触发器构成，其状态编码也应为 3 位。本例要求计数器输出的六进制代码具有相邻性，而且要求代码中不包含 000 和 111 码。因为卡诺图中相邻的方格所对应的代码也是相邻的，所以除去 000 和 111 两个格外，将其他 6 个格按照几何位置相邻的顺序排入 $S_0 \sim S_5$，顺序如图 5.6.6(a)中的箭头所示，这样 $S_0 \sim S_5$ 所对应的代码必然相邻。3 位编码将由 3 个触发器的输出 $Q_2Q_1Q_0$ 实现。编码后的状态转换图如图 5.6.6(b)所示。

(3) 求状态方程、驱动方程和输出方程。

按照编码后的状态转换图，将次态分别填入卡诺图中，便得到编码后的卡诺图，如图 5.6.7 所示。再将卡诺图分解，分别得到 Q_2^{n+1}、Q_1^{n+1} 和 Q_0^{n+1} 的卡诺图，如图 5.6.8 所示。

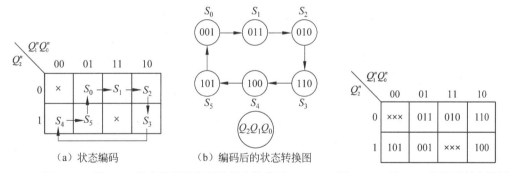

(a) 状态编码　　(b) 编码后的状态转换图

图 5.6.6　例 5.6.2 状态编码及编码后状态转换图

Q_2^n \ $Q_1^nQ_0^n$	00	01	11	10
0	×××	011	010	110
1	101	001	×××	100

图 5.6.7　例 5.6.2 编码后的卡诺图

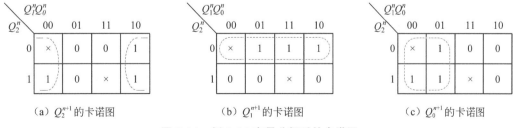

(a) Q_2^{n+1} 的卡诺图　　(b) Q_1^{n+1} 的卡诺图　　(c) Q_0^{n+1} 的卡诺图

图 5.6.8　例 5.6.2 变量分解后的卡诺图

对卡诺图进行化简，可得状态方程为：

$$Q_2^{n+1} = \bar{Q}_0$$
$$Q_1^{n+1} = \bar{Q}_2$$
$$Q_0^{n+1} = \bar{Q}_1$$

本例要求选用 JK 触发器,将上式转换成 JK 触发器特性方程的标准形式,即

$$Q^{n+1} = J\bar{Q} + \bar{K}Q$$

转换后的状态方程为

$$Q_2^{n+1} = \bar{Q}_0\bar{Q}_2 + \bar{Q}_0 Q_2$$
$$Q_1^{n+1} = \bar{Q}_2\bar{Q}_1 + \bar{Q}_2 Q_1$$
$$Q_0^{n+1} = \bar{Q}_1\bar{Q}_0 + \bar{Q}_1 Q_0$$

将上式与 JK 触发器特性方程的标准形式对照,可得到驱动方程:

$$J_2 = \bar{Q}_0, \quad K_2 = Q_0$$
$$J_1 = \bar{Q}_2, \quad K_1 = Q_2$$
$$J_0 = \bar{Q}_1, \quad K_0 = Q_1$$

(4) 检验自启动特性。

在上面用卡诺图化简的过程中,如果把表示任意项的×包括在圈内,等于把×取作1;如果把表示任意项的×画在圈外,等于把×取作 0。这样无形中已经为无效状态指定了次态。如果这个指定的次态属于有效循环中的状态,那么电路是能自启动的;反之,如果它是无效状态,那么电路将不能自启动。

从图 5.6.8 中可以看出,当电路进入偏离状态 000 时,因为 3 个卡诺图中的 000 方格均被圈入,故次态应为 111;当现态为 111 时,因 111 方格均未被圈入,故次态应为 000。显然,这两个偏离状态自成循环,因而该电路不能自启动。其卡诺图如图 5.6.9(a)所示。

为了能自启动,应修改原设计,将无效状态的次态改为某个有效状态。如果将图 5.6.7 中的现态 000 对应的次态×××修改为 011,则变量 Q_2^{n+1} 的卡诺图变为图 5.6.9(b)所示,变量 Q_1^{n+1}、Q_0^{n+1} 的卡诺图不变。这样,两个偏离状态通过 011 进入主循环,从而使电路能自启动。修改后的状态转换图如图 5.6.10 所示。与步骤(3)的方法一样,修改后 Q_2^{n+1} 的状态方程和驱动方程为

$$Q_2^{n+1} = \bar{Q}_0 Q_1 + \bar{Q}_0 Q_2 = \bar{Q}_0 Q_1\bar{Q}_2 + \bar{Q}_0 Q_2$$
$$J_2 = \bar{Q}_0 Q_1, \quad K_2 = Q_0$$

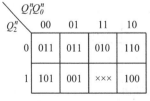
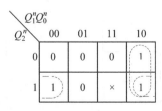

(a) 能自启动的卡诺图　　　　　　(b) Q_2^{n+1} 卡诺图

图 5.6.9　例 5.6.2 修改后的卡诺图

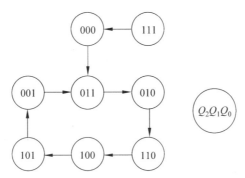

图 5.6.10　例 5.6.2 修改后的状态转换图

（5）画出逻辑电路图。

查资料知 CC4095 为上升沿触发的单 JK 触发器。J、K 分别有 3 个输入端 J_1、J_2、J_3 和 K_1、K_2、K_3，S_D、R_D 为异步置位、复位端(高电平有效)，CMOS 电路的空闲端不能悬空。由驱动方程可以画出逻辑电路图，如图 5.6.11 所示。

（6）检验逻辑功能。

读者可自行分析图 5.6.11 的功能，它可以满足设计要求。如果在第（4）步将 000 状态的次态转为除 111 以外的 5 个有效状态中的任何一个，得到的电路也能自启动；如果将 111 状态的次态转为 6 个有效状态中的任何一个，得到的电路同样也能自启动。具体实现方法应视得到的状态方程是否最简单而定。

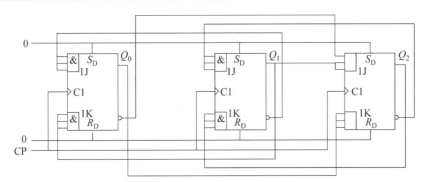

图 5.6.11　例 5.6.2 的逻辑电路图

在无效状态不止一个的情况下，为保证电路能自启动，必须使每个无效状态都能直接或间接地转为某一有效状态。

在介绍了逻辑电路分析与设计和基本的硬件描述语言 VHDL 之后，下面通过两个例子来说明逻辑电路的实际应用。

【**例 5.6.3**】　设计一个自动售货的控制电路。要求：每次只能售出一种商品，当购买者所投金额达到或超过购买者所选商品售价时，售出一种商品，并找回零钱，回到初始状态；当购买者所投金额不足时，可通过一个复位键退回购买者所投的钱，回到初始状态。

解：假设用两个发光二极管 S6 和 S8 分别模拟售价为 6 元和 8 元的商品。购买者可以通过开关 T6 和 T8 选择一种商品，灯亮时表示商品售出。用开关 M1、M5 和 M10 分别表示投入的钱,用发光二极管 CH 表示找回的零钱。电路总体框图如图 5.6.12 所示。

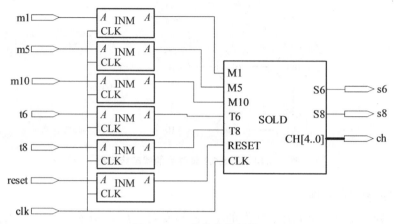

图 5.6.12　电路总体框图

售货模块 SOLD 的逻辑结构如图 5.6.13 所示。该模块实现出售商品的逻辑功能。M1、M5 和 M10 分别表示投入的 1 元、5 元、10 元钱,T6 和 T8 分别表示售价为 6 元、8 元的商品,S6 和 S8 分别表示售出的 6 元、8 元的商品,CH 表示找回的零钱。

售货模块 SOLD 的 VHDL 程序如下:

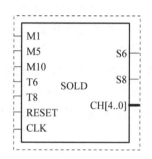

图 5.6.13　例 5.6.3 模块 SOLD 逻辑结构

```
LIBRARY IEEE;
USE IEEE.STD_LOGIC_1164.ALL;
USE IEEE.STD_LOGIC_UNSIGNED.ALL;
ENTFY sold IS
    PORT(m1,m5,m10:IN std_logic;
        t6,t8:IN std_logic;
        reset:IN std_logic;
        clk:IN std_logic;
        s6,s8:OUT std_logic;
        ch:OUT STD_LOGIC_VECTOR (4 DOWNTO 0));
END sold;
ARCHITECTURE sold_arc of sold IS
BEGIN
    PROCESS(clk,m1,m5,m10,t6,t8,reset)
    variable money:STD_LOGIC_VECTOR(4 DOWNTO 0);
    variable a:STD_LOGIC;
    variable cnt:INTEGER RANGE 0 TO 60;
    BEGIN
        IF (clk'event AND clk='1') THEN
            IF a='1' THEN
                IF m1='0' THEN
                    money <=money+1;
```

```
            ELSIF m5='0' THEN
                money <=money+5;
            ELSIF m10='0' THEN
                money <=money+10;
            ELSIF reset='0' THEN                --取消购买
                ch <=money;
                a :='0';
            ELSIF t6='0' AND money>5 THEN       --售出 6 元商品
                ch <=money-6;
                s6 <='1';
                a :='0';
            ELSIF t8='0' AND money>7 THEN       --售出 8 元商品
                ch <=money-8;
                s8 <='1';
                a :='0';
            END IF;
        ELSE
            IF cnt <60 THEN
                cnt :=cnt+1;
            ELSE
                cnt :=0;
                money :="0000";
                s6 <='0';
                s8 <='0';
                ch :="0000";
                a :='1';
            END IF;
        END IF;
    END IF;
END PROCESS;
END sold_arc;
```

　　INM 模块的逻辑电路如图 5.6.14 所示。此模块为同步消抖动模块,它的输入和输出均为负脉冲。

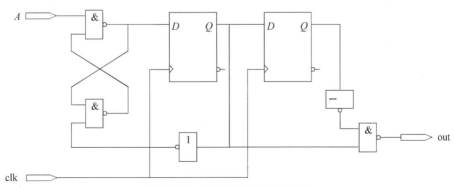

图 5.6.14　INM 模块的逻辑电路

【例 5.6.4】 设计一个汽车尾灯的控制电路。要求：当汽车往前行驶时，6 个尾灯全灭；当汽车右转弯时，右边 3 个尾灯按从左向右的顺序依次亮灭，左边 3 个尾灯全灭；当汽车左转弯时，左边 3 个尾灯按从右向左的顺序依次亮灭，右边 3 个尾灯全灭；当汽车刹车或倒车时，6 个尾灯同时明、暗闪烁。

解：假设用 6 个发光二极管 L0、L1、L2 和 r0、r1、r2 模拟 6 个尾灯（汽车尾部左右各 3 个），用两个开关 left、right 作为转弯控制信号，用一个开关 brake 模拟刹车或倒车，则汽车尾灯控制电路的总体框图如图 5.6.15 所示。

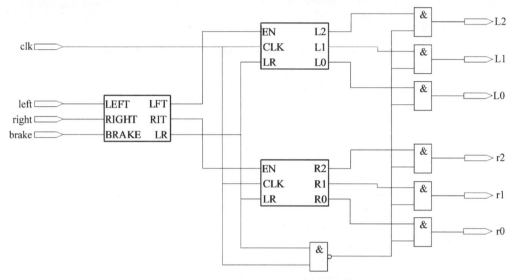

图 5.6.15 汽车尾灯控制电路总体框图

整个电路的控制模块结构如图 5.6.16 所示。当汽车左转时，LFT 信号有效；右转时，RIT 信号有效；刹车或倒车时，LR 信号有效。

控制模块如下：

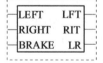

图 5.6.16 例 5.6.4 电路控制模块结构

```
LIBRARY IEEE;
USE IEEE.STD_LOGIC_1164.ALL;
USE IEEE.STD_LOGIC_UNSIGNED.ALL;
ENTITY control IS
    PORT(left,right,brake:IN STD_LOGIC;
         lft,rit,lr:OUT STD_LOGIC);
END control;
ARCHITECTURE control_arc OF control IS
BEGIN
    PROCESS(left,right,brake)
    variable a:std_logic_vector(2 DOWNTO 0);
    BEGIN
        a :=left&right&brake;
            CASE a IS
```

```
                WHEN "000"=>lft<='0';
                        rit<='0';
                        lr<='0';
                WHEN "100"=>lft<='1';
                        rit<='0';
                        lr<='0';
                WHEN "010"=>lft<='0';
                        rit<='1';
                        lr<='0';
                WHEN "001"=>lft<='1';
                        rit<='1';
                        lr<='1';
                WHEN others=>NULL;
            END CASE;
        END PROCESS;
    END control_arc;
```

左转模块控制左边 3 个尾灯,其逻辑结构如图 5.6.17 所示。其
VHDL 代码如下:

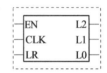

**图 5.6.17　左转模块
逻辑结构**

```
LIBRARY IEEE;
USE IEEE.STD_LOGIC_1164.ALL;
ENTITY leftm IS
    PORT(en,clk,lr:IN STD_LOGIC;
        l2,l1,l0:OUT STD_LOGIC;
END leftm;
ARCHITECTURE leftm_arc OF leftm IS
BEGIN
    PROCESS(clk,en,lr)
    variable tmp:std_logic_vector(2 DOWNTO 0);
    BEGIN
        IF lr ='1' THEN
            tmp :="111";
        ELSIF en ='0' THEN
            tmp :="000";
        ELSIF (clk'event AND clk='1') THEN
            IF tmp ="000" THEN
                tmp :="001";
            ELSE
                tmp :=tmp(1 DOWNTO 0)&'0';
            ENDIF;
        ENDIF;
        l2<=tmp(2);
        l1<=tmp(1);
        l0<=tmp(0);
```

```
    END PROCESS;
END leftm_arc;
```

右转模块控制右边 3 个尾灯,其逻辑结构如图 5.6.18 所示。其 VHDL 代码如下:

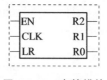

图 5.6.18 右转模块逻辑结构

```
LIBRARY IEEE;
USE IEEE.STD_LOGIC_1164.ALL;
ENTITY rightm IS
    PORT(en,clk,lr:IN std_logic;
         r2,r1,r0:OUT STD_LOGIC;
END rightm;
ARCHITECTURE rightm_arc OF rightm IS
BEGIN
    PROCESS(clk,en,lr)
    variable tmp:std_logic_vector(2 DOWNTO 0);
    BEGIN
        IF lr ='1' THEN
            tmp :="111";
        ELSIF en ='0' THEN
            tmp :="000";
        ELSIF (clk'event AND clk='1') THEN
            IF tmp ="000" THEN
                tmp :="100";
            ELSE
                tmp :='0'&tmp(2 DOWNTO 1);
            ENDIF;
        ENDIF;
        r2<=tmp(2);
        r1<=tmp(1);
        r0<=tmp(0);
    END PROCESS;
END rightm_arc;
```

*5.7 用 VHDL 描述时序逻辑电路

时序逻辑电路主要有移位寄存器、计数器、分频器等。这些电路的信号有时钟信号、复位信号、使能控制信号、输入信号、输出信号等。在时序逻辑电路的 VHDL 描述中,对这些信号及功能的描述是编程的主要内容。

1. 移位寄存器

移位寄存器的特点是:电路由多个触发器首尾连接构成,前一级触发器的输出是后一级触发器的输入,所有触发器共用一个时钟信号。下面的程序描述了一个通用的移位寄存器,它具有置数、左移、右移、算术移位、循环移位等功能。该移位寄存器循环右移时序仿真如图 5.7.1 所示。

```
LIBRARY IEEE;
USE IEEE.STD_LOGIC_1164.ALL;
USE IEEE.STD_LOGIC_UNSIGNED.ALL;
ENTITY u_shiftreg IS
    PORT(clk,clr,rin,lin:IN STD_LOGIC;
         s:IN STD_LOGIC_VECTOR(2 DOWNTO 0);
         d:IN STD_LOGIC_VECTOR(7 DOWNTO 0);
         q:OUT STD_LOGIC_VECTOR (7 DOWNTO 0));
END u_shiftreg;
ARCHITECTURE rtl OF u_shiftreg IS
signal iq:STD_LOGIC_VECTOR(7 DOWNTO 0);
BEGIN
    PROCESS(clk,clr,iq)
    BEGIN
        IF clr='0' THEN
            iq<=(others=>'0');
        ELSIF (clk'event AND clk='1') THEN
            CASE s IS
                WHEN "000"=>NULL;
                WHEN "001"=>iq<=d;
                WHEN "010"=>iq<=rin&iq(7 DOWNTO 1);
                WHEN "011"=>iq<=iq(6 DOWNTO 0)&lin;
                WHEN "100"=>iq<=iq(0)&iq(7 DOWNTO 1);
                WHEN "101"=>iq<=iq(6 DOWNTO 0)&iq(7);
                WHEN "110"=>iq<=iq(6 DOWNTO 0)&'0';
                WHEN others=>NULL;
            END CASE;
        END IF;
        q<=iq;
    END PROCESS;
END rtl;
```

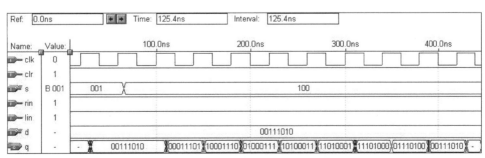

图 5.7.1　移位寄存器循环右移时序仿真

2. 计数器

计数器按工作方式分为同步计数器和异步计数器；按计数方法又分为加法计数器、减法计数器和可逆计数器，并带一些附加控制端。在对计数器进行 VHDL 描述时，既可以用结构来描述，也可以用行为来描述。这里仅给出同步十进制计数器和 8 位二进制计数器的 VHDL 描述。

（1）具有异步复位、同步置数和使能计数的同步十进制计数器的 VHDL 描述如下。各功能控制端时序仿真如图 5.7.2 所示。

```
LIBRARY IEEE;
USE IEEE.STD_LOGIC_1164.ALL;
USE IEEE.STD_LOGIC_ARITH.ALL;
USE IEEE.STD_LOGIC_UNSIGNED.ALL;
ENTITY counter10 IS
    PORT(rd,clk,ld,en:IN STD_LOGIC;
        d:IN STD_LOGIC_VECTOR(3 DOWNTO 0);
        c:OUT STD_LOGIC;
        q:OUT STD_LOGIC_VECTOR(3 DOWNTO 0));
END counter10;
ARCHITECTURE rtl OF counter10 IS
signal cnt:STD_LOGIC_VECTOR(3 DOWNTO 0);
BEGIN
    q(0)<=cnt(0);
    q(1)<=cnt(1);
    q(2)<=cnt(2);
    q(3)<=cnt(3);
c<=cnt(0) AND cnt(3);
    PROCESS(clk)
        BEGIN
    IF rd='0' THEN
            cnt<=(others=>'0');
        ELSIF (clk'event AND clk='1') THEN
            IF ld='0' THEN
                cnt<=d;
            ELSIF en='1' THEN
                IF cnt="1001" THEN
                    cnt<="0000";
                ELSE
                    cnt<=cnt+1;
                END IF;
            ELSE
                cnt<=cnt;
            END IF;
```

```
    ELSE
        cnt<=cnt;
    END IF;
    END PROCESS;
END rtl;
```

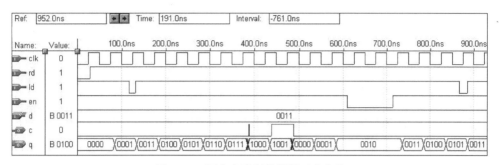

图 5.7.2 同步十进制计数器时序仿真

（2）具有异步复位、同步置数、使能计数和三态输出的 8 位二进制计数器的 VHDL 描述如下。各功能控制端时序仿真如图 5.7.3 所示。

```
LIBRARY IEEE;
USE IEEE.STD_LOGIC_1164.ALL;
USE IEEE.STD_LOGIC_ARITH.ALL;
USE IEEE.STD_LOGIC_UNSIGNED.ALL;
ENTITY cnt_tri8 IS
    PORT(rd,clk,ld,en,oe:IN STD_LOGIC;
        d:IN STD_LOGIC_VECTOR(7 DOWNTO 0);
        q:OUT STD_LOGIC_VECTOR(7 DOWNTO 0));
END cnt_tri8;
ARCHITECTURE rtl OF cnt_tri8 IS
signal cnt:STD_LOGIC_VECTOR(7 DOWNTO 0);
BEGIN
    count:PROCESS(clk)
    BEGIN
        IF rd='0' THEN
            cnt<=(others=>'0');
        ELSIF (clk'event AND clk='1') THEN
            IF ld='0' THEN
                cnt<=d;
            ELSIF en='1' THEN
                cnt<=cnt+1;
            END IF;
        END IF;
    END PROCESS count;
    tris:PROCESS(oe,cnt)
```

```
    BEGIN
        IF oe='0' THEN
            q<=(others=>'Z');
        ELSE
            q<=cnt;
        END IF;
    END PROCESS tris;
END rtl;
```

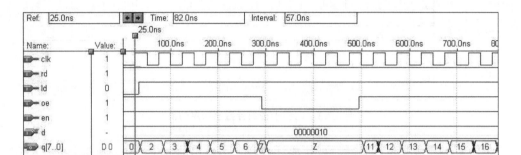

图 5.7.3   8 位二进制计数器时序仿真

3. 数控分频器

数控分频器的功能是当在输入端给定不同输入数据时使输入的时钟信号有不同的分频比。它可以通过置数法接成不同进制的计数器,只要将计数器的溢出位 C 与预置数的加载端 $\overline{LD}$ 相连即可。4 位数控分频器的程序实现如下。在不同输入值下不同频率输出的时序仿真如图 5.7.4 所示。

```
LIBRARY IEEE;
USE IEEE.STD_LOGIC_1164.ALL;
USE IEEE.STD_LOGIC_ARITH.ALL;
USE IEEE.STD_LOGIC_UNSIGNED.ALL;
ENTITY PULSE IS
    PORT(clk:IN STD_LOGIC;
        d:IN STD_LOGIC_VECTOR(3 DOWNTO 0);
        fout:OUT STD_LOGIC);
END PULSE;
ARCHITECTURE rtl OF PULSE IS
signal full:STD_LOGIC;
BEGIN
    p_reg:PROCESS(clk)
    variable cnt4:STD_LOGIC_VECTOR(3 DOWNTO 0);
    BEGIN
        IF (clk'event AND clk='1') THEN
            IF cnt4="1111" THEN
```

```
              cnt4:=d;
              full<='1';
          ELSE
              cnt4:=cnt4+1;
              full<='0';
          END IF;
      END IF;
   END PROCESS p_reg;
   p_div:PROCESS(full)
   variable cnt2:STD_LOGIC;
   BEGIN
      IF full'event AND full='1' THEN
          cnt2:=NOT cnt2;
          IF cnt2='1' THEN
              fout<='1';
          ELSE
              fout<='0';
          END IF;
      END IF;
   END PROCESS p_div;
END rtl;
```

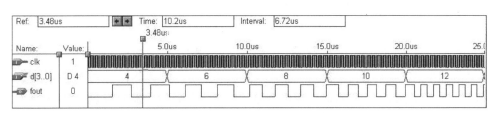

图 5.7.4 4 位数控分频器时序仿真

5.8 本 章 小 结

时序逻辑电路是由组合逻辑电路和存储电路组成的,它的输出不仅和当前时刻的输入有关,而且还和电路原来的状态有关。

时序逻辑电路有同步和异步之分。同步时序逻辑电路在时钟信号的控制下同步工作,而异步时序逻辑电路没有统一的时钟脉冲,但它们的分析方法基本相同,其分析步骤如下:

(1) 根据给定的逻辑电路写出每个触发器的驱动方程(即触发器输入信号的逻辑表达式)。

(2) 将驱动方程代入触发器的特性方程,依次得到状态方程和输出方程。

(3) 列出状态转换表,画出状态转换图和时序图。

(4) 分析时序逻辑电路的功能。

时序电路的设计过程是分析的逆过程,但稍微复杂一些,其设计步骤如下:

(1) 功能描述。对给出的实际逻辑设计问题进行逻辑抽象,确定输入变量、输出变量和状态数,并确定电路状态,画出状态转换图或列出状态转换表。这一步是时序逻辑电路设计的关键。

(2) 状态化简。

(3) 状态编码。

(4) 选定触发器类型,写出电路的状态方程、驱动方程和输出方程。

(5) 根据方程画出逻辑电路图。

(6) 检验电路的逻辑功能和自启动特性。

常用的时序逻辑电路有寄存器、移位寄存器、计数器、扭环形计数器和序列信号发生器等。寄存器输入、输出数码时有串行和并行两种方式,而串行又分为左移、右移和双向3种情况。74LS194 是寄存器的典型电路,应掌握其逻辑功能的应用。

计数器分为同步和异步两类,还有加法、减法和可逆之分。这里需要掌握几种集成计数器的逻辑功能、引脚排列和使用方法,包括二进制计数器 74LS161、十进制计数器74LS160、二-五-十异步计数器 74LS90 和可逆计数器 74LS191、74LS190 等。另外,还要掌握任意进制计数器的设计方法,如置零法、置数法等。对于移存型计数器,主要掌握扭环形计数器和最大长度移存型计数器的构成方法。

本章最后介绍了产生串行数字信号的序列信号发生器的构成方法,并应用 VHDL 描述了移位寄存器、计数器和数控分频器的实现。

5.9　习　　题

5.1　分析如图 5.9.1 所示时序逻辑电路的功能。若各触发器的初态为 $Q_3Q_2Q_1Q_0 = 1011$,给出经过 4 个 CP 脉冲后各触发器的状态。

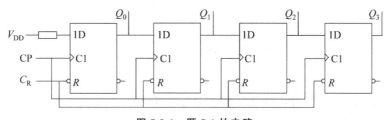

图 5.9.1　题 5.1 的电路

5.2　图 5.9.2 是一个自循环移位寄存器的逻辑电路,设各触发器的初态为 $Q_2Q_1Q_0 = 001$,列出经过 6 个 CP 脉冲作用时该寄存器的状态转换表。

5.3　分析如图 5.9.3 所示的时序逻辑电路的功能,列出状态转换表,画出时序图。设各触发器的初态为 $Q_3Q_2Q_1Q_0 = 0001$。

5.4　分析如图 5.9.4 所示时序逻辑电路的功能,设各触发器的初态为 $Q_2Q_1Q_0 = 011$。

(1) 列出状态转换表。

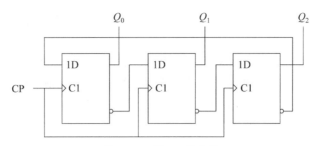

图 5.9.2 题 5.2 的电路

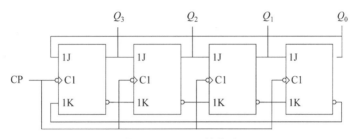

图 5.9.3 题 5.3 的电路

（2）说明该电路的逻辑功能。

（3）说明该电路能否自启动。

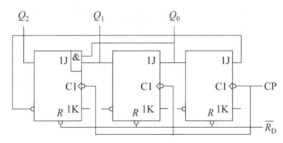

图 5.9.4 题 5.4 的电路

5.5 在如图 5.9.5 所示的时序电路中，设各触发器的初态为 $Q_3Q_2Q_1=100$，分析该时序电路的逻辑功能，并说明该电路能否自启动。

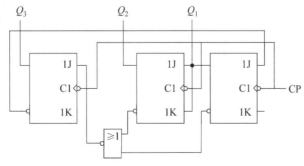

图 5.9.5 题 5.5 的电路

5.6 画出用 4 片 74LS194 组成 16 位双向移位寄存器的逻辑电路。74LS194 的功能表见表 5.3.3。

5.7 图 5.9.6 是由 74LS194 组成的 7 位串行变并行的数码变换器。

(1) 列出状态转换表,分析数码变换过程(提示:工作时先清零)。

(2) 若串行输入数码 $D_6D_5D_4D_3D_2D_1D_0 = 1010011$,经过 4 个 CP 脉冲后,并行输出端的状态如何?画出移位时序图。

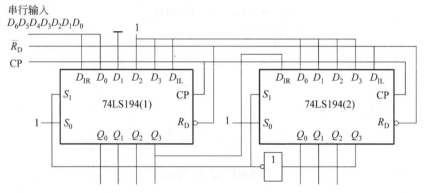

图 5.9.6 题 5.7 的电路

5.8 图 5.9.7 是由同步预置数 4 位二进制集成计数器芯片 74LS161 组成的 4 个一定进制的计数器,分析它们各是多少进制的计数器,并列出相应的状态转换表。74LS161 的功能表见表 5.4.2。

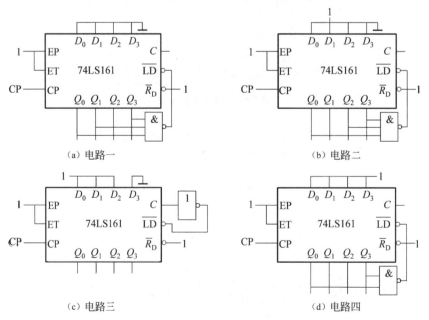

(a) 电路一

(b) 电路二

(c) 电路三

(d) 电路四

图 5.9.7 题 5.8 的电路

5.9 用二进制计数器 74LS161 分别设计模数为 5、7、9、14 的计数器,画出连线图并列出完整的状态转换表。

5.10 图 5.9.8 是由两片 74LS161 组成的计数器,输出端 Y 的脉冲频率与 CP 频率的比是多少?

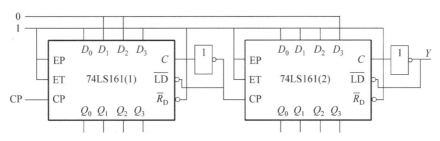

图 5.9.8 题 5.10 的电路

5.11 分析如图 5.9.9 所示的计数器电路,画出电路的状态转换图,说明这是多少进制的计数器。

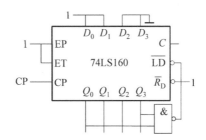

图 5.9.9 题 5.11 的电路

5.12 图 5.9.10 是由两片 CMOS 中规模 8421BCD 码计数器 CC40160 构成的计数器。CC40160 芯片的引脚排列和功能表与 74LS160 相同。

(1)分析其工作过程。

(2)该计数器的最大计数值是多少?

(3)用并行进位置数法将其接成八十八进制计数器。

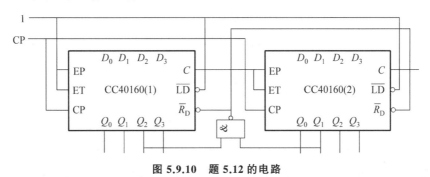

图 5.9.10 题 5.12 的电路

5.13 用 CC40160 芯片分别构成二十四进制和六十进制的计数器。画出连线图,标明计数输入端和进位输出端。

5.14   分析如图 5.9.11 所示的电路是多少进制的计数器,画出状态转换图和时序图。

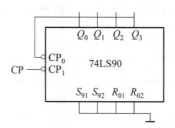

图 5.9.11   题 5.14 的电路

5.15   图 5.9.12 是用异步集成计数器 74LS90 组成的计数器,分析它是多少进制的计数器,列出状态转换表。74LS90 的功能表见表 5.4.6。

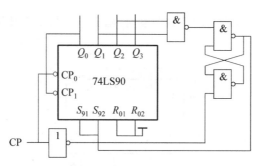

图 5.9.12   题 5.15 的电路

5.16   图 5.9.13 是由 74LS90 和 3 线-8 线译码器 74LS138 组成的时序逻辑电路。分析该时序逻辑电路的功能。若清零后输入 8 个 CP 脉冲,74LS138 的输出端 $\overline{Y}_7 \sim \overline{Y}_0$ 的状态依次是什么?

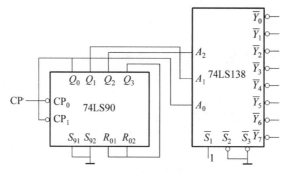

图 5.9.13   题 5.16 的电路

5.17   图 5.9.14 是由计数器 74LS161 和 8 选 1 的数据选择器 74LS151 组成的时序逻辑电路。分析该电路的功能,说明该电路在一系列 CP 脉冲作用下序列信号输出 $\overline{Y}$ 的状态。

5.18   分析如图 5.9.15 所示的时序逻辑电路,画出在 CP 脉冲作用下 Q_2 的输出波形,并说明 Q_2 与 CP 的关系。设各触发器的初态为 0。

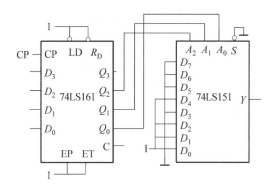

图 5.9.14 题 5.17 的电路

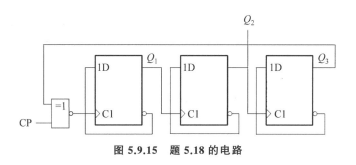

图 5.9.15 题 5.18 的电路

5.19 分析如图 5.9.16 所示的电路,画出在 CP 脉冲作用下 Y 的输出波形,并说明 Y 的频率与 CP 的频率之间的关系。

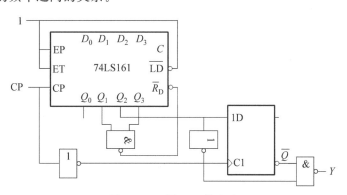

图 5.9.16 题 5.19 的电路

5.20 图 5.9.17 所示电路是用优先编码器 74LS147 和同步十进制计数器 74160 组成的可控分频器。当输入信号 $\overline{I}_5$ 为低电平,其余输入信号为高电平时,输出 Y 的脉冲频率为多少?分频比是多少?已知 CP 端输入脉冲的频率为 10kHz。

5.21 设计一个序列信号发生器,使之在一系列 CP 脉冲作用下能周期性地输出 0010110111 的序列信号。

5.22 用 D 触发器和门电路设计一个七进制计数器,并检查它能否自启动。

5.23 用 VHDL 描述异步二-五-十进制计数器 74LS90,并用它分别设计八进制、十二进制、二十四进制和六十进制的计数器(要求用七段译码显示器显示计数值)。

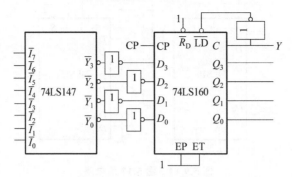

图 5.9.17　题 5.20 的电路

第 6 章

矩形脉冲波形的产生和整形

本章介绍矩形脉冲波形的产生和整形。首先介绍常见的两类脉冲整形电路——施密特触发器和单稳态触发器的电路结构和工作原理。对于脉冲振荡电路,介绍多谐振荡器的几种常见的电路结构形式——门电路构成的多谐振荡器、石英晶体振荡器、压控振荡器、施密特触发器构成的多谐振荡器等。

另外,无论脉冲整形电路还是脉冲振荡电路,都可以用 555 定时器集成电路来构成,所以本章最后介绍 555 定时器的电路结构和功能,然后介绍利用 555 定时器构成脉冲波形产生和整形电路的方法。

6.1　概　　述

从广义上把非正弦波称为脉冲波。脉冲波按波形的不同分为矩形波、梯形波、阶梯波、锯齿波等。

本章主要介绍矩形脉冲波形的产生和整形电路。获取矩形脉冲波形的途径不外乎有两种:一种是利用各种形式的多谐振荡器电路直接产生所需的矩形脉冲;另一种则是通过各种整形电路(如施密特触发器、单稳态触发器)把已有的周期性变化波形变换为符合要求的矩形脉冲。当然,在采用整形的方法获取矩形脉冲时,要以能够找到频率和幅度都符合要求的一种已有电压信号为前提。

在数字系统中,不仅需要研究各单元电路之间的逻辑关系,还需要产生脉冲信号源作为系统的时钟。矩形脉冲常常用作数字系统的命令信号或同步时钟信号,作用于系统的各个部分,因此波形的好坏将关系到电路能否正常工作。有关定量描述矩形脉冲的参数已在第 1 章中介绍过。

6.2　555 定时器

555 定时器最早是由美国的 Signetics 公司在 1972 年开发的,又被称作 555 时基集成电路。555 定时器是一种多用途的数字-模拟混合中规模集成电路,利用它能极方便地构成施密特触发器、单稳态触发器和多谐振荡器。由于 555 定时器使用灵活、方便,所以它被广泛地应用在波形产生与变换、工业自动控制、定时、仿声、电子乐器和防盗报警等方面。

555 定时器的电源电压为 $3 \sim 18V$，驱动电流比较大，可达到 200mA。另外，它还能提供与 TTL、MOS 电路相兼容的逻辑电平。正因为如此，国际上各主要的电子器件公司相继推出了自己的 555 定时器产品。尽管 555 定时器产品型号繁多，但所有双极型产品型号最后的 3 位数码都是 555，所有 CMOS 产品型号最后的 4 位数码都是 7555，而且它们的功能和外部引脚的排列完全相同。为了提高产品集成度，后来又出现了双定时器产品 556 和 7556。

6.2.1　555 定时器的电路结构

图 6.2.1(a)是国产双极型定时器 CB555 的逻辑电路。它的内部结构由比较器 C_1 和 C_2、基本 RS 触发器和集电极开路的放电三极管 T_D 这 3 部分组成。比较器前接有 3 个由 $5k\Omega$ 电阻构成的分压器，555 就是由此得名的。

555 定时器外形主要有环形 8 脚、小型双列 8 脚以及含单个或双个电路的 14 脚 3 种封装形式。图 6.2.1(b)为双列 8 脚封装形式。

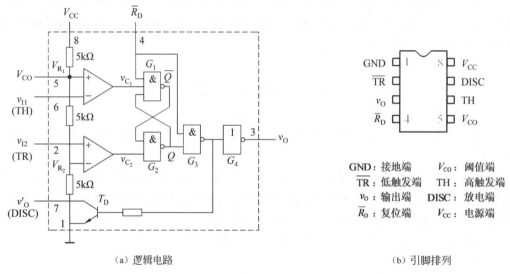

（a）逻辑电路　　　　　　　　　　　　　　（b）引脚排列

图 6.2.1　CB555 的逻辑电路及引脚排列

放电管 T_D 工作在开关状态。受触发器控制。当触发器输出 $Q=1$、$\bar{Q}=0$ 时，放电管 T_D 截止；当触发器输出 $Q=0$、$\bar{Q}=1$ 时，放电管饱和，可为外接电容提供放电通道。不论比较器输出如何，只要复位端 $\bar{R}_D$ 接低电平，则触发器就被强制复位，$Q=0$，定时器输出状态为 0 态，所以复位端通常悬空或接高电平。

6.2.2　555 定时器的功能

由 555 定时器的逻辑电路可知：在阈值电压输入端 V_{CO} 悬空时，$V_{R_1}=\dfrac{2}{3}V_{CC}$，$V_{R_2}=$

$\frac{1}{3}V_{CC}$；如果 V_{CO} 外接固定电压，则 $V_{R_1}=V_{CO}$，$V_{R_2}=\frac{1}{2}V_{CO}$。

当 $v_{I1}>V_{R_1}$、$v_{I2}>V_{R_2}$ 时，比较器 C_1 的输出 $v_{C_1}=0$、比较器 C_2 的输出 $v_{C_2}=1$，基本 RS 触发器被置 0，T_D 导通，同时 v_O 为低电平。

当 $v_{I1}<V_{R_1}$、$v_{I2}>V_{R_2}$ 时，$v_{C_1}=1$，$v_{C_2}=1$，基本 RS 触发器的状态保持不变，因而 T_D 和输出的状态也维持不变。

当 $v_{I1}<V_{R_1}$、$v_{I2}<V_{R_2}$ 时，$v_{C_1}=1$、$v_{C_2}=0$，基本 RS 触发器被置 1，由于正常工作时 $\overline{R}_D=1$，所以 v_O 为高电平，同时 T_D 截止。

当 $v_{I1}>V_{R_1}$、$v_{I2}<V_{R_2}$ 时，$v_{C_1}=0$、$v_{C_2}=0$，基本 RS 触发器处于 $Q=\overline{Q}=1$ 的状态，v_O 处于高电平，同时 T_D 截止。

这样就得到了表 6.2.1 所示的 CB555 的功能表。

表 6.2.1　CB555 的功能表

$\overline{R}_D$	v_{I1}	v_{I2}	v_O	T_D 状态
0	×	×	低	导通
1	$>2V_{CC}/3$	$>V_{CC}/3$	低	导通
1	$<2V_{CC}/3$	$>V_{CC}/3$	保持不变	保持不变
1	$<2V_{CC}/3$	$<V_{CC}/3$	高	截止
1	$>2V_{CC}/3$	$<V_{CC}/3$	高	截止

为了提高电路的带负载能力，还在输出端设置了缓冲器 G_4。如果 v_O' 端经过电阻接到电源上，那么只要这个电阻的阻值足够大，v_O 为高电平时 v_O' 也一定为高电平，v_O 为低电平时 v_O' 也一定为低电平。555 定时器能在很宽的电源电压范围内工作，并可承受较大的负载电流。双极型 555 定时器的电源电压范围为 5～16V，最大的负载电流达 200mA；CMOS 型 7555 定时器的电源电压范围为 3～18V，但最大负载电流在 4mA 以下。

6.3　施密特触发器

6.3.1　施密特触发器的特点

施密特触发器(Schmitt trigger)是一种经常使用的脉冲波形变换电路，它有两个稳定状态，是双稳态触发器的一个特例。它具有如下特点：

（1）施密特触发器是一种电平触发器，它能将变化缓慢的信号(如正弦波、三角波及各种周期性的不规则波形)变换为边沿陡峭的矩形波。利用此特点可以消除矩形脉冲高、低电平上的噪声。

（2）输入信号从低电平上升的过程中电路状态转换时的触发转换电平(阈值电平)与输入信号从高电平下降的过程中对应的触发转换电平是不同的，即电路具有回差特性。

施密特触发器应用广泛，无论是在 TTL 电路中还是 CMOS 电路中，都有集成施密特触发器产品。

6.3.2 用门电路组成施密特触发器

1. CMOS 门电路组成的施密特触发器

图 6.3.1(a)为两级反相器串接,再通过分压电阻将输出端电压反馈到输入端的施密特触发器电路,图 6.3.1(b)为逻辑符号,v_O 为同相输出端,v'_O 为反相输出端。

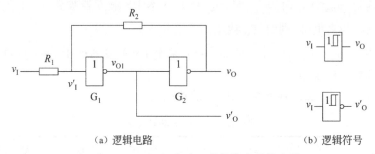

(a) 逻辑电路 (b) 逻辑符号

图 6.3.1 CMOS 门电路组成的施密特触发器

假定反相器 G_1、G_2 是 CMOS 电路,它们的阈值电压为 $V_{TH} \approx \frac{1}{2}V_{DD}$,且电阻 $R_1 < R_2$。当 $v_I = 0$ 时,由于 G_1、G_2 接成的正反馈,所以 $v_O = V_{OL} \approx 0$。下面分别分析输入信号 v_I 上升过程和下降过程中电路的工作情况。

1) v_I 上升过程

当 v_I 从 0 上升到 $v'_I = V_{TH}$ 时,由于 G_1 进入电压传输特性的转折区,所以 v'_I 的增加引发如下的正反馈:

$$v'_I \uparrow \longrightarrow v_{O1} \downarrow \longrightarrow v_O \uparrow$$

于是电路输出 v_O 迅速从低电平跳变到高电平,即 $v_O = V_{OH} \approx V_{DD}$。由此可以求出 v_I 上升过程中电路状态发生转换时对应的输入电平 V_{T+}。因为

$$v'_I = V_{TH} \approx \frac{R_2}{R_1 + R_2} V_{T+}$$

所以

$$V_{T+} = \frac{R_1 + R_2}{R_2} V_{TH} = \left(1 + \frac{R_1}{R_2}\right) V_{TH} \tag{6.3.1}$$

V_{T+} 称为正向阈值电压。

2) v_I 下降过程

当 v_I 从高电平 V_{DD} 逐渐下降并达到 $v'_I = V_{TH}$ 时,v'_I 的下降又引发另一个正反馈:

$$v'_I \downarrow \longrightarrow v_{O1} \uparrow \longrightarrow v_O \downarrow$$

电路的状态迅速从高电平跳变到低电平,即 $v_O = V_{OL} \approx 0$。由此可以求出 v_I 下降过

程中电路状态发生转换时对应的输入电平 V_{T-}。因为

$$v_1' = V_{TH} \approx V_{T-} + (V_{DD} - V_{T-})\frac{R_1}{R_1 + R_2}$$

所以

$$V_{T-} = \frac{R_1 + R_2}{R_2}V_{TH} - \frac{R_1}{R_2}V_{DD} \qquad (6.3.2)$$

将 $V_{DD} = 2V_{TH}$ 代入式(6.3.2)后得到

$$V_{T-} = \left(1 - \frac{R_1}{R_2}\right)V_{TH}$$

式中 V_{T-} 称为负向阈值电压。由于 V_{T-} 必须大于 0,所以在上式中要求 $R_1 < R_2$,否则施密特触发器电路会进入自锁状态,不能正常工作。

将 V_{T+} 与 V_{T-} 之差定义为回差电压 ΔV_T,即

$$\Delta V_T = V_{T+} - V_{T-} = \frac{2R_1}{R_2}V_{TH} \qquad (6.3.3)$$

根据式(6.3.1)和式(6.3.2)画出同相输出 v_O 与输入 v_I 以及反相输出 v_O' 与输入 v_I 之间的电压传输特性,如图 6.3.2 所示。

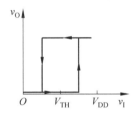 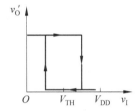

(a) v_O 与 v_I 之间的电压传输特征　　(b) v_O' 与 v_I 之间的电压传输特征

图 6.3.2　图 6.3.1 电路的电压传输特性

在 $R_1 < R_2$ 的条件下,通过改变 R_1 和 R_2 的比值,可以调节 V_{T+}、V_{T-} 以及回差电压 ΔV_T 的大小。

2. TTL 门电路组成的施密特触发器

TTL 门电路组成的施密特触发器经常采用如图 6.3.3 所示的电路。因为 TTL 门电路输入特性的限制,所以 R_1 和 R_2 的数值不能取得很大。串入二极管 D 防止 $v_O = V_{OH}$ 时门 G_2 的负载电流过大。

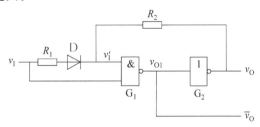

图 6.3.3　TTL 门电路构成的施密特触发器

由图 6.3.3 可知，$v_I=0$ 时，$v_O=V_{OL}$。假定门电路的阈值电压为 V_{TH}。同样地，可分析 v_I 上升过程和下降过程中电路的工作情况。

1）v_I 上升过程

当 v_I 从 0 上升至 V_{TH} 时，由于 G_1 的另一个输入端的电平 v_I' 仍低于 V_{TH}，所以电路状态并不改变。当 v_I 继续升高，并使 $v_I'=V_{TH}$ 时，G_1 开始导通，输出为低电平，经 G_2 反相和电路中的正反馈，v_O 迅速跳变为高电平，使 $v_O=V_{OH}$。此时对应的输入电平 V_{T+} 可由下式得到：

$$v_I'=V_{TH}=(V_{T+}-V_D)\frac{R_2}{R_1+R_2}$$

所以

$$V_{T+}=\frac{R_1+R_2}{R_2}V_{TH}+V_D \tag{6.3.4}$$

其中 V_D 是二极管 D 的导通压降。

2）v_I 下降过程

当 v_I 由高电平逐渐下降时，只要降至 $v_I=V_{TH}$，经 G_1、G_2 和电路中的正反馈，v_O 就会迅速返回 $v_O=V_{OL}$ 的状态。因此 v_I 下降过程对应的输入转换电平为

$$V_{T-}=V_{TH}$$

由此可求出电路的回差电压：

$$\Delta V_T=V_{T+}-V_{T-}=\frac{R_1}{R_2}V_{TH}+V_D \tag{6.3.5}$$

6.3.3 555 定时器构成的施密特触发器

1. 电路结构

将 555 定时器的高触发端 TH（6 脚）和低触发端 $\overline{TR}$（2 脚）连接在一起作为输入，输出端 v_O（3 脚）或放电端 DISC（7 脚）通过一个上拉电阻接到电源 V_{CC} 上作为电路的输出，便可以构成施密特触发器。其电路如图 6.3.4 所示。

555 定时器构成的施密特触发器的两个输出端——DIS（放电端）和 v_O 的波形形状完全一样。但是，它们的高、低电平，特别是高电平可以不一样。例如，Q 为高电平时，放电管 T_D 截止，放电端也截止，此时 DISC 端等于电源电压 V_{CC}。因此，由 DISC 端输出的电平信号可以通过改变电源 V_{CC} 的值来满足不同负载的需要。

为了提高比较器参考电压 V_{R_1} 和 V_{R_2} 的稳定性，通常在 V_{CO} 端接有 $0.01\mu F$ 左右的滤波电容。

2. 工作原理

1）v_I 上升过程

当 $v_I<\frac{1}{3}V_{CC}$ 时，即 $v_{I1}<\frac{2}{3}V_{CC}$、$v_{I2}<\frac{1}{3}V_{CC}$，由 555 定时器功能表（表 6.2.1）知，$v_O=$

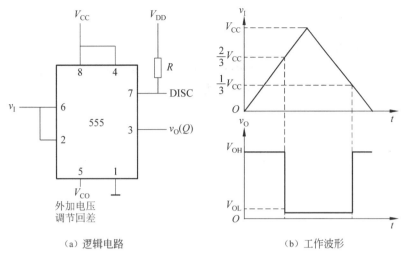

（a）逻辑电路　　　　　　　　（b）工作波形

图 6.3.4　555 定时器构成的施密特触发器

V_{OH}。随着 v_{I} 上升，当 $\frac{1}{3}V_{\mathrm{CC}}<v_{\mathrm{I}}<\frac{2}{3}V_{\mathrm{CC}}$，即 $v_{\mathrm{I1}}<\frac{2}{3}V_{\mathrm{CC}}$、$v_{\mathrm{I2}}>\frac{1}{3}V_{\mathrm{CC}}$ 时，$v_{\mathrm{O}}=V_{\mathrm{OH}}$ 保持不变。v_{I} 继续上升，当 $v_{\mathrm{I}}>\frac{2}{3}V_{\mathrm{CC}}$ 以后，即 $v_{\mathrm{I1}}>\frac{2}{3}V_{\mathrm{CC}}$、$v_{\mathrm{I2}}>\frac{1}{3}V_{\mathrm{CC}}$ 时，$v_{\mathrm{O}}=V_{\mathrm{OL}}$。

因此，在 v_{I} 上升过程中，当电路状态发生转换时，对应的输入电平 $V_{\mathrm{T+}}$ 为

$$V_{\mathrm{T+}}=V_{\mathrm{R_1}}=\frac{2}{3}V_{\mathrm{CC}} \tag{6.3.6}$$

2）v_{I} 下降过程

再看 v_{I} 从高于 $\frac{2}{3}V_{\mathrm{CC}}$ 开始下降的过程。当 $v_{\mathrm{I}}>\frac{2}{3}V_{\mathrm{CC}}$ 时，即 $v_{\mathrm{I1}}>\frac{2}{3}V_{\mathrm{CC}}$、$v_{\mathrm{I2}}>\frac{1}{3}V_{\mathrm{CC}}$ 时，$v_{\mathrm{O}}=V_{\mathrm{OL}}$。随着 v_{I} 下降，当 $\frac{1}{3}V_{\mathrm{CC}}<v_{\mathrm{I}}<\frac{2}{3}V_{\mathrm{CC}}$，即 $v_{\mathrm{I1}}<\frac{2}{3}V_{\mathrm{CC}}$、$v_{\mathrm{I2}}>\frac{1}{3}V_{\mathrm{CC}}$ 时，$v_{\mathrm{O}}=V_{\mathrm{OL}}$ 保持不变。v_{I} 继续下降，当 $v_{\mathrm{I}}<\frac{1}{3}V_{\mathrm{CC}}$ 以后，即 $v_{\mathrm{I1}}<\frac{2}{3}V_{\mathrm{CC}}$、$v_{\mathrm{I2}}<\frac{1}{3}V_{\mathrm{CC}}$ 时，$v_{\mathrm{O}}=V_{\mathrm{OH}}$。

因此，在 v_{I} 下降过程中，当电路状态发生转换时，对应的输入电平 $V_{\mathrm{T-}}$ 为

$$V_{\mathrm{T-}}=V_{\mathrm{R_2}}=\frac{1}{3}V_{\mathrm{CC}} \tag{6.3.7}$$

由此得到电路的回差电压：

$$\Delta V_{\mathrm{T}}=V_{\mathrm{T+}}-V_{\mathrm{T-}}=\frac{1}{3}V_{\mathrm{CC}} \tag{6.3.8}$$

图 6.3.5 是图 6.3.4 电路的电压传输特性，它是一个典型的反相输出施密特触发器。

如果参考电压由外接的电压 V_{CO} 提供，$V_{\mathrm{R_1}}=V_{\mathrm{CO}}$，$V_{\mathrm{R_2}}=\frac{1}{2}V_{\mathrm{CO}}$，则 $V_{\mathrm{T+}}=V_{\mathrm{CO}}$，$V_{\mathrm{T-}}=\frac{1}{2}V_{\mathrm{CO}}$，回差电压

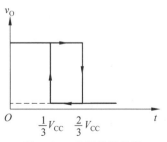

图 6.3.5　电压传输特性

$\Delta V_{\mathrm{T}} = \dfrac{1}{2} V_{\mathrm{CO}}$。通过改变 V_{CO} 值可以调节回差电压的大小。

【例 6.3.1】 在图 6.3.4 所示的电路中,如果电源电压 V_{CC} 等于 9V,求出 $V_{\mathrm{T+}}$、$V_{\mathrm{T-}}$ 和回差电压 ΔV_{T}。若输入如图 6.3.6 所示的波形时,输出端 Q 的波形怎样变化? 如果从控制输入端 V_{CO} 加入 8V 的电压,重新回答上述问题。

解:(1)控制输入端 V_{CO} 不使用时,$V_{\mathrm{T+}} = 6\mathrm{V}$,$V_{\mathrm{T-}} = 3\mathrm{V}$,$\Delta V_{\mathrm{T}} = 3\mathrm{V}$,输出端 Q 的波形如图 6.3.6(a)所示。

(2)控制输入端 V_{CO} 使用时,$V_{\mathrm{T+}} = 8\mathrm{V}$,$V_{\mathrm{T-}} = 4\mathrm{V}$,$\Delta V_{\mathrm{T}} = 4\mathrm{V}$,输出端 Q 的波形如图 6.3.6(b)所示。

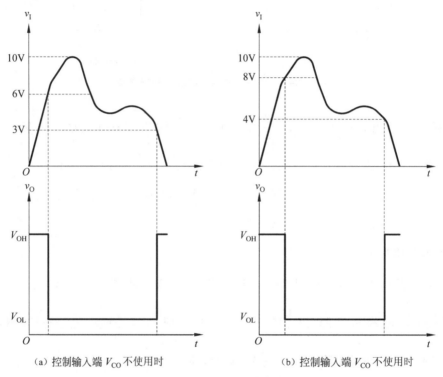

(a)控制输入端 V_{CO} 不使用时　　　　(b)控制输入端 V_{CO} 不使用时

图 6.3.6　例 6.3.1 的输出波形

6.3.4　集成施密特触发器

由于施密特触发器的应用非常广泛,所以无论是在 TTL 电路中还是在 CMOS 电路中,都有集成的施密特触发器产品。下面以 TTL 集成施密特触发器 74132 为例进行介绍。

TTL 集成施密特触发器 74132 的内部包括 4 个施密特触发与非门,其逻辑电路如图 6.3.7(a)所示。它由输入级、中间级和输出级 3 部分组成。输入级是由两个二极管构成的与门,具有逻辑与功能;中间级是具有回差特性的施密特电路;输出级具有逻辑非功能。这样,整个电路构成施密特触发与非门。图 6.3.7(b)是施密特触发与非门的逻辑符号。图 6.3.8(a)和图 6.3.8(b)分别是集成施密特触发器 74132 的内部连线和引脚排列。

TTL 集成施密特触发器 74132 的上限阈值电压 $V_{T+}=1.7V$,下限阈值电压 $V_{T-}=0.9V$,回差电压 $\Delta V_T=0.8V$。在图 6.3.8 中,每个施密特触发与非门的两个输入端相与,作为施密特触发器的输入 v_1。即,输入 v_{I1} 和 v_{I2} 中只要有一个输入电平低于下限阈值电压,输出 Q 便是高电平;输入 v_{I1} 和 v_{I2} 的电平必须同时高于上限阈值电压时,输出 Q 才是低电平。

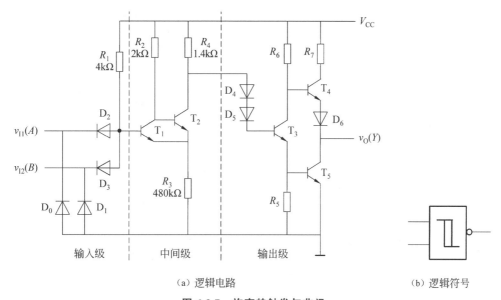

(a) 逻辑电路   (b) 逻辑符号

图 6.3.7 施密特触发与非门

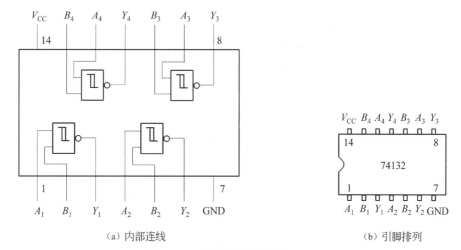

(a) 内部连线   (b) 引脚排列

图 6.3.8 集成施密特触发器 74132

6.3.5 施密特触发器的应用

1. 脉冲整形

在数字通信系统中,脉冲信号在传输过程中经常发生畸变,如果传输线上电容较大,会使波形的上升沿、下降沿明显变坏,如图 6.3.9(a)所示。当传输线较长而且阻抗不匹配时,在波形的上升沿和下降沿产生振荡,如图 6.3.9(b)所示。当其他脉冲信号通过导线间的分布电容或公共电源线叠加到矩形脉冲信号上时,矩形脉冲信号将出现附加噪声,如图 6.3.9(c)所示。

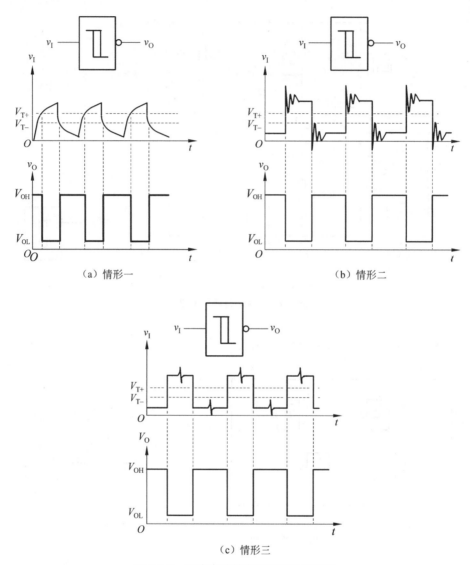

图 6.3.9 用施密特触发器进行脉冲整形

为此,必须对发生畸变的矩形脉冲波形进行整形。利用施密特触发器对畸变的矩形脉冲进行整形可以取得较为理想的效果。由图 6.3.9 可见,只要施密特触发器的 V_{T+} 和 V_{T-} 选择得合适,就能收到满意的整形效果。

2. 波形变换

利用施密特触发器状态转换过程中的正反馈作用,可以把边沿变化缓慢的周期性信号变换为边沿很陡的矩形脉冲信号。

　　在图 6.3.10 的例子中,输入信号是直流分量和正弦分量叠加而成的,只要输入信号的幅度大于 V_{T+},即可在施密特触发器的输出端得到同频率的矩形脉冲信号。

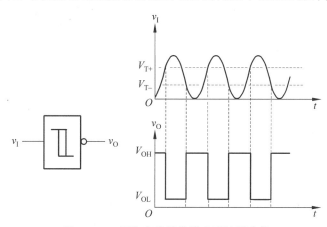

图 6.3.10　用施密特触发器实现波形变换

3. 脉冲鉴幅

　　脉冲鉴幅是从一连串幅度不等的脉冲波中选出幅度较大的脉冲波束。利用施密特触发器可以实现这一目的。图 6.3.11 给出了将幅度大于触发器上限阈值电压 V_{T+} 的脉冲挑选出来的例子。

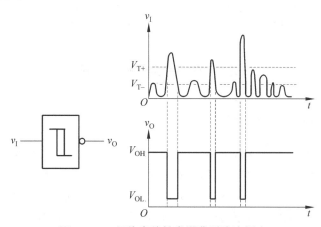

图 6.3.11　用施密特触发器鉴别脉冲幅度

4. 555 定时器构成的施密特触发器用作光控路灯开关

　　这是施密特触发器的一个实际应用例子。图 6.3.12 给出了 555 定时器构成的施密特触发器用作光控路灯开关的电路图。

　　在图 6.3.12 中,R_L 是光敏电阻,有光照射时阻值为几十千欧;无光照射时,阻值为几十兆欧。D 是续流二极管,起保护 555 的作用。KA 是继电器,由线圈和触点组成,线圈

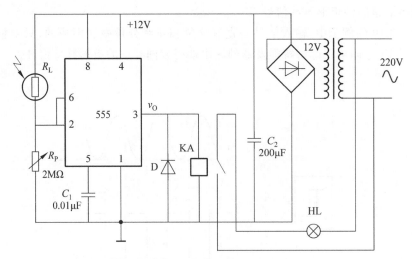

图 6.3.12　施密特触发器用作光控路灯开关的电路图

中有电流流过时,继电器吸合,否则不吸合。

由图 6.3.12 可以看出,555 定时器的高触发输入端 TH(6 脚)与低触发输入端 $\overline{\text{TR}}$(2 脚)连在一起,构成施密特触发器。白天光照比较强,光敏电阻 R_L 的阻值比较小(几十千欧),远小于电阻 R_P(为 2MΩ),使得施密特触发器输入端电平较高,大于上限阈值电压 V_{T+}(为 8V),输出 v_O 为低电平,线圈中没有电流流过,继电器不吸合,路灯 HL 不亮。随着夜幕的降临,天逐渐变暗,光敏电阻 R_L 的阻值逐渐增大,施密特触发器输入端的电平也将随之降低,当其小于下限阈值电压 V_{T-}(为 4V)时,输出 v_O 变为高电平,线圈中有电流流过,继电器吸合,路灯 HL 点亮。这样就实现了光控路灯开关的作用。

6.4　单稳态触发器

6.4.1　单稳态触发器的特点

单稳态触发器是一种用于脉冲整形、延时(产生滞后于触发脉冲的输出脉冲)以及定时(产生固定时间宽度的脉冲信号)的脉冲电路。它具有如下显著特点:

(1) 它有一个稳定状态(简称稳态)和一个暂时稳定状态(简称暂稳态)。

(2) 在外来触发脉冲作用下,能够由稳态翻转到暂稳态,在暂稳态维持一段时间以后,再自动返回稳态。

(3) 暂稳态维持时间的长短仅取决于电路本身的参数,与触发脉冲的宽度和幅度无关。

6.4.2　用门电路构成的单稳态触发器

图 6.4.1 是用 TTL 与非门构成的微分型单稳态触发器,其定时电路采用 RC 微分电路,由触发脉冲的下降沿触发。

对于 TTL 门电路,一般认为 $V_{OH}=3.2\text{V},V_{OL}=0.2\text{V}$,而且通常 $V_{TH}=1.5\text{V}$。在稳态下,选取合适的电阻值 R,使稳态时 v_{I2} 的值小于门电路的阈值电压 V_{TH}(一般 $v_{I2}<0.5\text{V}$),保证门 G_2 的输出 v_O 为高电平 V_{OH}。设触发脉冲为窄负脉冲,稳态时门 G_1 的两个输入端均为高电平,使输出为低电平,电容 C 的两端都为低电平,故没有电压。

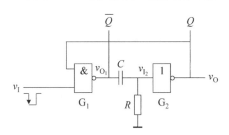

图 6.4.1 TTL 门电路构成的微分型单稳态触发器逻辑电路

当触发脉冲 v_I 加到输入端时,门 G_1 的输出 v_{O1} 由低电平变为高电平,由于电容 C 两端电压不能突变,v_{I2} 随之上跳(上跳幅度为 $V_{OH}-V_{OL}$),使门 G_2 的输出 v_O 由高电平变为低电平,这个电压又反馈到门 G_1 输入端,以维持门 G_1 输出高电平(显然,此时触发脉冲已经没有存在的必要了),电路的暂稳态由此开始。

随着电容 C 充电的持续,门 G_2 的输入电压 v_{I2} 按指数规律下降,时间常数为 RC。当 v_{I2} 下降到逻辑门的阈值电压 V_{TH} 时,门 G_2 的输出 v_O 由低电平变成高电平,它又反馈到门 G_1 的输入端,此时触发脉冲处于高电平,使门 G_1 的输出 v_{O1} 由高电平变为低电平,门 G_2 的输入电压 v_{I2} 也随之下降(下降幅度为 $V_{OH}-V_{OL}$),门 G_2 输出高电平,电容放电,电路恢复到稳定状态。这个电路的稳态是 $Q=1,\overline{Q}=0$,暂稳态是 $Q=0,\overline{Q}=1$。根据以上的分析,即可画出电路中各点的电压波形,如图 6.4.2 所示。

为了定量地描述单稳态触发器的性能,经常使用输出脉冲宽度 t_W、输出脉冲幅度 V_m、恢复时间 t_{re}、分辨时间 t_d 等几个参数。

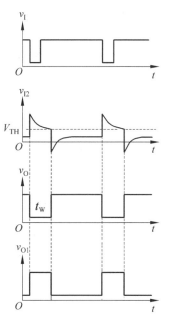

图 6.4.2 图 6.4.1 电压波形

由图 6.4.2 可见,输出脉冲宽度 t_W 等于从电容 C 开始充电到 v_{I2} 下降至 V_{TH} 的这段时间,即暂稳态持续期,可以由式(6.4.1)求出:

$$t_W=\text{RC}\ln\frac{v_{I2}(\infty)-v_{I2}(0)}{v_{I2}(\infty)-v_{I2}(t_W)} \qquad (6.4.1)$$

在式(6.4.1)中,$v_{I2}(0)$ 是门 G_2 输入端电压的起始值,$v_{I2}(\infty)$ 是电容充电下降的终了值,$v_{I2}(t_W)$ 对应门 G_2 的阈值转换电压。这些数值大小为

$$v_{I2}(0)=V_{IL2}+(V_{OH}-V_{OL})=0.5\text{V}+3.2\text{V}-0.2\text{V}=3.5\text{V}$$

$$v_{I2}(\infty)=0$$

$$v_{I2}(t_W)=V_{TH}=1.5\text{V}$$

所以

$$t_W=\text{RC}\ln\frac{0-3.5}{0-1.5}=\text{RC}\ln\frac{3.5}{1.5}\approx0.85\text{RC}$$

这里忽略了门 G_1 输出电阻的影响。

输出脉冲的幅度为

$$V_\text{m} = V_\text{OH} - V_\text{OL} = 3.2\text{V} - 0.2\text{V} = 3\text{V}$$

电路返回稳定状态之后,还存在一个恢复期,在此期间电容放电,一直到 v_I2 恢复到稳态值 0.5V 时为止。恢复时间 t_re 的近似计算公式为

$$t_\text{re} \approx (3 \sim 5)RC \tag{6.4.2}$$

分辨时间 t_d 是指在保证电路能正常工作的前提下两个相邻触发脉冲之间的最小允许时间间隔,故有

$$t_\text{d} = t_\text{w} + t_\text{re} \tag{6.4.3}$$

在实际应用中,往往要求在一定范围内调节脉冲宽度 t_W。一般选取不同的电容 C 以实现粗调,用电位器代替 R 以实现细调。由于 R 的选择必须保证稳态时门 G_2 的输入为低电平,所以其可调范围很小,一般为几百欧。R 取值越大,门 G_2 的输入就越接近阈值电压 V_TH,电路的抗干扰能力就越差。因此,为了扩大 R 的调节范围,特别是在要求输出宽脉冲的场合,可在门 G_2 和电阻 R 之间插入一级射极跟随器,如图 6.4.3 所示。这里 R 取值为几十千欧是允许的。

由于微分型单稳态触发器是用窄脉冲触发的,所以当触发脉冲宽度大于单稳态触发器输出的脉冲宽度时,最好在门 G_1 的触发输入端加入 R_d、C_d 微分电路,如图 6.4.4 所示。这里 R_d 的值应选择得足够大,以保证稳态时门 G_1 的输入为高电平。

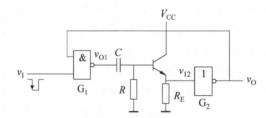

图 6.4.3 宽脉冲输出可调的微分型单稳态触发器

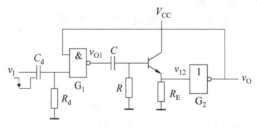

图 6.4.4 宽脉冲触发的微分型单稳态触发器

6.4.3 用 555 定时器组成的单稳态触发器

若以 555 定时器的 $\overline{\text{TR}}$ 端作为触发信号的输入端,并将放电端 DISC 接至高触发端 TH,同时在 $\overline{\text{TR}}$ 端对地接入电容 C,就构成了如图 6.4.5 所示的单稳态触发器。

要分析单稳态触发器的工作原理,首先得找出其稳态。在没有触发信号时,v_I 处于

高电平。假设图 6.4.5 所示电路的稳定输出状态为高电平,由 555 定时器的功能得知放电端 DISC 截止,电源 V_{CC} 通过 R 对电容 C 充电。当充电到 $\frac{2}{3}V_{CC}$ 时,输出 v_O 变为低电平,放电端 DISC 导通,电容 C 开始放电。此时,555 定时器的触发输入端 $\overline{\text{TR}}$ 的电压大于 $v_I\left(\text{即}\frac{1}{3}V_{CC}\right)$,TH 输入端的电压小于 $\frac{2}{3}V_{CC}$,触发器处于保持状态,输出 v_O 仍为低电平。由此可见,通电后 555 定时器构成的单稳态触发器自动停在 $v_O=0$ 的稳态,此时电容 C 没有存储电荷。

当加入触发信号后,即 v_I 从高电平跳变到 $\frac{1}{3}V_{CC}$ 以下时,555 定时器的输出状态由低电平变为高电平,放电端 DISC 截止,电源 V_{CC} 通过 R 对电容 C 充电(此时撤去触发信号,单稳态触发器的输出状态仍保持高电平)。当充电到 $\frac{2}{3}V_{CC}$ 时,假设此时触发信号已经消失,即 v_I 为高电平,则输出 v_O 又回到低电平,同时放电端 DISC 导通,电容 C 开始放电,直至 $v_C\approx0$,电路恢复稳态。

电容 C 充电的时间常数为 RC,而电容 C 通过 555 定时器 T_D 管的导通电阻放电,由于 T_D 管的导通电阻很小,所以放电时间很短。由上述分析可知,触发脉冲宽度一定小于单稳态触发器的暂稳态时间,即小于单稳态触发器的脉冲宽度。图 6.4.6 画出了在触发信号作用下 v_I、v_O 和 v_C 相应的波形。

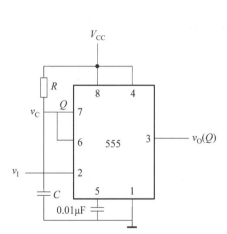

图 6.4.5　用 555 定时器组成的单稳态触发器

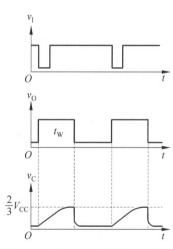

图 6.4.6　图 6.4.5 电路的电压波形

单稳态触发器的脉冲宽度 t_W 是一个非常重要的参数,它等于暂稳态的持续时间,而暂稳态的持续时间取决于外接电阻 R 和电容 C 的大小。由图 6.4.6 可知,t_W 等于电容电压在充电过程中从 0 上升到 $\frac{2}{3}V_{CC}$ 所需要的时间,因此

$$t_W = \text{RC}\ln\frac{V_{CC}-0}{V_{CC}-\frac{2}{3}V_{CC}} = \text{RC}\ln3 = 1.1\text{RC} \tag{6.4.4}$$

单稳态触发器的恢复时间 t_{re} 为

$$t_{re} = (3 \sim 5)R_{ON}C \qquad (6.4.5)$$

式中 R_{ON} 是放电管 T_D 的导通内阻。

单稳态触发器的分辨时间 t_d 为

$$t_d = t_w + t_{re} \qquad (6.4.6)$$

通常，R 的取值在几百欧到几兆欧之间，电容的取值范围为几百皮法到几百微法，t_w 的范围为几微秒到几分钟。但必须注意，随着 t_w 的宽度增加，单稳态触发器的精度和稳定性将会下降。

6.4.4　集成单稳态触发器

单稳态触发器应用十分广泛，在 TTL 电路和 CMOS 电路的产品中都有单片集成的单稳态触发器器件。

集成单稳态触发器按触发方式不同可分为非重复触发的触发器和可重复触发的触发器。这些器件在使用时仅需要很少的外接元件和连线，而且由于器件内部电路附加上升沿触发、下降沿触发和置零等功能，使用极为方便。此外，由于元器件集成在同一芯片上，并且在电路上采取了温度漂移补偿措施，所以电路的温度稳定性较好。

1. 非重复触发单稳态触发器 74121

非重复触发单稳态触发器在触发信号作用下进入暂稳态后就不再受新的触发信号的影响。图 6.4.7 给出了 TTL 集成单稳态触发器 74121 的逻辑电路、逻辑符号和引脚排列。74121 由微分型输入控制电路、单稳态触发器和输出缓冲电路组成。74121 的功能表如表 6.4.1 所示。

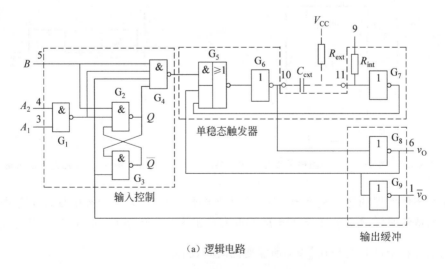

（a）逻辑电路

图 6.4.7　集成单稳态触发器 74121

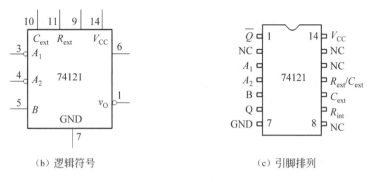

（b）逻辑符号　　　　　　　　　　　　　（c）引脚排列

图 6.4.7　（续）

表 6.4.1　集成单稳态触发器 74121 的功能表

A_1	A_2	B	$v_0(Q)$	$\overline{v_0}(\overline{Q})$
0	×	1	0	1
×	0	1	0	1
×	×	0	0	1
1	1	×	0	1
1	↓	1	⊓	⊔
↓	1	1	⊓	⊔
↓	↓	1	⊓	⊔
0	×	↑	⊓	⊔
×	0	↑	⊓	⊔

　　74121 的触发输入端有 A_1、A_2 和 B，输出端为 Q、$\overline{Q}$，输出脉冲的宽度由 R_{ext} 和 C_{ext} 的大小决定。74121 具有边沿触发的性质，有上升沿和下降沿两种触发方式。

　　由表 6.4.1 可见，74121 在如下 3 种情况下不接收触发信号，保持其稳定状态（$Q=0$，$\overline{Q}=1$）不变。

　　（1）B 接高电平，A_1、A_2 中至少有一个是低电平。

　　（2）B 接低电平。

　　（3）A_1 和 A_2 均接高电平。

　　74121 在下述两种情况下接收触发信号，由稳定状态进入暂稳态（$Q=1$）。

　　（1）在 B 接高电平的条件下，A_1 和 A_2 中至少有一个接下降沿触发信号。

　　（2）在 A_1 和 A_2 中至少有一个接低电平的条件下，B 接上升沿触发信号。

　　74121 暂稳态的持续时间取决于电阻 R 和 C。电阻既可外接，又可利用其内部定时电阻 R_{int}。若外接电阻，应将电阻接在 11 脚（R_{ext}/C_{ext}）和 14 脚（V_{CC}）之间，将 9 脚（R_{int}）悬空，此时电阻 R_{ext} 的取值可以是 2～30kΩ；若利用内部定时电阻 R_{int}，需将 9 脚接至 14 脚，不过 R_{int} 的电阻值不大（约为 2kΩ）。外接电容 C_{ext} 接在芯片 11 脚和 10 脚之间，C_{ext}

电容值为 $10\text{pF}\sim10\mu\text{F}$。所以,外接电阻时,输出脉冲宽度 t_W 范围为 $20\text{ns}\sim200\text{ms}$。如果需要的脉冲较宽,应该用电解电容,将其正极接在 10 脚上。电路输出脉冲宽度计算公式为

$$t_\text{W} = R_\text{ext}C_\text{ezt}\ln2 = 0.69R_\text{ext}C_\text{ezt}$$

目前的非重复触发单稳态触发器主要有 74121、74221、74LS221。

2. 带清除端可重复触发的单稳态触发器 74123

可重复触发单稳态触发器在触发信号作用下进入暂稳态后仍接收新的触发信号的影响,重新开始暂稳态。图 6.4.8 是带清除端可重复触发的单稳态触发器 74123 的引脚排列,其中 C_ext1、C_ext2 为外接电容端,Q_1、Q_2 为正脉冲输出端,$\overline{Q}_1$、$\overline{Q}_2$ 为负脉冲输出端,$\overline{R}_\text{D1}$、$\overline{R}_\text{D2}$ 为直接清除端(低电平有效),A_1、A_2 为下降沿触发端,B_1、B_2 为上升沿触发端。74123 的功能表如表 6.4.2 所示。

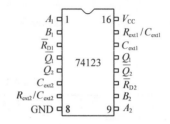

图 6.4.8   可重复触发的集成单稳态
触发器 74123 引脚排列

表 6.4.2   74123 功能表

$\overline{R}_\text{D1}$	A_1	B_1	Q_1	$\overline{Q}_1$
0	×	×	0	1
×	1	×	0	1
×	×	0	0	1
1	0	↑	⊓	⊔
1	↓	1	⊓	⊔
1	0	1	⊓	⊔

外电容接在 C_ext 和 $R_\text{ext}/C_\text{ext}$(电解电容正极)之间,外电阻或可变电阻接在 $R_\text{ext}/C_\text{ext}$ 和 V_CC 之间以获得脉冲宽度和重复触发脉冲。

74123 的输出脉冲宽度 t_W 可用 3 种方法控制:一是通过选择外接电阻 R_ext 和电容 C_ext 来确定 t_W;二是通过正触发输入端 B 或负触发输入端 A 的重复延长 t_W(将脉冲宽度展开);三是通过清除端 $\overline{R}_\text{D}$ 的清除使 t_W 缩小(缩短脉冲宽度)。

6.4.5   单稳态触发器的应用

单稳态触发器在触发信号作用下由稳定状态进入暂稳态,在暂稳态持续一定时间后自动回到稳定状态。利用它的这个特点,可以将它作为脉冲整形、定时或延时器件。

1. 脉冲整形

单稳态触发器输出脉冲宽度 t_W 取决于电路自身的参数,输出脉冲幅度 V_m 取决于输

出高、低电平之差。因此,单稳态输出脉冲波形的宽度和幅度是一致的。若某个脉冲波形不合要求时,可以用单稳态触发器进行整形,得到宽度一定、幅度一定的脉冲波形,如图 6.4.9 所示。

图 6.4.9(a)是将触发脉冲展宽,当然 t_W 应小于触发脉冲的间歇时间,否则会丢失脉冲。单稳态触发器还可以缩短脉冲,如图 6.4.9(b)所示。另外,可重复触发的单稳态触发器还可以阻塞不符合要求的脉冲,如图 6.4.9(c)所示。当输入脉冲为多个窄脉冲时,单稳态触发器可将其转换成一个单脉冲输出。例如,用机械开关作触发器的脉冲源,当开关闭合和断开时,触点要发生跳动,相当于输入信号在 0 和 1 之间多次转换,如果用开关信号直接控制数字系统,会引起错误操作。利用单稳态触发器就可以解决这个问题。当然,要使单稳态时间 t_W 大于开关跳动时间。

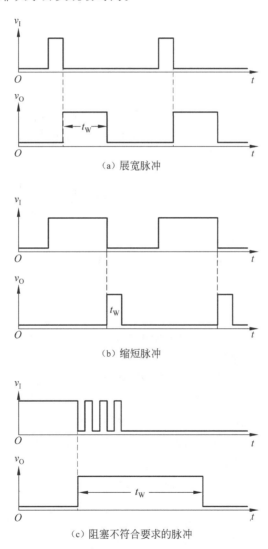

（a）展宽脉冲

（b）缩短脉冲

（c）阻塞不符合要求的脉冲

图 6.4.9 单稳态触发器的脉冲整形

2. 定时

同样,利用单稳态触发器脉冲宽度一定这一特点可以实现定时。图 6.4.10 给出了单稳态触发器用于定时的典型电路。

若单稳态触发器处于稳定状态,不允许输入信号 v_F 输出,触发信号作用后,单稳态触发器进入暂稳态,与门被打开,允许输入信号 v_F 输出。若与门输出接一个计数器,则可以知道在 t_W 时间内输出的脉冲个数(即求得脉冲的频率)。

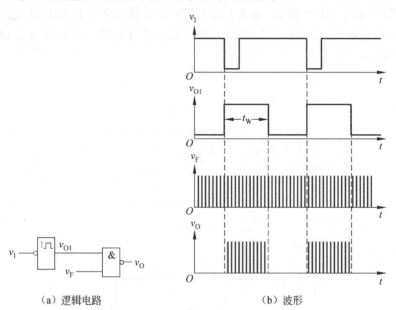

（a）逻辑电路　　　　　　　　　　　（b）波形

图 6.4.10　单稳态触发器用于定时

3. 延时

利用单稳态触发器输出脉冲宽度一定的特性也可以实现延时。与定时不同的是,延时是将输入脉冲滞后 t_W 时间才输出。

【例 6.4.1】　用集成单稳态触发器 74121 设计一个控制电路,要求接收触发信号后延迟 2ms,继电器才吸合,吸合时间为 1ms。

解:根据题意,控制电路需要两个 74121 单稳态触发器:第一个单稳态触发器起延时作用,即接收到触发脉冲后滞后 2ms;第二个单稳态触发器起定时作用,定时时间为 1ms。根据集成单稳态触发器 74121 的暂稳态时间 $t_W = 0.69 R_{ext} C_{ext}$ 来确定 R_{ext}、C_{ext} 的值。假设电阻值选取 $R_{ext1} = R_{ext2} = 10\text{k}\Omega$,则可得

$$C_{ext1} = \frac{2}{0.69 \times 10 \times 10^3}\text{mF} \approx 0.29\mu\text{F}$$

$$C_{ext2} = \frac{1}{0.69 \times 10 \times 10^3}\text{mF} \approx 0.14\mu\text{F}$$

根据上述设计画出逻辑电路图,如图 6.4.11 所示,其工作波形如图 6.4.12 所示。

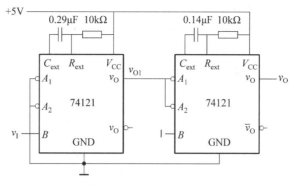

图 6.4.11　例 6.4.1 电路

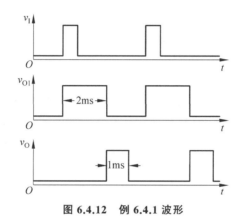

图 6.4.12　例 6.4.1 波形

6.5　多谐振荡器

多谐振荡器是一种产生矩形波的自激振荡器。由于矩形波含有丰富的高次谐波成分,所以矩形波振荡器又称为多谐振荡器。多谐振荡器没有稳态,只有两个暂稳态,不需要外加触发信号,就能够周期性地从一个暂稳态翻转到另一个暂稳态,产生幅度和宽度都一定的脉冲信号。多谐振荡器常用来作为脉冲信号源。

6.5.1　用门电路构成的多谐振荡器

1. 对称式多谐振荡器

图 6.5.1 是对称式多谐振荡器的典型电路,它是由两个反相器经耦合电容连接起来的正反馈电路。

为了产生自激振荡,电路的状态要求是不稳定的。也就是说,TTL 反相器必须工作在传输特性的转折区或线性区,这样它们将工作在放大状态。这时只要 G_1 或 G_2 的输入电压有极微小的扰动,就会被正反馈回路放大而引起振荡。

怎样才能使工作点选在转折区呢？现以门 G_1 为例说明这个问题。在反相器进入饱和区之前，从输入端看进去的电路可以简化成如图 6.5.2 所示的等效电路。

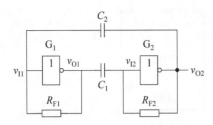

图 6.5.1　对称式多谐振荡器电路

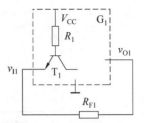

图 6.5.2　计算 TTL 反相器静态工作点电路

它的静态输入电压为

$$v_{I1} = \frac{V_{CC} - V_{BE} - v_{O1}}{R_1 + R_{F1}} \cdot R_{F1} + v_{O1}$$

$$= \frac{R_{F1}}{R_1 + R_{F1}}(V_{CC} - V_{BE}) + \frac{R_1}{R_1 + R_{F1}}v_{O1}$$

该式表明，当反相器输入级导通时，v_{O1} 与 v_{I1} 之间是线性关系，这条直线与反相器电压传输特性的交点就是反相器的静态工作点。只要恰当地选取 R_{F1} 值，一定能使静态工作点 P 位于电压传输特性的转折区，如图 6.5.3 所示。对于 74 系列的门电路而言，R_{F1} 的阻值应取 $0.5 \sim 1.9 \text{k}\Omega$。

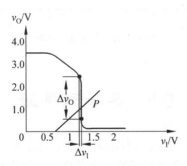

图 6.5.3　TTL 反相器的电压传输特性

下面具体地分析图 6.5.1 所示的电路接通电源后的工作情况。

假定接通电源后，G_1 和 G_2 都工作在转折区，则只要有一个很小的干扰就会引起振荡。例如，由于某种原因（电源波动或外界干扰）使 v_{I1} 稍微增加一点，则必然会引起如下的正反馈过程：

$$v_{I1}\text{上升} \longrightarrow v_{O1}\text{下降} \longrightarrow v_{I2}\text{下降} \longrightarrow v_{O2}\text{上升}$$

从而使 G_1 迅速饱和导通，G_2 完全截止，电路达到第一个暂稳态，$v_{O1}=0$，$v_{O2}=1$。

由于电容的充放电特性，这一状态只能保持有限的时间。因为电容 C_2 将通过电阻 R_{F1} 的饱和导通管 T_5 放电，放电支路为 $V_{OH2} \rightarrow C_2 \rightarrow R_{F1} \rightarrow V_{OL1}$，放电的等效电路如图 6.5.4(a)所示。随着放电的进行，v_{i1} 按指数规律下降。

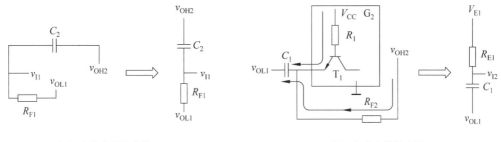

（a）C_2 放电等效电路 （b）C_1 充电等效电路

图 6.5.4 对称式多谐振荡器的充放电等效电路

同时，电容 C_1 由两条支路充电，一条是 $V_{OH2} \rightarrow R_{F2} \rightarrow C_1 \rightarrow V_{OL1}$，另一条是 $V_{CC} \rightarrow R_1 \rightarrow$ $T_1 \rightarrow C_1 \rightarrow V_{OL1}$。充电的等效电路如图 6.5.4(b) 所示，充电时间常数近似为 $R_{E1}C_1$。随着充电的进行，v_{i2} 按指数规律上升。

图 6.5.4(b) 中的 R_{E1}、V_{E1} 为充电回路的等效电阻和等效电压源，根据戴维南定理可得

$$R_{E1} = \frac{R_1 R_{F2}}{R_1 + R_{F2}}$$

$$V_{E1} = \frac{V_{CC} - V_{BE}}{R_1 + R_{F2}} R_{F2} + \frac{V_{OH}}{R_1 + R_{F2}} R_1$$

由于两条支路充电速度较快，v_{i2} 首先上升到 G_2 的阈值电压 V_{TH}，并引起如下的正反馈过程：

$$v_{i2}\text{上升} \longrightarrow v_{O2}\text{下降} \longrightarrow v_{i1}\text{下降} \longrightarrow v_{O1}\text{上升}$$

从而使 G_2 迅速饱和导通，G_1 完全截止，电路从第一个暂稳态转入第二个暂稳态，$v_{O1} = 1$，$v_{O2} = 0$。该电路电压波形如图 6.5.5 所示。

这一状态也不能持久，C_1 放电，C_2 充电，经过一段充电时间，v_{i1} 首先上升到 V_{TH}，于是又产生正反馈过程，使电路从第二个暂稳态回到第一个暂稳态。由上述分析可知，暂稳态持续时间仅取决于电容的充电时间。由于电路的对称性，总的振荡周期必然等于充电时间的两倍。

考虑到 TTL 门电路输入端反向钳位二极管的影响，在输入端产生负跳变时，输入电压钳位在 $V_{IK} = -0.7V$ 左右。假定 $V_{OL} \approx 0$，则 C_1 上的电压就是 v_{i2}。电容充电的起始值为 $v_{i2}(0) = V_{IK}$，终了值为 $v_{i2}(\infty) = V_{E1}$，故电容充电时间为

$$T_1 = R_{E1}C_1 \ln \frac{V_{E1} - V_{IK}}{V_{E1} - V_{TH}}$$

一般情况下，取 $C_1 = C_2 = C$、$R_{F1} = R_{F2} = R_F$，振荡器输出方波，电路的振荡周期为

$$T = 2T_1 = 2R_E C \ln \frac{V_E - V_{IK}}{V_E - V_{TH}}$$

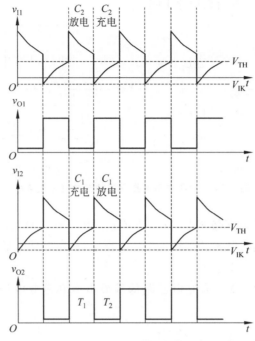

图 6.5.5　图 6.5.1 电路中各点电压波形

对于 74LS 系列反相器,电路的振荡周期可以采用估算的办法得到:

$$T \approx 2.2R_EC$$

式中 R 和 C 的单位分别是欧和法,周期的单位是秒。

2. 非对称式多谐振荡器

仔细研究图 6.5.1 所示的对称式多谐振荡器电路可以发现,这个电路可以进一步简化。因为静态时 G_1 工作在电压传输特性的转折区,所以只要把 G_1 的输出电压直接接到 G_2 的输入端,则 G_2 的输入处于高、低电平之间,从而 G_2 的静态工作点也处于电压传输特性的转折区。因此,去掉图 6.5.1 中的 C_1 和 R_{F2},电路仍然没有稳定的状态,而只能在两个暂稳态之间往复振荡。

下面以 CMOS 反相器组成的非对称式多谐振荡器为例,介绍它的工作原理,电路如图 6.5.6 所示。

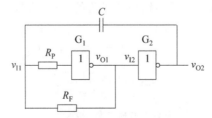

图 6.5.6　由 CMOS 反相器组成的非对称式多谐振荡器电路

假定 CMOS 反相器阈值电压 $V_{TH}=1/2V_{DD}$，输出的高、低电平分别为 $V_{OH}=V_{DD}$、$V_{OL}=0$。如果由于外界干扰使 v_{I1} 有极微小的正变化，则必然引起如下的正反馈：

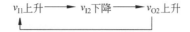

从而 v_{O1} 迅速变为低电平，v_{O2} 迅速变为高电平，电路进入第一个暂稳态。同时电容 C 开始放电，放电等效电路如图 6.5.7(a) 所示。其中 $R_{ON(N)}$ 和 $R_{ON(P)}$ 分别表示 N 沟道 MOS 管和 P 沟道 MOS 管的导通内阻。

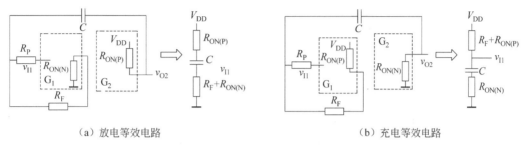

（a）放电等效电路　　　　　　　　　　　　　（b）充电等效电路

图 6.5.7　非对称式多谐振荡器的充放电等效电路

随着电容的放电，v_{I1} 逐渐下降。当下降到 $v_{I1}=V_{TH}$ 时，进入另一个正反馈过程，即

$$v_{I1}下降 \longrightarrow v_{I2}上升 \longrightarrow v_{O2}下降$$

从而 v_{O1} 迅速变为高电平，v_{O2} 迅速变为低电平，电路进入第二个暂稳态。同时电容 C 开始充电，充电等效电路如图 6.5.7(b) 所示。

同样，这个暂稳态也不能持久，随着电容的充电，v_{I1} 不断升高，当升至 $v_{I1}=V_{TH}$ 时电路又转回第一个暂稳态。因此，电路不停地在两个暂稳态之间振荡。图 6.5.8 给出了电路各点的电压波形。

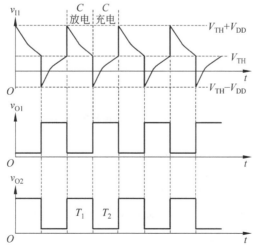

图 6.5.8　图 6.5.6 电路中各点电压波形

注意,这里电路的振荡周期等于电容充电和放电时间之和,与对称式多谐振荡器不同。根据图 6.5.7(b)所示的充电等效电路和图 6.5.8 所示的电压变化波形,可求得电容 C 充电时间 T_1:

$$T_1 = (R_F + R_{ON(N)} + R_{ON(P)})C\ln\frac{V_{DD} - (V_{TH} - V_{DD})}{V_{DD} - V_{TH}}$$

$$\approx R_F C\ln\frac{V_{DD} - (V_{TH} - V_{DD})}{V_{DD} - V_{TH}} = R_F C\ln 3$$

同样,根据图 6.5.7(a)所示的放电等效电路和图 6.5.8 所示的电压变化波形,可求得电容 C 放电时间 T_2:

$$T_2 = (R_F + R_{ON(N)} + + R_{ON(P)})C\ln\frac{0 - (V_{TH} + V_{DD})}{0 - V_{TH}}$$

$$\approx R_F C\ln\frac{0 - (V_{TH} + V_{DD})}{0 - V_{TH}} = R_F C\ln 3$$

所以图 6.5.6 所示的电路的振荡周期为

$$T = T_1 + T_2 = 2R_F C\ln 3 \approx 2.2 R_F C$$

6.5.2　石英晶体多谐振荡器

许多应用场合对多谐振荡器的振荡频率稳定性有严格的要求。例如,将多谐振荡器作为数字钟的脉冲源,它的频率稳定性直接影响计时的准确性。前面介绍的多谐振荡器频率稳定性较差,当电源电压波动、温度变化、R 和 C 参数变化时,频率变化较大,显然用这样的振荡器作主振荡器是不合适的。下面介绍一种可以获得高稳定性的脉冲信号振荡器——石英晶体振荡器。

图 6.5.9 为一种典型的对称式石英晶体振荡电路,它把石英晶体与对称式多谐振荡器中的耦合电容串联起来。

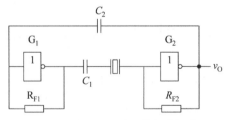

图 6.5.9　对称式石英晶体多谐振荡器

石英晶体在串联谐振频率附近的阻抗频率特性如图 6.5.10 所示,它的选频特性非常好。当外加电压的频率为 f_0 时它的阻抗最小,所以把它接入多谐振荡器电路中以后,频率为 f_0 的信号最容易通过,而其他频率的信号均会被石英晶体所衰减。因此,一旦接通电源,这个振荡器只有频率为 f_0 的信号通过不断放大而有稳定的输出,其他频率的信号均被衰减了。

由于石英晶体多谐振荡器的振荡频率是由石英晶体的大小、几何形状及材料所决定的,因此具有极高的频率稳定性。它的频率稳定度($\Delta f_0 / f_0$)可达$10^{-10} \sim 10^{-11}$,足以满足大多数数字系统对频率稳定性的要求。具有各种谐振频率的石英晶体已形成标准化和系列化的产品。

在非对称式多谐振荡器电路中,也可以接入石英晶体,构成石英晶体多谐振荡器,以达到稳定频率的目的,其电路如图 6.5.11 所示。电路的振荡频率同样等于石英晶体的谐振频率,与外接电阻和电容的参数无关。

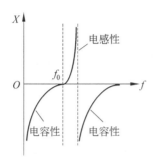

图 6.5.10　石英晶的阻抗频率特性

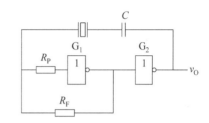

图 6.5.11　非对称式石英晶体多谐振荡器

6.5.3　用施密特触发器构成的多谐振荡器

图 6.5.12 给出了用施密特触发器构成的多谐振荡器,它由一个施密特触发器、两个二极管和两个电阻组成。

当接通电源后,由于电容上的初始电压为 0,所以输出为高电平。此时必然通过电阻R_2和二极管D_2对电容C充电。当充电到输入电压$v_I = V_{T+}$时,施密特触发器的输出端变为低电平。这时,电容C通过电阻R_1和二极管D_1放电,当放电至$v_I = V_{T-}$时,施密特触发器的输出又变为高电平,然后电容C又开始充电。如此周而复始,电路不停地振荡下去。v_I 和 v_O 的电压波形如图 6.5.13 所示。

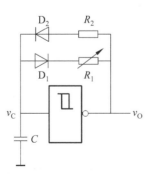

图 6.5.12　用施密特触发器构成的多谐振荡器

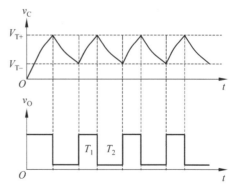

图 6.5.13　图 6.5.12 电路的电压波形

若使用的是 CMOS 施密特触发器,而且$V_{OH} \approx V_{DD}$,$V_{OL} \approx 0$,则根据图 6.5.13 所示的电压波形可得到振荡周期的计算公式:

$$T = T_1 + T_2 = R_2 C \ln \frac{V_{DD} - V_{T-}}{V_{DD} - V_{T+}} + R_1 C \ln \frac{V_{T+}}{V_{T-}}$$

这个电路通过调节 R_1、R_2 和 C 的大小即可改变振荡周期,同时,只要改变 R_1 和 R_2 的比值,就能改变占空比。

6.5.4　用 555 定时器构成的多谐振荡器

按照 6.3.3 节介绍的方法,可以用 555 定时器很方便地接成施密特触发器,然后再利用 6.5.3 节介绍的方法,在施密特触发器的基础上改接成多谐振荡器。

图 6.5.14 所示电路是用 555 定时器构成的多谐振荡器。定时元件除电容 C 外,还有串接在一起的两个外接电阻 R_1 和 R_2,v_C 同时加到 TH 端(6 脚)和 $\overline{\text{TR}}$ 端(2 脚),R_1 和 R_2 的连接点接到放电管 T_D 的输出端 v_O'(7 脚)。

当接通电源后,电容 C 来不及充电,v_C 为低电平,555 定时器输出为高电平,放电端 DISC 截止,电源 V_{cc} 对电容 C 充电,充电支路为 $V_{cc} \rightarrow R_1, R_2 \rightarrow C \rightarrow$ 地,充电时间常数为 $(R_1 + R_2)C$。随着充电的进行,v_C 上升,当上升到 $V_{T+} = \frac{2}{3} V_{cc}$ 时,555 定时器输出变为低电平,放电端 DISC 导通。此时电容 C 开始放电,放电支路为 $C \rightarrow R_2 \rightarrow T_D \rightarrow$ 地,放电时间常数为 $R_2 C$。随着放电的进行,v_C 下降,当下降到 $V_{T-} = \frac{1}{3} V_{cc}$ 时,555 定时器输出又变为高电平,放电端 $DISC$ 截止,电容 C 又开始充电。如此循环往复,电路不停地振荡下去。v_C 和 v_O 的波形如图 6.5.15 所示。

由图 6.5.15 中 v_C 的波形可以求得电容 C 的充电时间 T_1 和放电时间 T_2:

$$T_1 = (R_1 + R_2)C \ln \frac{V_{cc} - V_{T-}}{V_{cc} - V_{T+}} = (R_1 + R_2)C \ln 2$$

$$T_2 = R_2 C \ln \frac{0 - V_{T+}}{0 - V_{T-}} = R_2 C \ln 2$$

故电路的振荡周期为

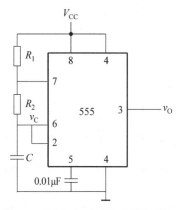

图 6.5.14　用 555 定时器构成的多谐振荡器

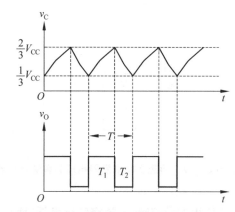

图 6.5.15　图 6.5.14 电路的电压波形

$$T = T_1 + T_2 = (R_1 + 2R_2)C\ln2$$

振荡频率为

$$f = \frac{1}{T} = \frac{1}{(R_1 + 2R_2)C\ln2}$$

占空比为

$$q = \frac{T_1}{T} = \frac{R_1 + R_2}{R_1 + 2R_2}$$

由占空比的表达式可以看出,图 6.5.14 所示电路的占空比大于 $1/2$,电路输出高、低电平的时间不可能相等(即不可能输出矩形波)。另外,电路参数确定之后,占空比不可调。

在图 6.5.14 所示电路的基础上增加一个电位器和两个二极管,就可以构成一个占空比可调的多谐振荡器,如图 6.5.16 所示。

由于接入二极管 D_1 和 D_2,电容的充电电流和放电电流流经不同的路径,充电电流只流经 R_1,而放电电流只流经 R_2,因此电容的充电时间为

$$T_1 = R_1 C\ln2$$

而放电时间为

$$T_2 = R_2 C\ln2$$

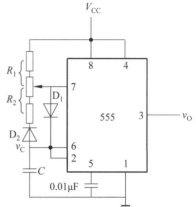

图 6.5.16　用 555 定时器构成的占空比可调的多谐振荡器

输出脉冲的占空比为

$$q = \frac{R_1}{R_1 + R_2}$$

由占空比的表达式可以看出,图 6.5.16 所示的电路只要改变电位器滑动端的位置,即可达到调节占空比的目的。当 $R_1 + R_2$ 时,占空比 $q = 1/2$,即电路输出的高、低电平的时间相等(为矩形波)。

*6.5.5　压控振荡器

压控振荡器(Voltage Controlled Oscillator,VCO)是一种频率可控的振荡器,它的振荡频率随输入控制电压的变化而改变。这种振荡器广泛地应用于自动监测、自动控制以及通信系统中,目前已出现了多种压控振荡器的集成电路产品。从工作原理上看,这些压控振荡器大致可以分为 3 种类型:施密特触发器型、电容交叉充放电型和定时器型。

1. 施密特触发器型压控振荡器

前面介绍的由施密特触发器构成的多谐振荡器电路采用反相输出电压经 RC 积分电路反馈到输入端。如果改用一个由输入电压 v_1 控制的电流源对输入端的电容 C 反复充放电,也可以构成一个多谐振荡器,如图 6.5.17(a)所示。这样电路的充放电时间将随输入电压而改变,即可用输入电压 v_1 的大小来控制振荡频率。

由图 6.5.17(b)的电压波形可以看出,当充放电电流 I_0 增大时,充电时间 T_1 和放电

时间 T_2 随之减小,故振荡周期缩短,振荡频率增加。如果电容充电和放电的电流相等,则电容两端的电压 v_A 将是对称的三角波。

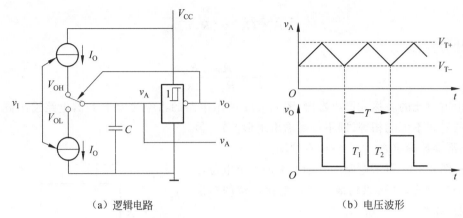

（a）逻辑电路　　　　　　　　　　　（b）电压波形

图 6.5.17　施密特触发器型压控振荡器逻辑电路和电压波形

LM566 是根据上述原理设计的集成压控振荡器,它的简化电路结构如图 6.5.18 所示,其中,v_1 控制的电流源 I_0 用三极管 T_4、T_5 和外接电阻 R_{ext} 产生,充放电的转换控制开关由三极管 T_1、T_2、T_3 和二极管 D_1、D_2 组成。

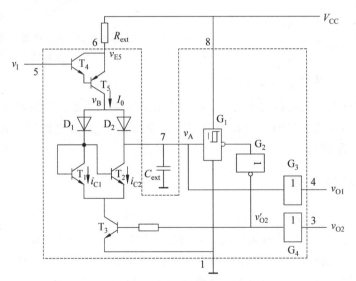

图 6.5.18　LM566 的简化电路结构框图

下面分析它的工作过程。

当电路接通电源时,因 $v_A = 0$,所以反相器 G_2 的输出 v'_{O2} 为低电平,使 T_3 截止,I_0 经过 D_2 开始向外接电容 C_{ext} 充电。随着充电的进行,v_A 线性升高。

当 v_A 升高至 V_{T+} 时,施密特触发器 G_1 的输出状态转换,使 v'_{O2} 跳变为高电平,T_3 导通,使得 v_B 下降,导致 D_2 截止,C_{ext} 经 T_2 开始放电。因为 T_1 和 T_2 采用镜像对称接法,两个三极管的 v_{BE} 始终相等,所以在基极电流远小于集电极电流的情况下,必有 $i_{C1} \approx$

$i_{C2} \approx I_0$。随着 C_{ext} 持续放电，v_A 线性下降。

当 v_A 降至 V_{T-} 时，施密特触发器 G_1 的输出使 v'_{O2} 跳变为低电平，T_3 截止，I_0 又开始向外接电容 C_{ext} 充电。这样 C_{ext} 就反复地用 I_0 充电和放电，在 v_{O1} 输出三角波，而在 v_{O2} 输出矩形波。假定 T_4 和 T_5 的发射极压降相等，即 $|v_{BE4}| = |v_{BE5}|$，则 T_5 发射极电位 v_{E5} 将与 v_I 相等，所以得到

$$I_0 = \frac{V_{CC} - v_I}{R_{ext}}$$

设 C_{ext} 的充电时间为 T_1，又知在充电过程中电容两端电压 v_A 的变化量为 $\Delta V_T = V_{T+} - V_{T-}$，由此可得

$$\Delta V_T = \frac{1}{C_{ext}} \int_0^{T_1} I_0 dt = \frac{I_0 T_1}{C_{ext}}$$

因为充电时间和放电时间相等，故振荡周期为

$$T = 2T_1 = \frac{2C_{ext}\Delta V_T}{I_0} = \frac{2R_{ext}C_{ext}\Delta V_T}{V_{CC} - v_I}$$

在 LM566 中，$\Delta V_T = \frac{1}{4}V_{CC}$，代入上式后得

$$T = \frac{R_{ext}C_{ext}V_{CC}}{2(V_{CC} - v_I)}$$

振荡频率为

$$f = \frac{1}{T} = \frac{2(V_{CC} - v_I)}{R_{ext}C_{ext}V_{CC}}$$

上式表明，振荡频率 f 和输入控制电压 v_I 为线性关系。LM566 的外接电阻一般取 $2 \sim 20\text{k}\Omega$，最高振荡频率可达 1MHz。当 $V_{CC} = 12\text{V}$ 时，v_I 在 $\frac{3}{4}V_{CC} \sim V_{CC}$ 范围内的非线性误差在 1% 以内。LM566 还具有较高的输入电阻和较低的输出电阻，v_I 端的输入电阻约为 $1\text{M}\Omega$，两个输出端的输出电阻各为 50Ω 左右。

此外，LM566 输出的三角波和矩形波最低点的电平都比较高，使用时应注意这一点。例如，在 $V_{CC} = 12\text{V}$ 时，输出三角波最低电平在 3.5V 以上，矩形波最低电平约为 6V。

2. 电容交叉充放电型压控振荡器

图 6.5.19 是用 CMOS 电路构成的电容交叉充放电型压控振荡器的逻辑电路。

该电路由一个基本 RS 触发器（由或非门 G_3 和 G_4 组成）、两个反相器 G_1 和 G_2 以及外接电容 C_{ext} 构成。G_1 和 G_2 作为电容充电和放电的转换控制开关，而 G_1 和 G_2 的输出状态由触发器的状态决定。

该电路的工作过程如下：

设接通电源后触发器处于 $Q = 0$ 的状态，则 T_{P1} 和 T_{N2} 导通而 T_{N1} 和 T_{P2} 截止，电流 I_0 经 T_{P1} 和 T_{N2} 自左而右地向电容 C_{ext} 充电。随着充电过程的进行，v_A 逐渐升高。

当 v_A 升至 G_3 的阈值电压 V_{TH} 时，触发器状态翻转为 $Q = 1$，于是 T_{P1} 和 T_{N2} 截止而 T_{N1} 和 T_{P2} 导通，电流 I_0 转而经 T_{N1} 和 T_{P2} 自右而左地向电容 C_{ext} 充电。随着充电过程的

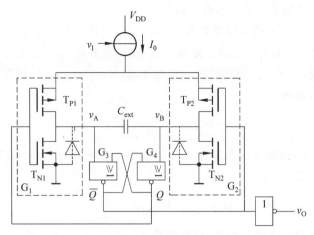

图 6.5.19　电容交叉充放电型压控振荡器的逻辑电路

进行，v_B 逐渐升高。

　　当 v_B 升至 G_4 的阈值电压 V_{TH} 以后，触发器状态又翻转为 $Q=0$，C_{ext} 重新自左向右充电。

　　如此周而复始，在输出端 v_O 就得到了矩形输出脉冲。

　　图 6.5.20 中画出了图 6.5.19 所示电路的各点电压波形。由图 6.5.20 可见，当 G_1 由 T_{P1} 导通、T_{N1} 截止转换为 T_{P1} 截止、T_{N1} 导通的瞬间，由于电容上的电压不能突变，所以 v_B 也将随着 v_A 发生负跳变。但由于 T_{N2} 的衬底和漏极之间存在寄生二极管，所以 v_B 只能下跳至 $-V_{DF}$（V_{DF} 为寄生二极管的正向导通压降）。

　　由图 6.5.20 可见，在每次充电过程中，电容上的电压变化为

$$\Delta v_C = V_{TH} + V_{DF}$$

而充电电流为 I_0，所以充电时间为

$$T_1 = \frac{C_{ext}\Delta v_C}{I_0} = \frac{C_{ext}(V_{TH}+V_{DF})}{I_0}$$

故振荡周期为

$$T = 2T_1 = \frac{2C_{ext}(V_{TH}+V_{DF})}{I_0}$$

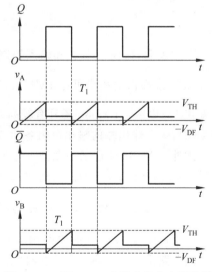

图 6.5.20　图 6.5.19 电路中各点电压波形

振荡频率为

$$f = \frac{1}{T} = \frac{I_0}{2C_{ext}(V_{TH}+V_{DF})}$$

上式表明，在 C_{ext} 选定以后，振荡频率与 I_0 成正比。

　　集成锁相环 CC4046 中的压控振荡器就是按照图 6.5.19 的原理设计的，其中 I_0 是由受输入电压 v_I 控制的镜像电流源产生的，该电流源的电路结构如图 6.5.21 所示。其中的 T_2 和 T_3 两个 P 沟道增强型 MOS 管的参数相同，且 v_{GS} 相等，所以它们的漏极电流相

同，即 $I_0 = I_{D2}$。

由图 6.5.21 可知

$$I_0 = I_{D2} = \frac{v_I - V_{GS1}}{R_{ext1}} + \frac{V_{DD} - v_{GS2}}{R_{ext2}}$$

在 V_{GS1} 和 V_{GS2} 变化很小的情况下，I_0 与 v_I 近似地呈线性关系，因而振荡频率也和 v_I 呈线性关系。

当 $v_I = 0$ 时 T_1 截止，这时由 R_{ext2} 提供一个固定的偏流 I_0，使振荡器维持一个初始的振荡频率。在不接 R_{ext2} 的情况下，当 $v_I = 0$ 时 $I_0 \approx 0$，电路停止振荡。

图 6.5.21 中的 INH 输入端称为禁止端。当 INH = 1 时 T_4 管截止，$I_0 = 0$，电路不工作。电路正常工作时必须使 INH = 0。

由于在 v_I 变化时 v_{GS} 不可能一点不变，所以 I_0 与 v_I 之间的线性关系是近似的，非线性误差较大。

图 6.5.22 是将 CC4046 用作压控振荡器的外电路的连接方法。R_{ext1} 的取值通常为 $10k\Omega \sim 1M\Omega$。当 v_I 在 $0 \sim V_{DD}$ 范围内变化时，输出脉冲的频率范围可达 $0 \sim 1.5MHz$。但当 $V_{DD} = 5V$ 时，在 $v_I = 2.5V \pm 0.3V$ 的范围内非线性误差小于 0.3%；而当 $V_{DD} = 10V$ 时，在 $v_I = 5V \pm 2.5V$ 的范围内非线性误差小于 0.7%。图 6.5.22 中标注的数字为器件引脚的编号。

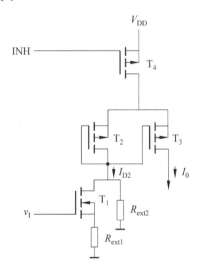

图 6.5.21 CC4046 中压控振荡器的电流源电路结构

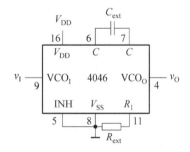

图 6.5.22 CC4046 用作压控振荡器时的接法

3. 定时器型压控振荡器

现以 LM331 为例介绍定时器型压控振荡器的基本原理。图 6.5.23 是 LM331 的简化电路结构。该电路由两部分组成：一部分是用触发器、电压比较器（C_1、C_2）和放电管 T_3 构成的定时电路，另一部分是用基准电压源、电压跟随器 A 和镜像电流源构成的电流源及开关控制电路。按照图 6.5.23 所示接上外围的电阻、电容元件，就可以构成精度相当高的压控振荡器。

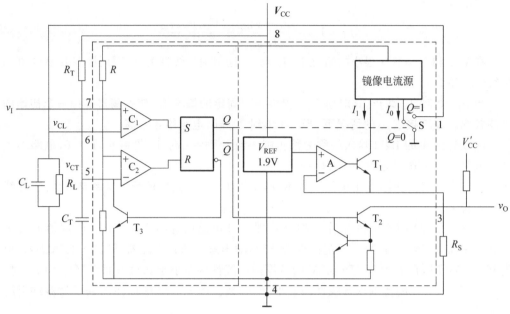

图 6.5.23   LM331 的简化电路结构

下面分析它的工作过程。

刚接通电源时，C_L、C_T 两个电容上没有电压，若输入控制电压 $v_I > 0$，则比较器 C_1 的输出为 1 而 C_2 输出为 0，触发器被置成 $Q = 1$。Q 端的高电平使 T_2 导通，$v_O = 0$。同时镜像电流源输出端开关 S 接到引脚 1 一边，电流 I_0 开始向 C_L 充电。而 $\overline{Q}$ 的低电平使 T_3 截止，所以 C_T 也开始充电。

当 C_T 上的电压 v_{CT} 上升到 $\frac{2}{3}V_{CC}$ 时，触发器被置成 $Q = 0$，T_2 截止，$v_O = 1$。同时开关 S 接地，C_L 通过 R_L 放电。而 $\overline{Q}$ 的高电平使 T_3 导通，C_T 通过 T_3 放电至 $v_{CT} \approx 0$，并使比较器 C_2 输出为 0。

当 C_L 放电到 $v_{CL} < v_I$ 时，比较器 C_1 输出为 1，重新将触发器置成 $Q = 1$，于是 $v_O = 0$，C_L 和 C_T 又开始充电，重复上述过程。

如此循环往复，便在 v_O 输出端得到矩形脉冲。

在电路振荡状态下，当 C_L 和 R_L 的数值足够大时，v_{CL} 必然在 v_I 附近作微小的波动，可以认为 $v_{CL} = v_I$。而且每个振荡周期中 C_L 的充电和放电电荷必须相等（假定在此期间 v_I 数值未变）。下面计算输出的振荡频率。

首先计算 C_L 的充电时间 T_1，它是 $Q = 1$ 的持续时间，也就是电容 C_T 上的电压从 0 充电到 $\frac{2}{3}V_{CC}$ 的时间，故

$$T_1 = R_T C_T \ln \frac{V_{CC} - 0}{V_{CC} - \dfrac{2}{3}V_{CC}} = R_T C_T \ln 3 = 1.1 R_T C_T$$

C_L 在充电期间获得的电荷为

$$Q_1 = (I_0 - I_{R_L})T_1 = \left(I_0 - \frac{v_I}{R_L}\right)T_1$$

式中的 I_{R_L} 为流过 R_L 上的电流。

若振荡周期为 T、放电时间为 T_2，则 $T_2 = T - T_1$。又知 C_L 的放电电流为 $I_{R_L} = \dfrac{v_I}{R_L}$，因此放电期间释放的电荷为

$$Q_2 = I_{R_L}T_2 = \frac{v_I}{R_L}(T - T_1)$$

由于 $Q_1 = Q_2$，即得到

$$\left(I_0 - \frac{v_I}{R_L}\right)T_1 = \frac{v_I}{R_L}(T - T_1)$$

$$T = \frac{I_0 R_L T_1}{v_I}$$

故电路的振荡频率为

$$f = \frac{1}{T} = \frac{v_I}{I_0 R_L T_1}$$

将 $I_0 = \dfrac{V_{REF}}{R_S}$、$T_1 = 1.1 R_T C_T$ 代入上式，而且已知 $V_{REF} = 1.9\mathrm{V}$，故得到

$$f = \frac{R_S}{2.09 R_T C_T R_L} v_I$$

可见，f 与 v_I 呈正比关系。它们之间的比例系数称为电压/频率变换系数（或 V/F 变换系数）K_V，即

$$K_V = \frac{R_S}{2.09 R_T C_T R_L}$$

LM331 在输入电压的正常变化范围内输出信号频率和输入电压之间保持良好的线性关系，非线性误差可减小到 0.01%。输出信号频率的变化范围约为 $0 \sim 100\mathrm{kHz}$。因此，又把 LM331 这类器件叫作精密 V/F 变换电路。

6.5.6 多谐振荡器的应用

本节介绍多谐振荡器的 3 个应用，即延迟报警器、救护车扬声器发音电路和温度/频率变换器。

1. 延迟报警器

图 6.5.24 是用两个 555 定时器接成的延迟报警器。当开关 S 断开后，扬声器经过一定的延迟时间开始发出声音。如果在延迟时间内开关 S 重新闭合，扬声器不会发出声音。下面简单介绍延迟报警器的工作过程。

图 6.5.24 所示的电路由两部分组成：左边的 555 定时器接成施密特触发器，右边的

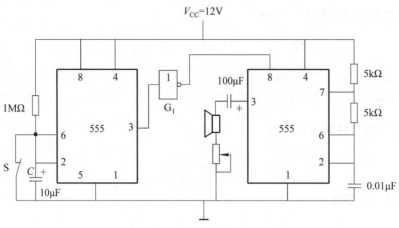

图 6.5.24　延迟报警器

555 定时器接成多谐振荡器。当开关 S 断开后,电容 C 充电,在充电至 $V_{T+}=\dfrac{2}{3}V_{CC}$ 时,反相器 G_1 输出高电平,多谐振荡器开始振荡,振荡器的输出送至扬声器,扬声器以一定频率的电压信号开始报警。

施密特触发器的延迟时间为

$$T_D=RC\ln\frac{V_{CC}}{V_{CC}-V_{T+}}=\left(10^6\times10\times10^{-6}\ln\frac{12}{12-8}\right)s=11s$$

振荡器的振荡频率,即扬声器发出声音的频率为

$$f=\frac{1}{(R_1+2R_2)C\ln2}=\left(\frac{1}{15\times10^3\times0.01\times10^{-6}\times\ln2}\right)Hz=9.66kHz$$

2. 救护车扬声器发音电路

图 6.5.25 是救护车扬声器发音电路,扬声器可以发出高、低音频率的声音,而且两种声音持续时间不同。下面简单介绍电路的工作过程。

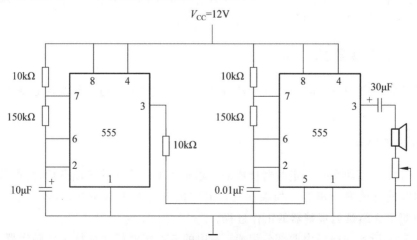

图 6.5.25　救护车扬声器发音电路

在图 6.5.25 所示的电路中,两个 555 定时器都接成了多谐振荡器。左边的多谐振荡器输出端 v_{O1} 接至右边的多谐振荡器的 V_{CO} 端。由于 v_{O1} 输出高、低电平不同,同时持续时间也不同,使得右边的多谐振荡器产生两种振荡频率的信号,即一高一低、一长一短的救护车警示声音。

假定当 $V_{CC}=12V$ 时 555 定时器输出的高、低电平分别为 11V 和 0.2V,输出电阻小于 100Ω。

(1) 当 v_{O1} 输出高电平时,持续时间为

$$t_H = (R_1 + R_2)C_1 \ln 2 = (160 \times 10^3 \times 10 \times 10^{-6} \times 0.69)s = 1.1s$$

根据叠加定理,这时 v_{O1}(11V)会叠加到右边的多谐振荡器 5 脚上的 V_{CO}(8.8V)上。因此,$V_{T+}=8.8V$、$V_{T-}=4.4V$。右边的多谐振荡器的振荡周期为

$$T_1 = (R_4 + R_5)C_2 \ln \frac{V_{CC} - V_{T-}}{V_{CC} - V_{T+}} + R_5 C_2 \ln \frac{0 - V_{T+}}{0 - V_{T-}} = 1.63 \times 10^{-3}s$$

故扬声器在 $v_{O1}=11V$(持续 1.1s)期间发出的声音频率为

$$f_1 = \frac{1}{T_1} = 611Hz$$

(2) 当 v_{O1} 输出低电平时,持续时间为

$$t_L = R_2 C_1 \ln 2 = 1.04s$$

这时 $v_{O1}=0.2V$,根据叠加定理可计算出加到右边的多谐振荡器 5 脚上的电压 V_{CO}(6V)。因此,$V_{T+}=6V$、$V_{T-}=3V$。右边的多谐振荡器的振荡周期为

$$T_2 = (R_4 + R_5)C_2 \ln \frac{V_{CC} - V_{T-}}{V_{CC} - V_{T+}} + R_5 C_2 \ln \frac{0 - V_{T+}}{0 - V_{T-}} = 1.14 \times 10^{-3}s$$

故扬声器在 $v_{O1}=11V$(持续 1.04s)期间发出的声音频率为

$$f_2 = \frac{1}{T_2} = 876Hz$$

至此可知:高音频率为 876Hz,持续时间为 1.04s;低音频率为 611Hz,持续时间为 1.1s。

3. 温度/频率变换器

图 6.5.26 是用压控振荡器 LM311 组成的温度/频率变换器,它把温度变化转换为矩形脉冲频率的变化。图 6.5.26 中 R_L 是热敏电阻,它的阻值和温度的关系为

$$R_L = R_O(1 - \alpha \Delta T)$$

式中,R_O 为基准温度,α 为温度系数,ΔT 为偏离基准温度的温度增量。

根据 LM311 的工作原理可知,图 6.5.26 所示电路的输入电压 $v_I = V_{REF} = 1.9V$,输出矩形脉冲 v_O 的频率为

$$f = \frac{R_S V_{REF}}{2.09 R_T C_T R_L} = \frac{R_S V_{REF}}{2.09 R_T C_T R_O(1 - \alpha \Delta T)}$$

根据上式可以求出温度变化与频率变化之间的关系,即温度/频率变换器的灵敏度。对上式求导可得

$$\frac{df}{d(\Delta T)} = \frac{\alpha(2.09 R_T C_T R_O)(R_S V_{REF})}{[2.09 R_T C_T R_O(1 - \alpha \Delta T)]^2}$$

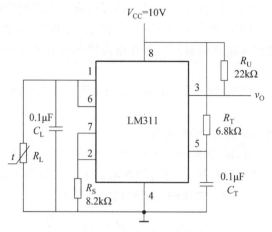

图 6.5.26　温度/频率变换器

6.6　本章小结

本章重点介绍了常见的矩形脉冲波形的产生和整形电路(包括集成 555 定时器、集成施密特触发器、集成单稳态触发器、集成多谐振荡器等)的电路结构、工作原理和应用。

集成 555 定时器是一种性能优良、应用灵活的模拟-数字混合集成电路,它除了可以组成施密特触发器、单稳态触发器、多谐振荡器以外,还可以接成各种应用电路。

集成施密特触发器和集成单稳态触发器可以构成各种脉冲波形的整形和变换电路。这些电路可以把其他形状的周期性信号变换为所要求的矩形脉冲信号,把发生畸变的脉冲波整形为规则的脉冲波,还可以构成延时、定时电路。这些电路在数字系统中得到广泛的应用。

集成多谐振荡器是一种自激振荡电路,它不需要外加输入信号,只要接通供电电源,就自动产生矩形脉冲信号。多谐振荡器可以用门电路、施密特触发器、单稳态触发器和 555 定时器构成。在对频率稳定性要求很高的场合,必须应用石英晶体构成多谐振荡器,可以作为数字电路中的高精度时钟信号应用。

集成压控振荡器是一种电压/频率变换电路。它能把变化的模拟电压信号变换为不同频率的脉冲信号,在自动检测、自动控制以及信号传输中具有广泛的应用。

6.7　习　　题

6.1　用施密特触发器能否寄存一位二值数据? 说明理由。

6.2　在如图 6.7.1(a)所示的施密特触发器电路中,已知 $R_1 = 10\text{k}\Omega$, $R_2 = 30\text{k}\Omega$, G_1 和 G_2 为 CMOS 反相器, $V_{DD} = 15\text{V}$。

(1) 计算电路的正向阈值电压 V_{T+}、负向阈值电压 V_{T-} 和回差电压 ΔV_T。

(2) 若将图 6.7.1(b)中给出的电压信号加到图 6.7.1(a)所示电路的输入端,画出输出电压的波形。

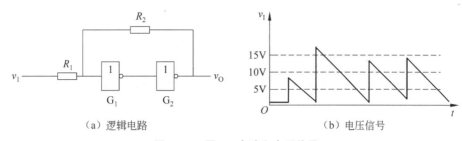

（a）逻辑电路　　　　　　　　（b）电压信号

图 6.7.1　题 6.2 电路和电压信号

6.3　图 6.7.2 是用 CMOS 反相器接成的压控施密特触发器电路,分析它的转换电平 V_{T+}、V_{T-} 和回差电压 ΔV_T 与控制电压 V_{CO} 的关系。

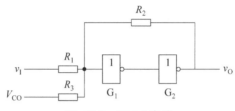

图 6.7.2　题 6.3 电路

6.4　在如图 6.7.3 所示的施密特触发电路中,若 G_1 和 G_2 为 74LS 系列与非门和反相器,它们的阈值电压 $V_{TH} = 1.1V$,$R_1 = 1k\Omega$,$R_2 = 2k\Omega$,二极管 D 的导通压降 $V_D = 0.7V$,计算电路的正向阈值电压 V_{T+}、负向阈值电压 V_{T-} 和回差电压 ΔV_T。

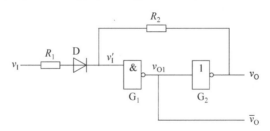

图 6.7.3　题 6.4 电路

6.5　图 6.7.4(a)所示的施密特触发器电路中的二极管是锗二极管,其正向压降为 0.2V。当输入电压波形如图 6.7.4(b)时,画出电路的输出波形。

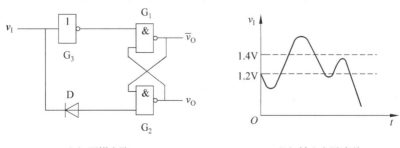

（a）逻辑电路　　　　　　　　（b）输入电压波形

图 6.7.4　题 6.5 电路和输入电压波形

6.6 在如图 6.7.5(a)所示的整形电路中,输入电压 v_I 的波形如图 6.7.5(b)所示。假定它的低电平持续时间比 R、C 电路的时间常数大得多。

(1)画出输出电压的波形。

(2)能否将图 6.7.5 中的电路作为单稳态触发器使用?说明理由。

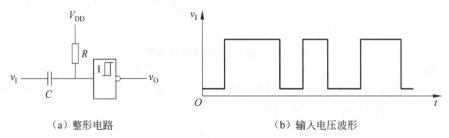

（a）整形电路 （b）输入电压波形

图 6.7.5 题 6.6 电路和电压波形

6.7 图 6.7.6 是用 TTL 门电路组成的微分型单稳态触发器,v_I 是一个输入为 $2\mu s$ 的负脉冲。画出 v_A、v_{O1}、v_{I2}、v_{O2} 和 v_O 的电压波形,并计算脉冲宽度 T。已知 $R_d = 4.7k\Omega$,$C_d = 50pF$,$R = 470\Omega$,$C = 0.1\mu F$。

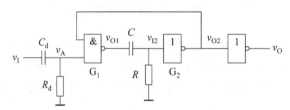

图 6.7.6 题 6.7 电路

6.8 利用集成单稳态触发器 74121 设计一个逻辑电路。它的输入波形及要求产生的输出波形如图 6.7.7 所示。

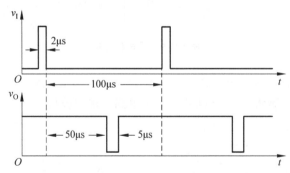

图 6.7.7 题 6.8 的输入波形和输出波形

6.9 图 6.7.8 是用 555 定时器构成的单稳态触发器电路,已知 $V_{CC} = 10V$,$R = 33k\Omega$,$C = 0.1\mu F$。

(1)求输出电压 v_O 的脉冲宽度 t_w。

(2)画出对应的 v_I、v_O 和 v_C 的波形。

6.10　图 6.7.9 是用 CC7555 定时器构成的施密特触发器(施密特非门)电路。定性地画出 v_O 的波形。若 $V_{DD}=9V$，估算 v_O 的频率。

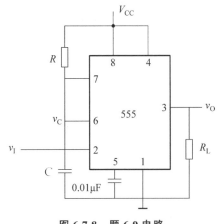

图 6.7.8　题 6.9 电路

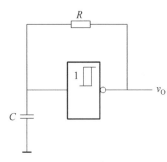

图 6.7.9　题 6.10 电路

6.11　在如图 6.7.10 所示的对称式多谐振荡器电路中，若 $R_{F1}=R_{F2}=1k\Omega$，$C_1=C_2=0.1\mu F$，G_1 和 G_2 为 74LS04(六反相器)中的两个反相器，$V_{OH}=3.4V$，$V_{TH}=1.1V$，$V_{IK}=-1.5V$，$R_1=20k\Omega$，求电路的振荡频率。

6.12　在如图 6.7.11 所示的非对称式多谐振荡器电路中，若 G_1 和 G_2 为 CMOS 反相器，$R_F=9.1k\Omega$，$C=0.01\mu F$，$V_{DD}=5V$，$V_{TH}=2.5V$，计算电路的振荡频率。

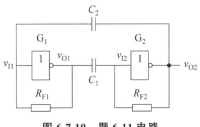

图 6.7.10　题 6.11 电路

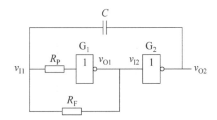

图 6.7.11　题 6.12 电路

6.13　石英晶体多谐振荡器的振荡频率由哪个参数决定？如何得到多个其他频率的信号？

6.14　已知 555 定时器的电源电压 $V_{DD}=5V$。用该定时器构成施密特非门时，上限阈值电压 V_{T+}、下限阈值电压 V_{T-} 和回差电压 ΔV_T 是多少？

6.15　图 6.7.12 是用 LM566 接成的压控振荡器(LM566 的逻辑电路见图 6.5.18)。给定 $R_{ext}=10k\Omega$，$C_{ext}=0.01\mu F$，$V_{CC}=12V$。当输入控制电压 v_I 在 9～12V 范围内变化时，输出脉冲 v_{O2} 的频率变化范围有多大？

6.16　上题中，若输出矩形脉冲的高、低电平分别为 11V 和 5V，用什么办法能把它的高、低电平转换成 5V 和 0.1V？

6.17　在图 6.7.13 所示的电路中，若 $R_1=R_2=10k\Omega$，$C=1\mu F$，计算输出波形的振荡频率 f 及占空比 q。

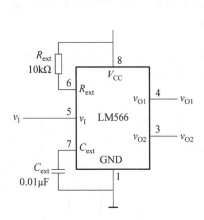

图 6.7.12 题 6.15 电路

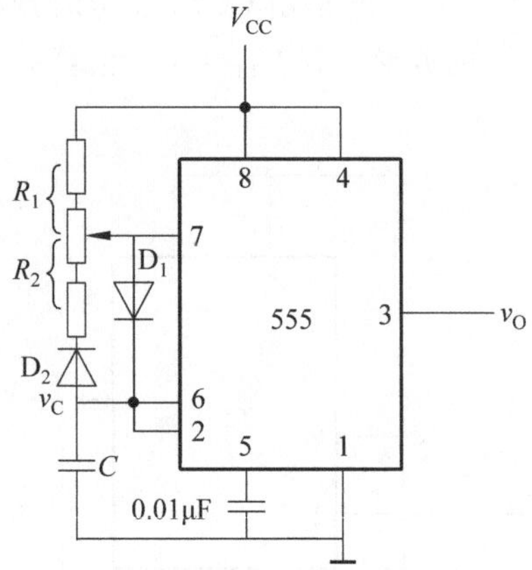

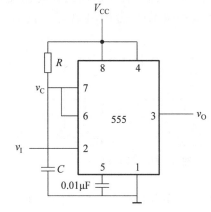

图 6.7.13 题 6.17 电路

6.18 图 6.7.14 是用 555 定时器接成的施密特触发器电路。

(1) 当 $V_{CC}=12V$，而且没有外界控制电压时，求 V_{T+}、V_{T-} 及 ΔV_T 的值。

(2) 当 $V_{CC}=9V$，外接控制电压 $V_{CO}=5V$ 时，V_{T+}、V_{T-}、ΔV_T 各为多少？

6.19 在使用如图 6.7.15 所示的由 555 定时器组成的单稳态触发器电路时，对触发脉冲的宽度有无限制？当输入脉冲的低电平持续时间过长时，电路应如何修改？

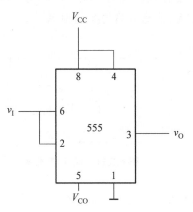

图 6.7.14 题 6.18 电路

图 6.7.15 题 6.19 电路

6.20 用 555 定时器设计一个单稳态触发器，要求输出脉冲宽度在 $1\sim10s$ 的范围内可手动调节。给定 555 定时器的电源为 15V。触发信号来自 TTL 电路，高、低电平分别为 3.4V 和 0.1V。

6.21 用 555 定时器接成的电路如图 6.7.16(a) 所示，设 $R=500k\Omega$，$C=10\mu F$，v_I 的波形如图 6.7.16 所示。

(1) 说出该电路的名称。

(2) 画出该电路正常工作时与 v_I 对应的 v_C 和 v_O 的波形。

(3) 输出脉冲下降沿比输入脉冲下降沿延迟了多少时间？

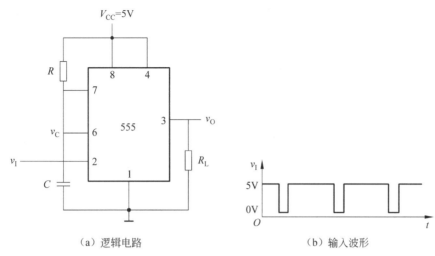

（a）逻辑电路　　　　　　　　　　（b）输入波形

图 6.7.16　题 6.21 电路和输入波形

6.22　将继电器线圈接在如图 6.7.17 所示的电路中,用 555 定时器设计一个脉冲电路去控制该电路。要求：加入启动信号之后,经 $1.1\mu s$ 延时,线圈开始通电;通电 1.1s 后,继电器线圈断电。

6.23　在如图 6.7.18 所示的用 555 定时器组成的多谐振荡器电路中,若 $R_1=R_2=5.1k\Omega,C=0.01\mu F,V_{CC}=12V$,计算电路的振荡频率。

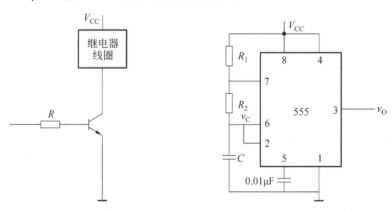

图 6.7.17　题 6.22 电路　　　　　**图 6.7.18　题 6.23 电路**

6.24　用 555 定时器设计一个振荡频率为 20kHz、占空比为 1/4 的多谐振荡器。

6.25　由 555 定时器和三极管组成的电路如图 6.7.19 所示。其中 $V_{CC}=15V,R_1=5k\Omega,R_2=10k\Omega,R_E=20k\Omega,C=0.022\mu F$,三极管的 $\beta=60,V_{BE}=0.7V$,外加触发信号 v_I 为一个足够窄的负脉冲。

（1）说明该电路的名称和作用。

（2）说明三极管的作用。

（3）画出在 v_I 作用下相应的输出电压 v_{O1} 的波形,标明时间和幅度。

（4）画出与 v_{O1} 相对应的 v_O 的波形。

6.26 图 6.7.20 是用 555 定时器构成的压控振荡器。求输入控制电压 v_I 和振荡频率 f 之间的关系式。当 v_I 升高时，频率是升高还是降低？

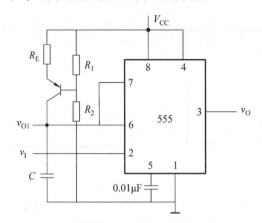

图 6.7.19　题 6.25 电路

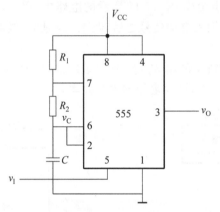

图 6.7.20　题 6.26 电路

6.27 图 6.7.21 是由一个 555 定时器和一个 4 位二进制加法计数器组成的可调节计数式定时器。

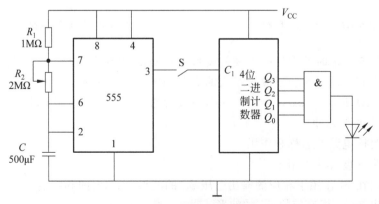

图 6.7.21　题 6.27 电路

（1）在该电路中，555 定时器接成何种电路？

（2）若计数器的初态 $Q_3Q_2Q_1Q_0=0000$，当开关 S 接通后，大约经过多少时间发光二极管 D 变亮？（设电位器的阻值 R_2 全部接入电路。）

6.28　在如图 6.7.22 所示的电路中，D 为理想二极管。

（1）两个 555 定时器各组成什么电路？

（2）开关 S 在右端时，v_{O1} 和 v_{O2} 的周期各是多少？

（3）画出开关 S 在左端时 v_{O1} 和 v_{O2} 的波形。

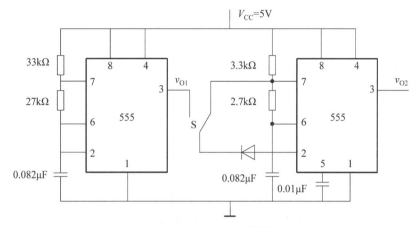

图 6.7.22　题 6.28 电路

第 7 章

chapter 7

存储器和可编程逻辑器件

本章介绍两类大规模集成电路器件——存储器和可编程逻辑器件。

关于存储器,着重介绍半导体存储器的基本结构、工作原理和使用方法,主要包括掩模只读存储器、可编程只读存储器、可擦除的可编程只读存储器、闪速存储器等。随后介绍随机存取存储器的工作原理、特点及扩展方法。

可编程逻辑器件是一种新型逻辑器件,是当前数字系统设计的主要硬件基础。本章重点介绍几种常见的可编程逻辑器件的基本结构、工作原理和特点,包括可编程阵列逻辑(PAL)、通用阵列逻辑(GAL)、复杂可编程逻辑器件(CPLD)、现场可编程门阵列(FPGA)以及 CPLD/FPGA 的配置和编程方式。最后介绍两种 EDA 软件 Max Plus Ⅱ和 Quartus Ⅱ 的使用方法。

7.1　概　　述

7.1.1　存储器

存储器是存储信息的器件,是计算机的重要组成部分。早期的电子计算机都采用磁芯存储器。随着微电子技术的提高,大规模集成电路发展很快,再加上半导体存储器与磁性材料制成的存储器相比具有密度高、体积小、功耗低、存取速度快、使用方便、价格低等优点,所以在新一代电子计算机中普遍采用。

存储器的种类很多,首先从存取功能上可以分为只读存储器(Read-Only Memory,ROM)和随机存取存储器(Random Access Memory,RAM)两大类。只读存储器中的数据在正常情况下只能读出,不能快速地随时修改。只读存储器的优点是电路结构简单,而且断电以后数据不会丢失。只读存储器又分为固定只读存储器、可编程只读存储器(Programmable Read-Only Memory,PROM)和可擦除可编程只读存储器(Erasable Programmable Read-Only Memory,EPROM)几种类型。固定只读存储器中的数据在制造时由厂家写入,此后不能更改。可编程只读存储器中的数据可由用户一次写入,但以后不能修改。可擦除可编程只读存储器中的数据不但可以写入,而且可以擦除,所以具有更大的使用灵活性。

随机存取存储器与只读存储器的根本区别在于它在正常工作状态下可以随时写入

数据或读取数据。根据采用的存储单元的工作原理不同,随机存取存储器又分为静态随机存取存储器(Static Random Access Memory,SRAM)和动态随机存取存储器(Dynamic Random Access Memory,DRAM)。

另外,从制造工艺上又可以把存储器分为双极型和 MOS 型。双极型存储器存取速度快,而 MOS 型存储器功耗低、集成度高,所以目前大容量存储器都是采用 MOS 工艺制作的。

7.1.2 可编程逻辑器件

可编程逻辑器件(Programmable Logic Device,PLD)是 20 世纪 80 年代发展起来的有划时代意义的新型逻辑器件,PLD 是一种由用户配置(用户编程)以完成某种逻辑功能的器件。不同种类的 PLD 大多具有与、或两级结构,且具有现场可编程的特点。使用这类器件,可及时、方便地研制出各种逻辑电路,因此,可编程逻辑器件的应用越来越受到重视。

PLD 自问世以来发展非常迅速。目前生产和使用的 PLD 产品主要有现场可编程逻辑阵列(Field Programmable Logic Array,FPLA)、可编程阵列逻辑(Programmable Array Logic,PAL)、通用阵列逻辑(Generic Array Logic,GAL)、现场可编程门阵列(Field Programmable Gate Array,FPGA)和在系统可编程大规模集成电路(in-system programmable Large Scale Integration,ispLSI)等几种类型。

EPROM 实际上也是一种可编程逻辑器件,只是在绝大多数情况下人们都把它当作存储器使用。目前 PLD 正朝着更高速、更高集成度、更强功能、更灵活的方向发展。

作为一种理想的设计工具,可编程逻辑器件给数字系统的设计带来了很多方便,其优点主要表现在如下 4 个方面。

1. 简化设计

从理论上讲,用通用型的中、小规模集成电路(如 74 系列、CC4000 系列、74HC 系列)可以组成任何复杂的数字系统,但需要调试、搭配选用的标准电路,这是一个非常烦琐的过程,致使一些芯片不能得到充分利用,造成硬件浪费,同时还有印刷电路板布局设计问题。相反,PLD 为解决这些矛盾提供了一条比较理想的途径。

由于 PLD 的可编程特性、灵活性和通用性,用户需要实现的逻辑功能可通过编程来设定,而且在电路设计结束后,可随意地对电路进行修改或删除,无须重新布线和生产印刷电路板,大大缩短了设计周期。利用 PLD 的与、或两级结构来实现任何逻辑功能,比用中、小规模集成电路器件所需逻辑级数少,简化了系统设计,减少了延迟时间,提高了数字系统的速度。

2. 高性能

设计者使用 PLD 的主要原因是考虑到其速度因素。现在市场上提供的 PLD 的性能超过最快的标准分离逻辑器件。因为 PLD 采用最新的工艺技术,使器件的延迟以纳秒(ns)数量级缩短。随着越来越多的 PLD 芯片采用 CMOS 工艺生产,在设计中有条件选用功耗更小的器件,器件的可用逻辑门数超过了数百万门,并且器件中还出现了内嵌的复杂功能模块,如加法器、乘法器、RAM、CPU 核、DSP 核、PLL 等可编程片上系统(System On a Programming Chip,SOPC)。特别是进入 21 世纪以来,FPGA 在逻辑规模、适用领域、工作速度、成本与功能等方面的进步更加令人瞩目。

3. 可靠性高

系统的可靠性是数字系统设计的一个重要指标。当数字系统变得越来越大时,电路数量的增加使其可靠性降低。采用 PLD 将使数字系统所用的器件数目减少,印刷电路板面积减小,从而使印刷电路板布线密度下降,这些都大大提高了电路的可靠性。

4. 成本下降

使用 PLD 来实现一个系统设计,总的制造费用比使用中、小规模集成电路器件要低。用中、小规模集成电路器件来设计系统,其中 25%～50%的费用用来购买器件,而其余 50%～75%的费用用于测试器件、装配和制作印刷电路板等。而采用 PLD 设计数字系统,由于使用的器件少,系统规模小,器件测试及装配的工作量大大减少,可靠性得到提高,加上避免了修改逻辑带来的重新设计和生产等一系列问题,所以有效地降低了系统的成本。

PLD 编程开发系统由硬件和软件两部分组成。硬件部分包括计算机和专门的编程器;软件部分有各种编程软件,这些编程软件有较强的功能,操作也很简便,而且一般都可以在普通的 PC 上运行。利用这些开发系统可在很短时间内完成 PLD 的编程工作,大大提高设计工作效率。

7.2 只读存储器

7.2.1 掩模 ROM

只读存储器的电路结构一般包含存储矩阵、地址译码和输出缓冲器 3 个组成部分,如图 7.2.1 所示。存储矩阵由许多存储单元排列而成,每个存储单元存放一位二进制代码,每一组存储单元(表示多位二进制数)对应一个地址代码。地址译码器将输入的地址

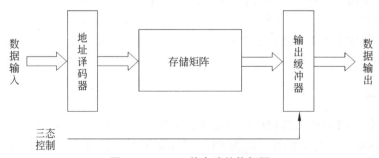

图 7.2.1　ROM 的电路结构框图

代码译成相应的控制信号,利用这个控制信号从指定的存储单元中取出数据,送到输出缓冲器。输出缓冲器采用三态控制,一是可以提高存储器的负载能力,二是便于与系统总线连接。

按存储单元所用的器件不同可将掩模 ROM 分为二极管 ROM、双极性三极管 ROM 和 MOS 管 ROM 3 种类型。

图 7.2.2 是 4×4 位的二极管 ROM 的电路结构。地址译码器的输入端有两根地址线 A_1、A_0,输出端有 4 根字选择线(简称字线)$W_0\sim W_3$。图 7.2.2 的虚线框中的存储矩阵由 16 个存储单元组成,$W_0\sim W_3$ 和 $D_0\sim D_3$ 的每个十字交叉点代表一个存储单元。十字交叉点旁有二极管的表示相应存储单元中存储的数据为 1,无二极管的表示相应存储单元中存储的数据为 0。4 根位选择线(简称位线)$D_0\sim D_3$ 经三态控制的输出缓冲器输出。

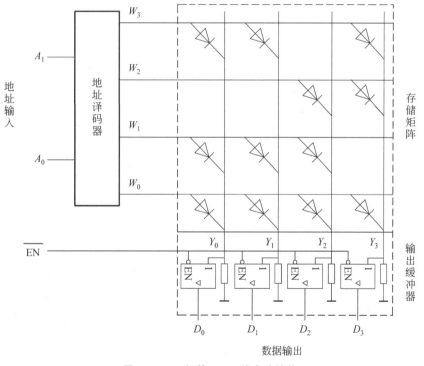

图 7.2.2　二极管 ROM 的电路结构

读取数据时,在输入地址码后,在二极管 ROM 的输出端得到该地址所存储的数据字。例如,地址码为 $A_1A_0=10$,字线 $W_2=1$,字线 W_0、W_1 和 W_3 均为 0。W_2 上的高电平通过有二极管的位线使 $D_3D_2D_1=111$;位线 D_0 与 W_2 没有二极管,所以输出的数据为 $D_3D_2D_1D_0=1110$。根据二极管在 ROM 存储矩阵中的排列形式,可以列出地址 A_1、A_0 与输出 $D_3\sim D_0$ 的对应关系,如表 7.2.1 所示。

不难看出,字线和位线的每个交叉点都是一个存储单元,交叉点的个数就是存储单元数。习惯上用存储单元数表示存储器的容量,并写成"字数×位数"的形式。例如,图 7.2.2 中 ROM 的存储量表示成"4×4 位"。

表 7.2.1　图 7.2.2 的二极管 ROM 中的地址与输出数据对应关系

地　　址		输　出　数　据			
A_1	A_0	D_3	D_2	D_1	D_0
0	0	1	1	1	1
0	1	0	1	1	1
1	0	1	1	0	0
1	1	1	0	0	1

图 7.2.3 所示的 MOS 管 ROM 和图 7.2.2 所示的二极管 ROM 存储内容相同,这里的地址译码器、存储矩阵和输出缓冲器均采用 MOS 工艺制作。同样,有 MOS 管的存储单元存储的数据为 1,无 MOS 管存储的单元存储的数据为 0。

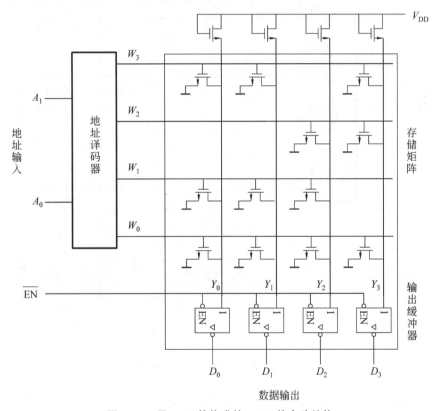

图 7.2.3　用 MOS 管构成的 ROM 的电路结构

7.2.2　可编程 ROM

在数字系统新产品的开发中,设计人员经常需要按照自己的设想迅速得到所需内容的 ROM。这时可以通过将所需内容自行写入可编程 ROM(PROM)来实现。

图 7.2.4(a)是熔丝型 PROM 存储单元,它由一只三极管和熔丝组成,PROM 存储矩阵中的所有单元都按此制作。这种 PROM 在封装出厂时,所有存储单元中的熔丝都是

通的,存储内容为全 1。熔丝用很细的低熔点合金丝制成,在写入数据时,只要设法将需要存入 0 的那些存储单元中的熔丝烧断就行了。

用户使用前可以根据自己的程序对 PROM 进行一次性编程处理。例如,要在图 7.2.4(a) 所示的存储单元中写入 0,只需先选中该存储单元,再在 V_{CC} 端加上电脉冲,使熔丝通过足够大的电流,把熔丝烧断即可。

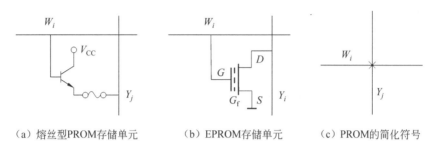

（a）熔丝型PROM存储单元　　（b）EPROM存储单元　　（c）PROM的简化符号

图 7.2.4　PROM 存储单元及简化符号

可见,PROM 中的熔丝一旦烧断就无法接上,即一旦写入 0 后就无法再修改,所以它只能写入一次。PROM 仍不能满足研制过程中经常修改存储单元内容的需要。可擦除可编程 ROM(EPROM)则克服了这一缺点,其存储单元如图 7.2.4(b)所示。在 PROM 的简化符号中,字线和位线交叉处用×表示可编程,如图 7.2.4(c)所示;而不能编程的(即固定的)存储单元一般在字线和位线交叉处用用·来标记。

7.2.3　可擦除可编程 ROM

由于可擦除可编程 ROM 中存储的数据可以擦除并重写,因而在需要经常更改存储单元内容的场合它便成了一种比较理想的器件。

在 EPROM 中写入的信号可以用紫外线照射擦除,也可以用电信号擦除。根据擦除方式的不同,可擦除可编程 ROM 可分为紫外线擦除的可编程 ROM 和电信号擦除的可编程 ROM(Electrically Erasable PROM,EEPROM 或 E^2PROM)。后来出现的闪速存储器(flash memory)也是一种电信号擦除的可编程 ROM。

1. 紫外线擦除的可编程 ROM

一般将紫外线擦除的 PROM 称为 EPROM。图 7.2.5 是 EPROM 的一种存储单元,其中图 7.2.5(a)、(b)分别是它的结构和符号。它是一个 N 沟道增强型 MOS 管,有两个

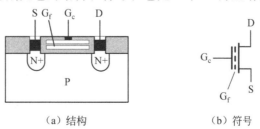

（a）结构　　　　　　　　（b）符号

图 7.2.5　叠栅 NMOS 管结构及符号

重叠的栅极,即控制栅 G_c 和浮置栅 G_f,因此也称为叠栅 NMOS 管。控制栅 G_c 用于控制读出和写入,浮置栅 G_f 用于长期保存注入电荷。

当在漏极和源极之间加以较高的电压(约 $20\sim25\text{V}$)时,将发生雪崩击穿现象。在控制栅上加以高压(幅度约 25V,宽度约 50ns),则在栅极电场的作用下,一些速度较高的电子便穿越 SiO_2 层到达浮置栅,形成注入电荷。如果用紫外线或 X 射线照射浮置栅 G_f,则在 SiO_2 层中产生电子-空穴对,为浮置栅上的电荷提供泄放通道,使之放电,这个过程称为擦除。

当在浮置栅上未注入电荷时,在控制栅上加入正常的高电平能够使漏极和源极之间产生导电沟道,MOS 管导通。反之,在浮置栅上注入电荷以后,必须在控制栅上加入更高的电压,才能抵消注入电荷的影响而形成导电沟道,即在栅极加上正常电压时 MOS 管截止。所以,在浮置栅上注入电荷相当于写入 1,未注入电荷相当于写入 0。

图 7.2.6 是一个 16×8 位 EPROM 的电路。编程时,首先输入地址代码,找出要写入 1 的单元地址,然后使 V_{DD} 和选中的字线提高到编程要求的高电平(幅度约 25V,宽度约 50ns 的正脉冲),同时在编程单元的位线上加入编程脉冲。这时,若某个需要写入的位线为 1(如 $D_3=1$),则经写入放大器 A_w 使输出为低电平,漏极和源极之间的电压达到注入电荷的要求,在相应的存储单元写入 1。擦除时采用紫外线照射,对 EPROM 芯片照射 20min,可使全部存储单元恢复,以便用户重新编写程序。

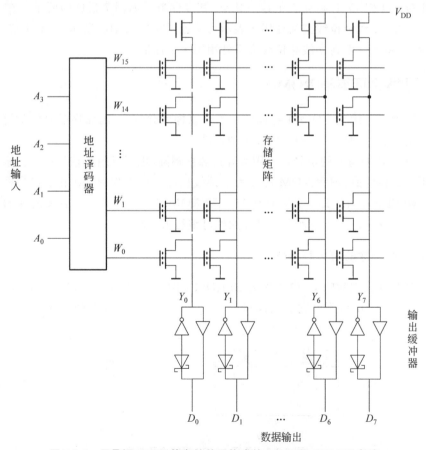

图 7.2.6　用叠栅 NMOS 管存储单元构成的 16×8 位 EPROM 电路

常用的 EPROM 芯片有 2716(2K×8 位)、2732(4K×8 位)、2764(8K×8 位)都采用上述浮置栅 MOS 管作为存储单元。

2. 电信号擦除的可编程 ROM

紫外线擦除操作比较复杂，擦除速度很慢。为了克服这些缺点，又研制了可以用电信号擦除的可编程 ROM，也称 E^2PROM。

图 7.2.7 是 E^2PROM 的一种存储单元的结构、符号和电路。它采用了浮栅隧道氧化层 MOS 管，属于 N 沟道增强型 MOS 管，同样有两个栅极——控制栅 G_c 和浮置栅 G_f。它的浮置栅与漏区之间有一个极薄的氧化层，这个区域称为隧道区。当隧道区的电场强度大到一定程度时，便在浮置栅和漏区之间出现导电沟道，电子可以双向通过，形成电流。

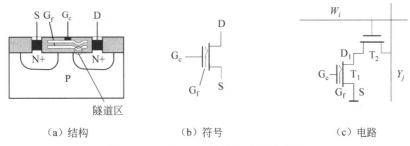

（a）结构　　　　　　（b）符号　　　　　　（c）电路

图 7.2.7　E^2PROM 的结构、符号和电路

图 7.2.8 给出了 E^2PROM 的存储单元在 3 种不同工作状态下各个电极所加电压的情况。图 7.2.8(a) 是正常工作时的读出状态，G_c 上加 3V 电压，字线上加 5V 高电平。当浮置栅上充有负电荷时，则 T_1 截止，位线读出 1；当浮置栅上未充有负电荷时，则 T_1 导通，位线 B_j 读出 0。

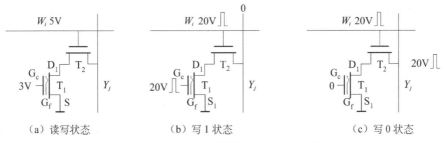

（a）读写状态　　　　（b）写 1 状态　　　　（c）写 0 状态

图 7.2.8　E^2PROM 存储单元读取、写 1、写 0 三种工作状态

图 7.2.8(b) 是 E^2PROM 的存储单元工作在擦除状态时的情况，控制栅 G_c 和字线上加幅度约 20V、宽度约 10ms 的脉冲电压，漏区接低电平，这样就在隧道区产生强电场，吸引漏区的电子通过隧道区到达浮置栅，形成存储电荷，则在正常读出工作电压下 T_1 截止。一个字被擦除以后，所有字线连接的存储单元均为 1 状态。

图 7.2.8(c) 是 E^2PROM 的存储单元工作在写 0 状态时的情况，字线和位线上加 20V 左右、宽度约 10ms 的脉冲电压，控制栅 G_c 接低电平。这时浮置栅通过隧道区放电，使 T_1 处于导通状态，即存储单元写入 0。

虽然 E^2PROM 改用电压信号擦除,但由于擦除和写入时需要高电压脉冲,而且擦除和写入的时间较长,所以在系统正常工作状态下,E^2PROM 仍然只能工作在读出状态,作 ROM 使用。

3. 闪速存储器

闪速存储器也是一种电信号擦除的可编程 ROM。闪速存储器采用了类似于 EPROM 的单管叠栅结构的存储单元,其结构和符号如图 7.2.9 所示。

闪速存储器采用的叠栅 MOS 管结构与 EPROM 类似,两者最大的不同是浮置栅与衬底间氧化层的厚度不同。在 EPROM 中,这个氧化层的厚度一般为 $30\sim40\mu m$;而在闪速存储器中,这个氧化层的厚度仅为 $10\sim15\mu m$。而且闪速存储器的浮置栅和源区重叠部分是由源区横向扩散的,面积极小,因而浮置栅和源区间的电容要比浮置栅和控制栅间的电容小得多。

闪速存储器的存储单元如图 7.2.10 所示。在读出状态下,字线输出 5V 的逻辑高电平,存储单元的公共端 V_{SS} 为 0。如果浮置栅没有电荷,则叠栅 MOS 管导通,位线输出低电平;否则叠栅 MOS 管截止,位线输出高电平。

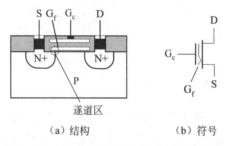

| （a）结构 | （b）符号 |

图 7.2.9 闪速存储器的 MOS 管结构和符号

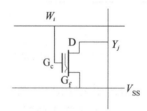

图 7.2.10 闪速存储器的存储单元

闪速存储器的写入方法与 EPROM 类似,即用雪崩注入的方法使浮置栅充电。在写入 1 状态下,叠栅 MOS 管漏极经位线接至一个较高的正电压(一般为 6V),V_{SS} 接低电平,同时在控制栅上加一个幅度约 12V、宽度约 $10\mu s$ 的正脉冲。这时浮置栅充电,叠栅 MOS 管开启电压为 7V 以上,在字线为正常逻辑电平时不会导通。

在写入 0 状态(即擦除)时,令控制栅处于 0 电平,同时在 V_{SS} 加入幅度约 12V、宽度约 100ms 的正脉冲,使浮置栅上的电荷释放,开启电压在 2V 以下,在字线为正常逻辑电平,即在控制栅上加 5V 的电压时,叠栅 MOS 管一定会导通。

由于闪速存储器的所有叠栅 MOS 管的源极连接在一起,所以在擦除时所有存储单元同时被擦除。这也是闪速存储器不同于 E^2PROM 的一个特点。

闪速存储器具有写入和擦除快捷可靠、结构简单、集成度高等优点,因而引起广泛关注。有人推测,在不久的将来,闪速存储器很可能成为较大容量的磁性存储器(如 PC 中的磁盘等)的替代产品。

7.2.4 ROM 的应用

1. 用 ROM 实现组合逻辑函数

ROM 除用作存储器外,还可以用来实现各种组合逻辑函数。ROM 中的地址译码器就是 ROM 的与阵列,若把 n 位地址端作为逻辑函数的输入变量,则可在 n 位地址译码器的输出端产生对应的 2^n 个最小项;而存储矩阵是或阵列,可把有关的最小项相或后获得输出函数。所以,可以用 ROM 实现任何与或标准式的组合逻辑函数。实现的方法是:将逻辑函数写成最小项之和的形式,直接画出存储矩阵的点阵图。

【例 7.2.1】 用 ROM 设计一个组合逻辑电路,用来产生下列一组逻辑函数:

$$\begin{cases} Y_1 = \overline{A}\,\overline{B}\,\overline{C}\,\overline{D} + \overline{A}B\overline{C}D + A\overline{B}C\overline{D} + ABCD \\ Y_2 = \overline{A}BD + \overline{B}C\overline{D} \\ Y_3 = BD + \overline{B}\,\overline{D} \end{cases}$$

列出 ROM 应有的数据表,画出存储矩阵的点阵图。

解:将逻辑函数化为最小项之和的形式,得到

$$\begin{cases} Y_1 = \overline{A}\,\overline{B}\,\overline{C}\,\overline{D} + \overline{A}B\overline{C}D + A\overline{B}C\overline{D} + ABCD \\ Y_2 = \overline{A}BCD + \overline{A}B\overline{C}D + A\overline{B}C\overline{D} + A\overline{B}\,\overline{C}\,\overline{D} \\ Y_3 = ABCD + AB\overline{C}\,\overline{D} + \overline{A}BCD + \overline{A}B\overline{C}\,\overline{D} + A\overline{B}C\overline{D} + A\overline{B}\,\overline{C}\,\overline{D} + \overline{A}\,\overline{B}C\overline{D} + \overline{A}\,\overline{B}\,\overline{C}\,\overline{D} \end{cases}$$

或写成

$$\begin{cases} Y_1 = m_0 + m_5 + m_{10} + m_{15} \\ Y_2 = m_2 + m_5 + m_7 + m_{10} \\ Y_3 = m_0 + m_2 + m_5 + m_7 + m_8 + m_{10} + m_{13} + m_{15} \end{cases}$$

取有 4 位地址输入、3 位数据输出的 16×3 位 ROM,将 A、B、C、D 4 个输入变量分别接至地址输入端 A_3、A_2、A_1、A_0,按照逻辑要求存入相应的数据,即可在数据输出端 D_2、D_1、D_0 得到 Y_1、Y_2、Y_3。

每个输入地址对应一个最小项,并在一条字线上输出 1。每一位数据输出都是由若干字线输出的逻辑或表达式决定的。按照最小项之和表达式列出 ROM 存储矩阵内应存入的数据表,如表 7.2.2 所示。

表 7.2.2 例 7.2.1 的数据表

地		址		数		据	地		址		数		据
A_3	A_2	A_1	A_0	D_2	D_1	D_0	A_3	A_2	A_1	A_0	D_2	D_1	D_0
(A	B	C	D)	(Y_1	Y_2	Y_3)	(A	B	C	D)	(Y_1	Y_2	Y_3)
0	0	0	0	1	0	1	1	0	0	0	0	0	1
0	0	0	1	0	0	0	1	0	0	1	0	0	0
0	0	1	0	0	1	1	1	0	1	0	1	1	1
0	0	1	1	0	0	0	1	0	1	1	0	0	0
0	1	0	0	0	0	0	1	1	0	0	0	0	0
0	1	0	1	1	1	1	1	1	0	1	0	0	1
0	1	1	0	0	0	0	1	1	1	0	0	0	0
0	1	1	1	0	1	1	1	1	1	1	1	0	1

在使用 PROM 或掩模 ROM 时,可以根据表 7.2.1 画出存储单元连接图,如图 7.2.11 所示。注意,在接入存储单元的矩阵交叉点上画 •,而可擦除的可接入存储单元一般用 × 来表示。接入存储单元表示存 1,否则表示存 0。

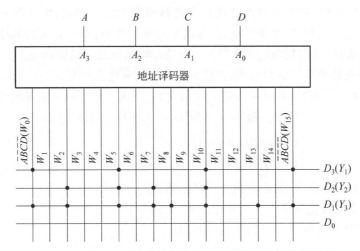

图 7.2.11　用 ROM 构成的组合逻辑函数的存储节点连接图

2. 用 EPROM 2716 实现三角波

EPROM 2716 的引脚有 11 条地址线 $(A_0 \sim A_{10})$ 和 8 条数据线 $(D_0 \sim D_7)$，因此存储容量为 $2K \times 8$ 位；控制线有 $\overline{CS}$、$\overline{OE}$；电源电压 $V_{CC} = 5V$，编程高电平 $V_{PP} = 25V$，工作电流最大值 $I_M = 105mA$，维持电流最大值 $I_S = 27mA$，读取时间 $T_{RM} = 350ns$。

2716 的工作方式有 5 种：

（1）读方式。当片选 $\overline{CS} = 0$、输出允许 $\overline{OE} = 0$ 且有地址码输入时，则从 $D_0 \sim D_7$ 读出指定地址单元的数据。

（2）写（编程）方式。当 $V_{PP} = 25V$、$\overline{OE} = 1$ 时，地址码和需要存入该地址对应的存储单元的数据稳定送入后，在 $\overline{CS}$ 端输入 50ms 宽的正脉冲，数据即被编程固化在此存储单元中。

（3）维持方式。当 $\overline{CS} = 1$ 时，$D_0 \sim D_7$ 呈高阻浮置态，2716 进入维持状态，电源电流下降到维持电流 27mA 以下。

（4）编程禁止方式。当多片 2716 级联同时编程时，除 $\overline{CS}$ 端外，各片 2716 的其他同名端都接在一起。在对某一片 2716 编程时，可在该片的 $\overline{CS}$ 端加编程正脉冲；其他片的 $\overline{CS} = 0$，禁止数据写入，即这些片处于编程禁止状态。

（5）编程检验方式。当 $V_{PP} = 25V$、$\overline{CS} = 0$、$\overline{OE} = 0$ 时，可以校核（读出）已经编程固化的内容。

下面举例说明 2716 产生各种复杂的电压波形的情况。利用 ROM 产生电压波形时，首先将各种波形（如三角波、正弦波、矩形波等）的采样数据存入 2716，然后再周期性地按顺序取出某一波形的数据，就可获得这种波形，从而构成波形发生器（第 9 章介绍的直接数字频率合成技术就利用了这种原理）。这里仅介绍三角波的实现方法。

三角波如图 7.2.12 所示，取 256 个值以代表三角波的变化情况。沿水平方向按顺序取值，按二进制码送入 2716 的地址输入端 $A_7 \sim A_0$；沿垂直方向取出与输入地址对应的数值,转换为二进制码,以用户编程的方式写入对应的存储单元。三角波数据表如表 7.2.3 所示。其中,地址高 3 位为 0,占用的地址空间为 000 0000 0000~000 1111 1111,共 256 个存储单元。

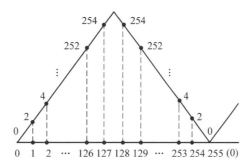

图 7.2.12　三角波水平和垂直方向采样值

采用两片 74LS161 组成 8 位二进制加法计数器,其输出推动 2716 的 $A_7 \sim A_0$,输入地址码则按照 0~255 的顺序加 1,加到 255 再从 0 开始,不断循环。对应的三角波取值也就按顺序从 $D_7 \sim D_0$ 输出,并不断循环。再经数/模转换器将数字量转换成模拟量,即可在输出端 v_O 获得周期性重复的三角波。改变计数器的时钟频率,即可改变三角波的输出频率。

整个波形发生器的电路如图 7.2.13 所示。A_{10}、A_9、A_8 接在 8 线-3 线优先编码器 74LS147 的输出端,这样通过选择 $\overline{I}_0 \sim \overline{I}_7$ 分别得到 8 个不同的地址空间。若在这 8 个地址空间分别写入 8 种波形的数据,则可显示 8 种不同的波形。

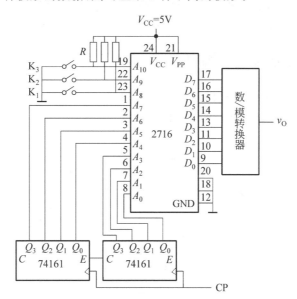

图 7.2.13　用 ROM 构成的波形发生器

表 7.2.3　三角波数据表

十 进 制 数	地址 $A_{10} \sim A_0$	数据 $D_7 \sim D_0$
0	000 0000 0000	0000 0000
1	000 0000 0001	0000 0010
2	000 0000 0010	0000 0100
⋮	⋮	⋮
127	000 0111 1111	1111 1110
128	000 1000 0000	1111 1110
129	000 1000 0001	1111 1100
⋮	⋮	⋮
253	000 1111 1101	0000 0100
254	000 1111 1110	0000 0010
255	000 1111 1111	0000 0000
0	000 0000 0000	0000 0000

7.3　随机存取存储器

　　随机存取存储器(RAM)也叫随机读写存储器。在 RAM 工作时,可以随时从任何一个指定地址的存储单元中读出数据,也可以随时将数据写入任何一个指定地址的存储单元。它最大的优点是读写方便、使用灵活。但是,它也存在数据易失的缺点(即一旦停电,其中所存储的数据将丢失)。RAM 又分为静态随机存取存储器(Static RAM,SRAM)和动态随机存取存储器(Dynamic RAM,DRAM)两大类。

7.3.1　RAM 的组成及工作原理

　　RAM 一般由存储矩阵、地址译码器、片选控制及读写控制电路组成,存储矩阵由若干个存储单元构成,其典型结构如图 7.3.1 所示。

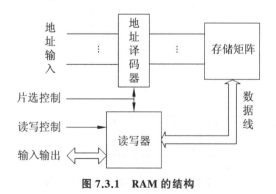

图 7.3.1　RAM 的结构

　　对 RAM 的每一次访问(存入或取出信息)都是以字为单位进行的,且仅能与其中一个字打交道,因此在访问时,首先需要根据给定的地址找到对应的字,存储器的地址一般也用二进制数表示。地址译码器的作用是:接收从外面输入的地址信号,经译码,使得在所有译码输出线中,只有控制该地址对应的字的那一个字线有输出,于是这个字线选中的所有存储单元经过读写控制电路与存储器的输入输出端接通,以便进行读或写。

　　输入输出端在读时输出读出的数据,在写时输入要写入的数据,其读写数据长度等于字长。读写控制电路用于对电路的工作状态进行控制,一般具有三态结构。当读写控制信号为高电平时,执行读操作,将存储单元的数据送到输入输出端;当读写控制信号为低电平时,执行写操作,将输入输出端的数据写入存储单元。图 7.3.1 中的双向箭头表示一组可双向传输数据的导线,它所包含的导线数目等于并行输入输出数据的位数,即字长。

　　由于集成度的限制,一片 RAM 能存储的信息是有限的,常常不能满足数字系统的需要。因此,往往需要把若干片 RAM 组合在一起,构成一组存储器。访问存储器时,每次只与这些 RAM 中的某一片(或几片)交换信息。为此,输入输出端设置了三态输出结构和片选输入信号。当片选输入端$\overline{CS}$为有效电平时,该片 RAM 被选中,则该片 RAM 为正常读写状态;当片选输入端$\overline{CS}$为无效电平时,所有的输入输出端均为高阻状态,不能执行读写操作。

　　图 7.3.2 是一个 1K×4 位 RAM 的实例——2114 的结构框图。它共有 4096 个存储单元,排成 64×64 的矩阵,图 7.3.2 中的每个方块代表一个存储单元。某个存储单元与

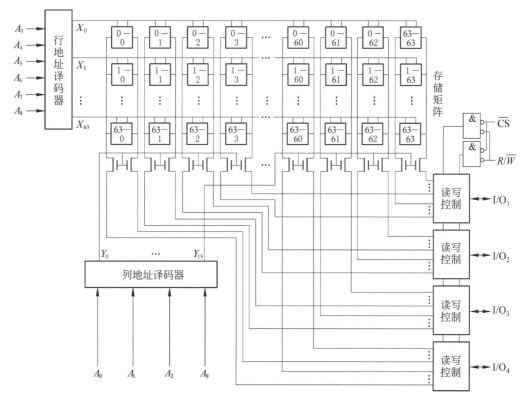

图 7.3.2　1K×4 位 RAM 的结构

外界是否连通,取决于地址输入。10 位输入地址码 $A_9 \sim A_0$ 被分成两部分:$A_8 \sim A_3$ 这 6 位地址码加到行地址译码器上,用它从 64 行存储单元中选出指定的一行;另外 4 位地址码加到列地址译码器上,利用它再从已选出的一行里挑出要读写的 4 个存储单元,这样 4096 个存储单元就形成 1K×4 位的结构。例如,当 $A_8 \sim A_3 = 000111$ 时表示存储矩阵的 X_7 行被选中,若 $A_9 A_2 A_1 A_0 = 0011$ 表示存储矩阵的 Y_3 列被选中,对应的 X_7 行 Y_3 列的 4 个存储单元执行读写功能,其他的存储单元处于高阻状态。

另外,$I/O_1 \sim I/O_4$ 既是数据输入端又是数据输出端。读写操作在 $R/\overline{W}$ 和 $\overline{CS}$ 信号的控制下进行。

当 $\overline{CS} = 0$ 且 $R/\overline{W} = 1$ 时,存储器工作在读出状态;当 $\overline{CS} = 0$ 且 $R/\overline{W} = 0$ 时,执行写操作;当 $\overline{CS} = 1$ 时,则所有的 I/O 端处于高阻态,将存储器内部电路与外部连线隔离。

7.3.2　RAM 的存储单元

RAM 的核心是存储单元。现在普遍使用的半导体读写存储器的存储单元有双极型和 MOS 型两大类。MOS 型电路集成度高、工艺简单,在 RAM 中广泛应用。双极型存储单元都是静态的,而 MOS 型存储单元既有静态的也有动态的。下面简要介绍静态和动态的 MOS 存储单元。

1. RAM 静态 MOS 存储单元

RAM 静态 MOS 存储单元种类很多,这里以一种由 6 只 N 沟道增强型 MOS 管组成的静态存储单元(简称 NMOS 六管存储单元)为例加以介绍,其电路如图 7.3.3 所示。其中,T_1 与 T_2 构成一个反相器,T_3 与 T_4 构成另一个反相器,两个反相器交叉耦合,构成一个基本 RS 触发器,作为存储信息的基本单元:记忆 1 或 0。当 T_1 导通、T_3 截止时,$Q = 0$,$\overline{Q} = 1$,是 0 状态;当 T_1 截止、T_3 导通时,$Q = 1$,$\overline{Q} = 0$,是 1 状态。T_5、T_6 管是由行线 X_i 控制的门控管,控制触发器的 Q、$\overline{Q}$ 与位线 B_j、$\overline{B}_j$ 之间的联系。当 $X_i = 1$ 时,T_5、T_6 管导通,触发器的 Q、$\overline{Q}$ 与位线 B_j、$\overline{B}_j$ 接通;当 $X_i = 0$ 时,T_5、T_6 管截止,触发器与位线的关系被切断。T_7、T_8 也是门控管,用来控制位线 B_j、$\overline{B}_j$ 与读写缓冲放大器之间的连接。T_7、T_8 的开关状态由列地址译码器的输出 Y_j 来控制,$Y_j = 1$ 时导通,$Y_j = 0$ 时截止。

在任一地址输入下,行地址译码器输出中只有一个为高电平,其余均为低电平;同时,列地址译码器输出中也只有一个为高电平,其余均为低电平。这样,某个存储单元所在的行和列同时被选中以后,T_5、T_6、T_7、T_8 均处于导通状态,Q 和 $\overline{Q}$ 与位线 B_j 和 $\overline{B}_j$ 接通。如果此时 $\overline{CS} = 0$、$R/\overline{W} = 1$,则读写缓冲放大器的 A_1 接通,A_2 和 A_3 截止,Q 端的状态经 A_1 送到 I/O 端,实现数据读出;如果此时 $\overline{CS} = 0$、$R/\overline{W} = 0$,则 A_1 截止,A_2 和 A_3 导通,加到 I/O 端的数据被存入存储单元。

由于 CMOS 电路具有微功耗的特点,所以,尽管它的制造工艺比 NMOS 电路复杂,目前大容量的静态存储器仍然几乎都采用 CMOS 存储单元。另外,采用 CMOS 工艺的静态存储器能在低电源电压下工作,因此它可以在交流供电系统断电后用电池供电,以继续保持存储器中的数据,使之不致丢失。例如,Intel 公司生产的超低功耗 CMOS 工艺

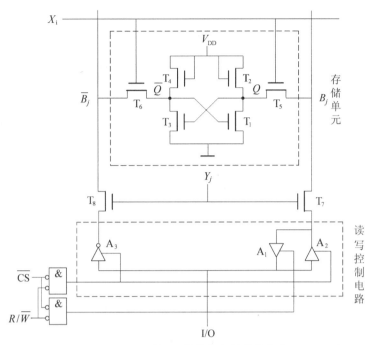

图 7.3.3　NMOS 六管静态存储单元电路

的静态存储器 5101L 用 5V 电源供电,静态功耗仅 $1\sim2\mu\mathrm{W}$;如果将电源电压降至 2V,处于低压工作状态,则功耗可降至 $0.28\mu\mathrm{W}$。

2. RAM 动态 MOS 存储单元

RAM 动态 MOS 存储单元的种类也很多,这里以一种四管动态 MOS 存储单元为例加以介绍,其电路结构如图 7.3.4 所示。它由 4 个 N 沟道增强型 MOS 管组成,T_1 和 T_2 交叉耦合,数据以电荷的形式存储在 T_1 和 T_2 的栅极电容 C_1 和 C_2 上,而 C_1 和 C_2 上的电压又控制 T_1 和 T_2 的导通或截止。当 C_1 充有电荷时,C_1 上的电压大于 T_1 的开启电压,使 T_1 导通,与此同时 C_2 上没有电荷,C_2 上的电压小于 T_2 的开启电压,使 T_2 截止,于是 $Q=0,\overline{Q}=1$,存储单元处于 0 状态。类似地,当 C_1 没有电荷时,C_1 上的电压小于 T_1 的开启电压,使 T_1 截止,与此同时 C_2 有电荷,C_2 上的电压大于 T_2 的开启电压,使 T_2 导通,于是 $Q=1,\overline{Q}=0$,存储单元处于 1 状态。

根据上面所述,动态 MOS 存储单元不是利用触发器永久地存储信息,而是利用 MOS 管的栅极电容暂存信息。其优点是所需元件比静态存储单元少;缺点是电荷保存时间有限,因而只能暂存信息。为了及时补充泄漏的电荷,以避免存储的信息丢失,必须定时地给栅极电容补充电荷,通常把这种操作叫作刷新或再生。

T_3 和 T_4 是由行线 X_i 控制的门控管,决定 Q、$\overline{Q}$ 与位线 B_j、$\overline{B}_j$ 之间的接通或断开。T_7 和 T_8 也是门控管,它们受列线 Y_j 的控制,决定位线 B_j、$\overline{B}_j$ 与数据线 D、$\overline{D}$ 之间的接通或断开。与静态存储单元类似,只有当某存储单元所在的行、列对应的 X_i、Y_j 均为 1

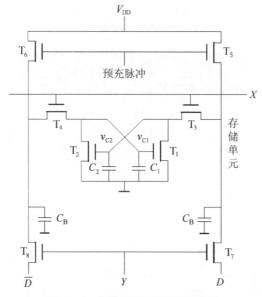

图 7.3.4   四管动态 MOS 存储单元

时,该存储单元才被选中,其输出端 Q、$\bar{Q}$ 才与数据线 D、$\bar{D}$ 连通,才能对它进行读写。

读操作的过程如下:首先在 T_5 和 T_6 的栅极上加以预充电控制脉冲,使 T_5 和 T_6 导通,位线 B 和 $\bar{B}$ 与电源 V_{DD} 接通,B 和 $\bar{B}$ 都成为高电平。在预充电控制脉冲消失以后,位线上的高电平在短时间内由分布电容 C_B 和 $C_{\bar{B}}$ 维持。如果在位线处于高电平期间令 X_i、Y_j 同时为高电平,则 T_3、T_4、T_7 和 T_8 导通,存储的数据被读出。假定存储单元为 0 状态,即 T_1 导通,T_2 截止,Q 为低电平,$\bar{Q}$ 为高电平,则此时 C_B 通过导通的 T_3 和 T_1 放电,使位线 B 变为低电平;由于 T_2 截止,$C_{\bar{B}}$ 没有放电通路,位线 $\bar{B}$ 仍保持为高电平。这样,就把存储单元的 0 状态读到位线 B 和 $\bar{B}$ 上。因此,被选中的单元通过数据线 D、$\bar{D}$ 被送到 RAM 的输出端。

这里对位线的预充电有着十分重要的作用。假如事先没有对位线进行预充电,仍设存储单元原状态为 0,则 C_1 上是高电平,在读出时,T_3、T_4 导通,C_1 上的电荷将由 C_1 和 C_B 重新分配,这势必使 C_1 上的电压衰减。而且,由于位线上的分布电容一般较大,这就有可能在读出数据时使 C_1 上的高电平信号被破坏,存储数据丢失。预充电过程可以圆满解决这个问题:由于在读出之前,两根位线上的分布电容 C_B 和 $C_{\bar{B}}$ 都充足了电荷,不仅使读出高电平有足够的幅值,而且还通过 T_3 或 T_4 对 C_2 或 C_1 进行再充电,使 C_2 或 C_1 上的电荷得到了补充,起了一次刷新的作用。

在进行写入操作时,X_i、Y_j 同时给出高电平,输入数据加到 D、$\bar{D}$ 上,通过 T_7 和 T_8 传到位线 B、$\bar{B}$ 上,再经过 T_3、T_4 将数据写入 C_1 或 C_2 中。

7.3.3   集成 RAM 芯片

6116 是一种典型的 CMOS 静态 RAM,其引脚排列如图 7.3.5 所示。其中,$D_0 \sim D_7$ 为数据输入输出端，$A_0 \sim A_{10}$ 为地址输入端，因此 6116 的存储容量为 $2^{11} \times 8 = 16\ 384\text{b}$；$\overline{CE}$ 为片选控制端，$\overline{OE}$ 为输出使能控制端，$\overline{WE}$ 为读写控制端，低电平有效。它的电路封装采用标准 24 脚双列直插式管壳。它的电源电压为 5V，输入电平和输出电平与 TTL 兼容。

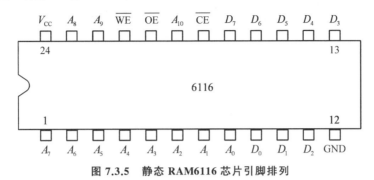

图 7.3.5　静态 RAM6116 芯片引脚排列

6116 有 3 种工作方式：

（1）写入方式。当 $\overline{CE} = 0$，$\overline{WE} = 0$，$\overline{OE} = 0$ 时，$D_0 \sim D_7$ 上的内容存入 $A_0 \sim A_{10}$ 指定的单元。

（2）读出方式。当 $\overline{CE} = 0$，$\overline{WE} = 1$，$\overline{OE} = 0$ 时，$A_0 \sim A_{10}$ 对应单元中的内容输出到 $D_0 \sim D_7$。

（3）低功耗维持方式。当 $\overline{CE} = 1$ 时进入低功耗工作方式，此时器件电流仅 $20\mu\text{A}$ 左右，为系统断电时用电池保持 RAM 内容提供了可能性。

图 7.3.6 是 6116 的读工作时序，其中的时间参数列于表 7.3.1 表。图 7.3.7 是 6116 的写工作时序，其中的时间参数列于表 7.3.2 中。

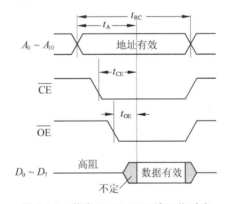

图 7.3.6　静态 RAM 6116 读工作时序

表 7.3.1　静态 RAM 6116 读工作时间参数

参　　数	符号	最小/ns	最大/ns
读周期	t_{RC}	120	
读取时间	t_A		120
$\overline{CE}$ 有效到输出有效延迟	t_{CE}		120
$\overline{OE}$ 有效到输出有效延迟	t_{OE}		80

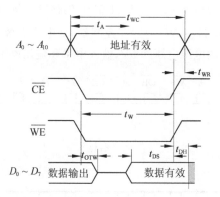

图 7.3.7 静态 RAM 6116 写工作时序

表 7.3.2 静态 RAM 6116 写工作时间参数

参 数	符号	最小/ns	最大/ns
写周期	t_{WC}	120	
写脉冲宽度	t_A	70	
$\overline{WE}$结束提前于地址变化的时间	t_{WR}	5	
$\overline{WE}$有效至输出高阻的延迟	OTW		50
数据建立时间	t_{DS}	35	
数据保持时间	t_{DH}	5	

另外,静态存储器 DS1245W 是一片 128K×8 位的静态 RAM,供电电源为 3.3V,芯片采用 JEDEC 标准 32 脚 DIP 封装或电源罩模块 34 脚封装。地址输入端为 $A_0 \sim A_{16}$,数据输入输出端为 $D_0 \sim D_7$,芯片片选信号为$\overline{CE}$,写使能端为$\overline{WE}$,输出使能端为$\overline{OE}$。DS1250W 也是静态 RAM,存储容量为 512K×8 位,供电电源也是 3.3V,芯片采用 JEDEC 标准 32 脚 DIP 封装。

7.3.4 RAM 的扩展与应用

在数字系统中,当实际工作时容量不够,需要把多片 RAM 组合在一起,接成一个容量更大的 RAM。存储器容量的扩展方式有位扩展、字扩展两种。

1. 位扩展方式

由 $N×1$ 位 RAM 构成 $N×K$ 位 RAM,叫作位扩展。RAM 的位扩展方式如图 7.3.8 所示。其中用 8 片 1K×1 位 RAM 接成一个 1K×8 位 RAM,8 片 RAM 的所有地址线、$R/\overline{W}$、CS并联在一起。这时每一片的 I/O 端都成为整个 RAM 输入输出数据端。

2. 字扩展方式

由 $N×m$ 位 RAM 构成 $M×m$ 位 RAM($N<M$),叫作字扩展。图 7.3.9 为用字扩展方式将两片 512K×8 位静态 RAM(DS1250)接成一个 1024K×8 位 RAM 的电路。

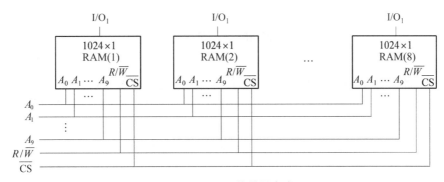

图 7.3.8 RAM 位扩展方式

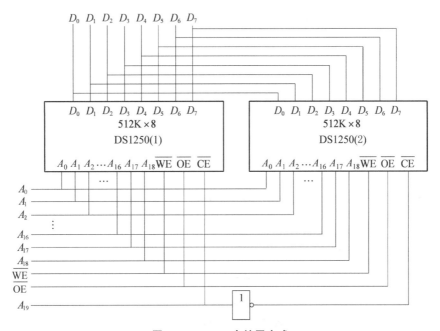

图 7.3.9 RAM 字扩展方式

由于一片 DS1250 只有 $A_0 \sim A_{18}$ 共 19 条地址线,给出的地址范围为 $0 \sim 512K$,要组成 1024K 的地址范围需要增加一条地址线,即 A_{19},将 A_{19} 接到第一片 DS1250 的片选信号端 $\overline{CS}$,而经反相器输出的 $\overline{A}_{19}$ 接至第二片 DS1250 的片选信号端 $\overline{CS}$。

组合成的 RAM 电路中存储单元的地址范围如下:第一片 DS1250 中的存储单元地址范围为 $A_{19}A_{18}A_{17}\cdots A_2A_1A_0 = 000\cdots000$ 至 $011\cdots111$;第二片 DS1250 中的存储单元地址范围为 $A_{19}A_{18}A_{17}\cdots A_2A_1A_0 = 100\cdots000$ 至 $111\cdots111$。两片 DS1250 的数据输入输出线 $D_0 \sim D_7$ 连接在一起,共 8 位输出。

如果需要扩展为更大容量的存储器,可以利用译码器将高位地址信号译码输出,作为每片 RAM 的片选信号。

7.4　可编程逻辑阵列

我们已经知道,任何一个逻辑函数式都可以变换成与或表达式,而以前使用的逻辑电路的表示方法不适用于描述可编程逻辑器件的内部电路。所以,在分析可编程逻辑器件之前,首先介绍一种被制造商和用户广泛采用的逻辑表示法。

图 7.4.1 中所示的逻辑图形符号是目前国际和国内通行的画法。图 7.4.1(a)、(b)分别是常用的互补输出和三态输入输出缓冲器。图 7.4.1(c)是阵列交叉点的连接方式。其中,·表示永久连接,称为硬线连接,是不可编程的;×表示编程连接,是可编程的;阵列交叉点上既无·又无×时表示两线不连接,称为开断单元。图 7.4.1(d)、(e)表示多输入端的与门和或门。图 7.4.1(f)表示输出恒等于 0 的与门。

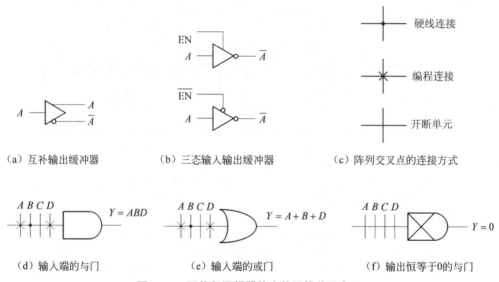

图 7.4.1　可编程逻辑器件中的逻辑单元表示

可编程逻辑阵列(PLA)由可编程的与阵列和可编程的或阵列以及输出缓冲器组成。根据逻辑函数的最简与或式,PLA 中的与阵列经编程产生所需的全部与项(与项的数量远远小于最小项的数目),PLA 中的或阵列经编程完成相应与项之间的或运算并产生输出,如图 7.4.2 所示。由图 7.4.2 中编程后的电路连接情况,可得到以下 4 个组合逻辑函数:

$$Y_3 = ABC + \overline{A}\,\overline{B}\,\overline{D}$$

$$Y_2 = AC + BD$$

$$Y_1 = A\overline{C} + \overline{B}D$$

$$Y_0 = CD + \overline{C}\,\overline{D}$$

PLA 的编程单元有熔丝型和叠栅注入式 MOS 管两种,它们的单元结构和 PROM、UVEPROM 中的存储单元一样,编程的原理和方法也相同。

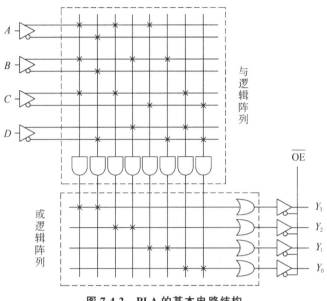

图 7.4.2 PLA 的基本电路结构

【**例 7.4.1**】 用 PLA 实现将 4 位二进制数转化为格雷码的电路。

解：首先列出转换的真值表，如表 7.4.1 所示。

表 7.4.1 例 7.4.1 的真值表

B_3	B_2	B_1	B_0	G_3	G_2	G_1	G_0
0	0	0	0	0	0	0	0
0	0	0	1	0	0	0	1
0	0	1	0	0	0	1	1
0	0	1	1	0	0	1	0
0	1	0	0	0	1	1	0
0	1	0	1	0	1	1	1
0	1	1	0	0	1	0	1
0	1	1	1	0	1	0	0
1	0	0	0	1	1	0	0
1	0	0	1	1	1	0	1
1	0	1	0	1	1	1	1
1	0	1	1	1	1	1	0
1	1	0	0	1	0	1	0
1	1	0	1	1	0	1	1
1	1	1	0	1	0	0	1
1	1	1	1	1	0	0	0

然后用卡诺图法化简，可得最简与或式：

$$G_3 = B_3$$

$$G_2 = \overline{B}_3 B_2 + B_3 \overline{B}_2$$

$$G_1 = \overline{B}_2 B_1 + B_2 \overline{B}_1$$

$$G_0 = \overline{B}_1 B_0 + B_1 \overline{B}_0$$

根据上述最简与或式画出 PLA 的阵列图,如图 7.4.3 所示。

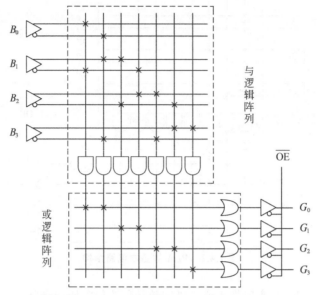

图 7.4.3　4 位二进制数转换为格雷码的 PLA 阵列

图 7.4.3 中具有 7 个与项、4 个或项、4 个输入变量、4 个输出变量的 PLA 的编程点为:与阵列 $7 \times 8 = 56$ 个,或阵列 $7 \times 4 = 28$ 个,合计 84 个。若用 ROM 实现 4 位二进制码到格雷码的转换时,ROM 的输入地址和存储的信息之间有一一对应关系,它的与阵列必须是产生 2^n(本例 $2^8 = 256$)个输出的译码器,因此,用 PLA 实现组合逻辑时,可以减小芯片面积,提高芯片的利用率。

利用 PLA 不仅可以实现组合逻辑电路,而且在 PLA 的与阵列和或阵列的基础上增加触发器,还可以构成时序 PLA 器件。

【例 7.4.2】 用 PLA 实现串行全加器。

解: 全加器的真值表如表 7.4.2 所示。A、B 为两个由低位向高位串行输入的二进制数,C_i 为低位向本位的进位,C_{i+1} 为本位向高位的进位,S 为和。

表 7.4.2　例 7.4.2 的真值表

A	B	C_i	S	C_{i+1}
0	0	0	0	0
0	0	1	1	0
0	1	0	1	0
0	1	1	0	1
1	0	0	1	0
1	0	1	0	1
1	1	0	0	1
1	1	1	1	1

根据真值表可写出输出逻辑函数的表达式：

$$S = \sum_i m_i = \overline{A}\,\overline{B}C_i + \overline{A}B\overline{C_i} + A\overline{B}\,\overline{C_i} + ABC_i \quad (i = 1,2,4,7)$$

$$C_{i+1} = \sum_i m_i = AB + BC_i + AC_i \quad (i = 3,5,6,7)$$

由于 C_{i+1} 是向高位的进位，需要等到高位数来到后才和它们相加，C_{i+1} 要通过延时单元，故选用 D 触发器，使 $D = C_i$，$Q = C_{i+1}$。时钟信号 CP 与 A、B 串行移位同步。

全加器的 PLA 阵列如图 7.4.4 所示。

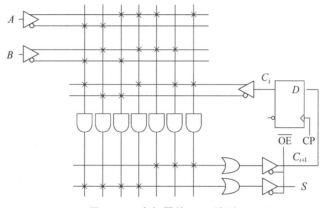

图 7.4.4　全加器的 PLA 阵列

电路的功能越复杂，采用 PLA 设计的优点越明显。但是，由于 PLA 是 PLD 的早期产品，缺少高质量的支撑软件，没有编程工具，并且其价格较高，所以 PLA 没有像 PAL 和 GAL 那样得到广泛应用。

7.5　可编程阵列逻辑

可编程阵列逻辑（Programmable Array Logic，PAL）是 20 世纪 70 年代末期推出的产品。它采用双极型工艺制作，并采用熔丝编程方式。

7.5.1　PAL 的基本电路结构

PAL 器件由可编程的与逻辑阵列、固定的或逻辑阵列和输出电路 3 部分组成。通过对与逻辑阵列编程可以获得不同形式的组合逻辑函数。另外，有些型号的 PAL 器件在输出电路中设有触发器和从触发器输出到与阵列的反馈线，利用这种 PAL 器件可以很方便地构成各种时序逻辑电路。

图 7.5.1 是 PAL 的基本门阵列结构，有 3 个输入（I_0、I_1、I_2）、6 个乘积项和 3 个输出（Y_0、Y_1、Y_2），习惯上表示为 $3 \times 6 \times 3$PAL。由图 7.5.1 可见，在未编程之前，与逻辑阵列的所有交叉点全画有×，表示均以熔丝接通。通过编程将无用的熔丝熔断，即得到所需的电路。

图 7.5.2 为 PAL 编程后的电路结构,其逻辑函数表达式为

$$Y_0 = I_0 I_1 + \bar{I}_0 \bar{I}_1$$

$$Y_1 = \bar{I}_0 I_1 + I_0 \bar{I}_1$$

$$Y_2 = \bar{I}_0 \bar{I}_2 + I_0 I_1 I_2$$

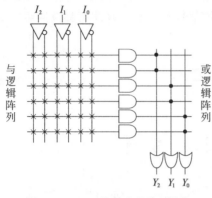

图 7.5.1 PAL 的基本门阵列结构

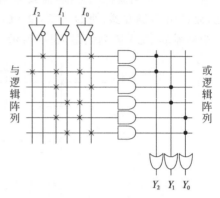

图 7.5.2 PAL 编程后的电路结构

各种型号 PAL 器件的基本门阵列结构是相似的,为了提高使用的灵活性及扩展器件的功能,PAL 器件有几种不同的输出和反馈结构。

7.5.2 PAL 输出结构形式

PAL 器件的结构及输入、输出和乘积项的数目均已由制造商固定,其每一个输出所需的乘积项数量由或逻辑阵列固定,典型的逻辑功能设计需要三四个乘积项,而现有器件中一般有七八个乘积项。PAL 问世至今有几十种结构,一般可以分为 3 种基本输出类型。

1. 专用输出结构

专用输出结构如图 7.5.3 所示,其中输出部分采用或非门,也有些 PAL 器件的输出端采用互补输出结构。专用输出结构 PAL 的特点是所有设置的输出端只能作输出使用,输出只由输入决定,适用于组合逻辑电路。PAL10H8、PAL10L8、PAL14L4、PAL16C1 等都是专用输出结构的 PAL 器件。

2. 可编程输入输出结构

可编程输入输出结构如图 7.5.4 所示。这种结构的输出端接一个可编程控制的三态缓冲器,三态缓冲器的控制信号由与逻辑阵列的一个乘积项给出。当 EN=0 时,三态缓冲器处于高阻态,I/O 端作为输入端使用;当 EN=1 时,三态缓冲器被选通,I/O 端作为输出端使用,同时,输出端又经过一个互补输出的缓冲器反馈到与逻辑阵列上,反馈能否起作用,由与门的编程决定。PAL20L10、PALL16L8 等属于可编程输入输出结构的

PAL 器件。

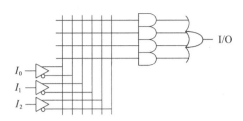

图 7.5.3　PAL 专用输出结构

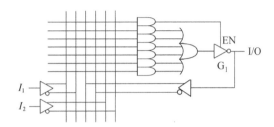

图 7.5.4　PAL 可编程输入输出结构

3. 寄存器输出结构

PAL 的寄存器输出结构如图 7.5.5 所示,它在输出三态缓冲器和与、或逻辑阵列的输出之间串接了由 D 触发器组成的寄存器,D 触发器的状态经过互补输出的缓冲器反馈到与逻辑阵列的输入端。当 CP 上升沿到达时,将或门的输出(乘积项之和)存入 D 触发器,并通过三态缓冲器送至输出端,同时反馈到与逻辑阵列。例如将与逻辑阵列按图 7.5.5 所示的情况编程,则得到 $D_1 = I_1 Q_1 + \bar{Q}_2$, $D_2 = I_2 \bar{Q}_1$。这样,PAL 器件就有了记忆功能,可以实现各种时序逻辑电路。

PAL16R4、PAL16R6、PAL16R8 等属于寄存器输出结构的 PAL 器件,其中 PAL16R4 内部电路将在后面介绍。

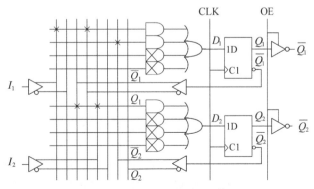

图 7.5.5　PAL 寄存器输出结构

为了便于实现对寄存器状态的保持操作,借助异或功能,寄存输出结构还有另外一种形式,即在与、或输出和寄存器输入之间增加异或门,如图 7.5.6 所示,这样也便于对与、或逻辑阵列输出的函数求反。PAL20X8、PAL20X10 等属于带异或功能寄存器输出结构的 PAL 器件。

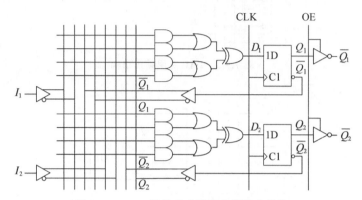

图 7.5.6   PAL 带异或功能寄存器输出结构

在图 7.5.6 的基础上加入反馈选通电路,如图 7.5.7 所示。反馈选通电路可以产生 $A+B$、$\overline{A}+B$、$A+\overline{B}$、$\overline{A}+\overline{B}$ 这 4 个反馈量,并送至与逻辑阵列的输入端,这样就可以得到更多的逻辑组合。PAL16X4、PAL16A4 等属于算术选通反馈结构的 PAL 器件。

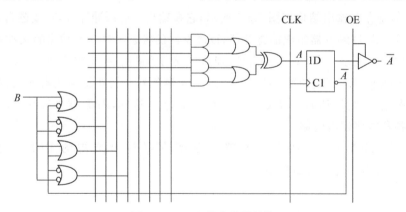

图 7.5.7   PAL 算术选通结构

7.5.3   PAL 应用举例

【例 7.5.1】 用 PAL 器件设计一个数值判断电路。要求判断输入 4 位二进制的大小属于 $0\sim7$、$8\sim12$、$13\sim16$ 这 3 个区间的哪一个之内。

解: 若以 $B_3B_2B_1B_0$ 表示输入的二进制数,以 Y_0、Y_1、Y_2 分别表示 $B_3B_2B_1B_0$ 的数值在 $0\sim7$、$8\sim12$、$13\sim16$ 区间的输出结果。根据题意可得到该数值判断电路的真值表,如表 7.5.1 所示。

表 7.5.1　例 7.5.1 的真值表

B_3	B_2	B_1	B_0	Y_0	Y_1	Y_2
0	0	0	0	1	0	0
0	0	0	1	1	0	0
0	0	1	0	1	0	0
0	0	1	1	1	0	0
0	1	0	0	1	0	0
0	1	0	1	1	0	0
0	1	1	0	1	0	0
0	1	1	1	1	0	0
1	0	0	0	0	1	0
1	0	0	1	0	1	0
1	0	1	0	0	1	0
1	0	1	1	0	1	0
1	1	0	0	0	1	0
1	1	0	1	0	0	1
1	1	1	0	0	0	1
1	1	1	1	0	0	1

从真值表可以得到输出 Y_0、Y_1、Y_2 的逻辑函数式为：

$$\begin{cases} Y_0 = \overline{B}_3 \\ Y_1 = B_3\overline{B}_2 + B_3\overline{B}_1\overline{B}_0 \\ Y_2 = B_3B_2B_0 + B_3B_2B_1 \end{cases}$$

这是一个有 4 个输入变量、3 个输出变量、5 个乘积项的组合逻辑函数。如果使用 PAL 器件产生这个逻辑函数，就必须选用 4 个以上输入端和 3 个以上输出端，每个输出端至少包含两个以上乘积项。

这里选用 PAL14H4 比较合适。PAL14H4 有 14 个输入端、4 个输出端，每个输出端包含 4 个乘积项。图 7.5.8 是编程后的 PAL 逻辑阵列。由于未编程时与门所有的输入端均有熔丝与列线相连，即用×表示，所以图 7.5.8 中画×的与门表示编程时没有被利用，没有画×表示熔丝断开。

【例 7.5.2】　用 PAL16R4 设计一个 4 位二进制可控计数器。要求在控制信号 $M_1M_0 = 11$ 时作加法计数，在 $M_1M_0 = 10$ 时为预置数状态（时钟信号到达时将输入数据 $D_3 \sim D_0$ 并行置入触发器中），在 $M_1M_0 = 01$ 时为保持状态（时钟信号到达时所有触发器保持状态不变），在 $M_1M_0 = 00$ 时为复位状态（时钟信号到达时所有触发器同时被置 1）。此外还应给出进位输出信号。

解：因为 PAL16R4 的输出端是反相缓冲器，所以当输出 Y_3、Y_2、Y_1、Y_0 为二进制加计数状态时，PAL16R4 中触发器的状态 Q_3、Q_2、Q_1、Q_0 的状态转换表如表 7.5.2 所示。

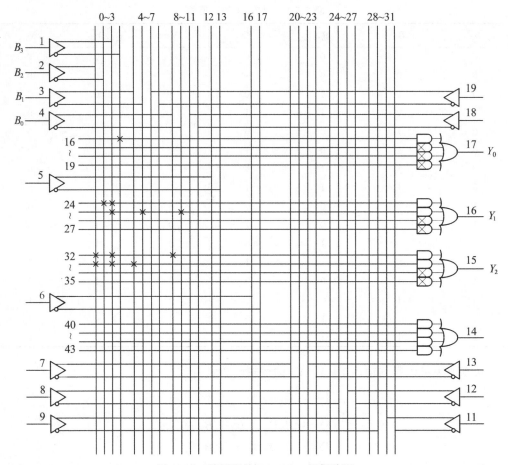

图 7.5.8　编程后的 PAL14H4 逻辑阵列

表 7.5.2　例 7.5.2 状态转换表

CP	Y_3	Y_2	Y_1	Y_0	C	Q_3	Q_2	Q_1	Q_0	$\bar{C}$
0	0	0	0	0	0	1	1	1	1	1
1	0	0	0	1	0	1	1	1	0	1
2	0	0	1	0	0	1	1	0	1	1
3	0	0	1	1	0	1	1	0	0	1
4	0	1	0	0	0	1	0	1	1	1
5	0	1	0	1	0	1	0	1	0	1
6	0	1	1	0	0	1	0	0	1	1
7	0	1	1	1	0	1	0	0	0	1
8	1	0	0	0	0	0	1	1	1	1
9	1	0	0	1	0	0	1	1	0	1
10	1	0	1	0	0	0	1	0	1	1
11	1	0	1	1	0	0	1	0	0	1
12	1	1	0	0	0	0	0	1	1	1

续表

CP	Y_3	Y_2	Y_1	Y_0	C	Q_3	Q_2	Q_1	Q_0	$\bar{C}$
13	1	1	0	1	0	0	0	1	0	1
14	1	1	1	0	0	0	0	0	1	1
15	1	1	1	1	1	0	0	0	0	0

根据状态转换表画出 Q_3^{n+1}、Q_2^{n+1}、Q_1^{n+1}、Q_0^{n+1} 的卡诺图，如图 7.5.9 所示。由卡诺图分解化简后得到电路的状态方程为

$$\begin{cases} Q_3^{n+1}=\bar{Q}_3\bar{Q}_2\bar{Q}_1\bar{Q}_0+Q_3Q_2+Q_3Q_1+Q_3Q_0 \\ Q_2^{n+1}=\bar{Q}_2\bar{Q}_1\bar{Q}_0+Q_2Q_1+Q_2Q_0 \\ Q_1^{n+1}=\bar{Q}_1\bar{Q}_0+Q_1Q_0 \\ Q_0^{n+1}=\bar{Q}_0 \end{cases}$$

Q_3Q_2 \ Q_1Q_0	00	01	11	10
00	1111	0000	0010	0001
01	0011	0100	0110	0101
11	1011	1100	1110	1101
10	0111	1000	1010	1001

图 7.5.9 例 7.5.2 的卡诺图

考虑到计数、预置数、保持、复位的 4 种工作状态，应将状态方程补充为

$$\begin{cases} Q_3^{n+1}=(\bar{Q}_3\bar{Q}_2\bar{Q}_1\bar{Q}_0+Q_3Q_2+Q_3Q_1+Q_3Q_0)M_1M_0 \\ \qquad +d_3M_1\bar{M}_0+Q_3\bar{M}_1M_0+\bar{M}_1\bar{M}_0 \\ Q_2^{n+1}=(\bar{Q}_2\bar{Q}_1\bar{Q}_0+Q_2Q_1+Q_2Q_0)M_1M_0+d_2M_1\bar{M}_0 \\ \qquad +Q_2\bar{M}_1M_0+\bar{M}_1\bar{M}_0 \\ Q_1^{n+1}=(\bar{Q}_1\bar{Q}_0+Q_1Q_0)M_1M_0+d_1M_1\bar{M}_0+Q_1\bar{M}_1M_0+\bar{M}_1\bar{M}_0 \\ Q_0^{n+1}=\bar{Q}_0M_1M_0+d_0M_1\bar{M}_0+Q_0\bar{M}_1M_0+\bar{M}_1\bar{M}_0 \end{cases}$$

输出方程为

$$\bar{C}=\bar{Q}_3\bar{Q}_2\bar{Q}_1\bar{Q}_0$$

由于 D 触发器的特性方程为 $Q^{n+1}=D$，所以驱动方程为

$$D_3=Q_3^{n+1},\quad D_2=Q_2^{n+1},\quad D_1=Q_1^{n+1},\quad D_0=Q_0^{n+1}$$

利用 PAL16R4 实现的电路如图 7.5.10 所示。

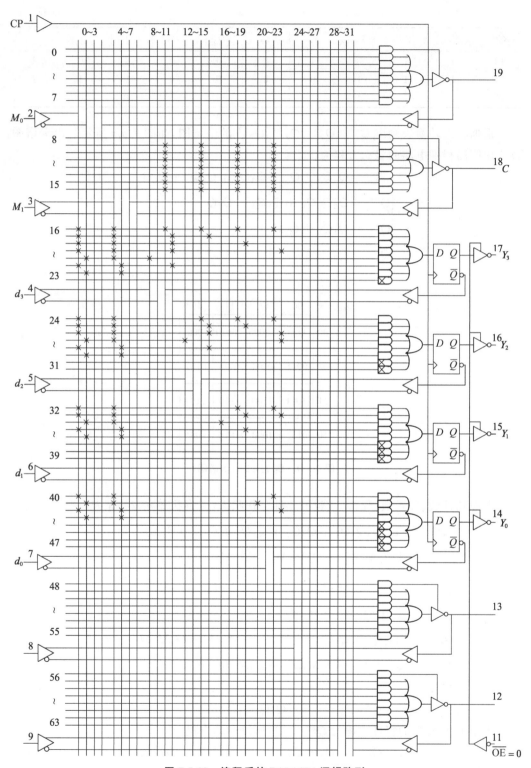

图 7.5.10　编程后的 PAL16R4 逻辑阵列

7.6　通用阵列逻辑

通用阵列逻辑(GAL)是采用 EECMOS(Electrically Erasable CMOS,电可擦除 CMOS)工艺制造的大规模专用数字集成电路,是专用集成电路(Application Specific Integrated Circuit,ASIC)的一个重要分支。GAL 与 PAL 的区别在于它有输出逻辑宏单元(Output Logic Macro Cell,OLMC),给用户提供了设计和使用上的较大的灵活性。通过编程可将 OLMC 设置为不同的工作状态,使同一种型号的 GAL 器件能实现 PAL 器件的各种输出电路工作模式,增强了器件的通用性。

7.6.1　GAL 电路结构

1. GAL 器件的一般结构和工作原理

GAL 由输入缓冲器、可编程的与阵列、固定的或阵列、可编程的输出逻辑宏单元和输出缓冲器等构成。下面以如图 7.6.1 所示的 GAL16V8 的逻辑阵列为例介绍 GAL 器件的一般结构和工作原理。

GAL16V8 有 8 个输入缓冲器(左边编号为 2~9 的 8 个缓冲器)、8 个三态输出缓冲器(右边 8 个缓冲器)和 8 个输出反馈/输入缓冲器(中间 8 个缓冲器)。可编程与阵列由 8×8 个与门构成,共有 64 个乘积项,每个与门有 31 个输入端。每个交叉点上均设有 EECMOS 编程单元,其结构和工作原理与 7.2.3 节中的 EEPROM 的存储单元相同。图 7.6.1 中还包括 8 个输出逻辑宏单元(其中包括或门阵列),此外还有时钟和输出选通信号。在 GAL16V8 中,除了 8 个引脚(2~9)固定作输入外,其他 8 个引脚(12~19)可设置成输入模式或输出模式。所以 GAL16V8 最多可有 16 个引脚作为输入端,8 个引脚作为输出端,这也是该器件型号中 16 和 8 这两个数字的含义。

2. 输出逻辑宏单元

输出逻辑宏单元的结构如图 7.6.2 所示。它包括 1 个或门、1 个 D 触发器和 4 个数据选择器及一些由门电路组成的控制电路。图 7.6.2 中的或门有 8 个输入端,它们来自与阵列的输出,形成了 GAL 的或阵列。

图中 AC0、AC1(n)、XOR(n)都是结构控制字中的可编程位,通过对结构控制字编程来设定 OLMC 的工作模式。GAL16V8 结构控制字的组成如图 7.6.3 所示,括号中的 n 表示 OLMC 的编号,与每个 OLMC 连接的引脚号一致。

GAL16V8 结构控制字的各位功能如下:

- 同步位(SYN):只有 1 位,它决定整个 GAL 是纯组合逻辑输出(SYN=1)还是有寄存器输出(SYN=0)。
- 结构控制位(AC0):只有 1 位,为各级 OLMC 公用。
- 结构控制位(AC1(n)):共有 8 位,各级 OLMC 有各自的 AC1(n),n=12~19。

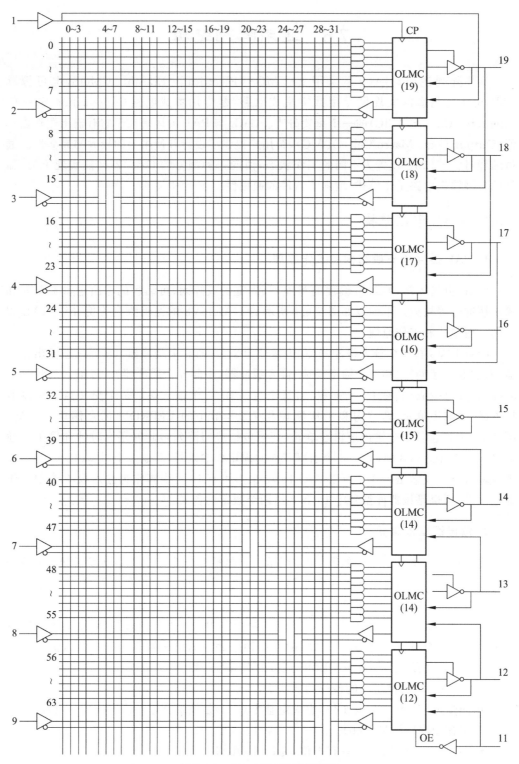

图 7.6.1　GAL16V8 的逻辑阵列

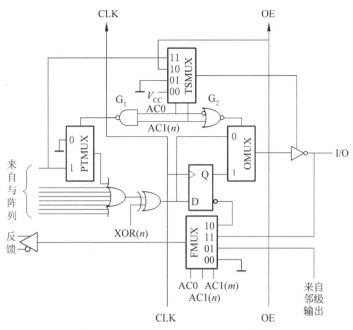

图 7.6.2 输出逻辑宏单元 OLMC 的结构

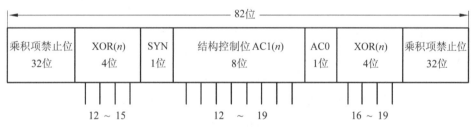

图 7.6.3 GAL16V8 结构控制字的组成

- 极性控制位($\mathrm{XOR}(n)$)：共有 8 位，单独控制各级的输出极性。当 $\mathrm{XOR}(n)=0$ 时，n 脚输出低电平有效；当 $\mathrm{XOR}(n)=1$ 时，n 脚输出高电平有效。

- 乘积项禁止位(PT)：共有 64 位，分别控制相应的 64 个与项 PT0～PT63，以屏蔽某些不用的与项(即保持该与门的各可编程单元的原始状态不变)。被屏蔽的与门输出为 0。

OLMC 中的 D 触发器用于存储异或门的输出信号，供时序电路使用。D 触发器的时钟信号均来自 1 号引脚的 CLK 信号。

输出电路的结构形式受以下 4 个数据选择器控制。

输出数据选择器 OMUX 是二选一数据选择器，其输入为 D 触发器的 Q 端和异或门的输出，控制信号为 G_2 的输出。当 $\mathrm{AC0} \cdot \mathrm{AC1}(n)=10$ 时，$\overline{\mathrm{AC0}+\mathrm{AC1}(n)}=1$，即 G_2 的输出为 1，D 触发器的状态 Q 经 OMUX 送到输出三态缓冲器，这时输出为时序电路；当 $\mathrm{AC0} \cdot \mathrm{AC1}(n)$ 为其他组合时，$\overline{\mathrm{AC0}+\mathrm{AC1}(n)}=0$，即 G_2 的输出为 0，异或门的输出经

OMUX 送到输出三态缓冲器,这时输出为组合电路。OMUX 根据 AC0 和 AC1(n)的状态确定 OLMC 是工作在组合输出模式还是寄存器输出模式。

乘积项中的数据选择器 PTMUX 也是二选一数据选择器,其输入为地电平和与阵列的第一个乘积项,控制信号为 G_1 的输出。当 AC0 · AC1(n)=11 时,$\overline{AC0 \cdot AC1(n)}$=0,即 G_1 的输出为 0,低电平经 PTMUX 送到或门的输入端;当 AC0 · AC1(n)为其他组合时,$\overline{AC0 \cdot AC1(n)}$=1,即 G_1 的输出为 1,第一与项经 PTMUX 送到或门的输入端。PTMUX 根据 AC0 和 AC1(n)的状态确定第一个与项能否成为或门的输入。

三态数据选择器 TSMUX 是四选一数据选择器,其输入为 V_{CC}、地电平、OE 和第一与项,控制信号为 AC0、AC1(n),从输入 4 路信号中选择一路作为输出三态缓冲器的控制信号。TSMUX 输入输出和控制信号的关系如表 7.6.1 所示。

表 7.6.1　TSMUX 的控制功能表

AC0	AC1(n)	TSMUX 的输出	输出三态缓冲器工作状态
0	0	V_{CC}	工作态
0	1	地电平	高阻态
1	0	OE	OE=1 为工作态,OE=0 为高阻态
1	1	第一与项	第一与项=1 为工作态,第一与项=0 为高阻态

反馈数据选择器 FMUX 是八选一数据选择器,但输入信号只有 4 个,分别为 D 触发器的 $\overline{Q}$、本级 OLMC 的输出、邻级 OLMC 的输出和地电平,控制信号为 AC0、AC1(n)、AC1(m)(m 为邻级 OLMC 的编号),从输入 4 路信号中选择一路作为反馈信号,反馈到与阵列的输入端。FMUX 输入输出和控制信号的关系如表 7.6.2 所示。

表 7.6.2　FMUX 的控制功能表

AC0	AC1(n)	AC1(n)	FMUX 的输出
1	0	×	本级触发器 $\overline{Q}$
1	1	×	本级输出
0	×	1	邻级输出
0	×	0	地电平

7.6.2　GAL 的工作模式

通过结构控制字可以将 OLMC 配置成 5 种不同的工作模式,即专用输入模式、专用组合输出模式、反馈组合输出模式、寄存器输出模式以及时序电路中的组合输出模式。这 5 种工作模式如表 7.6.3 所示。

表 7.6.3　OLMC 的 5 种工作模式

SYN	AC0	AC1(n)	XOR(n)	工作模式	输出极性	备　　注
1	0	1	—	专用输入	—	1 和 11 脚为数据输入,三态门不通
1	0	0	0	专用组合输出	低有效	1 和 11 脚为数据输入,三态门选通
			1		高有效	
1	1	1	0	反馈组合输出	低有效	1 和 11 脚为数据输入,三态门由第一乘积项选通
			1		高有效	
0	1	0	0	寄存器输出	低有效	1 脚为 CLK,11 脚为 $\overline{OE}$
			1		高有效	
0	1	1	0	时序电路中的组合输出	低有效	1 脚为 CLK,11 脚为 $\overline{OE}$,至少另有一个 OLMC 为寄存器输出
			1		高有效	

当 SYN=1、AC0=0、AC1(n)=1 时,OLMC(n)工作在专用输入模式,其简化电路如图 7.6.4(a)所示。由于输出三态缓冲器为高阻态,OLMC 内部的反馈数据选择器 FMUX 的反馈信号并不是直接从本级 OLMC 的输出反馈到与阵列,而是通过邻级(m)的输出信号经 FMUX 接到与阵列的输入线上。

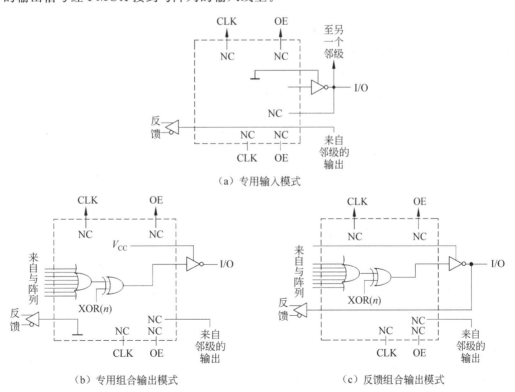

(a) 专用输入模式

(b) 专用组合输出模式　　　　　　(c) 反馈组合输出模式

图 7.6.4　OLMC 的 5 种工作模式的简化电路

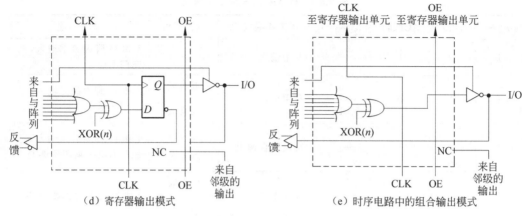

图 **7.6.4** （续）

当 SYN＝1、AC0＝0、AC1(n)＝0 时，OLMC 工作在专用组合输出模式，其简化电路如图 7.6.4(b)所示。这时输出三态缓冲器处于导通状态，异或门输出经 OMUX 直接送到输出三态缓冲器。XOR(n)决定是低电平有效还是高电平有效。

当 SYN＝1、AC0＝1、AC1(n)＝1 时，OLMC 工作在反馈组合输出模式，其简化电路如图 7.6.4(c)所示。这时输出三态缓冲器由第一乘积项来选通，而且输出信号经 FMUX 又反馈到与阵列的输入线上。

当 SYN＝0、AC0＝1、AC1(n)＝0 时，OLMC 工作在寄存器输出模式，其简化电路如图 7.6.4(d)所示。这时异或门的输出作为 D 触发器的输入，D 触发器的 Q 端经输出三态缓冲器送到输出端。输出三态缓冲器由外加的 $\overline{OE}$ 信号控制。反馈信号来自 $\overline{Q}$ 端。时钟信号由 1 脚输入，11 脚接三态控制信号 $\overline{OE}$。

当 SYN＝0、AC0＝1、AC1(n)＝1 时，OLMC 工作在时序电路的组合输出模式。这时 GAL16V8 构成一个时序逻辑电路，本级是时序电路的组合逻辑输出部分，其余的 7 个 OLMC 中至少有一个工作在寄存器输出模式，其简化电路如图 7.6.4(e)所示。异或门的输出不经过 D 触发器而直接送往输出端。输出三态缓冲器由第一乘积项来选通。输出信号经 FMUX 又反馈到与阵列的输入线上。

7.6.3 GAL 行地址映射图

GAL16V8 的行地址映射图是表示 GAL16V8 内部阵列结构的图表，其地址分配和功能划分如图 7.6.5 所示。行地址图中的行指的是 GAL 阵列中的列，行地址图中的 PT0，PT1，PT2，…，PT63 对应逻辑图中的 0，1，2，…，63 行。

第 0～31 行对应与阵列的编程单元，每行包含 64 位，每位分别对应某列输入线同 64 行线交叉点处的编程单元。

第 32 行是电子标签，共 64 位。该电子标签可供用户存放 GAL 器件的有关信息，如电路功能、编程器识别码、编程日期、设计者等。电子标签不受加密单元影响，只在整体擦除门阵列时才能被擦除。

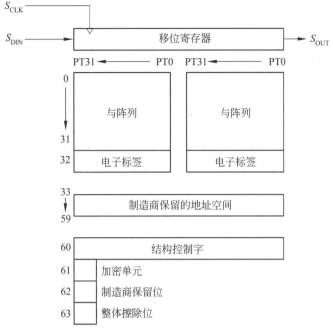

图 7.6.5 GAL16V8 行地址映射图

第 33～59 行是制造商保留的地址空间,用户不能使用。

第 60 行是结构控制字,共 82 位,其内容如图 7.6.3 所示,用于设置 8 个 OLMC 的工作模式和 64 个乘积项禁止位。

第 61 行是加密单元。这一单元被编程后,就禁止对门阵列再作进一步的编程和验证,可有效地实现对电路设计结果的保密。只有当整体擦除门阵列时此单元才随之擦除。

第 62 行为制造商保留位。

第 63 行是整体擦除位,只有 1 位。编程器件访问第 63 行,即可执行整体擦除功能。门阵列被整体擦除后恢复到未使用状态。整体擦除由编程器件自动执行,不需要特别的擦除操作。

行地址映射图中的移位寄存器是编程数据写入 GAL 芯片的必经之地,编程是在开发系统的控制下实现的。在编程命令控制下,编程数据从 S_{DI}(9 号引脚)串行送入内部 64 位移位寄存器中,64 位数据并行写入被选中的一行 64 个编程单元中。GAL 的编程是按照地址映射图中被选中的行号逐行进行的。

7.7 复杂可编程逻辑器件

集成度是集成电路一项很重要的指标,如果从集成度上分,前面介绍的可编程逻辑器件 PROM、PLA、PAL、GAL 均属于低密度可编程逻辑器件(Low Density PLD,LDPLD)。低密度可编程逻辑器件易于编程,对开发软件的要求低,在 20 世纪 80 年代获得了广泛的应用。但随着技术的发展,低密度可编程逻辑器件在集成度和功能方面的局限性也暴露出来,其设计的灵活性受到明显的限制。20 世纪 80 年代末期,高密度可编程逻辑器件(High Density PLD,HDPLD)获得了空前的发展,以满足复杂系统的要求。复杂可编程逻辑器件(Complex PLD,CPLD)和现场可编程门阵列(FPGA)就是这类可编程器件,将在本节介绍。

早期的 CPLD 是从 GAL 发展而来的,但它针对 GAL 的缺点进行了改进,如 Lattice公司的 ispLSI1032 器件等。Xilinx 公司的 XC9500 系列是流行的 CPLD 之一。该系列器件宏单元数达 288 个,可用门数达 6400 个,系统时钟可达到 200MHz。Altera 公司的MAX7000 系列器件也具有一定的典型性,下面以此为例介绍 CPLD 的结构和工作原理。

7.7.1 MAX7000 系列器件结构

MAX7000 系列器件的内部结构如图 7.7.1 所示,从中可以看出,MAX7000 系列器件包括 5 个主要部分,即逻辑阵列块(Logic Array Block,LAB)、宏单元(macrocell)、扩展乘积项(Expander Product Term,EPT)、可编程连线阵列(Programmable Interconnect Array,PIA)和 I/O 控制块(I/O Control Block,IOC)。另外,在 MAX7000 系列器件的内部结构中还包括全局时钟输入和全局输出使能的控制线,这些线在不用时可作为一般的输入线使用。

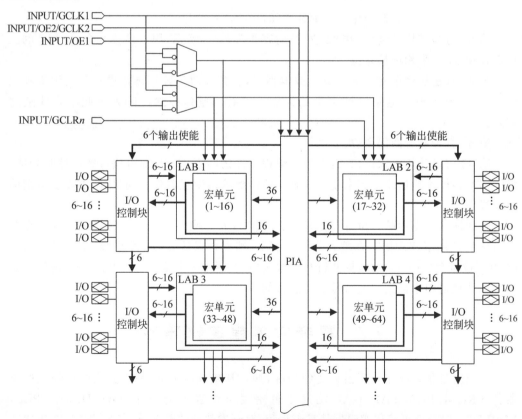

图 7.7.1 MAX7000 系列器件的内部结构

1. 逻辑阵列块

逻辑阵列块是 MAX7000 系列器件中的主要逻辑单元。由图 7.7.1 可以看出,每个逻辑阵列块由 16 个宏单元构成,每个逻辑阵列块与对应的 I/O 控制块相连,4 个逻辑阵列块通过可编程连线阵列和全局总线连接在一起,全局总线由所有的专用输入、I/O 引脚和宏单元反馈构成。利用这些连线可以实现不同逻辑阵列块之间的连接,用以实现更复杂的逻辑功能。每个逻辑阵列块有如下输入信号:

(1)来自通用逻辑输入的 PIA 的 36 个信号。

(2)用于寄存器辅助功能的全局控制信号。

(3)从 I/O 引脚到寄存器的直接输入通道,用以实现 MAX7000E 和 MAX7000S 器件的快速建立时间。

2. 宏单元

宏单元是 MAX7000 系列器件中用来实现各种具体逻辑功能的逻辑单元。宏单元由逻辑阵列、乘积项选择矩阵和可编程触发器构成,其结构如图 7.7.2 所示。

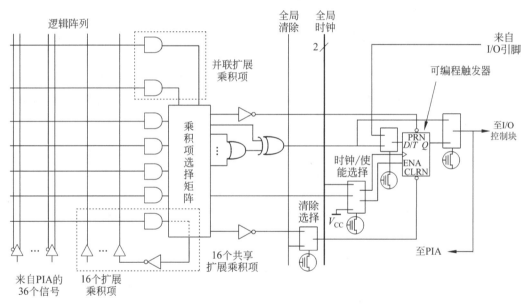

图 7.7.2 MAX7000 系列器件的宏单元结构

每个宏单元提供 5 个乘积项,通过乘积项选择矩阵实现这 5 个乘积项的逻辑函数,或者使这 5 个乘积项作为宏单元的触发器的辅助输入(清除、置位、时钟和使能)。每个宏单元的一个乘积项还可以反馈到逻辑阵列。宏单元中的可编程触发器可以被单独编程为 D 触发器、T 触发器、JK 触发器或 RS 触发器,可编程触发器还可以被旁路,用以实现纯组合逻辑方式工作。可编程触发器可按以下 3 种不同时钟方式进行控制。

(1)全局时钟(global clock)。这种方式能够实现最快的时钟控制。

(2)带高电平使能的全局时钟。这种方式能够实现具有使能控制的触发器,并能够实现最快的时钟控制。

（3）来自乘积项的时钟。触发器由来自隐含宏单元或 I/O 引脚的信号进行时钟控制，它一般具有较慢的时钟控制。

MAX7000 系列器件有不同数量的全局时钟信号。有的器件有一个全局时钟信号，有的器件有两个全局时钟信号。例如，EMP7032、EMP7064、EMP7096 有一个全局时钟信号 GCLK，而 MAX7000E 和 MAX7000S 有两个全局时钟信号 GCLK1、GCLK2。

在 MAX7000E 和 MAX7000S 的 I/O 引脚都有一个宏单元寄存器的快速输入通道，它能够旁路 PIA 和组合逻辑，也允许触发器作为具有快速建立时间的输入寄存器。

3. 扩展乘积项

尽管大多数逻辑函数能够用每个宏单元中的 5 个乘积项实现，但某些逻辑函数更为复杂，需要附加的乘积项。为提供所需的逻辑资源，可以利用另一个宏单元内部的逻辑单元的逻辑资源。MAX7000 结构允许共享和并联扩展乘积项作为附加的乘积项直接送到同一逻辑阵列块的任意宏单元中。利用扩展乘积项可保证在实现逻辑综合时，用尽可能少的逻辑资源实现尽可能高的工作速度。

1）共享扩展乘积项

每个逻辑阵列块有多达 16 个共享扩展乘积项。共享扩展乘积项是由每个宏单元提供一个未投入使用的乘积项，并将它们反相后反馈到逻辑阵列块，便于集中使用。每个共享扩展乘积项可被逻辑阵列块内任何一个宏单元或全部宏单元使用和共享，以实现更为复杂的逻辑函数。图 7.7.3 给出了利用共享扩展乘积项的结构，通过对乘积项选择矩阵的编程，借助反相器实现不同宏单元之间的级联。这就为实现更复杂的逻辑函数建立了电路结构基础。

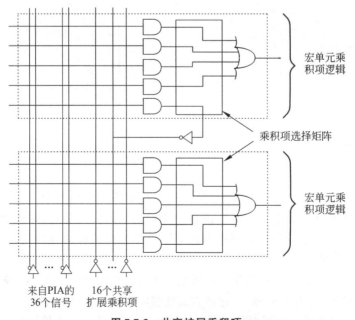

图 7.7.3　共享扩展乘积项

2) 并联扩展乘积项

并联扩展乘积项是宏单元中没有使用的乘积项,并且这些乘积项可分配给邻近的宏单元,以实现快速、复杂的逻辑函数功能。并联扩展乘积项允许多达 20 个乘积项直接馈送到宏单元的或逻辑,其中 5 个乘积项由宏单元本身提供,15 个并联扩展乘积项由逻辑阵列块中的邻近宏单元提供。

每个逻辑阵列块中有两组宏单元,每组含有 8 个宏单元。在逻辑阵列块中形成两个出借或借用并联扩展乘积项链。一个宏单元可以从编号较小的宏单元中借用并联扩展乘积项。例如,宏单元 8 能够从宏单元 7 或从宏单元 7、6 和 5 中借用并联扩展乘积项。在有 8 个宏单元的每个组,编号最小的宏单元仅能出借并联扩展乘积项;而编号最大的宏单元仅能借用并联扩展乘积项。一个宏单元中不用的乘积项可以分配给邻近的宏单元。图 7.7.4 给出了并联扩展乘积项的结构。

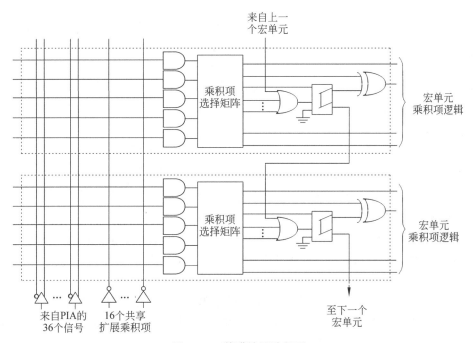

图 7.7.4　并联扩展乘积项

4. 可编程连线阵列

通过可编程连线阵列把各逻辑阵列块相互连接,构成用户所需要的逻辑功能。全局总线是可编程的通道,它把器件中的所有信号源都连到其目的地。所有 MAX7000 的专用输入、I/O 引脚和宏单元输出均馈送到 PIA,PIA 再把这些信号送到器件内的各个地方。只有当某个逻辑阵列块需要一个信号时,才真正给它提供从 PIA 到该逻辑阵列块的连线。图 7.7.5 给出了 PIA 的信号连接到逻辑阵列块的方法,EEPROM 单元控制二输入与门的一个输入端,通过对 E^2PROM 单元的编程来选通驱动逻辑阵列块的可编程连线阵列信号。MAX7000 的可编程连线阵列有固定延时。因此,可编程连线阵列消除了信号之间的时间偏移,使得延时性能也可以预测。

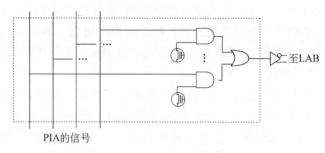

图 7.7.5 PIA 与 LAB 的连接方式

5. I/O 控制块

I/O 控制块允许每个 I/O 引脚单独地配置成输入方式、输出方式或双向工作方式。所有 I/O 引脚都有一个输出三态缓冲器,输出三态缓冲器的使能端受可编程数据选择器输出使能信号驱动。这个输出使能信号或者受两个全局输出使能信号中的一个控制,或者把使能端直接连接到地(GND)或电源(V_{CC})上。MAX7000 系列 I/O 控制如图 7.7.6 所示。

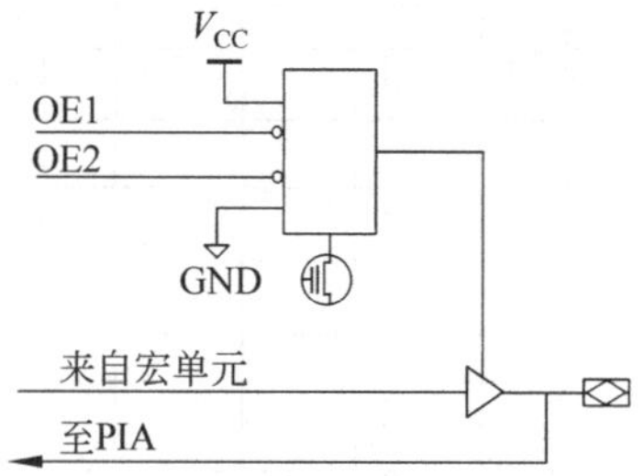

EPM7032、EPM7064 和 EPM7096 器件有两个全局输出使能信号,它们由两个专用的低电平有效的输出使能引脚 OE1 和 OE2 来驱动。MAX7000E

图 7.7.6 MAX7000 系列的 I/O 控制

和 MAX7000 器件有 6 个全局输出使能信号,它们可由以下信号驱动:两个输出使能信号、一个 I/O 引脚集合或一个宏单元集合,或者是它们反相后的信号。

当输出三态缓冲器的控制端接地(GND)时,其输出为高阻态,而且 I/O 引脚可作为专用输入引脚。当输出三态缓冲器的控制端接电源(V_{CC})时,输出使能有效。

MAX7000 结构提供了双 I/O 反馈,且宏单元和引脚的反馈是相互独立的。当 I/O 引脚配置成输入时,有关的宏单元可用于隐含逻辑。

7.7.2 MAX7000S 系列器件的技术性能特点

MAX7000 系列器件的技术性能有以下 3 个特点。

(1) 高密度,高速度。MAX7000 系列器件的系统工作速度达 180MHz,可用逻辑门最多为 5000 个,宏单元最多 256 个。MAX7000 系列器件特性如表 7.7.1 所示。

(2) 在系统编程。MAX7000 系列器件采用在系统编程(In-System Programming, ISP)技术,具有在系统编程能力。

(3) 边界扫描测试功能。MAX7000 系列器件支持 IEEE 1149.1 边界扫描测试标准。

表 7.7.1　常用 MAX7000 系列器件特性

特性	EPM7032	EPM7064	EPM7096	EPM7128	EPM7160	EPM7192	EPM7256
可用门	600	1250	1800	2500	3200	3750	5000
宏单元	32	64	96	128	160	192	256
逻辑阵列块	2	4	6	8	10	12	16
I/O 引脚	36	68	76	100	104	124	164
延时 tpd/ns	6	5	7.5	6	6	7.5	7.5
工作频率/MHz	151.5	178.6	125	151.5	151.5	125	125

7.8　现场可编程门阵列

现场可编程门阵列（Field Programmable Gate Array，FPGA）是在 PAL、GAL、EPLD(Erasable PLD，可擦除可编程逻辑器件)等可编程器件的基础上进一步发展的产物。它是作为专用集成电路(ASIC)领域中的半定制集成电路而出现的，既解决了定制电路的不足，又克服了原有可编程器件门电路数有限的缺点。

目前 FPGA 的品种很多，主要有 Xilinx 公司的 XC 系列、TI 公司的 TPC 系列、Altera 公司的 FLEX/ACEX 系列。本书以 Altera 公司的 FLEX10K 系列为例，介绍 FPGA 的结构、编程配置原理及应用。

7.8.1　查找表逻辑结构

前面介绍的可编程逻辑器件，如 GAL、CPLD 等，都是基于乘积项的可编程逻辑结构，即这些器件都是由可编程的与阵列和固定的或阵列组成的。而 FPGA 使用另一种可编程逻辑的表示方法，即可编程的查找表（Look Up Table，LUT）结构，LUT 是可编程的最小逻辑结构单元。大部分 FPGA 采用基于 SRAM(静态随机存储器)的查找表逻辑形成结构，也就是用 SRAM 来构成逻辑函数发生器。一个 n 输入 LUT 可以实现 n 个输入变量的任何逻辑功能，例如 n 个输入的任何组合，通过 SRAM 查真值表获得输出。图 7.8.1 是 4 输入 LUT，其内部结构如图 7.8.2 所示。

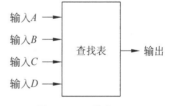

图 7.8.1　4 输入 LUT

一个 n 输入的查找表需要 SRAM 存储 n 个输入构成的真值表，需要用 2^n 位的 SRAM 单元。显然 n 不可能很大，否则 LUT 的利用率很低。对于输入多于 n 个的逻辑函数，必须用数个查找表分开实现。Xilinx 公司和 Altera 公司的 FPGA 器件都采用 SRAM 查找表构成。

7.8.2　FLEX10K 系列器件的结构原理

FLEX10K 主要由嵌入式阵列块（Embedded Array Block，EAB）、逻辑阵列块（Logic Array Block，LAB）、I/O 单元(IOE)和快速互连通道(fast track)构成，各个模块之间存在着

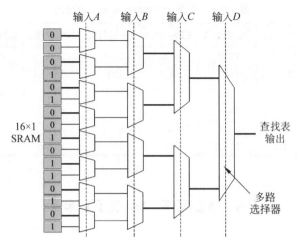

图 7.8.2　4 输入 LUT 内部结构

丰富的互连线和时钟网络。FLEX10K 的内部结构如图 7.8.3 所示。在图 7.8.3 中可以看到，处于行列之间的结构块是嵌入式阵列块，多个嵌入式阵列块组成了一个嵌入式阵列，是 FLEX10K 的核心。每一个嵌入式阵列块可以提供 2048 位存储单元，可以用来构造片内 RAM、ROM、FIFO 或双端口 RAM 等，同时还可以创建查找表、快速乘法器、状态机、微处理器等。嵌入式阵列块可以单独使用，也可以多个组合起来使用，以提供更强大的功能。

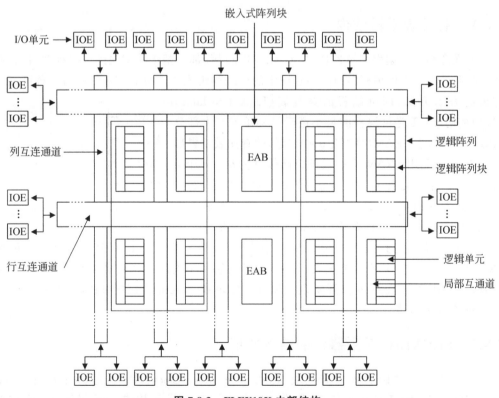

图 7.8.3　FLEX10K 内部结构

在图 7.8.3 中,与嵌入式阵列块相间的结构块是逻辑阵列块,每个逻辑阵列块包含 8 个逻辑单元(Logic Element,LE)和一些局部连接线,每个 LE 含有一个 4 输入查找表、一个可编程触发器、进位链和级联链。LE 的结构能有效地实现各种逻辑函数。每个 LAB 是一个独立的结构,它具有共同的输入、互连与控制信号。

在图 7.8.3 中纵、横方向的连线资源称为快速互连通道,器件内部的连线都可以连接到快速互连通道,它是贯穿器件内部的纵、横方向的快速连续通道。

在图 7.8.3 四周的 IOE 即 I/O 单元,它们是 FLEX10K 器件的输入输出单元。IOE 位于快速互连通道的行和列的末端,每个 IOE 有一个双向 I/O 缓冲器和一个既可以用作输入寄存器也可以用作输出寄存器的触发器。IOE 还提供一些有用的特性,如 JTAG 编程支持、BST 边界扫描支持、三态缓冲和漏极开路输出等。

1. 嵌入式阵列

嵌入式阵列是由一系列嵌入式阵列块构成的。嵌入式阵列块是在输入口和输出口上带有寄存器的 RAM 块,其结构如图 7.8.4 所示。每个 FLEX10K 的嵌入式阵列块含有 2048 位的 RAM,其数据线最大宽度为 8 位,地址线最多可达 11 条。其输入既可以采用同步方式也可以采用异步方式,其输出既可以是寄存器输出也可以是组合输出。嵌入式阵列块具有快速可预测的性能,并且全部是可编程的,还提供了在嵌入式阵列中实现完全可控的编程功能。它还具有全部更改内容或根据需要定制的能力。嵌入式阵列块还能动态重配置,可以只改变设计的一部分,而让其他部分不变。

1) 嵌入式阵列块的结构

由图 7.8.4 可以看出,存储器的输入端口和输出端口有触发器,触发器与存储器之间还有一个可编程的数据选择器,用来选择存储器的输入和输出的地址和数据是否经过触发器;另外,还有专用的全局输出用来控制存储器的写入端。这种结构的存储器与 Xilinx 公司的 FPGA 存储器有所不同。Xilinx 公司的 FPGA 是一种分布式存储器,如果要构成大容量的存储器,需要使用多个可配置逻辑块(Configurable Logic Block,CLB),导致其延时性能较差;而 Altera 公司的 FLEX10K 的存储单元是集成在一个嵌入式阵列块中的,它的延时性能较好。这种结构的嵌入式阵列块允许用户进行同步和异步两种操作。可以通过编程实现寄存器输入或非寄存器输入,也可以通过编程实现寄存器输出或非寄存器输出。

2) 嵌入式阵列块的功能

从图 7.8.4 中可以看到,嵌入式阵列块包含 2048 位的存储单元,因此,利用这些嵌入式阵列块可以构成不同的存储器,如设计 RAM、ROM、FIFO 等。根据需要,在总的存储位不变的情况下,可以改变存储器的字宽度和地址的宽度,如果所需的存储器容量已经超过一个嵌入式阵列块的容量,就需要把多个嵌入式阵列块相连,以构成一个更大的存储空间。以上工作在具体设计时不需要用户的干预,都可以由开发系统自动完成。

嵌入式阵列块不但可以实现各种类型的存储器,还可以用来实现逻辑函数,利用查表的方式来实现逻辑功能。查找表实际上是由静态存储器(SRAM)组成的存储器阵列。一个 8×1 的 SRAM 阵列可以实现三输入的查找表,一个 16×1 的 SRAM 阵列可以实现

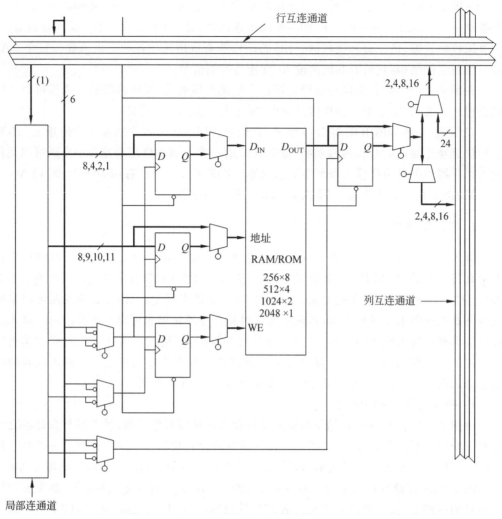

图 7.8.4　嵌入式阵列块结构

一个四输入或两个三输入的查找表。查找表中的数即 SRAM 阵列中所存逻辑函数的真值。查找表的输入就是 SRAM 的地址输入。用查找表实现逻辑函数的过程是：将逻辑函数的真值表事先存储在查找表的存储单元中，当逻辑函数的输入变量取不同组态时，相应组态的二进制取值构成 SRAM 的地址，选中相应的组态对应的 SRAM 单元，也就得到了输入变量组合对应的逻辑值。这种查表方式所实现的逻辑函数具有输出的延时与逻辑函数的复杂程度无关，而只与存储器的速度有关的特点。

2. 逻辑阵列

逻辑阵列由一系列逻辑阵列块构成，其结构如图 7.8.5 所示。每个逻辑阵列块是由 8 个逻辑单元以及与逻辑单元相连的进位链和级联链、逻辑阵列块控制信号以及逻辑阵列块局部互连线组成。逻辑阵列块可以帮助器件有效地布线，提高设计性能和器件资源的利用率。

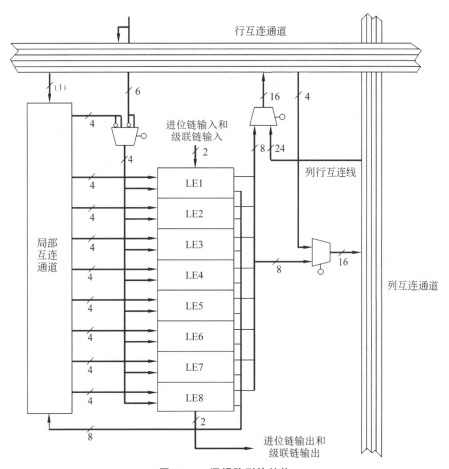

图 7.8.5 逻辑阵列块结构

1) 逻辑单元

逻辑单元(Logic Element,LE)是 FLEX10K 器件结构中的最小单元。每个逻辑单元含有一个 4 输入的查找表、一个带有同步使能可异步置位和复位的可编程触发器、一个进位链和一个级联链,其结构如图 7.8.6 所示。

逻辑单元中的查找表是一个函数发生器,可以实现 4 个变量的任意逻辑函数,其结构如图 7.8.1 所示。逻辑单元中的可编程触发器可配置成 D 触发器、T 触发器、JK 触发器或 RS 触发器。该触发器的时钟、清除和置位信号可由专用的输入引脚、通用 I/O 引脚或任何内部逻辑输出所驱动。在实现组合逻辑时,可将该触发器旁路,查找表的输出可作为逻辑单元的输出。

逻辑单元还包含两个驱动互连输出,一个驱动局部互连,另一个驱动行或列的快速通道的互连输出,这两个输出可以单独控制。可以实现在一个逻辑单元的查找表中驱动一个输出,而寄存器驱动另一个输出。因而,在一个逻辑单元中的触发器和查找表能够用来完成不相关的功能,能够提高逻辑单元的资源利用率。

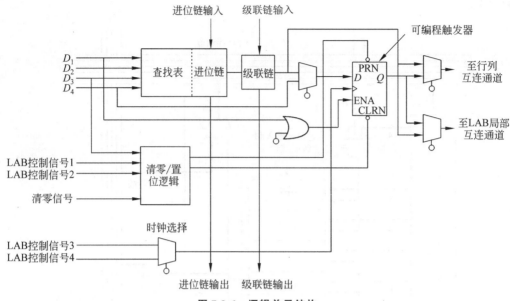

图 7.8.6　逻辑单元结构

2）进位链和级联链

在 FLEX10K 结构中还提供了两种专用高速数据通道，用于连接相邻的逻辑单元，但不占用局部互连通道，它们是进位链（carry-chain）和级联链（cascade-chain）。进位链用来支持高速计数器和加法器；级联链可以实现多输入的逻辑函数，而且延时很小。进位链和级联链可以连接同一个逻辑阵列块中的所有逻辑单元和同一行中的所有逻辑阵列块，如图 7.8.7 所示。

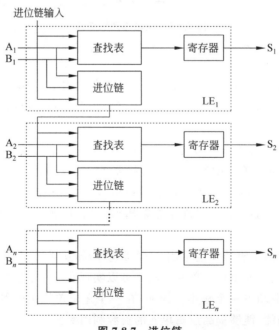

图 7.8.7　进位链

但是进位链和级联链的大量使用会限制逻辑布线的灵活性,导致资源的浪费,因此一般只在速度有要求的部分才使用它们。

进位链提供逻辑单元之间快速的向前进位功能。来自低位的进位信号经进位链向前送到高位,同时将反馈输入查找表和进位链的下一段,这样就能够实现高速计数器、加法器和多位比较器。

级联链可以用来实现多输入的逻辑函数。相邻的查找表用来并行地完成部分逻辑功能,级联链把中间结果串接起来。级联链可以使用逻辑与或者逻辑或来连接相邻的逻辑单元的输出,如图 7.8.8 所示。

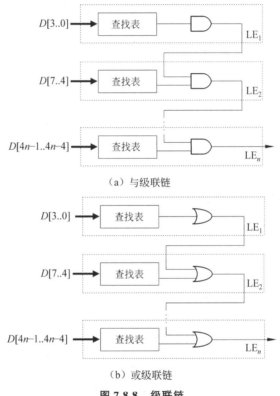

（a）与级联链

（b）或级联链

图 7.8.8　级联链

FLEX10K 的逻辑单元共有 4 种工作模式:正常模式、运算模式、加减法计数模式和可清零计数模式,每种模式对逻辑单元资源的要求各不相同。在各种模式中,逻辑单元的 7 个可用输入信号被连接到不同位置,以实现要求的逻辑功能。这 7 个输入信号分别来自逻辑阵列块局部互连的 4 个数据输入、可编程寄存器的反馈信号以及前一个逻辑单元的进位输入和级联输入。另外,加到逻辑单元的其余 3 个输入为寄存器提供时钟、清零和置位信号。在这 4 种模式下,还提供了一个同步时钟使能端,以实现全同步设计。

3. I/O 单元

I/O 单元(I/O Element,IOE)是内部逻辑资源与外部逻辑器件之间的接口。图 7.8.9 是

I/O 单元的内部结构,每个 I/O 单元包含一个双向 I/O 缓冲器和一个触发器。其中,触发器是双功能的。当 I/O 单元被配置为输出时,如果采用输出锁存,输出信号可以被触发器锁存;当 I/O 单元被配置为输入时,如果采用输入锁存,输入信号可以被触发器锁存。要实现这种工作方式,只需设置触发器数据输入端和数据输出端的数据选择器,就可以改变 I/O 单元的功能。

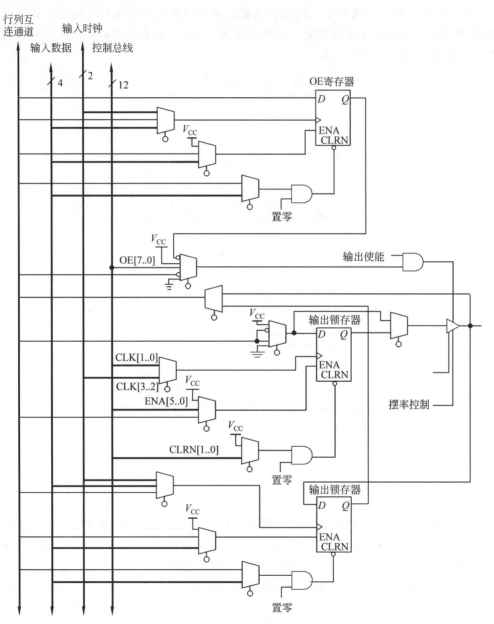

图 7.8.9 I/O 单元的内部结构

通过编程,改变图 7.8.9 中各个数据选择器控制端的状态,就可以对 I/O 单元进行各种方式的编程。I/O 单元可以被配置为输入、输出或双向 I/O。对单向输出和双向 I/O

中的输出可以实现三态控制,并且输出的电压摆率可调,通过配置可设成低速低噪声或高速高噪声;每个 I/O 单元的时钟、清除、时钟使能和输出使能控制均由周边控制总线的 I/O 控制信号网络提供。

4. 快速互连通道

在 FLEX10K 结构中,逻辑单元和器件 I/O 引脚之间的连接是通过快速互连通道实现的,其结构如图 7.8.10 所示。快速互连通道遍布于整个器件中,是一系列水平和垂直走向的连续式布线通道。即使器件用于非常复杂的设计,采用这种布线结构也可以预测其延时性能。有些 FPGA 采用分段式连接结构,需要用开关矩阵把若干条短的线段连接起来,这会使延时难以预测,从而降低设计性能,但可以使逻辑布线工作变得容易。

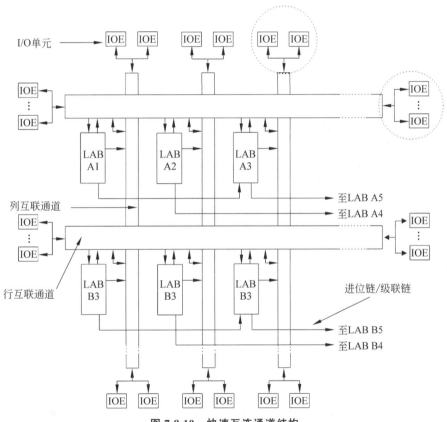

图 7.8.10 快速互连通道结构

快速互连通道是由遍布整个器件的行互连通道和列互连通道组成的。每行的逻辑阵列块有一个专用的行互连通道,行互连通道可以驱动 I/O 引脚或馈送到器件中的其他逻辑阵列块。列互连通道连接各行,也能驱动 I/O 引脚。为了提高器件的布线效率,FPGA 结构中还提供了多种连线通道。

7.8.3 FLEX10K 系列器件的技术性能特点

Altera 公司继推出 MAX 系列 CPLD 器件后,又推出 FLEX 系列 FPGA 器件,其中包括 FLEX10K 系列、FLEX20K 系列、FLEX6000 系列和 FLEX8000 系列。其中,FLEX10K 系列是一种嵌入式可编程逻辑器件,具有密度高、成本低、功耗小等特点。该系列包括 FLEX10K、FLEX10KA、FLEX10KB、FLEX10KV、FLEX10KE 等 5 个子系列。FLEX10K 系列器件采用连续的快速通道和分段式布线结构,同时每个 FLEX10K 器件还包括一个嵌入式阵列和一个逻辑阵列,使得设计者能够较容易地开发出集存储器、数字信号处理器及特殊逻辑功能于一体的芯片。FLEX10K 的技术特点如下:

(1) 具有较高的集成度和较快的速度。FLEX10K 器件的可用门最大可达 25 万门,同时提供 40 960 位内置 RAM。最大工作频率可达 90MHz。

(2) 支持多电压 I/O 接口,支持 PCI 总线接口。

(3) 支持多种配置方式,并支持 IEEE 1149.1 边界扫描测试标准。

(4) 具有实现宏函数的嵌入式阵列和实现普通功能的逻辑阵列。

FLEX10K 系列器件特性如表 7.8.1 所示。

表 7.8.1 FLEX10K 系列器件特性

特性	EPF10K10 EPF10K10A	EPF10K20	EPF10K30 EPF10K30A	EPF10K40	EPF10K50 EPF10K50V
典型门数	10 000	20 000	30 000	40 000	50 000
最大门数	31 000	63 000	69 000	93 000	116 000
逻辑单元数	576	1152	1728	2304	2880
逻辑阵列块数	72	144	216	288	360
嵌入式阵列块数	3	6	6	8	10
RAM 位数	6144	12 288	12 288	16 384	20 480
I/O 引脚数	150	189	246	189	310

注: EPF10K10、EPF10K20、EPF10K30、EPF10K40 和 EPF10K50 的供电电压为 5.5V,EPF10K10A、EPF10K30A 和 EPF10K50V 的供电电压为 3.3V。

进入 21 世纪,集成电路技术飞速发展,推动了半导体存储、微处理器等相关技术的快速进步,CPLD 和 FPGA 也不例外。CPLD、FPGA 和 ASIC 的规模越来越大,复杂程度也越来越高。特别是在 FPGA 的应用中,测试越来越重要。测试也有多个部分:在"软"的方面,逻辑设计的正确性需要验证,这不仅体现在功能这一级上,对于具体的 FPGA 器件还要考虑内部或 I/O 上的时延特性;在"硬"的方面,首先需要在 PCB 级测试引脚的连接,其次 I/O 功能也需要专门的测试。

7.9　CPLD/FPGA 的编程和配置

在大规模可编程逻辑器件出现之前,在设计数字系统时,把器件焊接在电路板上是设计的最后一个步骤。当设计中存在的问题被发现并得到解决后,设计者往往必须重新设计电路板,设计效率较低。CPLD、FPGA 的出现改变了这一切。人们在未设计具体电路时,就可以把 CPLD、FPGA 焊接在印刷电路板上,然后在设计调试时可以多次改变电路的硬件逻辑关系,而不必改变印刷电路板的结构。这一切有赖于 CPLD、FPGA 的在系统下载或重新配置功能。

目前常见的大规模可编程逻辑器件的编程工艺有 3 种:

(1) 基于电可擦除存储单元的 EEPROM 或 Flash 技术。CPLD 一般使用此技术进行编程。CPLD 被编程后改变了电可擦除存储单元中的信息,掉电后可保存新写入的信息。

(2) 基于 SRAM 查找表的编程技术。对该类器件,编程信息保存在 SRAM 中,掉电后 SRAM 中的信息立即丢失;在下次上电后,需要重新载入编程信息。因此,此类器件的编程一般称为配置。大部分 FPGA 采用这种编程工艺。

(3) 基于反熔丝编程技术。部分早期的 FPGA 采用此种编程方式,现在已不采用。

CPLD 编程和 FPGA 配置可以使用专用编程设备,也可以使用下载电缆。例如,Altera 公司的 ByteBlaster(MV)并行下载电缆连接 PC 的并行接口和需要编程或配置的器件,并与 MAX＋plus Ⅱ 配合,可以对 Altera 公司的多种 CPLD、FPGA 进行配置或编程。

7.9.1　CPLD 编程方式

MAX7000 系列器件可以通过标准的 JTAG 接口进行编程。通常用一条编程电缆把要编程的器件与计算机的并口或串口相连,利用开发系统的下载功能对器件进行编程。Altera 公司提供 BitBlaster 串口和 ByteBlaster 并口两种下载电缆。通常使用的编程电缆是 ByteBlaster 并口下载电缆。此编程电缆的原理图如图 7.9.1 所示。它利用一个74HC244 进行数据缓冲,以提高数据的传输距离,并且提高编程数据的可靠性。使用编程电缆对目标器件编程时,只需用编程电缆把目标器件和 PC 相连,即,一端通过 DB25/M接口与 PC 的并口相连,另一端通过 IDC10/M 接口与目标芯片相连,然后在 PC 上用Altera 公司提供的开发系统中的下载程序就可以对器件进行编程了。

MAX7000 器件的输出可以根据各种需求进行配置,通常可以配置为以下方式。

1. 多电压 I/O 接口

MAX7000 器件有 Vccint 和 Vccio 两组电源引脚,具有多电压(multivolt)接口的特点。Vccint 用于给内部电路和输入缓冲器供电;Vccio 用于给 I/O 输出缓冲器供电。MAX7000 器件按 Vccint 电压大小可划分为 5V 和 3.3V 两种。5V 器件可以工作在3.3V 或 5V 的接口电压下,3.3V 器件只能采用 3.3V 接口电压。

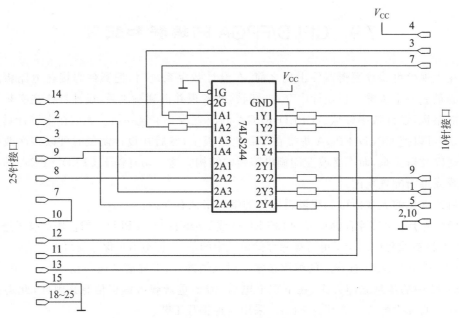

图 7.9.1 ByteBlaster 下载电缆原理图

对于 5V 器件,工作时 Vccint 引脚应该采用 5V 电源。在这个 Vccint 电平下,输入输出接口电压可以选定不同的 Vccio 电压,使之与 3.3V 和 5.0V 的器件兼容。当 Vccio 引脚接 5V 电源时,输出电平与 5V 系统兼容;当 Vccio 接 3.3V 电源时,其输出电平为 3.3V,因此它可以与 3.3V 系统兼容,也可以与 5V 系统兼容。

对于 3.3V 器件,工作时 Vccint 引脚应该采用 3.3V 电源。在这个 Vccint 电平下,输入输出接口电压只能采用 3.3V 的接口电压。

在设计应用电路时,Vccint 的电压不能低于 Vccio 的电压,且使所有的 Vccint 引脚和 Vccio 引脚分别连接在一起。一般需要为每个电源引脚接一个 $0.01\mu F$ 去耦电容。

2. 集电极开路选择

MAX7000 的每个 I/O 引脚都有漏极开路输出选项。用户可以根据需要打开或关闭此选项。

3. 电压摆率控制

在 MAX7000S 和 MAX7000E 器件中,每个 I/O 引脚的输出缓冲器都可以调整输出的电压摆率,可根据需要配置成高速工作方式或低噪声工作方式。快的电压摆率为系统提供很高的工作频率,但也会给系统带来较大的工作噪声;慢的电压摆率将会减少系统噪声,同时也会增加系统延时,降低系统的工作频率。

7.9.2 FPGA 配置方式

Altera 公司的 SRAM LUT 结构的器件是易失性器件,因此要采用在线可重配置方式。FPGA 特殊的结构使之在上电后必须进行一次配置,通过连接到 PC 或单片机的下载电缆快速地下载设计文件至 FPGA 进行硬件验证。FPGA 可使用多种配置模式,配置模式通过两个模式选择引脚 MSEL1 和 MSEL0 上设定的电平来决定。具体配置模式如表 7.9.1 所示。

表 7.9.1　FPGA 器件配置模式

MSEL1	MSEL0	配置模式	典型应用
0	0	主动串行(AS)	EPC 器件配置
0	0	被动串行(PS)	ByteBlaster
0	0	JTAG 模式	JTAG 接口
1	0	被动并行同步(PPS)	并行同步 CPU 接口
1	0	被动串行异步(PSA)	串行异步 CPU 接口
1	1	被动并行异步(PPA)	并行异步 CPU 接口

1. 主动串行配置模式

主动串行是一种较为常用的配置模式,其电路如图 7.9.2 所示。

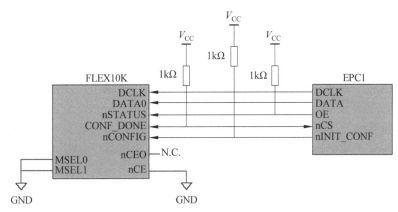

图 7.9.2　主动串行配置模式

引脚 nCONFIG 接到 V_{CC}。在加电过程中,FLEX10K 芯片检测到 nCONFIG 由低到高的跳变时,就开始准备配置。FLEX10K 芯片将 CONF_DONE 引脚输出置低,使串行 PROM 芯片 EPC1 的片选引脚 nCS 为低;而 nSTATUS 引脚输出高电平,使串行 PROM 芯片 EPC1 的输出使能。然后 EPC1 通过内部晶振产生串行时钟,并同步输出串行数据。当 FLEX10K 芯片接收全部数据被正确配置后,FLEX10K 芯片使 CONF_DONE 拉高,EPC1 芯片被置成无效状态。如果在配置过程中发生错误,FLEX10K 芯片将 nSTATUS 拉低,复位 EPC1 芯片和 FLEX10K 芯片。这种配置模式也允许多个 FLEX10K 芯片和多个串行 PROM 芯片 EPC1 或 EPC2 进行级联,以适应不同的工作情况,如图 7.9.3 所示。

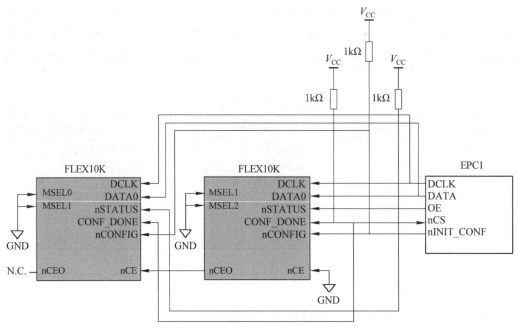

图 7.9.3　多片级联配置模式

2. 被动配置模式

在 FPGA 的实际应用中,设计的保密和可升级是十分重要的。用单片机或 PC 来配置 FPGA 可以较好地解决上述问题。被动配置模式是把 FLEX10K 芯片作为一个微处理器或编程设备的一个外设,配置所需要的时钟、数据都是由微处理器或编程设备提供的。被动配置模式按照数据传输的方式可分为 JTAG、被动串行异步、被动并行异步和被动并行同步 4 种模式。在被动串行配置模式中,通常可以由微处理器或 Altera 公司提供的编程电缆(BitBlaster 或 ByteBlaster 下载电缆)产生配置 FLEX10K 器件所需的配置控制信号和相应的配置时序。图 7.9.4 是实现被动串行配置的电路。被动并行配置模式一

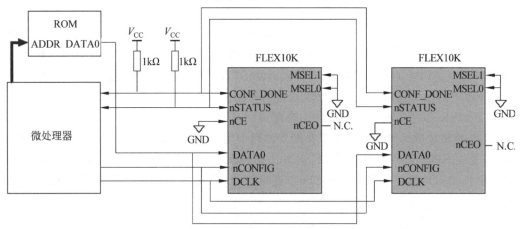

图 7.9.4　被动串行配置模式

次传输的数据为 8 位,并且还要提供一个控制时序,占用较多的 I/O 引脚,硬件电路较为复杂,不便于应用。图 7.9.5 给出了在 PC 上用 USB-ByteBlaster 下载电缆对 FPGA 器件进行配置的原理图。

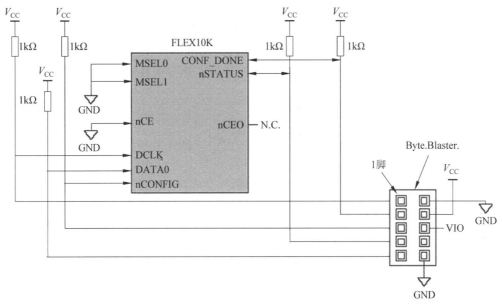

图 7.9.5　用 USB-ByteBlaster 进行被动并行配置

在被动配置模式下,FPGA 器件的配置数据存储在外部存储器中,上电后数据被送入 FPGA 器件内,配置完成之后将对器件 I/O 和寄存器进行初始化,初始化完成后进入用户模式,即正常工作模式。被动配置过程如图 7.9.6 所示。

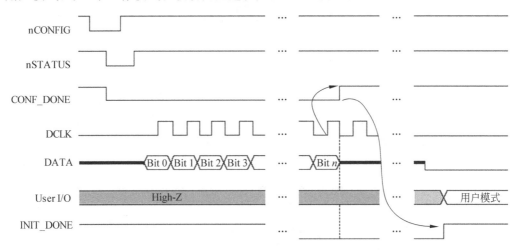

图 7.9.6　被动配置过程

当 FLEX10K 芯片中的 nCONFIG 信号从低电平转为高电平时就开始了配置过程。配置过程分为 3 个阶段:复位(reset)、配置(configuration)和初始化(initialization)。当

nCONFIG 为低电平时,器件处于复位阶段。复位阶段结束后,nCONFIG 信号必须处于高电平,器件将 nSTATUS 引脚从三态释放出来。一旦 nSTATUS 被释放,即被上拉电阻拉高,FPGA 器件就可以接收配置数据了,并通过其时钟引脚(DCLK)接收时钟源。在配置阶段,所有用户 I/O 引脚均处于三态。在 FPGA 成功地接收完所有的配置数据后,则释放 CONFIG_DONE 引脚,CONFIG_DONE 信号从低到高表明配置阶段结束,器件的初始化开始了。在初始化阶段,内部逻辑、内部寄存器和 I/O 寄存器被初始化,并且 I/O 缓冲器被激活。初始化完成之后,INIT_DONE 信号被释放,进入用户模式。

7.9.3 CPLD/FPGA 器件烧写方法

在 CPLD/FPGA 开发软件设计完成之后,MAX＋plus Ⅱ 会产生一个最终的可烧写到芯片中的编程文件。CPLD/FPGA 烧写的方式有 ICR、ISP、JTAG 等,前面介绍了 ByteBlaster 的下载配置方法,下面介绍其他的烧写方法。

1. 基于乘积项技术的 CPLD

对于基于乘积项(Product-Term)技术 EEPROM 或 Flash 工艺的 CPLD,由厂家提供编程电缆,电缆一端接在计算机的并行打印口上,另一端接在 PCB 上的一个插座中,如图 7.9.7 所示。

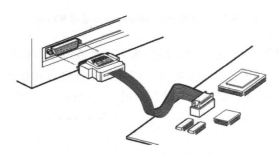

图 7.9.7　编程电缆与 PC 和 PCB 的连接

在线可编程(ISP)也可以向系统板上的器件提供配置或编程数据,如图 7.9.8 所示。编程电缆可以向代理商购买,也可以根据厂家提供的编程电缆原理图自己制作。早期的 PLD 不支持在线可编程技术,需要用编程器烧写。目前的 PLD 都可以在线编程,这种 PLD 可以加密,并且很难解密。

 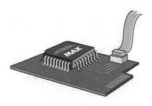 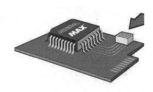

（a）将 PLD 焊在 PCB 上　　　（b）接好编程电缆　　　（c）现场烧写 PLD

图 7.9.8　在线可编程烧写方法

2. 基于查找表技术的 FPGA

对于基于查找表技术 SRAM 工艺的 FPGA,由于 SRAM 工艺的特点,掉电后数据会消失,因此调试期间可以用下载电缆配置 PLD 器件,调试完毕后需要将数据固化在一个专用的 E^2PROM 中(用通用编程器烧写)。上电时,由这片已配置的 EEPROM 先对 PLD 加载数据,十几毫秒后,PLD 即可正常工作(也可由 CPU 配置 PLD)。SRAM 工艺的 PLD 一般不可以加密。

3. 基于反熔丝技术的 FPGA

基于反熔丝(anti-fuse)技术的 FPGA 的烧写方法与 E^2PROM 工艺的 PLD 一样。这种 PLD 不能重复擦写,所以初期开发过程比较麻烦,费用也比较高。反熔丝技术有许多优点:布线能力强,系统速度快,功耗更低,抗辐射能力强,耐高低温,可以加密,所以在一些有特殊要求的领域(如军事及航空航天等)应用较多。

7.10　CPLD/FPGA 主要产品介绍

数字电路技术的发展趋势是缩小体积、降低功耗、增加更多功能、降低价格,反映在可编程逻辑器件方面,就是要求更高的速度、更低的电压和更高的集成度,当然还要求更低的价格。现在,半导体技术的工艺尺寸日益缩小,正在从 $0.35\mu m$ 缩小到 $0.18\mu m$,而 90nm 的工艺也早已应用。更小的工艺尺寸意味着速度更快、集成度更高、硅片尺寸更小、成本更低,供电电压也势必降低,而降低工作电压则意味着减少功耗。下面介绍当前市场上主要 FPGA 厂商的产品及特点。

7.10.1　Altera 公司产品

Altera 公司发展了若干系列的 CPLD 与 FPGA 产品,可以满足电子设计工程师不同的需求。Altera 公司的 CPLD 产品有 MAX3000、MAX7000、MAX9000 和 MAX-Ⅱ等系列,FPGA 产品有 FLEX6000、FLEX10K、ACEX1K、APEX20K、APEX-Ⅱ、Cyclone、Cyclone Ⅱ、Stratix、Stratix Ⅱ 等系列。其中 Cyclone 和 Stratix 系列为主打产品。Cyclone Ⅲ和 Stratix 4/6 系列产品具有更低的功耗、更高的速度和更低廉的价格等优势。

Cyclone 系列产品是基于 1.5V、$0.13\mu m$ 工艺、全铜布线层、SRAM 处理的 FPGA,逻辑单元个数达到 20 060 个,RAM 达到 299Kb。Cyclone 器件支持不同的 I/O 标准,包括速率高达 640Mb/s 的 LVDS,66MHz 和 33MHz,64 位和 32 位的 PCI。器件内部可提供 4 个锁相环。与此同时,Altera 公司还为 Cyclone 器件提供了低成本的串行配置器件,也支持嵌入式处理器软核,可以实现复杂的多 CPU 嵌入式解决方案。

Stratix 系列 FPGA 器件是 Altera 公司的高性能产品,采用台积电公司(TSMC)的 40nm 工艺制造。其中,Stratix Ⅳ E 具有 820Kb 逻辑宏单元、23.1MB 嵌入式存储器和 1288 个 18×18 嵌入式乘法器,具有两个速率等级优势,以及先进的逻辑和布线体系结构,具有 8.5Gb/s 的 48 个高速收发器。Stratix 系列支持不同的 I/O 标准,并且提供完全的时钟管理方案,使时钟可以工作在高达 533MHz 的频率上。Stratix 系列具有优异的信号完整性,支持即插即用,适合无线通信、军事、广播等高端数字应用。

7.10.2　Xilinx 公司产品

Xilinx 公司发展了若干系列的 CPLD 与 FPGA 产品,占据了很大的市场份额。该公司提供了从商业级到航天级各种类型的产品。该公司的 CPLD 产品主要有 CoolrunnerXPLA3、Coolrunner-Ⅱ 和 XC9500 系列。Xilinx 公司的 FPGA 产品有 Spartan、Spartan-3A、Spartan-6、Virtex-5、Virtex-6 和 Virtex-Ⅱ Pro 等系列。

Virtex-6 是 Xilinx 公司的高性能 FPGA 系列,采用 40nm 工艺制造,分为以下 4 个面向特定应用领域而优化的 FPGA 平台架构:Virtex-6 LXT FPGA,面向具有低功耗串行连接功能的高性能逻辑和 DSP 开发;Virtex-6 SXT FPGA,面向具有低功耗串行连接功能的高性能 DSP 开发;Virtex-6 HXT FPGA,针对需要宽带串行连接功能的通信、交换和成像系统进行优化设计;Virtex-6 CXT FPGA,面向需要 3.75Gb/s 串行连接功能和相应的逻辑应用。

7.10.3　Lattice 公司产品

Lattice 公司也发展了 CPLD 和 FPGA 系列产品,主要有 ispMACH 4000V/B/Z、ispMACH 5000B 和 ispMACH 5000MX 等系列的 CPLD 产品,以及 ispXPGA、ECP/EC、ORCA 等系列的 FPGA 产品。

除了上述公司外,Actel、Cypress、QuickLogic 和 Vantis 等公司也可以提供不同类型的 CPLD 和 FPGA 产品,满足不同用户的需求。

*7.11　MAX+ plus Ⅱ 集成软件设计平台

7.11.1　概述

现代数字系统设计技术的核心是 EDA(Electronic Design Automation,电子设计自动化)技术。EDA 技术就是依赖功能强大的计算机,在 EDA 工具软件平台上,对以硬件描述语言 HDL 为系统逻辑描述手段完成的设计文件自动完成逻辑编译、逻辑化简、逻辑分割、逻辑综合、布局布线以及时序测试直至 PCB 的自动设计等。

在现代高新电子产品的设计和生产中,微电子技术和现代电子设计技术是相互促进、相互推动又相互制约的两个环节。前者代表在广度和深度上硬件电路实现的发展,后者则反映了现代先进的电子理论、电子技术、仿真技术、设计工艺和设计技术与最新计算机软件技术有机的融合和升华。

EDA 技术包括电子电路设计的各个领域,即从低频电路到高频电路、从线性电路到非线性电路、从模拟电路到数字电路、从分立元件到集成电路的全部设计过程,涉及电子产品开发的全过程。EDA 技术的内涵如图 7.11.1 所示。

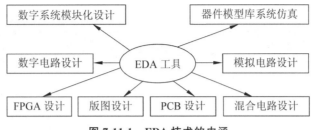

图 7.11.1　EDA 技术的内涵

MAX＋plusⅡ开发工具是 Altera 公司自行设计的 EDA 软件,其全称是 Multiple Array Matrix and Programmable Logic User System(多阵列矩阵和可编程逻辑用户系统)。MAX＋plus Ⅱ是完全集成开发环境的软件,不需要第三方软件,支持 3 万门以下的所有逻辑电路设计。

MAX＋plusⅡ提供了功能强大、直观便捷和操作灵活的原理图输入设计功能,同时还配备了各种元件库,其中包含基本元件库(如与非门、反相器、D 触发器等)、宏功能元件(包含了几乎所有 74 系列的器件)以及功能强大、性能良好的类似于 IP Core 的兆功能元件库。另外,MAX＋plus Ⅱ还提供了原理图输入多层次设计功能,使得用户能设计更大规模的电路系统以及使用方便、精度良好的时序仿真器。MAX＋plus Ⅱ具有门级仿真器,可以进行功能仿真和时序仿真,能够产生精确的仿真结果。在适配之后,MAX＋plus Ⅱ生成供时序仿真用的 EDIF、VHDL 和 Verilog 共 3 种格式的网表文件。在时序仿真后,可将设计的电路原理图或逻辑电路转变为 CPLD/FPGA 内部的基本逻辑单元,下载到芯片中,从而在硬件上实现用户所设计的电路。

由于基于 MAX＋plus Ⅱ的数字系统设计流程具有一般性,其基本的设计方法也完全适用于其他的 EDA 工具软件,因此本节以 MAX＋plus Ⅱ EDA 开发平台为例,介绍以 EDA 原理图输入和硬件描述语言 VHDL 输入为基础的数字电路设计过程。

7.11.2　EDA 原理图输入设计流程

EDA 原理图输入设计方法的优点是:设计者不必具备许多编程技术、硬件语言等知识就能迅速入门,完成较大规模的电路设计。下面以一位全加器为例介绍 EDA 原理图输入设计方法。

步骤一:为本项设计建立一个文件夹。

任何一个设计都是一项工程(project),都必须建立一个放置与此工程相关的所有文件的文件夹,并默认为当前的工程文件夹。假定文件夹取名为 MY_PRJCT,路径为 D:\MY_PRJCT。

步骤二:输入设计项目和存盘。

(1) 打开 MAX＋plus Ⅱ,选择菜单 File→Name 命令,在弹出的 New 对话框中选择 File Type 下的原理图输入项——Graphic Editor file 单选按钮,如图 7.11.2 所示。单击 OK 按钮后打开原理图编辑窗口。

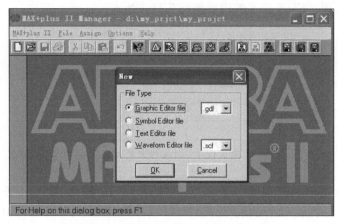

图 7.11.2　新建立原理图编辑器文件对话框

（2）在原理图编辑窗口的任何位置右击，将出现快捷菜单，选择其中的 Enter Symbol（输入元件）命令，弹出如图 7.11.3 所示的输入元件对话框。

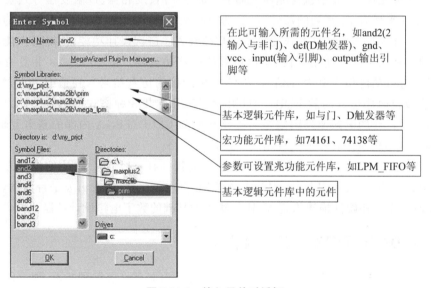

图 7.11.3　输入元件对话框

（3）单击 Symbol Libraries（元件库）中的 c：\maxplus2\max2lib\prim，在 Symbol Files 列表框中可以看到基本逻辑元件库中的所有元件，其中大部分是 74 系列元件。选中需要的元件名，再单击 OK 按钮，即可将元件调入原理图编辑窗口。例如，要设计半加器，可分别调入 AND2、NOT、XNOR、INPUT 和 OUTPUT 元件，并连接好，用键盘输入各引脚名，如 a、b、co、so，如图 7.11.4 所示。选择菜单 File→Save As 命令，将已建好的图形文件取名为 h_adder.gdf，并保存在工程文件夹内。

步骤三：将设计项目设置成工程文件。

为了使 MAX＋plus Ⅱ 能对输入的设计项目按设计者的要求进行各项处理，必须将

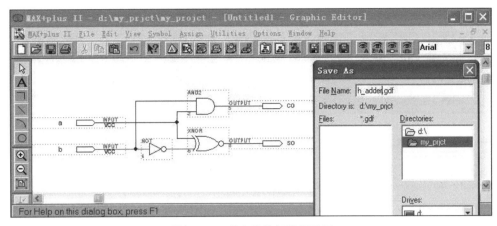

图 7.11.4 保存连接好的原理图

设计文件(如半加器设计文件 h_adder.gdf)设置成当前的工程文件。如果设计项目由多个设计文件组成,则应该将它们的主文件(即顶层文件)设置成工程文件。

步骤四:选择目标器件进行编译。

为了获得与目标器件对应的、精确的时序仿真文件,在对文件进行编译之前必须选定最后实现本设计项目的目标器件,如选择 Altera 公司的 FPGA 或 CPLD 器件。

在 Assign 菜单中选择 Device 命令,打开 Device 对话框,如图 7.11.5 所示。此对话框中的 Device Family 下拉列表框用于选择器件序列,例如 EPM7128S 对应的是 MAX7000S 系列,EPF10K10 对应的是 FLEX10K 系列。最后单击 OK 按钮启动编译器,如图 7.11.6 所示。此编译器包括网表文件提取、设计文件排错、逻辑综合、逻辑分配、适配(结构综合)、时序仿真文件提取和编程下载文件装配等。单击 Start 按钮开始编译。若发现错误,排除错误后再进行编译。

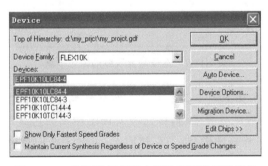

图 7.11.5 选择最后实现本设计项目的目标器件

步骤五:时序仿真和包装入库。

接下来测试设计项目的正确性,即时序仿真,具体步骤如下:

(1) 建立波形文件和输入信号节点。选择菜单 MAX+plus Ⅱ→Waveform Editor 命令,打开波形编辑窗口。选择菜单 Node→Nodes from SNF,弹出如图 7.11.7 所示的 Enter Nodes from SNF 对话框,单击 List 按钮,这时在对话框左侧列出该项目的所有信

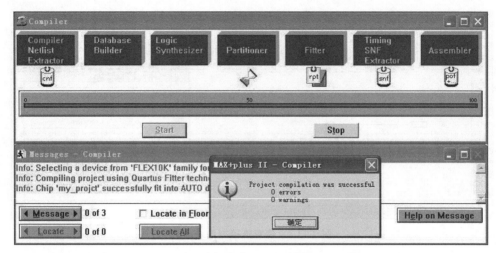

图 7.11.6　对工程文件进行编译、综合和适配等操作

号节点。选择需要的信号节点,单击＝＞按钮将其添加到右侧的列表框中,然后单击 OK
按钮即可。

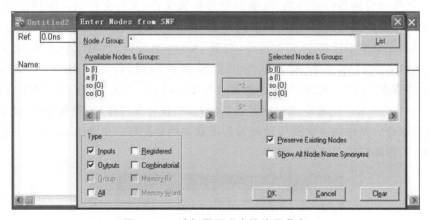

图 7.11.7　选择需要观察的信号节点

　　(2) 设置波形参量。图 7.11.8 为已经调入所有节点信号后的情况。在为编辑窗口中
的输入信号设定必要的测试电平之前,首先需要设定相关的仿真参数。在 Options 菜单
中消去 Snap to Grid(对齐到网格)命令左侧的√,以便能够任意设置输入电平位置或输
入时钟信号的周期。

　　然后设定仿真时间长度。选择 File→End Time 命令,在 End Time 对话框中选择适
当的仿真时间域,选择时应考虑有足够长的观察时间和电路时延。

　　(3) 为输入信号加上激励电平并存盘。

　　现在可以为输入信号 a、b 设定激励信号,即测试电平,如图 7.11.9 所示。利用左侧
的赋值按钮为输入信号赋予适当的电平,以便仿真测试输出信号 so、co。选择 File→Save
As 命令,单击 OK 按钮存盘。

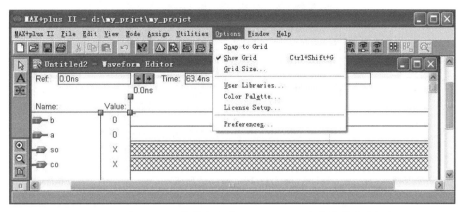

图 7.11.8　在 Options 菜单中取消 Snap to Grid 命令前的选中标记

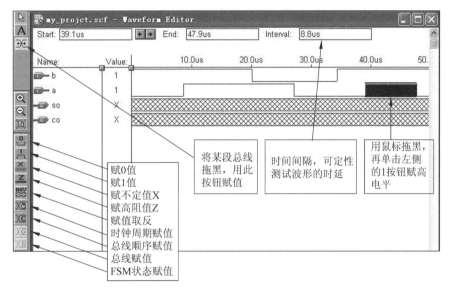

图 7.11.9　为输入信号设定必要的测试电平等参数

（4）运行仿真器并分析波形。

选择菜单 MAX＋plus Ⅱ→Simulator 命令，弹出的仿真器窗口如图 7.11.10 所示，单击 Start 按钮。

图 7.11.11 是仿真后的时序波形。对照半加器的真值表，可知图 7.11.11 所示的结果是正确的。为了进一步了解信号的延时情况，可打开时序分析器，方法是选择 MAX＋plus Ⅱ→Timing Analyzer 命令，即可弹出 Timing Analyzer（时序分析器）对话框，如图 7.11.12 所示，单击 Start 按钮，即可得到延时信息表。

（5）包装元件并入库。

选择菜单 File→Open 命令，在 Open 对话框中选择 Graphic Editor file 单选按钮，然后选择 h_adder.gdf，重新打开半加器设计文件，然后选择 File→Create Default Symbol 命令，将当前文件包装成单一元件（symbol），并放置在指定的文件夹中以备后用。

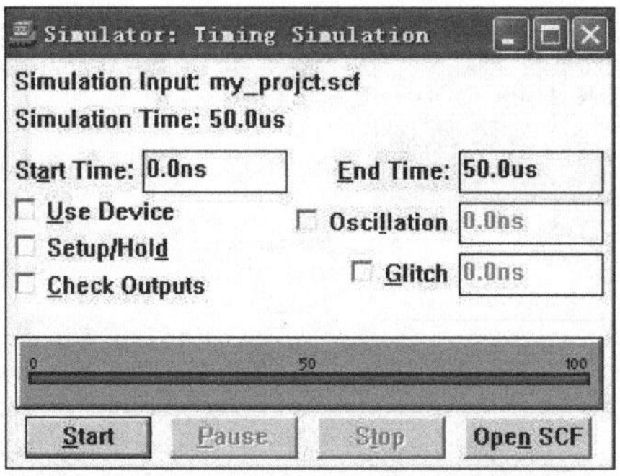

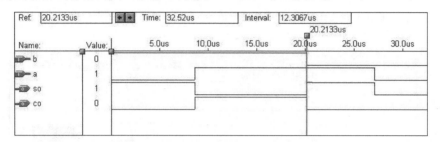

图 7.11.10　运行仿真器

图 7.11.11　半加器 **h_adder.gdf** 的仿真波形

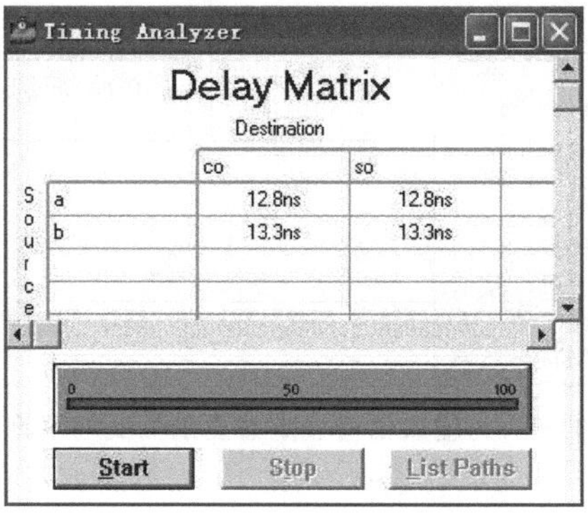

图 7.11.12　时序分析器对话框

步骤六：设计顶层文件。

前面的工作可看成是完成了一个底层元件的设计并将其包装入库。现利用设计好的半加器元件完成顶层全加器的设计。

仿照前面的步骤，打开一个新的原理图编辑窗口，然后添加半加器元件，按照图 7.11.13设计全加器原理图，将文件命名为 f_adder.gdf。将当前文件设置成工程，并选择目标器件为 EPF10K10。编译此顶层文件，然后建立波形仿真文件。设置输入信号 ain、bin 和 cin 的电平，启动仿真器，观察输出波形，如图 7.11.14 所示。

步骤七：引脚锁定。

如果以上的仿真测试结果正确，就应该将设计编程下载到选定的目标器件中作进一

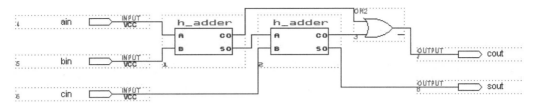

图 7.11.13 用原理图编辑窗口设计全加器

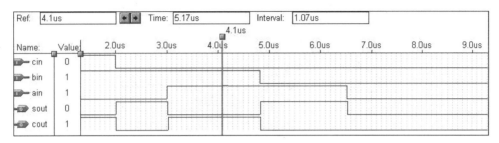

图 7.11.14 全加器 f_adder.gdf 的仿真波形

步的硬件测试,以便最终判断设计项目的正确性。这就必须根据评估板、开发系统或 EDA 实验板的要求对设计项目的输入输出赋予确定的引脚,以便进行实测。这里假设将全加器的 5 个引脚 ain、bin、cin、cout 和 sout 分别与目标器件 EPF10K10 的第 5、6、17、18 和 19 脚相连。具体操作为:选择 Assign→Pin\Location\Chip 命令,弹出 Pin\Location\Chip 窗口,如图 7.11.15 所示。在 Node Name 文本框中分别输入 5 个引脚的端口名,如果输入正确,在 Pin Type 下拉列表框中将显示该信号的属性。确认 Pin 下拉列表框中的引脚编号,单击 Add 按钮,即可将信号锁定在对应的引脚上。单击 OK 按钮结束引脚锁定操作,然后再重新编译,以便将引脚信息存入编程下载文件中。

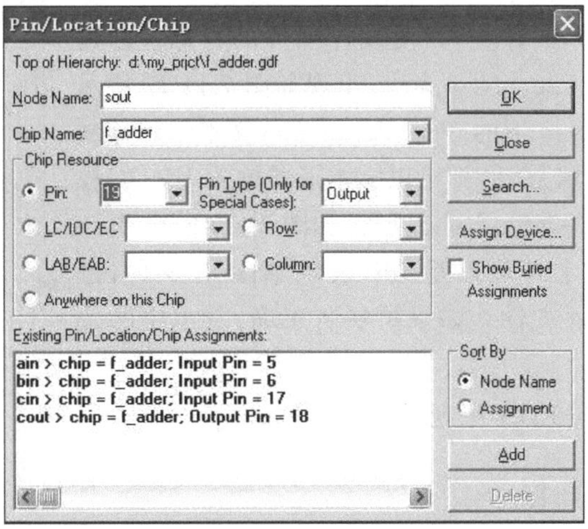

图 7.11.15 全加器引脚锁定

步骤八：编程下载。

首先用编程下载电缆把计算机并行口与目标板（如开发板或实验板）连接好，打开电源。选择 MAX＋plus Ⅱ→Programmer（编程器）命令，弹出图 7.11.16 所示的对话框。在 Hardware Setup 下拉列表框中选择 ByteBlaster(MV)编程方式。此种编程方式对应计算机的并行口下载通道，MV 表示混合电压，Altera 公司的各类芯片电压（如 5V、3.3V、2.5V 与 1.8V）的 FPGA/CPLD 都能由此下载。下载方式确定以后，单击 Programmer 窗口的 Configure 按钮，即可向 EPF10K10 下载配置文件。如果连线无误，下载完成后将报告配置完成信息。

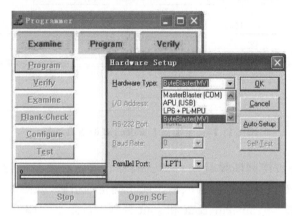

图 7.11.16　编程下载方式设置

7.11.3　VHDL 文本输入设计流程

本节介绍的 VHDL 文本输入方法与 EDA 原理图输入设计方法基本相同，只是在开始的源文件创建中稍有不同。

首先建立一个工作文件夹，以便设计项目的存储。创建 VHDL 源文件时，选择 File→New 命令，出现如图 7.11.17 所示的对话框。选择 File Type 下的 Text Editor file（文本编辑器文件）单选按钮，再单击 OK 按钮，即可以文本形式输入 VHDL 程序。输入完毕后，将文件存储成.vhd 文件，如图 7.11.18 所示。

另外，文件的扩展名还可以是.tdf，表示 AHDL 文件；也可以是.v，表示 Verilog 文件。如果扩展名正确，文本中的关键词都会改变颜色。

图 7.11.17　建立文本编程器
文件对话框

后面的设计过程与 EDA 原理图输入法类似。

7.11.4　设计流程归纳

基于大规模可编程逻辑器件（CPLD/FPGA）的 MAX＋plus Ⅱ一般设计流程如图 7.11.19 所示。

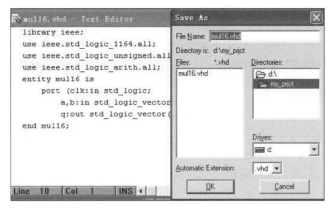

图 7.11.18 在编程器中输入 VHDL 程序并存盘

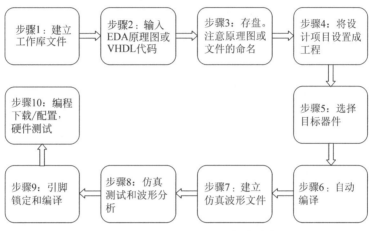

图 7.11.19 MAX＋plus Ⅱ 一般设计流程

*7.12 用 VHDL 实现存储器

半导体存储器分为只读存储器(ROM)和随机存取存储器(RAM),它们的功能有较大的区别,因此在 VHDL 描述上也有区别。本节利用 MAX＋plus Ⅱ 中的兆功能元件库 LPM_ROM 和 LPM_RAM_DQ 给出 ROM 和 RAM 的 VHDL 描述。

1. 只读存储器的 VHDL 描述

在 Altera 公司的 MAX＋plus Ⅱ 编译软件中提供了兆功能元件库文件,其中包括了很多常用元件的 VHDL 软件包,编程者可以直接调用这些库文件,以减轻编程工作量。

LPM_ROM 是兆功能元件库中的一个标准库,它的端口定义如下:

```
COMPONENT lpm_rom
    GENERIC(LPM_WIDTH: POSITIVE;                          --输出数据 q 宽度
```

```
            LPM_TYPE: STRING :="LPM_ROM";                    --标准库的实体名
            LPM_WIDTHAD: POSITIVE;                           --输入地址宽度
            LPM_NUMWORDS: NATURAL :=0;                       --存储字的容量
            LPM_FILE: STRING;                                --初始化文件.mif/.hex
            LPM_ADDRESS_CONTROL: STRING :="REGISTERED";      --地址锁存
            LPM_OUTDATA: STRING :="REGISTERED";              --数据锁存
            LPM_HINT: STRING :="UNUSED");
        PORT(address: IN STD_LOGIC_VECTOR(LPM_WIDTHAD-1 DOWNTO 0);    --输入地址
            inclock: IN STD_LOGIC :='0';                     --输入输出寄存器时钟
            outclock: IN STD_LOGIC :='0';
            memenab: IN STD_LOGIC :='1';                     --芯片使能
            q: OUT STD_LOGIC_VECTOR(LPM_WIDTH-1 DOWNTO 0));
END COMPONENT;
```

引用该模块构成 256×8 位 ROM 的 VHDL 描述如下：

```
LIBRARY IEEE;
USE IEEE.STD_LOGIC_1164.ALL;
USE IEEE.STD_LOGIC_ARITH.ALL;
USE IEEE.STD_LOGIC_UNSIGNED.ALL;
PACKAGE ram_constants IS
    constant DATA_WIDTH : INTEGER :=8;
    constant ADDR_WIDTH : INTEGER :=8;
END ram_constants;
LIBRARY ieee;
USE ieee.std_logic_1164.ALL;
LIBRARY lpm;
USE lpm.lpm_components.ALL;
LIBRARY work;
USE work.ram_constants.ALL;
ENTITY ram256x8 IS
    PORT(data: IN STD_LOGIC_VECTOR (DATA_WIDTH-1 DOWNTO 0);
        address: IN STD_LOGIC_VECTOR (ADDR_WIDTH-1 DOWNTO 0);
        we, inclock, outclock: IN STD_LOGIC;
        q: OUT STD_LOGIC_VECTOR (DATA_WIDTH -1 DOWNTO 0));
END ram256x8;
ARCHITECTURE example OF ram256x8 IS
BEGIN
    inst_1: lpm_ram_dq
        GENERIC MAP (lpm_widthad =>ADDR_WIDTH,
            lpm_width =>DATA_WIDTH)
        PORT MAP (data =>data, address =>address, we =>we,
            inclock =>inclock, outclock =>outclock, q =>q);
END example;
```

上述程序不使用时钟锁存和地址锁存,但程序中用到了初始化文件 inst_1.mif,其作用是初始化 ROM 数据,内容如下:

```
DEPTH =256;
WIDTH =8;
ADDRESS_RADIX =HEX;
DATA_RADIX =HEX;
CONTENT
    BEGIN
        [0..FF] : 00;
        1 : 4B 49 4D 4A 49 4E 53 54 55 44 49 4F;
        F : 4E 41 4E 4B 41 49 45 45;
END;
```

2. 随机存取存储器的 VHDL 描述

LPM_RAM_DQ 是兆功能元件库中的一个标准库,它的端口定义见下面的 256×8 位 RAM 程序中的 COMPONENT 部分。RAM 的 VHDL 描述如下:

```
LIBRARY IEEE;
USE IEEE.STD_LOGIC_1164.ALL;
USE IEEE.STD_LOGIC_ARITH.ALL;
USE IEEE.STD_LOGIC_UNSIGNED.ALL;
PACKAGE ram_constants IS
    constant DATA_WIDTH : INTEGER :=8;
    constant ADDR_WIDTH : INTEGER :=8;
END ram_constants;
LIBRARY ieee;
USE ieee.std_logic_1164.ALL;
LIBRARY lpm;
USE lpm.lpm_components.ALL;
LIBRARY work;
USE work.ram_constants.ALL;
ENTITY ram256x8 IS
    PORT(data: IN STD_LOGIC_VECTOR (DATA_WIDTH-1 DOWNTO 0);
         address: IN STD_LOGIC_VECTOR (ADDR_WIDTH-1 DOWNTO 0);
         we, inclock, outclock: IN STD_LOGIC;
         q: OUT STD_LOGIC_VECTOR (DATA_WIDTH -1 DOWNTO 0));
END ram256x8;
ARCHITECTURE example OF ram256x8 IS
COMPONENT lpm_rom_dq
    GENERIC(LPM_WIDTH: POSITIVE;                --输入数据 data[]和输出数据 q 的宽度
            LPM_TYPE: STRING :="LPM_ROM_DQ";    --标准库的实体名
            LPM_WIDTHAD: POSITIVE;              --输入地址宽度
            LPM_NUMWORDS: NATURAL :=0;          --存储字的容量
```

```
                LPM_FILE: STRING :="UNUSED";                    --初始化文件.mif/.hex
                LPM_INDATA: STRING :="REGISTERED";              --初始化文件.mif/.hex
                LPM_ADDRESS_CONTROL: STRING :="REGISTERED"; --地址锁存
                LPM_OUTDATA: STRING :="REGISTERED";            --数据锁存
                LPM_HINT: STRING :="UNUSED");
        PORT(data: IN STD_LOGIC_VECTOR(LPM_WIDTH-1 DOWNTO 0);
             address: IN STD_LOGIC_VECTOR(LPM_WIDTHAD-1 DOWNTO 0);
             we : IN STD_LOGIC;
             inclock: IN STD_LOGIC :='0';
             outclock: IN STD_LOGIC :='0';
             memenab: IN STD_LOGIC :='1';
             q: OUT STD_LOGIC_VECTOR(LPM_WIDTH-1 DOWNTO 0));
    END COMPONENT;
    BEGIN
        inst_1: lpm_ram_dq
            GENERIC MAP(lpm_widthad =>ADDR_WIDTH,
                lpm_width =>DATA_WIDTH)
            PORT MAP(data =>data, address =>address, we =>we,
                inclock =>inclock, outclock =>outclock, q =>q);
    END example;
```

*7.13　Quartus Ⅱ集成软件设计平台

随着大规模集成电路和电子设计自动化技术的发展,数字系统的设计方法也不断发展。数字系统设计的 EDA 集成软件 Quartus Ⅱ 也是 Altera 公司为其 FPGA/CPLD 芯片设计推出的专用开发工具,它具有与电路结构无关的开发环境、功能强大的逻辑综合工具以及完备的电路功能仿真与时序逻辑仿真工具,能进行时序分析和路径时延分析。Quartus Ⅱ 内部嵌有 Verilog HDL、ADHL、VHDL 等逻辑综合器,可完成从设计输入、综合适配、仿真到下载的整个设计过程。Quartus Ⅱ 主界面如图 7.13.1 所示。

Quartus Ⅱ 提供了一个完整的多平台开发环境,它包含 FPGA 和 CPLD 整个设计阶段的解决方案。Quartus Ⅱ 集成环境包括以下内容:系统级设计,嵌入式软件开发,可编程逻辑器件设计、综合、布局和布线,验证和仿真。

Quartus Ⅱ 也可以直接调用 Synplify Pro、ModelSim 等第三方 EDA 工具来完成数字系统设计任务的综合与仿真,其内部嵌入式的 SignalTap Ⅱ 逻辑分析工具,可用来进行系统的逻辑测试和分析。另外,它还支持源文件的添加和创建,能自动定位编译错误,带有高效的编程与验证工具,可以读入标准的 EDIF 网表文件、VHDL 网表文件,能生成可供第三方 EDA 软件使用的 VHDL 网表文件和 Verilog 网表文件。Quartus Ⅱ 与 MATLAB 和 DSP Builder 结合,可以进行基于 FPGA 的 DSP 系统开发,方便快捷。Quartus Ⅱ 还内嵌了 SOPC Builder,为可编程片上系统(SOPC)提供了全面的设计环境。

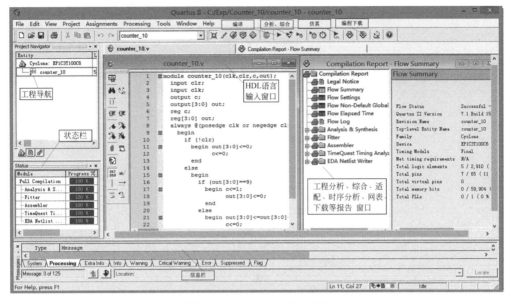

图 7.13.1　Quartus Ⅱ 主界面

7.13.1　基于 Quartus Ⅱ 的数字系统设计流程

Quartus Ⅱ 设计的主要流程包括创建工程、设计输入、分析综合、编译、仿真验证、编程下载等。下面以第 5 章介绍的十进制计数器为例说明 Quartus Ⅱ 的数字系统设计流程，如图 7.13.2 所示。

7.13.2　创建工程

Quartus Ⅱ 设计的数字系统电路被称作工程。Quartus Ⅱ 将一个工程的全部信息保存在同一个文件夹中。开始一个新的电路设计时，首先要创建一个文件夹，用以保存该工程的所有文件。此后便可通过 Quartus Ⅱ 的文本编辑器或图形编辑器编辑源文件并存盘。

创建一个工程，选择 File→New Project Wizard 命令，出现如图 7.13.3 所示的对话框，输入工程所在文件夹、工程名和顶层设计名，单击 Next 按钮，将设计的源文件（文本文件或逻辑图形文件）添加到工程中，如图 7.13.4 所示。再单击 Next 按钮，指定该工程要编程下载的目标器件，如图 7.13.5 所示。再单击 Next 按钮，选择第三方的 EDA 软件，包括设计工具、仿真工具和时序分析工具等，如图 7.13.6 所示。最后，单击 Finish 按钮，完成一个工程的创建。

7.13.3　设计输入

Quartus Ⅱ 系统的设计输入分为原理图输入和硬件描述语言输入两种方法。

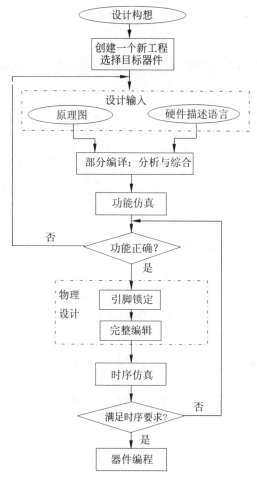

图 7.13.2 Quartus Ⅱ 的设计流程

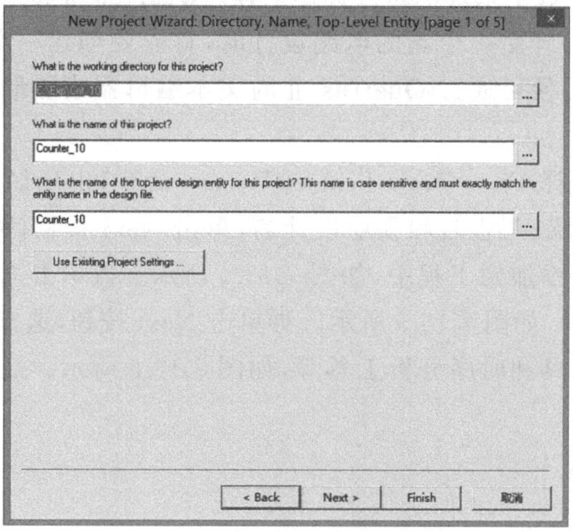

图 7.13.3 新建工程向导对话框

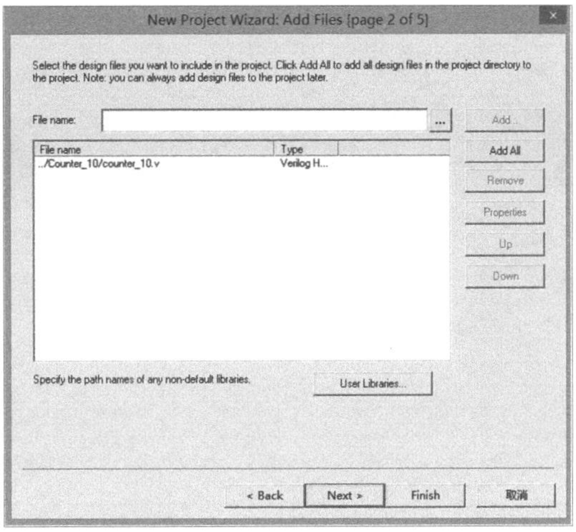

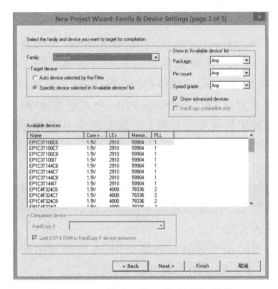

图 7.13.4 为工程添加源文件

图 7.13.5 指定工程下载的目标器件

1. 原理图输入

原理图编辑是传统的设计输入方法,用户可以利用 Quartus Ⅱ 提供的兆功能元件、参数化元件库以及用户自定义的库函数完成设计。

数字系统设计所用的主要元件库如下:

(1) 基本元件库(primitives)。包括基本门电路(primitives\logic)、各种触发器、锁存器(primitives\storage)和输入输出引脚(primitives\pin)。

(2) 其他元件库(others)。包括 74 系列器件(other\maxplus2)、宏功能模块评估(other\Opencore_plus)。

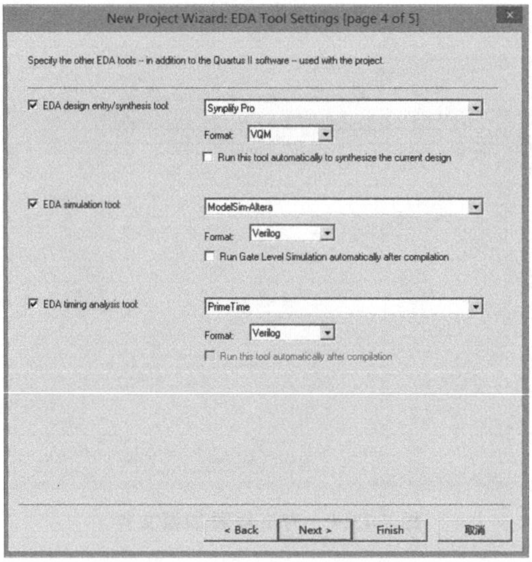

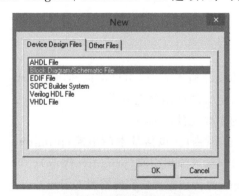

图 7.13.6　选择第三方 EDA 软件

（3）参数化元件库（megafunctions）。包括算术组件（累加器、计数器、加法器、乘法器和 LPM 算术函数）、门电路（多路复用器、LPM 门函数）、I/O 组件、千兆位收发器块（GXB）、LVDS 接收器和发送器、存储组件（存储器、移位寄存器、LPM 存储器函数）。常用 I/O 组件有时钟数据恢复（CDR）、锁相环（PLL）和双数据速率（DDR）等。

　　创建和编辑一张原理图的主要工作包括：从元件库中调用元件符号，加入原理图；删除或复制选中的元件符号；把各个元件符号用连线连接起来（或删除不需要的连线）；把电路的输入输出引脚和电路内部相应元件的输入输出端口连接起来；为输入输出引脚、信号线等命名；移动元件或连线使图形美观；保存已经编辑好的原理图（.bdf 文件）等。

　　原理图适合初学者使用。但画原理图不如输入代码方便，所以在设计比较复杂的电路时不宜采用原理图输入方法。

　　下面以第 5 章的 4 位同步十进制计数器为例，介绍原理图编辑操作方法，其原理图如图 5.4.7 所示。首先在上述新建的工程基础上，选择 File→New 命令，出现如图 7.13.7 所示的对话框，选择 Block Diagram/Schematic File 选项，即可进入原理图编辑器，如

图 7.13.7　新建原理图编辑器

图 7.13.8 所示。在原理图编辑器的空白处选择一个适当位置双击，或选择 Edit→Insert
Symbol 命令，或单击工具栏上的与门符号（表示要插入一个元件符号），均可以调用库
元件。

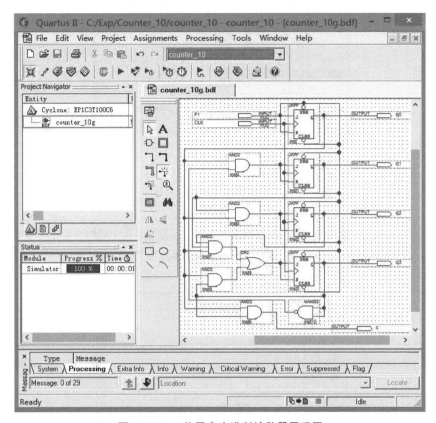

图 7.13.8　4 位同步十进制计数器原理图

使用上述 3 种方法中的任何一种，将出现如图 7.13.9 所示的元件库对话框。在该对
话框中选择库名，再在该库中选择库元件名，库元件符号便出现在原理图编辑器窗口中，
再用鼠标将其拖至适当的位置即可。

将 4 位同步十进制计数器原理图中的元件、输入输出连线完成后，在工程文件夹下
保存该文件，将其命名为 counter_10g.bdf。将以上设计的 4 位十进制计数器原理图
counter_10g.bdf 设置成可调用的元件，可选择 File→Create Symbol File for Current File
命令，即可将当前文件 counter_10g.bdf 变成元件符号 counter_10g.bsf 存盘，如图 7.13.10 所
示，以备在高层次的设计中调用。

2. 硬件描述语言输入

可选择 Verilog HDL、VHDL、ADHL 等多种硬件描述语言输入方式。由于 Verilog
HDL 具有突出的优点，所以成为主流的硬件描述语言，广泛应用于电子设计之中。硬件
描述语言输入的步骤与原理图输入基本相同。首先建立一个工程，然后选择 File→New

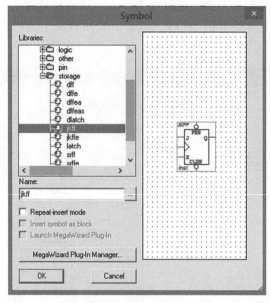

图 7.13.9　元件库和元件选择

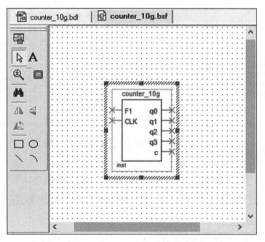

图 7.13.10　4 位同步十进制计数器元件符号

命令,在弹出的对话框中选择语言,然后单击 OK 按钮,进入文本编辑窗口。

采用 Verilog HDL 添加的同步十进制计数器的源代码显示在文本编辑窗口中,如图 7.13.11 所示,保存文件,将其命名为 counter_10.v。同样,选择 File→Create Symbol Files for Current File 命令将当前的文本文件 counter_10.v 变成一个元件符号存盘,以备在高层次的设计中调用。

比较图 7.13.8 和图 7.13.11 可知,原理图输入相对于硬件描述语言输入要复杂一些。数字系统工程往往由很多功能模块互连而成,而有的模块构成复杂,使用的硬件描述语言也不完全相同,Quartus Ⅱ 层次化设计可以解决这个问题。它的设计输入可以是硬件

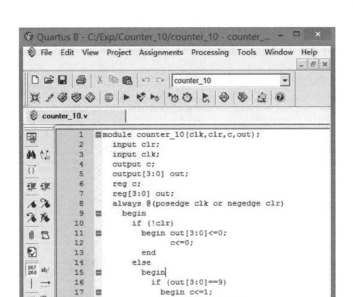

图 7.13.11 用 Verilog HDL 编辑 4 位同步十进制计数器

描述语言、原理图以及硬件描述语言和原理图的混合。层次化设计可以自底向上进行也可以自顶向下进行。在自底向上的模块设计流程中,用户可以将设计分割成多个模块,单独开发各个底层模块,为每个模块建立单独的工程,然后将它们导入顶层设计中,在顶层设计中进行最终的编译和验证。

7.13.4 分析综合和适配编译

逻辑综合是把设计的高层次描述转换成优化的门级网表的过程,也可以说是把用硬件描述语言或原理图方式描述的电路设计转换成实际门级电路(如触发器、逻辑门等),可用于逻辑适配的网表文件的过程。逻辑综合输出的网表文件,供下一步的布线布局使用。性能优异的综合工具能够使设计的电路占用芯片面积更小、工作频率更高。这是评定综合工具优劣的两个重要指标。

在 Quartus Ⅱ 中集成了综合器,从 Processing 菜单中选择 Start / Start Analysis&Synthesis 命令,启动分析与综合模块。该模块将检查工程的逻辑完整性和一致性,并检查边界连接和语法错误。它使用多种算法来减少门的数量,删除冗余逻辑以及尽可能有效地利用器件体系结构,产生用目标芯片的逻辑元件实现的电路,生成网表文件,构建工程数据库。在分析综合过程中,如果出现错误,则需要根据信息窗口的错误提示进行修改。将文件存盘后,重新启动分析综合过程,直至综合编译通过,生成编译报告,如图 7.13.12 所示。经过综合,生成了逻辑电路的网表文件,这时执行 Tool→Netlist Viewers→RTL Viewer 命令可以查看电路综合结果,如图 7.13.13 所示。

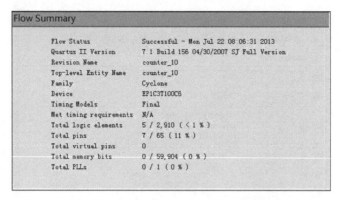

图 7.13.12 4 位同步十进制计数器编译报告

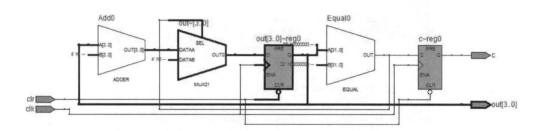

图 7.13.13 综合后的 4 位同步十进制计数器的 RTL 级观察结果

适配设计编译是根据设计综合的网表内容,通过设计编译实现对可编程逻辑器件底层的内部逻辑电路进行编程(布局与布线),即完成预定的 ASIC 设计的过程。Quartus Ⅱ只对工程进行编译。编译器由一系列处理器模块组成,负责对设计项目检查、逻辑综合、结构综合、输出配置及时序分析等。这一过程将设计的项目适配到 FPGA/CPLD 目标器件中,同时产生多种用途的输出文件,如功能和时序信息文件、器件编程的目标文件。

项目编译器包括 4 个模块:

(1) 分析综合(Analysis/Synthesis)模块。把原始描述转化为逻辑电路,映射到选择的可编程器件上。

(2) 适配(Fitter)模块。在目标芯片上对上一步确定的逻辑单元进行布局、布线。

(3) 编程(Assembler)模块。形成编程文件。

(4) 时序分析(Timing Analyzer)模块。对综合适配后的设计进行时序分析。

(5) 网表提取(EAD Netlist Writer)模块。提取功能仿真(前仿真)或时序仿真(后仿真)的文本输出文件。

项目编译器可连续运行 4 个模块。选择 Processing→Start Compilation 命令,启动全编译,项目编译器窗口如图 7.13.14 所示。

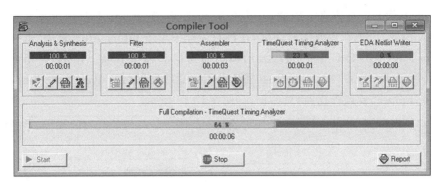

图 7.13.14　项目编译器窗口

接下来可以对电路进行功能仿真和时序仿真,检查综合后的电路在功能上是否能够达到预期要求。

7.13.5　功能仿真和时序仿真

分析综合、适配编译、布局、布线是对有关的电路进行设计。由于门的传输与时间有关,因此会产生延迟,必须进行检验和验证,即时序仿真。仿真是验证系统设计功能的重要环节。仿真又分为功能仿真和时序仿真。在 Assignments/Settings 对话框左侧的列表中,选择 Simulator Settings,可将 Simulator mode(仿真模式)设为 Timing(时序仿真)或 Functional(功能仿真)。仿真之前需建立仿真波形文件。

功能仿真主要是验证综合工具生成的电路是否符合设计要求。先执行 Processing→Generate Functional Simulation Netlist 命令,生成功能仿真网表,然后执行 Processing→Start Simulation 命令,进行功能仿真。根据仿真得到的输出波形,分析电路是否满足要求。

时序仿真包含了延时信息,能较好地反映芯片的工作情况。对于一个实际的 PLD 设计项目,时序仿真不能省略,因为延时的存在有可能影响系统的功能。

进行时序仿真之前,需要执行适配(Start Fitter 命令)或全编译(Start Compilation 命令)。功能仿真过程不涉及任何具体器件的时延特性,无须经历适配阶段,在设计项目编辑编译(或综合)后即可进入仿真器进行模拟测试。直接进行功能仿真的好处是设计耗时短,对硬件库、综合器等没有任何要求。对于规模比较大的设计项目,综合与适配要花较长时间,如果每一次修改后都要进行时序仿真,显然会大大降低工作效率。因此,通常的做法是:首先进行功能仿真,待确认设计文件所表达的功能满足要求后,再进行综合、适配和时序仿真,以便把握设计项目在硬件条件下的运行情况。

下面仍以 4 位同步十进制计数器工程文件 counter_10.qpf 为例说明仿真验证的过程。

1. 建立波形文件

在 Quartus Ⅱ 集成开发环境中无法对硬件描述语言进行仿真,只能对电路在激励波形的作用下的状态进行仿真。因此,在进行仿真之前,首先需建立激励波形文件。选择 File→New 命令,出现新建波形对话框,在该对话框中单击 Other Files 选项,选择 Vector Waveform File,单击 OK 按钮,出现波形编辑器窗口。选择 Edit→Insert→Insert Node or Bus 命令,出现 Insert Node or Bus(插入节点或总线)对话框,单击 Node Finder 按钮,出现 Node Finder(节点查找器)对话框,如图 7.13.15 所示。

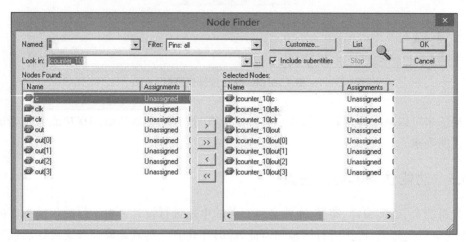

图 7.13.15　节点查找器对话框

节点查找器对被查找的节点类型有过滤功能。要找到所有输入输出节点,在 Filter 下拉列表框中选择"Pins: all",接着单击 List 按钮,所有输入输出节点的名字便出现在节点查找器对话框的左边的 Nodes Found 下拉列表框中。单击节点 clk,接着单击＞按钮,将该节点添加到对话框右边的 Selected Nodes 下拉列表框中。以同样方法选择节点 out,直至将需要观察的信号均添加到右边的下拉列表框中,再单击 OK 按钮,关闭节点查找器对话框,返回 Insert Node or Bus 对话框,再单击 OK 按钮,回到波形编辑器窗口。

波形编辑器窗口分为左右两个子窗口,左边为信号区,右边为波形区。最左侧为波形编辑查看工具栏。单击信号区的 clk 信号,在工具栏中单击时钟设置按钮,打开时钟设置对话框,接受默认设置,单击 OK 按钮,则输入信号 clk 的激励波形设置完毕,如图 7.13.16 所示。当所有输入节点的激励波形设置完毕后,保存激励波形文件 counter_10.vwf。

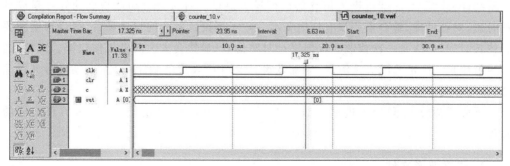

图 7.13.16　激励波形设置

2. 仿真器设置

通过建立仿真器设置,指定要仿真的类型、仿真涵盖的时间段、激励向量以及其他的仿真选项。选择 Processing→Simulator Tool 命令,打开仿真工具对话框,如图 7.13.17 所示。在 Simulation mode 下拉列表框中选择 Functional,即设为功能仿真。单击 Generate Functional Simulation Netlist 按钮,生成功能仿真网表。功能仿真网表生成后,将弹出成功提示消息框。单击 OK 按钮,关闭此消息框。

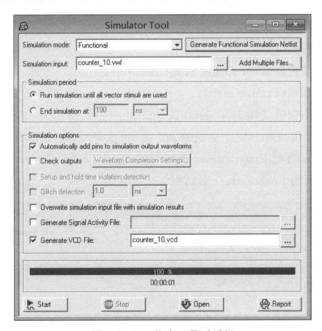

图 7.13.17　仿真工具对话框

单击仿真工具对话框左下角的 Start 按钮,开始功能仿真。仿真结束后,单击对话框右下角的 Report 按钮,查看仿真结果。功能仿真网表生成后,也可关闭仿真工具对话框。单击上方工具栏中的仿真按钮执行仿真,并查看仿真结果,如图 7.13.18 所示。若将

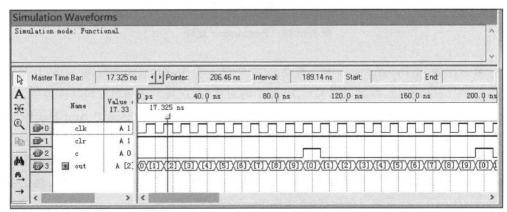

图 7.13.18　功能仿真结果

仿真模式设为时序仿真,同样可以进行时序仿真,但其结果与功能仿真的结果比较会有很明显的波形毛刺现象,这是由于综合适配之后的仿真加入了延迟信息。

7.13.6   编程下载

编程下载是指将生成的配置文件通过 EDA 软件导入具体的可编程逻辑器件中的过程。对于 CPLD 来说是下载 JED 文件,对于 FPGA 来说是下载位流数据文件。在 Quartus Ⅱ 中下载是通过 Programmer 完成的。

Programmer 具有 4 种下载编程模式:

(1) JTAG 模式。

(2) 套接字内编程模式(in-socket programming)。

(3) 被动串行模式(passive serial)。

(4) 主动串行编程模式(active serial programming)。

Programmer 使用 Assembler 生成的 pof 或 sof 文件对所有 Altera 元件进行编程或配置。使用 Quartus Ⅱ 的 Programmer 进行下载,通过 Tools→Programmer 菜单命令进入如图 7.13.19 所示的 Programmer 对话框。

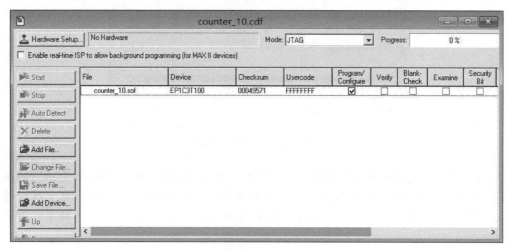

图 7.13.19   Programmer 窗口

第一次使用 Programmer 时,需要添加硬件。单击 Programmer 窗口左上角的 Hardware Setup 按钮,弹出如图 7.13.20 所示的对话框,在其中选择相应的硬件即可。如果 Available hardware items 列表中没有所需的硬件选项,则单击右侧的 Add Hardware 按钮,弹出如图 7.13.21 所示的对话框,添加相应硬件即可。

最后,添加要下载的 sof 文件。一般情况下,编译完成后,该文件会自动出现在 Programmer 窗口中,如果没有出现,可以单击 Add Files 按钮完成添加,然后在 Program/Configure 下的方框中打钩,单击 Start 按钮开始下载。

注意,如果重新编译了工程,在下载前必须先删除上次加载的文件,然后单击 Add

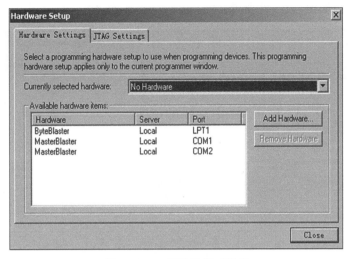

图 7.13.20 硬件设置对话框

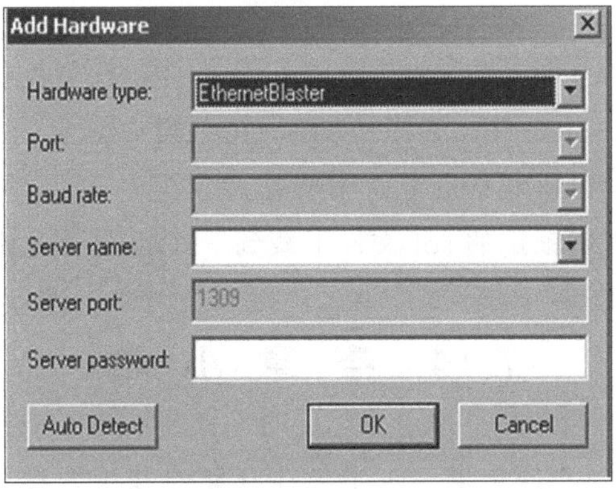

图 7.13.21 添加硬件对话框

File 按钮添加下载文件。

7.13.7 引脚锁定

前面的编程下载过程如果未明确端口和引脚的对应关系,则下载时引脚的分配权交给编译器。如果设计者完全指定引脚的分配关系,则编译器将严格按照设计者指定的编程文件进行编译。

以 4 位同步十进制计数器为例,编译之前,指定目标器件为 Cyclone 系列的 EP1C3T100C6,未指定引脚分配,编译时由编译器自动指定引脚分配,其结果记录在文件 counter_10.qsf 中,选择 Assignments→Pin Planner 命令打开引脚规划器,指定引脚分配情况。分配引脚时,在对应于 Location 的位置双击,将出现尚未分配的引脚名。对于本例,c、clk、clr 被分配到引脚 21、22、23,out[3..0] 被分配到引脚 24、25、26、37,其余引脚由编译器自动分配,如图 7.13.22 所示。

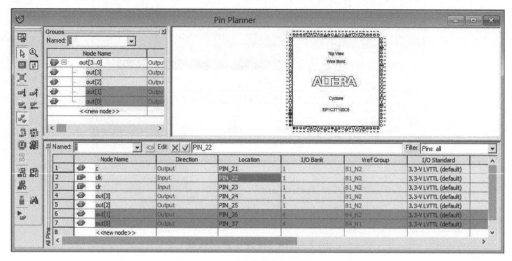

图 7.13.22　经过规划的引脚分配

引脚锁定之后,保存工程,重新对工程进行分析、综合、适配。这一次编译时生成了用于下载的 counter_10.sof 文件。编译成功后,在主窗口显示的是编译报告。单击 OK 按钮,就可以通过右面的窗口观察资源占用情况。

注意,将没有进行管脚锁定的 sof 文件下载到 FPGA 是不允许的。

7.14　本 章 小 结

本章主要讲述大规模集成电路——半导体存储器和可编程逻辑器件。半导体存储器是一种能存储大量二值信息的半导体器件,其功能是在数字系统中存放不同程序的操作指令及各种需要计算处理的数据。

半导体存储器从存取功能上分为只读存储器(ROM)和随机存取存储器(RAM)两大类。ROM 又分为掩模 ROM、可编程 ROM(PROM)、可擦除可编程 ROM(EPROM、E^2PROM、闪存)。ROM 属于非易失存储器,断电后存储的数据不消失。RAM 又分为静态随机存取存储器(SRAM)和动态随机存取存储器(DRAM),SRAM 的存储单元是在静态触发器的基础上附加门控管构成的,而 DRAM 的存储单元是利用 MOS 管栅极电容存储电荷的原理制成的。

本章还介绍了另一种新型逻辑器件——可编程逻辑器件(PLD),它是数字系统设计的主要硬件基础。目前生产和使用的 PLD 产品主要有 PROM、现场可编程阵列逻辑(FPLA)、可编程阵列逻辑(PAL)、通用阵列逻辑(GAL)、复杂可编程逻辑器件(CPLD)、现场可编程门阵列(FPGA)等几种类型。

可编程逻辑器件种类较多,但基本结构一般均由输入缓冲器、与阵列、或阵列、输出缓冲器 4 部分组成。其中,输入缓冲器主要用来对输入信号进行预处理,以适用各种输入情况;与阵列、或阵列是可编程器件的主体,能够有效地实现积之和形式的布尔逻辑函数;输出缓冲器主要用来对输出信号进行处理,用户可以根据需要选择各种灵活的输出方式(组合方式、时序方式),并可将反馈信号送回输入端,以实现复杂的逻辑功能。

复杂可编程逻辑器件由逻辑阵列块(LAB)、宏单元、扩展乘积项(EPT)、可编程连线阵列(PIA)和 I/O 控制块(IOC)组成。由于 CPLD 内部采用固定长度的金属线进行各逻辑块的互连,所以设计出的逻辑电路具有时间可预测性,避免了分段式互连结构时序不能完全预测的缺点。目前 CPLD 不仅具有电擦除特性,而且出现了边界扫描及在线可编程等高级特性。

现场可编程门阵列器件由嵌入式阵列块(EAB)、逻辑阵列块、I/O 控制块和快速互连通道组成。FPGA 的 I/O 控制块排列在芯片周围,它是逻辑阵列块与外部引脚的接口。LAB 以矩阵形式排列在芯片中心,LAB 中的每个逻辑单元含有一个四输入的查找表(LUT)、一个带有同步使能可异步置位和复位的可编程触发器、一个进位链和一个级联链。各个 LAB 之间通过互连资源实现复杂的逻辑功能。

本章最后还介绍了 CPLD/FPGA 的配置和编程,详细讲述了利用 MAX＋plus Ⅱ 和 Quartus Ⅱ 两种 EDA 开发工具平台,并介绍了应用软件平台的数字系统开发过程。

7.15　习　　题

7.1　ROM 有哪些种类? 各有何特点?

7.2　ROM 和 RAM 的主要区别是什么? 它们各适用于哪些场合?

7.3　动态随机存取存储器和静态随机存取存储器区别是什么? 动态随机存取存储器为什么要刷新?

7.4　某台计算机的内存有 32 位的地址线和 16 位并行数据输入输出端,它的最大存储容量是多少?

7.5　用 4 片 1k×4 位的 RAM 和 3 线-8 线译码器 74LS138 组成 4k×4 位的 RAM。

7.6　用 2 片 1k×8 位的 ROM 组成 1k×16 位的存储器。

7.7　用 ROM 设计一个组合逻辑函数,用来产生下列逻辑函数:

$$\begin{cases} Y_1 = \overline{A}B\overline{C}D + \overline{A}B\overline{C}D + \overline{A}B\overline{C}D + A\overline{B}\overline{C}D \\ Y_2 = \overline{A}B\overline{C}D + \overline{A}BCD + AB\overline{C}D \\ Y_3 = \overline{A}BD + \overline{B}C\overline{D} \\ Y_4 = \overline{B}D + BD \end{cases}$$

列出 ROM 应用的数据表,画出存储矩阵的点阵图。

7.8　上题如果用 PLA 来实现,画出逻辑电路图,并说明两种实现的区别。

7.9　用两片 $1k \times 8$ 位的 EPROM 接成一个数码转换器,将 10 位二进制数转换成等值的 4 位二-十进制数。

(1) 画出电路接线图,标明输入和输出。

(2) 当地址输入分别为 0100100000、1000000000、1111111111 时,两片 EPROM 对应地址中的数据各为何值?

7.10　可编程逻辑器件有哪些种类?它们的共同特点是什么?

7.11　PAL 器件的输出电路结构有哪些类型?各种输出结构的 PAL 器件分别适用于什么场合?

7.12　简述 CPLD 和 FPGA 在电路结构上的不同。

7.13　简述运用 EDA 开发工具进行现代数字电路设计的过程。

7.14　用 GAL 芯片设计把 4 位二进制数转换为 8421BCD 码的电路。

7.15　用 GAL 芯片实现一个 3 线-8 线译码器。

7.16　设计一个四选一的 PLD 描述,给出 I/O 性能参数,并写出逻辑函数。

7.17　用 PAL14H4 实现下列逻辑函数:

$$\begin{cases} Y_1 = \overline{A}BCD + \overline{A}B\overline{C}D + AB\overline{C}D \\ Y_2 = \overline{A}BC\overline{D} + \overline{A}\overline{B}CD + AB\overline{C}D \\ Y_3 = \overline{A}BD + \overline{B}C\overline{D} \\ Y_4 = A\overline{B}\overline{D} + ABCD \end{cases}$$

画出与或逻辑阵列编程后的电路。PAL14H4 的电路见图 7.5.8。

7.18　分析图 7.15.1 给出的由 PAL16R4 构成的时序逻辑电路,写出电路的驱动方程、状态方程和输出方程,画出状态转换图。工作时,11 脚接低电平。

7.19　写出下列 PLD 描述。

(1) 4 位奇偶校验器。

(2) 下降沿触发且具有低电平有效的异步置位、复位功能的 JK 触发器。

7.20　说明在下列应用场合下选用哪种类型的 PLD 最为合适。

(1) 小批量定型产品中的中规模逻辑电路。

(2) 产品研制过程中需要不断修改的中小规模逻辑电路。

(3) 少量定型产品中需要的规模较大的逻辑电路。

(4) 需要经常修改逻辑功能的规模较大的逻辑电路。

(5) 要求以遥控方式改变其逻辑功能的逻辑电路。

7.21　软件开发平台 MAX+plus Ⅱ 和 Quartus Ⅱ 两种 EDA 开发工具的主要特点有哪些?

7.22　编写 4 位左右(双向)移位寄存器 74LS194 的测试平台程序。

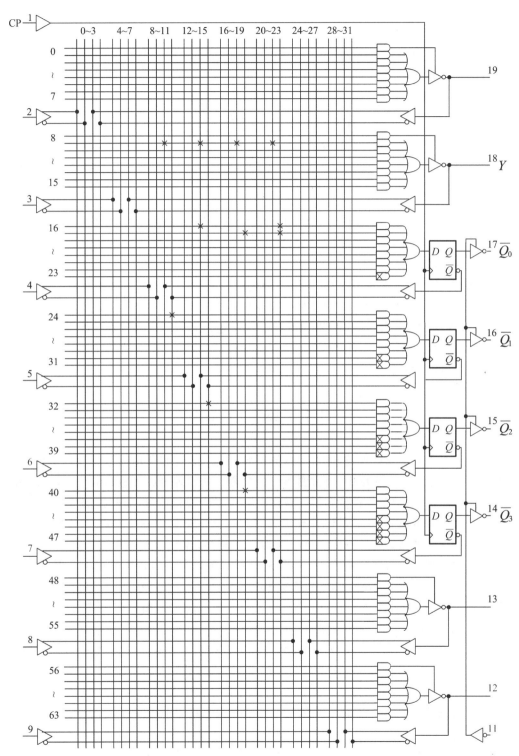

图 7.15.1　题 7.18 电路

第8章

chapter 8

数-模转换和模-数转换

本章系统地讲述各种数-模转换器和模-数转换器的电路结构、工作原理及主要技术指标。

在数-模转换器的内容中,分别介绍权电阻网络、倒 T 形电阻网络、权电流网络和双极性输出等几种数-模转换器,然后介绍两种典型的数-模转换器——8 位集成 DAC0382 和 12 位 DAC1210 的工作原理、引脚特性及应用。

在模-数转换器的内容中,首先介绍采样-保持电路,然后介绍模-数转换器的主要类型,最后讲述两种典型的模-数转换器——8 位集成 ADC0809 和 12 位 ADC574A 芯片的工作原理、引脚特性及应用。

8.1 概 述

在过程控制及信息处理技术中,信息的获取、传输、处理和利用都是通过数字系统实现的。而在数字系统的应用中,通常要将一些被测量的物理量或可感知的信息,如压力、温度、语音、图像等,通过各种传感器的转换得到连续的模拟信号,而模拟信号再经模拟-数字转换变成数字量后,才能送给计算机或送到数字信息处理系统中进行加工处理;处理后获得的输出数据又要经过数字-模拟转换变成电压、电流等模拟量送回物理系统,对物理系统的物理量进行调节和控制。这种从模拟量到数字量的转换过程称为模拟-数字转换(Analog to Digital Convertion),简称模-数转换或 A/D 转换;能完成这种转换的设备称为模拟-数字转换器(Analog to Digital Converter,ADC),简称模-数转换器或 A/D 转换器。而从数字量到模拟量的转换过程称为数字-模拟转换(Digital to Analog Convertion),简称数-模转换或 D/A 转换;能完成这种转换的设备称为数字-模拟转换器(Digital to Analog Converter,DAC),简称数-模转换器或 D/A 转换器。

图 8.8.1 为一个典型的数字控制系统框图。可以看出,A/D 转换器和 D/A 转换器是现代数字化设备中不可少的部分,是数字电路和模拟电路的中间接口电路。

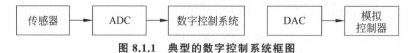

图 8.1.1 典型的数字控制系统框图

近年来,随着电子计算机装置的普及和小型化,要求 ADC 和 DAC 这两种转换设备也向微型化、高精度、高速度以及高可靠性方向发展。各种规格的集成化 A/D 和 D/A 器件陆续出现。

本章主要介绍 D/A 和 A/D 转换的原理、几种常用的转换方法及常用集成 D/A 和 A/D 转换器的构成及应用。

8.2 D/A 转换器

D/A 转换器的基本方法是:将数字信息按二进制数码的权转换成相应的模拟信号,然后用运算放大器的求和电路将这些模拟量相加,完成 D/A 转换。按权的转换通常用电阻网络来实现。目前使用最广泛的 D/A 转换器有权电阻网络 DAC、倒 T 形电阻网络 DAC 和权电流网络等。

8.2.1 D/A 转换器电路结构

1. 权电阻网络 DAC

图 8.2.1 是 4 位权电阻网络 DAC 的电路图,它由基准电压源 V_{REF}、权电阻网络、4 个模拟开关和求和放大器组成。权电阻网络的各个电阻值与二进制的权值相对应。模拟开关受输入的各位数字信号控制。当数字输入为 1 时,模拟开关连接到参考电压 V_{REF};当数字输入为 0 时,模拟开关连接到地端。求和放大器 A 把各支路电流相加,通过反馈电阻 R_{F} 转换为输出模拟电压 v_{O}。

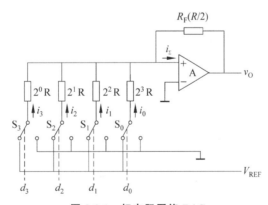

图 8.2.1 权电阻网络 DAC

由图 8.2.1 可知,输出模拟电压为

$$v_{\text{O}} = -R_{\text{F}} i_{\sum} = -R_{\text{F}} (i_3 + i_2 + i_1 + i_0) \tag{8.2.1}$$

而运算放大器的输入电流为

$$i_{\sum} = d_3 \frac{V_{\text{REF}}}{2^0 R} + d_2 \frac{V_{\text{REF}}}{2^1 R} + d_1 \frac{V_{\text{REF}}}{2^2 R} + d_0 \frac{V_{\text{REF}}}{2^3 R} \tag{8.2.2}$$

将式(8.2.2)代入式(8.2.1)后可得到

$$v_O = -\frac{V_{REF}R_F}{2^3 R}(d_3 2^3 + d_2 2^2 + d_1 2^1 + d_0 2^0)$$

$$= -\frac{V_{REF}R_F}{2^3 R}\sum_{i=0}^{3}(d_i \times 2^i) \tag{8.2.3}$$

对于 n 位的权电阻网络 DAC,当反馈电阻取 $R_F = R/2$ 时,放大器输出电压的计算公式可以写成

$$v_O = -\frac{V_{REF}}{2^n}\sum_{i=0}^{n}(d_i \times 2^i) \tag{8.2.4}$$

式(8.2.4)表明,输出的模拟电压正比于输入的数字量,从而实现了数字量到模拟量的转换。改变放大器的反馈电阻值,可以获得适宜的增益系数。

权电阻网络 DAC 电路十分简单,但是当位数增多时,权电阻阻值范围越来越大。这样一方面权电阻阻值种类太多,集成电路制造困难;另一方面各位权电阻与二进制数成反比,所以对高位权电阻的精度和稳定性要求较高。这给生产带来一定的困难。

2. 倒 T 形电阻网络 DAC

为了克服权电阻网络 DAC 中电阻阻值相差太大的缺点,又出现了一种倒 T 形电阻网络 DAC,其电路如图 8.2.2 所示。由图 8.2.2 可见,倒 T 形电阻网络中只有 R、$2R$ 两种阻值的电阻,这给集成电路的设计和制作带来很大的方便。

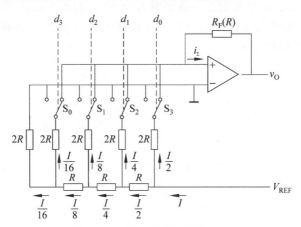

图 8.2.2 倒 T 形电阻网络 DAC

该电路由 3 部分组成,即倒 T 形电阻网络、电子开关和运算放大器。图 8.2.2 中的运算放大器反向输入端的电位接近 0,即 V_- 端为"虚地"。倒 T 形电阻网络的等效电路如图 8.2.3 所示。

不难看出,从 AA、BB、CC、DD 每个端口向左看去的等效电阻都是 R,因此流过每个支路的电流从高位到低位依次为

$$i_3 = d_3 \frac{I}{2} = d_3 \frac{V_{REF}}{2R} = d_3 \frac{V_{REF}}{2^4 R} \times 2^3$$

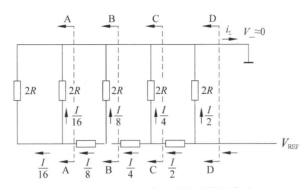

图 8.2.3　倒 T 形电阻网络的等效电路

$$i_2 = d_2 \frac{I}{4} = d_2 \frac{V_{REF}}{4R} = d_2 \frac{V_{REF}}{2^4 R} \times 2^2$$

$$i_1 = d_1 \frac{I}{8} = d_1 \frac{V_{REF}}{8R} = d_1 \frac{V_{REF}}{2^4 R} \times 2^1$$

$$i_0 = d_0 \frac{I}{2} = d_0 \frac{V_{REF}}{16R} = d_0 \frac{V_{REF}}{2^4 R} \times 2^0$$

可见各支路电流按二进制的权值大小依次减小。

求和放大器的输出电压为

$$v_O = -R_F i_{\sum} = -R_F (i_3 + i_2 + i_1 + i_0)$$

$$= -\frac{V_{REF} R_F}{2^4 R} \sum_{i=0}^{3} (d_i \times 2^i) \tag{8.2.5}$$

推广到 n 位倒 T 形电阻网络 DAC,当反馈电阻取 $R_F = R$ 时,求和放大器输出电压的计算公式可以写成

$$v_O = -\frac{V_{REF}}{2^n} \sum_{i=0}^{n} (d_i \times 2^i) \tag{8.2.6}$$

由此可知,输出模拟电压与输入数字量成正比。

该电路的特点是:当开关位置改变时,开关上的电平变化很小,并且各支路电流不发生改变,具有动态开关尖峰电流小、转换速度快的优点。因此,倒 T 形电阻网络 DAC 是目前使用得最多的一种。

3. 权电流网络 DAC

上述两种 DAC 模拟开关的导通电阻都串接于各支路中,不可避免地要产生开关导通压降,从而引起转换误差。为克服这一缺点,提高 DAC 的转换精度,又出现了权电流网络 DAC,其电路图如图 8.2.4 所示。

在此结构中,用具有二进制权关系的恒流源取代了权电阻网络,且恒流源一般总是处于接通状态,用输入的数字量控制相应的恒流源连接到输出端或地。由于采用恒流源,故模拟开关的导通电阻对转换精度没有影响,这样就降低了对模拟电子开关的要求。

由图 8.2.4 可知输出电压为

$$v_O = i_\Sigma R_F = R_F\left(\frac{I}{2}d_3 + \frac{I}{2^2}d_2 + \frac{I}{2^3}d_1 + \frac{I}{2^4}d_0\right)$$

$$= \frac{R_F I}{2^4}\sum_{i=0}^{3}(d_i \times 2^i) \qquad\qquad (8.2.7)$$

可见,输出电压正比于输入的数字量。

图 8.2.4 中的恒流源电路经常使用图 8.2.5 所示的电路结构形式。只要在电路工作时保证 V_B 和 V_{EE} 稳定不变,则三极管的集电极电流即可保持恒定,不受开关电阻的影响。电流的大小近似为

$$I_i \approx \frac{V_B - V_{BE} - V_{EE}}{R_{Ei}}$$

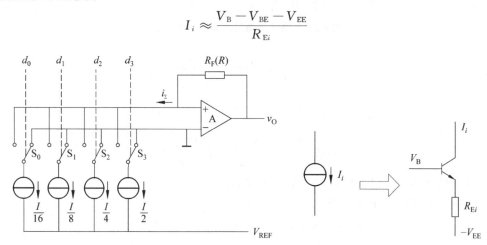

图 8.2.4　权电流网络 DAC　　　　　图 8.2.5　恒流源电路结构

为了减少电阻阻值的种类,在实际的权电流网络 DAC 中经常利用倒 T 形电阻网络的分流作用产生需要的一组恒流源,如图 8.2.6 所示。图 8.2.6 中用 V_{REF}、R_{REF}、运算放大器 A_1 和三极管构成恒流源,产生稳定电流 I,再经倒 T 形电阻网络分流产生二进制的权电流 $I/2, I/4, I/8, \cdots$。这里开关的导通电阻对产生的权电流毫无影响,最后通过运算放大器构成的电流求和放大器转换为电压输出。

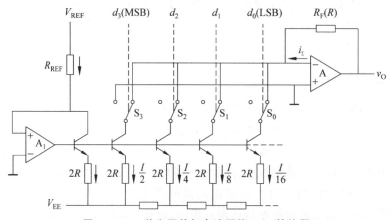

图 8.2.6　一种实用的权电流网络 D/A 转换器

4. 双极性输出 DAC

前面介绍的 DAC 电路输出电压都是单极性的,得不到正负极性的输出电压。而在实际的 DAC 电路中,还有一种双极性输出的 DAC。

双极性码表示模拟信号的幅值和极性,适于具有正负极性的模拟信号的转换。常用的双极性码有原码、补码和偏移码,如表 8.2.1 所示。偏移码是自然二进制码经过偏移得到的一种双极性码,它是对补码的符号位取反得到的。在 DAC 应用中,偏移码是最易实现的一种双极性码。

表 8.2.1　常用的三位双极性码

要求的输出电压	原　码	补　码	偏　移　码
$+3V$	011	011	111
$+2V$	010	010	110
$+1V$	001	001	101
$+0V$	000	000	(100)
$-1V$	101	111	011
$-2V$	110	110	010
$-3V$	111	101	001
$-4V$		100	000

为了得到双极性输出 DAC,在倒 T 形电阻网络电路中增设了由 V_B 和 R_B 组成的偏移电路,如图 8.2.7 所示。

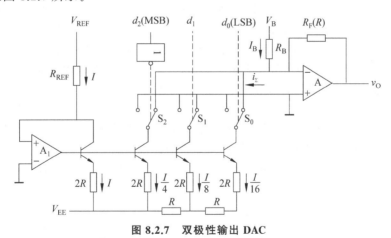

图 8.2.7　双极性输出 DAC

双极性输出 DAC 的输入是二进制补码,输出是转换的电压信号,即对应表 8.2.1 中的第 3 列和第 1 列。

为了使输入代码为 100 时对应的输出电压等于 0,只要使 I_B 与此时的 i_Σ 大小相等即可,故应取

$$\frac{|V_B|}{R_B} = \frac{I}{2} = \frac{|V_{REF}|}{2R}$$

图 8.2.7 中标示的 i_Σ、I_B 和 I 的方向都是电流的实际方向。

另外,由于偏移码由补码的符号位取反得到,因此图 8.2.7 中的符号位经反相器后加到 DAC 上。

通过上面的分析不难看出,双极性输出 DAC 的一般方法构成是:在求和放大器的输入端接入一个偏移电流,使最高位为 1 而其他各位为 0 时输出电压为 0,同时将输入的符号位反相后接到一般的 DAC 输入端。

8.2.2 DAC 的主要技术指标

DAC 的主要技术指标有分辨率、转换误差和转换时间。

1. 分辨率

DAC 电路能分辨的最小输出电压与满量程输出电压之比称为 DAC 的分辨率。最小输出电压是指输入数字量只有最低有效位时的输出电压,最大输出电压是指输入数字量各位全为 1 时的输出电压。

DAC 的分辨率一般表示为 $1/(2^n-1)$,n 表示数字量的二进制位数。例如,一个 8 位 DAC 的分辨率为 $1/(2^8-1)=0.039$。若满量程为 10V,则其可分辨的最小输出电压为 0.39V。因此,位数越多,能够分辨的输出电压越小。

DAC 的分辨率也常用位数来表示,例如,可以说某 DAC 的分辨率为 8 位、10 位等。

2. 转换误差

转换误差是 DAC 实际转换特性曲线与理想转换特性曲线之间的最大偏差,它是一个实际的性能指标。转换误差常用满量程(Full Scale Range,FSR)的百分数来表示。例如,一个 DAC 的线性误差为 0.05%,也就是说转换误差是满量程的万分之五。有时转换误差用最低有效位(LSB)的倍数来表示。例如,一个 DAC 的转换误差是 LSB/2,则表示输出电压的绝对误差是最低有效位为 1 时的输出电压的二分之一。

DAC 的转换误差有 3 种基本误差源:失调误差、增益误差和非线性误差。对于失调误差和增益误差,通过电路参数调整可使它们在某一温度的初始值为 0,但受温度系数的影响,仍存在相应的温漂失调误差和增益误差。而非线性误差不可调整。

DAC 的失调误差、增益误差和非线性误差的情况分别如图 8.2.8 至图 8.2.10 所示。

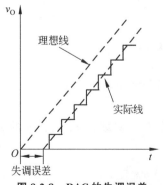

图 8.2.8　DAC 的失调误差

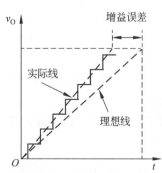

图 8.2.9　DAC 的增益误差

造成 DAC 转换误差的因素有参考电压 V_{REF} 的波动、运算放大器的零点漂移、模拟开关的导通内阻和导通压降、电阻网络中电阻值的偏差以及三极管特性的不一致等。

DAC 的分辨率和转换误差共同决定了 DAC 的精度。为了提高 DAC 的转换精度,不仅要选择位数多的 DAC,还要选用稳定度高的参考电压源和低漂移的运算放大器与其配合。

3. 转换时间

DAC 的转换时间是选择器件时的一项重要技术指标。DAC 的转换时间是由其建立时间来决定的,表示从输入的数字量发生突变开始,直到输出电压进入与稳态值相差 $\pm LSB/2$ 范围内的这段时间,如图 8.2.11 所示。转换时间通常由元件手册给出。

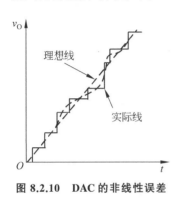

图 8.2.10　DAC 的非线性误差

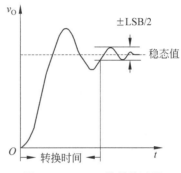

图 8.2.11　DAC 的转换时间

DAC 的转换时间规定为转换器完成一次转换所需的时间,即从转换命令发出开始至转换结束为止的时间。

目前,在不包含运算放大器的单片集成 DAC 中,转换时间最短可达到 $0.1\mu s$ 以内。在包含运算放大器的集成 DAC 中,转换时间最短也可达 $1.5\mu s$ 以内。显然转换时间也可以用频率来表示。

8.2.3　集成 DAC 器件及应用

目前已将 DAC 的电阻网络、模拟开关等电路制作成集成芯片,根据实际需要,集成芯片又增加了一些附加功能,构成具有各种应用特性的 DAC。DAC 根据转换时间、精度、分辨率及经济性可以分为:通用廉价的 DAC,如 AD1408、AD7524、AD558 等;高速高精度 DAC,如 AD562、AD7541 等;高分辨率 DAC,如 DAC1136、DAC1137 等。为了应用的灵活性,还出现了可选择双极性输出电压的 AD7524,以及芯片内带有数字寄存器,可与 CPU 数据总线直接相连的 AD558、AD7524 等。

下面对使用较多的 DAC0832 和 DAC1210 进行介绍。

1. DAC0832

1)电路构成

DAC0832 是采用 CMOS 工艺制成的 20 引脚、双列直插式集成电路芯片,其功能框图和引脚排列如图 8.2.12 所示。DAC0832 的主要性能参数有:分辨率为 8 位,电流稳定时间为 $1\mu s$,电流输出,与 TTL 电平兼容,功耗为 20mW。

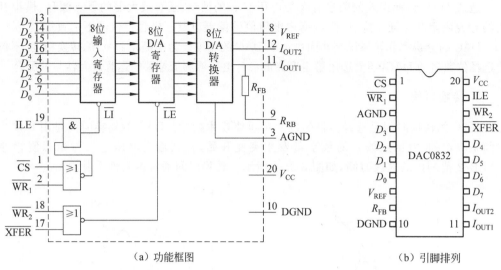

（a）功能框图　　　　　　　　　　　（b）引脚排列

图 8.2.12　DAC0832 功能框图和引脚排列

引脚功能说明如下。

$D_0 \sim D_7$：8 位数据输入线。

I_{OUT1} 和 I_{OUT2}：电流输出端，$I_{OUT1} + I_{OUT2} = V_{REF}/R_{FB}$。DAC0832 是电流输出型 DAC，要获得电压输出时，需外加转换电路。当采用电流输出方式时，I_{OUT1} 正比于输入参考电压 V_{REF} 和输入数字量 $D_0 \sim D_7$，I_{OUT2} 正比于输入数字量的反码，即

$$I_{OUT1} = \frac{V_{REF}}{2^8 R} \sum_{i=0}^{7} D_i 2^i$$

$$I_{OUT2} = \frac{V_{REF}}{2^8 R} \left(2^8 - \sum_{i=0}^{7} D_i 2^i - 1\right)$$

R_{FB}：反馈信号输入端，R_{FB} 是运算放大器的反馈电阻，在片内。

ILE：输入寄存器锁存信号。

$\overline{XFER}$：传送控制信号，用来控制 $\overline{WR_2}$ 选通 DAC 寄存器。

$\overline{CS}$：输入寄存器选通信号，低电平有效。当 $\overline{CS}=1$ 时，输入寄存器的数据被封锁，该片未被选中。当 $\overline{CS}=0$ 时，该片被选中，在 ILE$=1$、$\overline{WR_1}=0$ 的条件下，输入数据存入输入寄存器。

V_{CC}：主电源，电压范围为 $5 \sim 15V$。

V_{REF}：参考输入电源，范围为 $-10 \sim 10V$。

AGND：模拟信号地。

DAND：数字信号地，通常与 AGND 相连接地。

2）工作方式

DAC0832 有直通、单缓冲和双缓冲 3 种工作方式。根据外接输出电路结构的不同，又可构成单极性和双极性 DAC。

（1）直通与单缓冲工作方式。

如果把 DAC0832 的 $\overline{CS}$、$\overline{WR_1}$、$\overline{WR_2}$ 和 $\overline{XFER}$ 都接地，ILE 接高电平，使两个寄存器都

处于直通状态。这样 DAC 的输出就随着输入数字量的变化而变化。

如果将 $\overline{WR_2}$ 和 XFER 接地，ILE 接高电平，则 DAC 寄存器处于"透明"状态。$\overline{CS}$ 为片选信号输入端。当 $\overline{CS}=0$ 且 $\overline{WR_1}=0$ 时，模拟输出更新；当 $\overline{CS}=0$ 且 $\overline{WR_1}=1$ 时，数据锁存，模拟输出不变。单缓冲工作方式如图 8.2.13 所示。

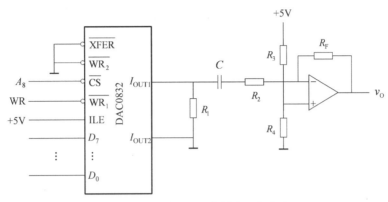

图 8.2.13　DAC0832 单缓冲工作方式

（2）双缓冲工作方式。

DAC0832 内部有两个数据寄存器，即输入寄存器和 DAC 寄存器，因而称为双缓冲。也就是说，数据在进入倒 T 形网络之前，必须通过两个独立控制的寄存器进行传递。这对使用者是很有利的。首先，在一个系统中，任何一个 DAC 都可以同时保留两组数据，即正在转换的 DAC 寄存器数据和保存在输入寄存器中的下一组数据；其次，双缓冲允许在系统中使用任何数目的 DAC。

图 8.2.14 是两片 DAC0832 与微处理器的双缓冲连接方式。

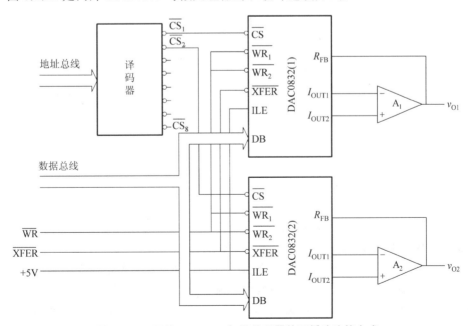

图 8.2.14　两片 DAC0832 与微处理器的双缓冲连接方式

它构成两路同步输出的 DAC。用译码器的输出分别接在两片 DAC 的片选端 $\overline{\text{CS}}$,控制它的输入锁存,$\overline{\text{XFER}}$ 同时连接在一根地址线上,控制两片 DAC 的同步输出。所有 $\overline{\text{WR}_1}$ 和 $\overline{\text{WR}_2}$ 与 CPU 的写信号 $\overline{\text{WR}}$ 连接在一起,控制输入寄存器和 DAC 寄存器同时写入。DAC0832 与微处理器控制时序图如图 8.2.15 所示。

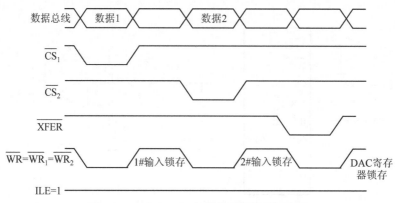

图 8.2.15 DAC0832 与微处理器控制时序图

(3) DAC0832 的单极性输出和双极性输出。

DAC0832 的模拟输出是电流输出,外接运算放大器,可以转换为单极性输出,也可以转换为双极性输出。图 8.2.16 是外接一级运算放大器的 DAC0832 单极性电压输出方式。双极性电压输出比单极性电压输出增加了一个运算放大器,通过改变基准电压的极性,可以得到 4 个象限的输出。双极性电压输出在实际应用的自动控制系统中有较多的应用。

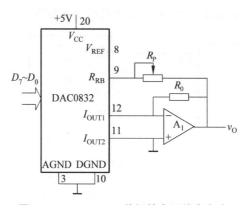

图 8.2.16 DAC0832 单极性电压输出方式

图 8.2.17 是 DAC0832 双极性电压输出方式,其中 A_2 的作用是把 A_1 输出的单极性电压变为双极性电压输出。

双极性电压输出的原理是:将 A_2 的输入端通过 R_1 与参考电压 V_{REF} 相连,V_{REF} 经 R_1 向 A_2 提供偏流 I_1,其方向与 A_1 的输出电流 I_2 相反。由于 $R_1 = 2R_2$,而 V_{REF} 与 A_1 的输出电压相同,所以 V_{REF} 产生的偏流 I_1 是 A_1 输出电流的一半,这样 A_2 的输出在 A_1

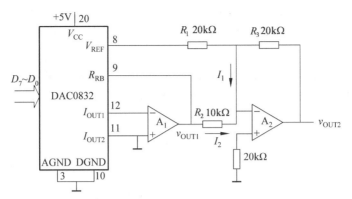

图 8.2.17　DAC0832 双极性电压输出方式

的输出的基础上偏移 1/2。输出电压与数字量的关系为

$$v_{OUT1} = \frac{D - 128}{128} \times V_{REF}$$

若 V_{REF} 为 5V,则 A_1 的输出电压 v_{OUT1} 为 $-5V \sim 0$,A_2 的输出电压 v_{OUT2} 为 $-5 \sim 5V$。

另外,DAC0832 还可以将数字输入信号转换为电流输出方式,其电路如图 8.2.18 所示。该电路可以获得 $0 \sim 10mA$ 或 $4 \sim 20mA$ 的直流电流,其工作原理请自己分析。

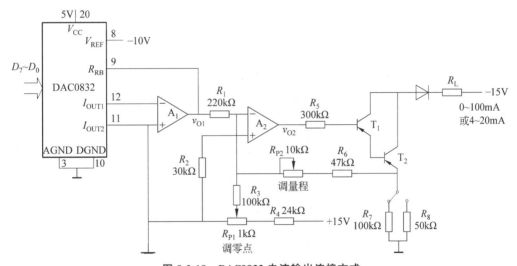

图 8.2.18　DAC0832 电流输出连接方式

2. DAC1210

DAC1210 是美国国家半导体公司(National Semiconductor Company)生产的 DAC1208、DAC1209、DAC1210 系列 12 位双缓冲乘法 DAC 中的一种。所谓乘法 DAC,即 DAC 的外部参考电压 V_{REF} 可为交变电压的 DAC。在乘法 DAC 中,模拟输出信号同交变输入参考电压和输入数字量的乘积成正比关系。

DAC1210 是双列直插式 24 引脚集成电路芯片,输入数字信号为 12 位,电流建立时

间为 $1\mu s$,供电电源为 $5\sim15V$,基准电压 V_{REF} 的范围为 $-10\sim10V$。DAC1210 能够与所有的通用微处理器直接连接,数据输入具有单缓冲、双缓冲或直通 3 种方式,并与 TTL 逻辑电平兼容。

DAC1210 的功能框图和引脚排列如图 8.2.19 所示。从中可见,DAC1210 是双缓冲结构,第一级由高 8 位和低 4 位输入寄存器构成,第二级由 12 位 DAC 寄存器构成,然后再经过 12 位 DAC 输出。

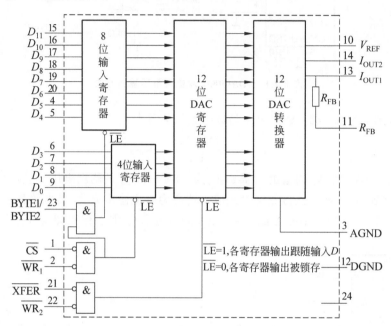

（a）功能框图

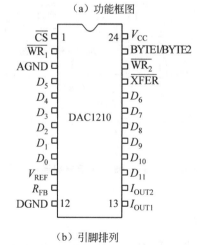

（b）引脚排列

图 8.2.19　DAC1210 的功能框图和引脚图

引脚功能说明如下:

$D_0\sim D_{12}$:12 位数据输入线。

I_{OUT1} 和 I_{OUT2}:DAC1210 也是电流输出型的 DAC,$I_{OUT1}+I_{OUT2}$ 为常数。

R_{FB}：反馈信号输入端，R_{FB} 是片内的反馈电阻。

$\overline{WR_1}$：第一级输入寄存器写信号。

$\overline{WR_2}$：第二级 DAC 寄存器写信号。

$\overline{XFER}$：传送控制信号。

$\overline{CS}$：片选信号。

$BYTE/\overline{BYTE}$：字节顺序控制信号。当此信号为高电平时，高 8 位输入寄存器及低 4 位输入寄存器使能；当此信号为低电平时，仅低 4 位输入寄存器使能。

V_{CC}：主电源，电压范围为 5～15V。

V_{REF}：参考输入电压，电压范围为 −10～10V。

DAC1210 是 12 位 DAC，可与 8 位或 16 位微处理器连接，其接口电路如图 8.2.20 所示。$\overline{CS}$ 一般接地址译码器的输出线。$\overline{WR_1}$ 和 $\overline{WR_2}$ 接外部的写控制信号 $\overline{WR}$。传送控制信号 $\overline{XFER}$ 和字节顺序控制信号 $BYTE/\overline{BYTE}$ 接最低位地址线 A_0，以实现 12 位数据的传送两步操作，$A_0 = 0$ 输出低 4 位，而 $A_0 = 1$ 输出高 8 位。操作时，首先使 $\overline{WR}$ 有效，写入高 8 位数据至高 8 位输入寄存器，再向低 4 位寄存器写入低 4 位数据，与此同时，12 位数据并行输入至 12 位 DAC 寄存器，通过 DAC 输出模拟量。

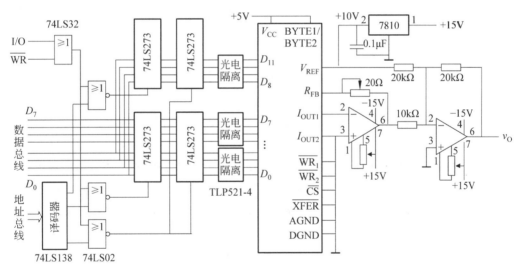

图 8.2.20　DAC1210 和 8 位微处理器的接口电路

8.3　A/D 转换器

所谓模/数转换就是上述数/模转换的逆过程，即将模拟电压转换成与之成比例的数字信号。实现模/数转换的电路称为模/数转换器，又称为 A/D 转换器或 ADC。A/D 转换一般需要通过 4 个步骤才能完成，即取样、保持、量化、编码。

8.3.1 A/D 转换的基本原理

1. 取样-保持电路

所谓取样,就是将一个时间上连续变化的模拟信号转换为时间上离散变化的模拟量。具体地说,就是将随时间连续变化的模拟量转换为一串脉冲。这一串脉冲是等距离的,而幅度取决于输入模拟量的大小。取样器及波形如图 8.3.1 所示。

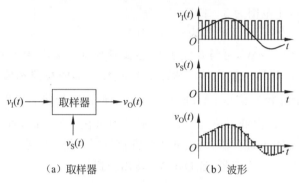

（a）取样器　　　　　　　（b）波形

图 8.3.1 取样器及波形

为了正确无误地用取样信号 v_S 表示模拟信号 v_I,取样信号必须有足够高的频率。可以证明,为了保证能从取样信号恢复模拟信号,必须满足

$$f_s \geqslant 2f_{i(\max)}$$

式中,f_s 为取样频率;$f_{i(\max)}$ 为输入模拟信号 v_I 的最高频率分量的频率。此式就是取样定理。

ADC 工作时的取样频率必须高于上式规定的频率。取样频率提高后,留给每次转换的时间相应缩短,这要求转换电路必须具备更快的工作速度。由于 A/D 转换是在取样结束后的保持时间内完成的,所以转换结果所对应的模拟电压是每次取样结束后电容的保持值。

图 8.3.2 给出了两种常见的取样-保持电路。其中 T 为 N 沟道增强型 MOS 管,作取样开关使用。在取样期间,T 接通,输入信号 v_I 通过 T 向电容 C 充电。假定电容 C 的充电时间常数远小于取样脉冲宽度 τ,则电容 C 上的电压 v_C 在时间 τ 内完全能跟上输入信号 v_I 的变化。因此,放大器的输出 v_O 也能跟踪 v_I 的变化。当取样结束后,T 截止,则电容 C 上的电压 v_C 将保持取样脉冲结束前的 v_I 值。如果电容的漏电小,放大器的输入阻抗足够大,这个电容上的电压就能保持到下一个取样脉冲的到来之前。当第二个取样脉冲到来时,T 重新导通,v_O 又能及时跟踪 v_I 的变化。

取样-保持电路的精度及性能极大地影响 ADC 的精度。目前已生产出多种取样-保持集成电路,普通产品有 LF198、LF298、LF398、AD582 等,高速产品有 HTS0025、HTS0010、HTC0300 等,高分辨率产品有 SHA1144 等。还有些电路的取样-保持器集成

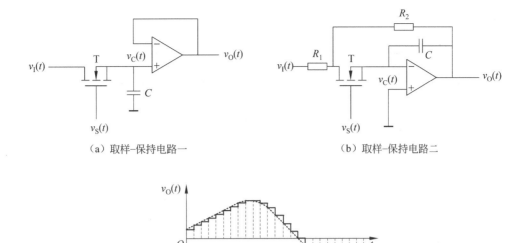

（a）取样-保持电路一   （b）取样-保持电路二

（c）输出波形

图 8.3.2 两种取样-保持电路及输出波形

在 ADC 内,应用十分方便。

2. 量化与编码

取样-保持电路的输出仍为离散的模拟量,它可取区间的任意值。而数字信号不仅在时间上是离散的,而且数值大小的变化也是不连续的。因此用数字量来表示模拟量时,需将取样-保持电路输出的取样脉冲电平转化为与之接近的离散数字电平,这个过程就叫量化。

把量化结果用代码(如二进制)表示出来,称为编码。这些代码就是 A/D 转换的输出结果。

如果把数字量的最低有效位为 1 代表的模拟电平的大小取作量化单位,用 Δ 表示,把模拟取样信号划分为量化单位的整数倍时会引入误差,这种误差称为量化误差。下面是两种近似的处理方法:一种是只舍不入法,它把小于量化单位 Δ 的值舍掉,取下限值数字量;另一种是有舍有入法,也叫四舍五入法,这种方法是将小于 $\Delta/2$ 的值舍掉,取下限值数字量,将大于 $\Delta/2$ 而小于 Δ 的值看作一个量化单位 Δ,取其上限值数字量。两种近似处理方法如图 8.3.3 所示。

图 8.3.3(a)是把 0～1V 的模拟电压信号转换成 3 位二进制代码,$\Delta=1/8$V,从图中可以看出这种量化方法可能带来的最大量化误差可达 Δ,即 1/8V。而图 8.3.3(b)采用有舍有入法,量化电平为 $\Delta=2/15$V,最大量化误差减少到 $\Delta/2$,即 1/15V。

量化过程只是把模拟电平按量化单位进行取整处理,是一个比较过程,可以用比较器构成的比较电路来完成。而编码过程可以用触发器和编码器构成的时序逻辑电路来完成。

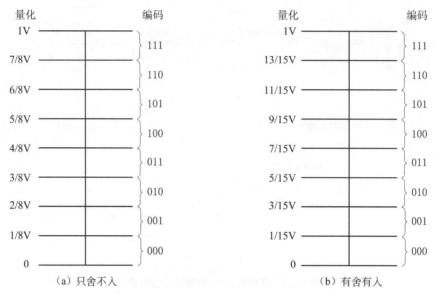

图 8.3.3　只舍不入、有舍有入量化和编码之间的关系

8.3.2　直接比较型 ADC

直接比较型 ADC 能把输入的模拟电压信号直接转换为输出的数字量而不需要经过中间变量。常用的电路有并联比较型和反馈比较型两类。

1. 并联比较型 ADC

图 8.3.4 为 3 位数字输出的并联比较型 ADC,是一种快速的 ADC。它由电压比较器、寄存器和编码器 3 部分组成。

图 8.3.4 中用电阻分压方式形成各比较电平,作为量化刻度值。输入的模拟电压经取样-保持后与这些刻度值进行比较。当高于比较器的比较电平时,比较器输出 1,反之输出 0。各比较器的输出送到由 D 触发器组成的缓冲器,以避免因比较器响应速度的差异而造成的逻辑错误。缓冲器的输出再通过编码器转换为 3 位二进制码数字量输出。其转换真值表如表 8.3.1 所示。

并联比较型 ADC 的转换精度取决于量化单位的划分,划分越细,精度越高。但根据电路结构,精度越高,则所需比较器和触发器越多,电路就更复杂。另外,转换精度还受参考电压的稳定度、电压比较器的灵敏度和分压电阻的精度影响。因此这种结构的 ADC 很少使用,仅用于速度要求很高(如转换时间 50ns 以下)、输出位数较少的场合。

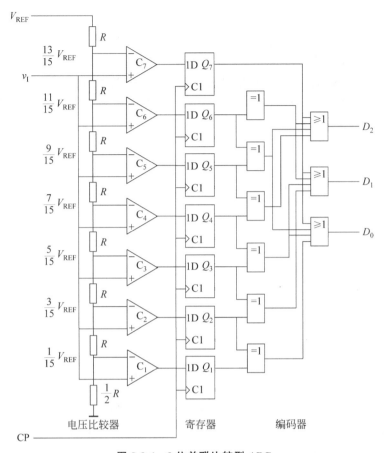

图 8.3.4　3 位并联比较型 ADC

表 8.3.1　3 位并联比较型 ADC 转换真值表

输入模拟信号 v_1	量化值	比较器输出							数字量输出		
		C_7	C_6	C_5	C_4	C_3	C_2	C_1	D_2	D_1	D_0
$0 \sim \dfrac{1}{15}V_{\text{REF}}$	0	0	0	0	0	0	0	0	0	0	0
$\dfrac{1}{15}V_{\text{REF}} \sim \dfrac{3}{15}V_{\text{REF}}$	$\dfrac{1}{7}V_{\text{REF}}$	0	0	0	0	0	0	1	0	0	1
$\dfrac{3}{15}V_{\text{REF}} \sim \dfrac{5}{15}V_{\text{REF}}$	$\dfrac{2}{7}V_{\text{REF}}$	0	0	0	0	0	1	1	0	1	0
$\dfrac{5}{15}V_{\text{REF}} \sim \dfrac{7}{15}V_{\text{REF}}$	$\dfrac{3}{7}V_{\text{REF}}$	0	0	0	0	1	1	1	0	1	1
$\dfrac{7}{15}V_{\text{REF}} \sim \dfrac{9}{15}V_{\text{REF}}$	$\dfrac{4}{7}V_{\text{REF}}$	0	0	0	1	1	1	1	1	0	0
$\dfrac{9}{15}V_{\text{REF}} \sim \dfrac{11}{15}V_{\text{REF}}$	$\dfrac{5}{7}V_{\text{REF}}$	0	0	1	1	1	1	1	1	0	1
$\dfrac{11}{15}V_{\text{REF}} \sim \dfrac{13}{15}V_{\text{REF}}$	$\dfrac{6}{7}V_{\text{REF}}$	0	1	1	1	1	1	1	1	1	0
$\dfrac{13}{15}V_{\text{REF}} \sim V_{\text{REF}}$	V_{REF}	1	1	1	1	1	1	1	1	1	1

2. 反馈比较型 ADC

反馈比较型 ADC 的基本思路是：取一个数字量加到 DAC 的输入端，经 D/A 转换，将得到输出电压与输入的模拟电压信号进行比较。如果两者不相等，则调整所取的数字量，直到两个模拟电压相等或接近为止，最后这个数字量就是所求的 ADC 转换结果。反馈比较型 ADC 又分为计数器型和逐次比较型两种方案。

1）计数器型 ADC

图 8.3.5 是计数器型 ADC 的原理框图。电路由计数器、DAC、电压比较器、时钟、输出寄存器和控制门等几部分组成。

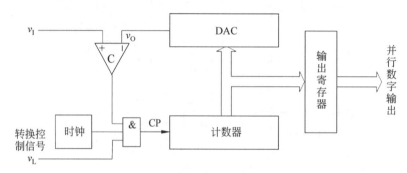

图 8.3.5　计数器型 ADC 原理框图

电路工作时，先用复位信号将计数器置 0，转换控制信号 $v_L = 0$ 使计数器时钟被封锁，计数器不工作。计数器加到 DAC 的数字输入信号全为 0，所以 DAC 输出的模拟电压 $v_O = 0$。如果输入模拟电压信号 $v_I > 0$，则比较器输出为 1，这时若 $v_L = 1$，与门打开，转换开始。时钟信号经与门加到计数器时钟输入端 CP，计数器开始计数。随着计数的进行，DAC 的输出电压 v_O 逐渐增大。当 v_O 增至 $v_O = v_I$ 时，比较器的输出电压变为 0，与门被封锁，计数器停止计数，这时计数器中的数字量就是 ADC 最终的输出数字信号。

计数器型 ADC 的一个明显的缺点是转换时间太长。当输出为 n 位二进制码时，最长需要 $2^n - 1$ 个时钟周期。为了提高转换速度，在计数器型 ADC 的基础上又产生了逐次比较型 ADC，下面将介绍其电路结构和工作原理。

2）逐次比较型 ADC

逐次比较型 ADC 也称逐次逼近型 ADC，它是目前用得较多的一种 ADC。这里以 4 位逐次比较型 ADC 为例进行介绍，其原理框图如图 8.3.6 所示。

该电路由比较器、DAC、逐次比较寄存器（SAR）、输出寄存器、时钟和控制逻辑电路等部分组成。转换开始前，首先将逐次比较寄存器清零。转换控制信号 v_L 变为高电平后开始转换，时钟信号通过控制逻辑电路将 SAR 的最高位置 1，使 SAR 输出为 100…0，这个数字量被 DAC 转换为模拟电压信号 v_O，再与输入模拟信号 v_I 进行比较。如果 $v_O > v_I$，说明 SAR 中的数字过大，则应将该位 1 去掉；如果 $v_O < v_I$，说明 SAR 中的数字还不够大，这个 1 应保留。然后再按同样方法，将次高位置 1，并比较 v_O 与 v_I 的大小，以决定次高位的 1 是否应该保留。这样逐位比较下去，直到最低位确定后为止。比较完成

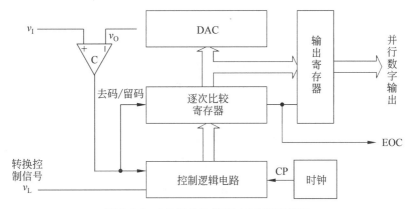

图 8.3.6　4 位逐次比较型 ADC 原理框图

后发出转化结束信号 EOC,然后将 SAR 中的数字量送至输出寄存器并行输出。

由上述转换过程可知,逐次比较型 ADC 的转换时间取决于转换中的数字位数的多少。完成每位数字的转换需要一个时钟周期,第 $n+1$ 个时钟周期作用后,第 n 位数据才存入 SAR,最后一个时钟周期将数据送到输出寄存器,所以完成一次转换所需要的时间为 $n+2$ 时钟周期。

逐次比较型 ADC 比并联比较型 ADC 慢,但比计数器型 ADC 的速度快得多,而且输出位数较多时,其电路比并联比较型 ADC 简单。正因为如此,逐次比较型 ADC 是目前应用十分广泛的集成 ADC,主要产品有 AD574A、AD674A、ADC0809、ADC678 等。

8.3.3　间接比较型 ADC

目前出现的间接比较型 ADC 主要有 V/T(电压/时间)型和 V/F(电压/频率)型两大类。

V/F 型 ADC 是把输入模拟电压信号转换成与之成正比的频率信号,然后在一个固定的时间间隔内对频率信号的脉冲进行计数,计数结果正比于输入模拟电压信号的数字量。

1. V/T 型 ADC

V/T 型 ADC 中应用最多的是双积分型 ADC,其原理框图如图 8.3.7 所示。

双积分型 ADC 电路由比较器、积分器、计数器、控制逻辑电路、时钟和门电路等部分组成。积分器由电容 C 和运算放大器组成。

转换开始前,转换控制信号 $v_L=0$,计数器置零,控制逻辑使开关 S_0 闭合,S_1 断开,电容 C 放电。当 v_L 变为高电平时,转换开始。由控制逻辑使 S_0 断开,S_1 接通,输入模拟信号,此时电容 C 充电,积分器输出为负电压,积分过程为负向积分。由于 v_{O1} 为负,比较器输出为高电平,控制与门打开,计数器开始通过时钟脉冲进行计数,此时积分器输出电压为

$$v_{O1} = \frac{1}{C}\int_0^{T_1} -\frac{v_I}{R}dt = -\frac{T_1}{RC}v_I$$

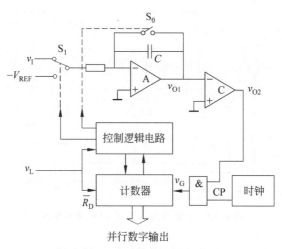

图 8.3.7 双积分型 ADC 原理框图

上式说明,在 T_1 固定的条件下,积分器的输出电压 v_{O1} 与输入电压 v_I 成正比。

当计数器计数满以后,产生溢出进位信号,通过控制逻辑电路,使开关 S_1 接至参考电压 $-V_{REF}$ 一侧,负向积分结束。同时积分器开始向相反方向积分,即正向积分。设积分器输出负电压 v_{O1} 积分至 $v_{O1}=0$ 时所经历的时间为 T_2,则可得

$$v_{O1} = \frac{1}{C}\int_0^{T_2} \frac{V_{REF}}{R}\mathrm{d}t - \frac{T_1}{RC}v_I = 0$$

$$\frac{T_2}{RC}V_{REF} = \frac{T_1}{RC}v_I$$

所以

$$T_2 = \frac{T_1}{V_{REF}}v_I$$

由此可见,正向积分时间 T_2 也与输入信号 v_I 成正比。

T_1 是计数器从 0 计数到计数器溢出的时间,需要 2^n 个脉冲,所以负向积分也称为定时积分。从进位溢出开始,计数器从 0 计数至比较器输出为 0,与门被封锁为止,这段时间是 T_2,所以正向积分也称为定压积分。至此,一次转换过程结束,计数器输出的数字量就是转换的结果。

设计数器在 T_2 这段时间内对固定频率为 $f_c(f_c=1/T_c)$ 的时钟脉冲计数,则计数的结果为

$$D = \frac{T_2}{T_c} = \frac{T_1}{T_c V_{REF}}v_I$$

式中的 D 为与模拟输入电压信号 v_I 对应的数字量。

从图 8.3.8 所示的电压波形可以直观地看出这个结论的正确性。当 v_I 取不同的两个值 v_{I1} 和 v_{I2} 时,正向计数时间都是 T_1,反向计数时间分别为 T_2 和 T_2',它们与输入电压 v_{I1} 和 v_{I2} 大小成正比。

双积分型 ADC 最突出的优点是工作性能比较稳定,转换精度高。由于转换结果只

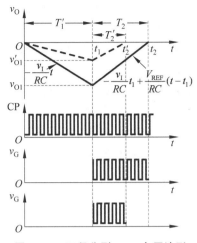

图 8.3.8 双积分型 ADC 电压波形

与 V_{REF} 有关，因此只要保证 V_{REF} 的稳定，就能保证很高的转换精度。它的另一个优点是抗干扰能力较强。由于在两个积分时间内转换的是输入信号 v_I 的平均值，所以对交流干扰信号具有很强的抑制力。双积分型 ADC 的主要缺点是工作速度低，根据前面的分析，完成一次 A/D 转换需要的时间为 $T_1 + T_2$，一般每秒转换几次或几十次。因此，双积分型 ADC 主要应用于对速度要求不高的场合，如数字面板表。

2. V/F 型 ADC

图 8.3.9 是 V/F 型 ADC 的原理框图。它由压控振荡器（VCO）、控制门、计数器和输出寄存器等组成。

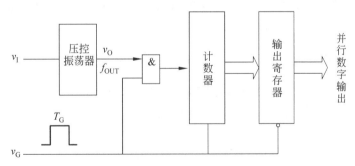

图 8.3.9 V/F 型 ADC 原理框图

VCO 输出脉冲的频率 f_{OUT} 随输入模拟电压信号 v_I 的变化而变化，在一定范围内有较好的线性关系。转换过程由闸门信号 v_G 控制。当 v_G 变成高电平以后，VCO 的输出脉冲通过与门 G 使计数器计数。由于 v_G 是固定宽度 T_G 的脉冲信号，所以在 v_G 高电平期间通过的脉冲数与 f_{OUT} 成正比，因而也与 v_I 成正比。因此每个 v_G 周期结束后计数器中的数字就是需要的转换结果。

由于 VCO 的输出是一种调频的脉冲信号，而这种调频信号不仅易于传输和检测，还具有很强的抗干扰能力,所以 V/F 型 ADC 在遥测、遥控系统中有广泛的应用。在需要远距离传送模拟信号并完成 A/D 转换的情况下,一般将 VCO 设置为检测发送端,被检测模拟信号经 VCO 转换成脉冲信号发送;而将计数器、输出寄存器等设置为信号接收端,接收发送端发送的脉冲信号。

V/F 型 ADC 的转换精度主要取决于 V/F 变换精度和压控振荡器的线性度和稳定度,同时与计数器的容量有关,计数器的容量越大,转换误差越小。V/F 型 ADC 的缺点是速度比较低。因为每次转换都是定时控制计数器计数,而且计数脉冲频率一般不是很高,计数器的容量又要求足够大,所以速度必然较慢。

8.3.4　ADC 的主要技术指标

1. ADC 的转换精度

描述 ADC 转换精度的技术指标主要是分辨率和转换误差。

分辨率是指 ADC 输出数字量最低位为 1 时所代表的输入模拟电压。它表明 ADC 对输入信号的分辨能力。n 位二进制输出的 ADC 能区分 2^n 个不同等级大小的输入模拟电压,即区分输入电压的最小差异为 $1/2^n$ FSR(满量程输入的 $1/2^n$)。另外,分辨率也可以用二进制数或十进制数的位数来表示。

转换误差主要指量化误差,它表示实际输出的数字量与理论上应该输出的数字量之间的差别,一般以输出最低有效位的倍数给出。例如,转换误差<±LSB/2,表明实际输出的数字量与理论输出的数字量之间的误差小于最低有效位的半个字。有时,也用满量程的百分数来表示。

影响 ADC 转换误差的因素除主要的量化误差之外,还有一些附加误差,如零点误差、漂移误差、非线性误差等。因此,在使用 ADC 时,要注意手册上标注的转换精度、需要的电源电压和环境温度的使用范围。

2. ADC 的转换速度

转换速度是完成一次 A/D 转换所需要的时间,即从转换控制信号开始至输出稳定的数字信号为止的一段时间。ADC 的转换速度主要取决于转换电路的类型,不同类型的 ADC 的转换速度相差较大。

一般来说,并联比较型 ADC 转换速度最快,可达 50ns;逐次比较型 ADC 转换速度次之,一般为 $10\sim100\mu s$;间接比较 ADC 要慢得多,双积分型 ADC 多数在数十毫秒和数百毫秒之间。

8.3.5　集成 ADC 器件及应用

集成 ADC 的产品种类繁多,在工作原理和性能上也有很大区别。从目前应用情况来看,逐次比较型 ADC 和双积分型 ADC 应用比较广泛。

1. ADC0809

ADC0809 是一种逐次比较型的 8 通路 8 位 A/D 转换芯片,它采用 CMOS 工艺制成,采用 28 脚双列直插式封装。它的转换时间为 $100\mu s$,工作电源电压为 5V,温度范围为 $-40\sim$ 85℃。ADC0809 的输出带锁存器,可与 CPU 直接连接,逻辑电平与 TTL 兼容。

1) ADC0809 电路结构

图 8.3.10 是 ADC0809 的内部结构,其引脚如图 8.3.11 所示。电路由模拟多路开关、地址译码/锁存器、比较器、逐次比较寄存器(SAR)、DAC、三态输出缓冲器及控制逻辑电路组成。其中,DAC 由开关树和 256 个电阻组成的电阻阶梯组成。

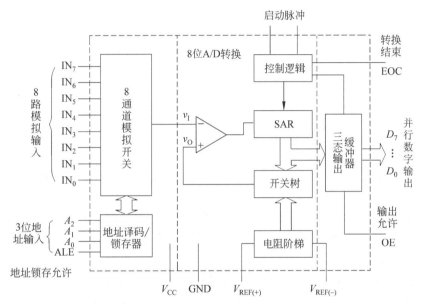

图 8.3.10　ADC0809 的内部结构

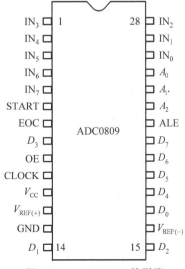

图 8.3.11　ADC0809 的引脚

电阻阶梯和开关树是 ADC0809 的特点,其构成如图 8.3.12 所示。为了简明起见,下面以电阻阶梯和开关树组成的 3 位 DAC 电路为例,说明它的工作原理。3 位 DAC 的电阻阶梯和开关树如图 8.3.13 所示。图中所有开关都是当控制它们的数字信号为 0 时与点 2 接通,当数字信号为 1 时与点 1 接通。

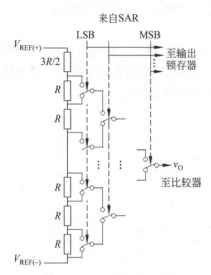

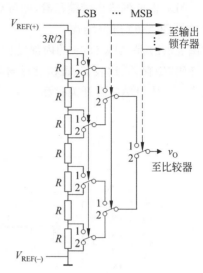

图 8.3.12 ADC0809 的电阻阶梯和开关树　　**图 8.3.13 3 位 DAC 的电阻阶梯和开关树**

同逐次比较型 ADC 类似,转换开始后,当第 1 个时钟脉冲到来时,逐次比较寄存器置最高位为 1,其余位为 0,从图 8.3.13 中可以看出,开关树的输出电压 $v_O = V_{REF}/2$,送到比较器和模拟输入电压 v_I 比较,如果 $v_I > v_O$,则这一位保留为 1,否则复位为 0。当第 2 个时钟脉冲到来时,SAR 次高位置 1,低位仍然为 0,开关树输出电压 v_O 为 $3V_{REF}/4$ 或 $V_{REF}/4$,这决定了高一位的比较结果。再次与输入电压 v_I 比较,决定次高位是否保留 1。依此类推,直至决定 LSB 是 1 还是 0 为止。至此,A/D 转换结束。

ADC0809 与逐次比较型 ADC 的另一个不同点是,它内含一个 8 通道单端输出的模拟多路开关和一个地址译码器,因此适用于数据采集系统。地址译码器选择 8 个模拟信号之一,送入 ADC 进行 A/D 转换。

2)ADC0809 的引脚功能

ADC0809 有 28 个引脚,主要功能如下。

START(6 脚):启动输入端。输入启动脉冲的下降沿使 ADC 开始转换,脉冲宽度要求大于 100ns。

ALE(22 脚):通道地址锁存输入端。输入 ALE 脉冲上升沿使地址锁存器锁存地址信号。为了稳定锁存地址,即在 ADC 转换周期内模拟多路开关稳定地接通某一指定的通道,ALE 脉宽应大于 100ns。在实际使用时,要求在 ADC 转换之前将地址锁存,所以通常 ALE 与 START 连接在一起。上升沿锁存地址,下降沿启动转换。

OE(9 脚):输出允许端。它控制 ADC 内部的三态输出缓冲器。当 OE=0 时,输出为高阻状态;当 OE=1 时,允许三态输出缓冲器中的数据输出。

EOC(7 脚)：转换结束信号。此信号由内部的控制逻辑电路产生。EOC＝0 表示转换正在进行，EOC＝1 表示转换结束，因此 EOC 可以作为微机的中断请求或查询信号。显然，只有当 EOC＝1 以后，才可以让 OE 上升为高电平，输出正确的数据。

启动转换信号由 CPU 发出，有电平启动和脉冲启动两种方式。片选、读写信号一般由 3-8 译码器的通道号以及微处理器的 $\overline{\text{IOR}}$、$\overline{\text{IOW}}$ 经过适当的逻辑电路来连接。

3）ADC0809 组成的数据采集系统

数据采集是数字设备和微机进行实时数据处理和实时控制的重要技术，在现代化工业控制、数字化测量仪表等很多方面都离不开数据采集系统。图 8.3.14 给出了 ADC0809 与单片机构成的数据采集系统框图，它由单片机、ADC0809 及模拟输入 3 部分组成。

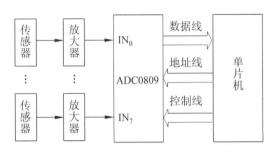

图 8.3.14　ADC0809 与单片机构成的数据采集系统框图

ADC0809 与单片机 80C51 的接口电路如图 8.3.15 所示。按图中的连接方式，由 $\overline{\text{WR}}$ 和 $P_{2.0}$（地址线高 8 位 $A_{2.0}$）控制 ADC0809 的地址锁存和转换启动。由于 ALE 和 START 连接在一起，因此在锁存通道地址的同时启动并进行 A/D 转换。

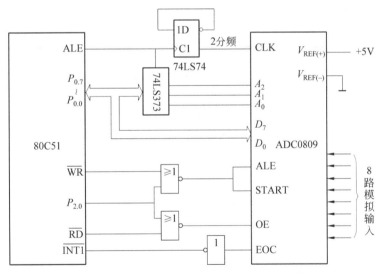

图 8.3.15　ADC0809 与单片机 80C51 的接口电路

在读取转换结果时，由 $\overline{\text{RD}}$ 和 $P_{2.0}$ 经一级或非门形成正脉冲作为 OE 信号，用以打开三态输出缓冲器。按照图 8.3.15，有以下关系式：

$$\text{ALE} = \text{START} = \overline{\overline{\text{WR}} + P_{2.0}}$$

$$\text{OE} = \overline{\overline{\text{RD}} + P_{2.0}}$$

由此可见,当这些信号有效时,$P_{2.7}$ 应置为低电平。

ADC0809 的时钟信号一般由 80C51 的 ALE 端经过二分频取得,如果 ALE 信号频率过高,应分频后再送入转换器。例如,当 80C51 的晶振频率选择 6MHz 时,采用 74LS74D 触发器二分频后与 ADC0809 的 CLK 端连接,实现 8 路模拟通道地址 (0FEF8H~0FEFFH)锁存。

图 8.3.16 为 ADC0809 的工作时序图。从图中可以看出,在启动 ADC0809 后,EOC 约在 $10\mu s$ 后才变为低电平,编程时要注意这一点。

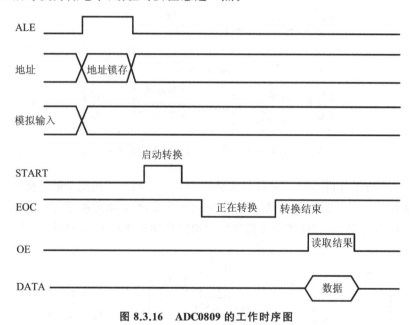

图 8.3.16 ADC0809 的工作时序图

ADC 的程序设计主要分为下面几步:选通模拟量输入通道;发启动转换信号;用查询、中断或软件延时等方式等待转换结束;读取转换结果;将转换结果存入 RAM,进行数据处理或执行其他程序。

转换后的数字量与输入信号的关系为

$$D = \frac{V_{\text{IN}} - V_{\text{REF}(-)}}{V_{\text{REF}(+)} - V_{\text{REF}(-)}} \times 256$$

当时钟频率为 500kHz(ADC0809 一般使用这个频率)时,A/D 转换时间为

$$T = \left(8 \times 8 \times \frac{10^3}{500}\right)\mu s = 128\mu s$$

A/D 转换精度主要取决于参考电压 V_{REF} 的精度。在对精度要求比较高的条件下,参考电压 V_{REF} 应该采用单独的精密稳压电源。

图 8.3.17 是 ADC574A 的内部结构。ADC574A 采用 28 脚双列直插式标准封装,其

引脚如图 8.3.18 所示。

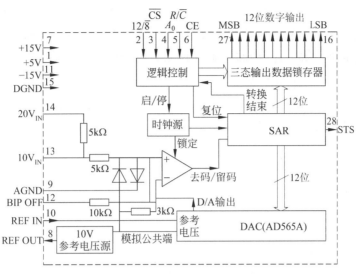

图 8.3.17 ADC574A 内部结构

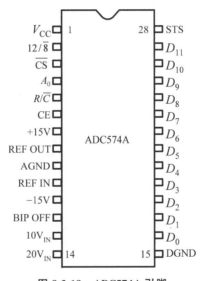

图 8.3.18 ADC574A 引脚

该转换器有许多引脚的功能和 ADC0809 相似,如数据输出、供电电压、接地端等。下面对各引脚的功能作简要介绍。

ADC574A 有 6 根控制线,逻辑控制输入信号如下。

- $\overline{CS}$:片选端,低电平有效。
- CE:片选端,高电平有效。正常使用时,只有当 CE=1 且 $\overline{CS}$=0 时,芯片才能工作。
- $R/\overline{C}$:读数据/转换控制信号。$R/\overline{C}$=0 时启动转换;$R/\overline{C}$=1 时读取数据。

- A_0：数据输出长度控制端。当 $A_0=0$ 时，则按完整的 12 位 A/D 转换方式工作；当 $A_0=1$ 时，按 8 位 A/D 转换方式工作。读数据期间($R/\overline{C}=1$)，如果 $A_0=0$，则三态输出缓冲器输出转换结果的高 8 位；如果 $A_0=1$，则三态输出缓冲器输出转换结果的低 4 位。A_0 控制一般和 12/$\overline{8}$ 结合使用。

- $12/\overline{8}$：数据输出格式控制端。$12/\overline{8}=1$ 时对应的 12 位并行输出；$12/\overline{8}=0$ 时对应的 8 位双字节输出，$A_0=0$ 时输出高 8 位，$A_0=1$ 时输出低 4 位。注意，$12/\overline{8}$ 只能用硬布线连接到 +5V 或地。

输入输出信号如下：

- STS：工作状态信号线。当启动 A/D 转换时，STS 为高电平；当 A/D 转换结束时，STS 为低电平。

- $10V_{IN}$、$20V_{IN}$：模拟量输入端，分别为 10V 和 20V 量程的输入端。信号的另一端接至 AGND。

- $DB_{11} \sim DB_0$：数字量输出端。

- REF OUT：10V 内部参考电压输出端。

- REF IN：内部解码网络所需参考电压输入端。

- BIP OFF：补偿校正端，接至正负可调的分压网络，以调整无信号输入时的数字输出为 0。

- AGND：模拟地。

- DGND：数字地。

ADC574A 真值表如表 8.3.2 所示。图 8.3.19 为 ADC574A 启动转换和结果输出时序。

表 8.3.2 ADC574A 真值表

CE	$\overline{CS}$	$R/\overline{C}$	$12/\overline{8}$	A_0	工 作 状 态
0	×	×	×	×	不起作用
×	1	×	×	×	不起作用(未选中)
1	0	0	×	0	启动 12 位转换
1	0	0	×	1	启动 8 位转换
1	0	1	接+5V	×	12 位并行输出有效
1	0	1	接地	0	高 8 位并行输出有效
1	0	0	接地	1	低 4 位有效，中间 4 位补 0，高 4 位三态

此外，通过对 ADC574A 引脚 8、10、12 的外接电路的不同连接可以实现，AD574A 的单极性和双极性两种工作方式。图 8.3.20(a)所示为单极性转换电路接法。可实现输入信号 0~10V 或 0~20V 的转换。系统模拟信号的地应与引脚 9(AGND)端相连，使其地线的接触电阻尽可能小，以保证模拟信号的失真尽可能小。图 8.3.20(b)为双极性转换电路，可实现输入信号 -5~5V 或 -10~10V 之间的转换。

图 8.3.21 给出了 ADC754A 与 80C51 单片机的接口方案之一。由于 ADC574A 片内有时钟，故无须外加时钟信号。该电路采用双极性输入方式，可对 ±5V 或 ±10V 模拟信

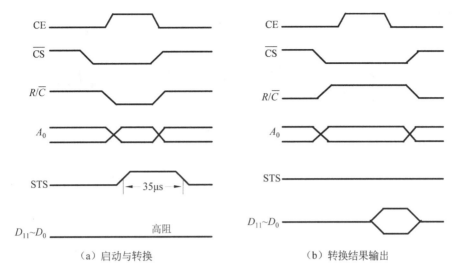

（a）启动与转换　　　　　　　　　　　（b）转换结果输出

图 8.3.19　ADC574A 启动转换和结果输出时序

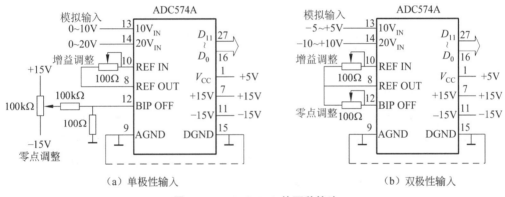

（a）单极性输入　　　　　　　　　　　（b）双极性输入

图 8.3.20　ADC574A 的两种接法

号进行转换。由于 ADC574A 与单片机连接时输出是 12 位数字量，所以单片机读取转换结果时分两次读取：先读高 8 位，后读低 4 位。由 A_0 分别控制读取高 8 位或低 4 位。

CPU 可采用中断、查询、软件延时等方式读取 AD574A 的转换结果。若采用查询方式，则将转换结束状态线 STS 接到 80C51 的某一 I/O 端口线，例如在图 8.3.21 中是与 $P_{2.0}$ 线相连。工作过程说明如下：

（1）当单片机执行对外部数据存储器的写指令，并使 $CE=1$，$\overline{CS}=0$，$R/\overline{C}=0$，$A_0=0$ 时，启动 12 位 A/D 转换。

（2）80C51 主机通过 $P_{2.0}$ 不断查询 STS 的状态。当 STS 由高电平变为低电平时，表示转换结束。

（3）转换结束后，80C51 通过两次读外部数据存储器操作，读取 12 位的转换结果数据。当 $CE=1$，$\overline{CS}=0$，$R/\overline{C}=1$，$A_0=0$ 时，读取高 8 位；当 $CE=1$，$\overline{CS}=0$，$R/\overline{C}=1$，$A_0=1$ 时，读取低 4 位。

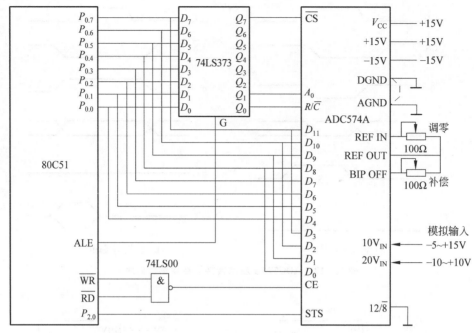

图 8.3.21　ADC574A 与 80C51 的接口电路

2. 其他 ADC 介绍

随着大规模集成电路的发展,目前不同厂家已经生产出了多种型号的 ADC,以满足不同应用场合的需要。如果按转换原理划分,ADC 主要有 3 种类型,即双积分型 ADC、逐次比较型 ADC 和并行型 ADC。目前最常用的是双积分型和逐次比较型两种类型。

双积分型 ADC 具有抗干扰能力强、转换精度高、价格便宜等优点,缺点是转换速度较慢。因此,这种转换器主要用于速度要求不高的场合。目前常用的双积分型 ADC 芯片如下:

- ICL7106/7107/7126/7136/7137 系列,是美国 Intersil 公司的产品,是 3 位半 ADC。具有自校零、自动极性、单基准电压、静态七段码输出等功能,可直接驱动 LED 或 LCD 显示器等特点。
- MC14433 是美国 Motorola 公司产品,是 3 位半 ADC。它除了具有自校零、自动极性、单基准电压等功能外,还有动态位扫描 BCD 码输出、自动量程控制信号输出等特点。
- ICL7135 是 4 位半 ADC,具有自校零、自动极性、自动量程控制、动态扫描 BCD 码输出等功能。
- ICL7109 是 12 位二进制码输出的 ADC,带有一位极性位和一位溢出位。
- AD7555 是 5 位半动态扫描、BCD 码输出的高精度 ADC。

另一类常用的 ADC 为逐次逼近式。这类转换器的转换速度快,其转换时间在几微秒和几百微秒之间。逐次逼近式 ADC 是目前品种最多、应用最广的 ADC。目前常用的

逐次逼近式 ADC 芯片如下:

- ADC0801~ADC0805 为 8 位 MOS 型 ADC,片内有三态数据输出锁存器,单通道输入,转换时间约为 $100\mu s$。
- ADC0808/0809 为 8 位 MOS 型 ADC,具有 8 路模拟信号输入通道,片内有 8 路模拟选通开关及地址译码、锁存电路等。转换时间约为 $100\mu s$。ADC0816/0817除了输入通道数增加至 16 个外,其性能与 ADC0808/0809 基本相同。
- ADC574A 为 12 位 ADC,转换时间约为 $25\mu s$。ADC1131 为 14 位 ADC,转换时间约为 $12\mu s$。ADC1140 为 16 位 ADC,转换时间约为 $35\mu s$。ADC803 为 12 位高速 ADC,转换时间 500ns(8 位)、670ns(10 位)、$1.5\mu s$(12 位)。ADC804 为 12 位串行输出 ADC,适合远距离传送数据。

8.4　用有限状态机实现 ADC574A 采样控制电路

有限状态机及其设计技术是实用数字系统设计中的重要组成部分,也是实现高效率高可靠逻辑控制的重要途径。与基于 VHDL 的其他设计方案相比,有限状态机的优越性主要表现在以下几个方面:

(1) 有限状态机的工作方式是根据控制信号按照预先设定的状态依次运行,类似于时序电路的状态转换。有限状态机是纯硬件数字系统中的顺序控制电路。

(2) 有限状态机的结构模式相对简单,设计方案相对固定,特别是可以定义符号化枚举类型的状态,这一切为 VHDL 综合器尽可能发挥其强大的优化功能提供了有力支持。

(3) 有限状态机容易构成性能良好的同步时序逻辑模块,这对于大规模逻辑电路设计中的竞争−冒险现象的消除提供了一个很好的途径。

(4) 与 VHDL 其他描述方式相比,有限状态机的 VHDL 表述丰富,程序层次分明,结构清晰,易读易懂,在排错、修改和模块移植方面也有独到的好处。

(5) 在高速运算和控制方面,有限状态机具有更大的优势。由于 VHDL 中的一个有限状态机可以由多个进程构成,一个结构体中可以包含多个并行运行的有限状态机,而一个单独的有限状态机以顺序方式完成相应的运算和控制,类似于一个包含并行运行的多 CPU 的高性能微处理器的功能。下面以 ADC574A 采样控制电路的有限状态机的实现介绍其设计过程。

用有限状态机对 ADC574A 进行采样控制时,首先必须了解其工作时序,然后据此画出状态图,最后写出相应的 VHDL 代码。根据表 8.3.2 可得到 ADC574A 的输出 12 位工作时序,如图 8.4.1 所示,相应的控制采样状态图如图 8.4.2 所示。在图 8.4.1 中,RC 为转换启动控制信号,低电平有效;转换过程中 STATUS 为高电平,且输出为高阻状态,转换时间约 $20\mu s$;转换结束后,当 STATUS 为低电平,同时 RC 为高电平时,12 位输出数据有效;最后由内部锁存信号 LOCK 将 ADC574A 输出的数据锁存或存入 RAM。

由图 8.4.2 也可以看到,在状态 st2 中需要对 ADC574A 工作状态信号 STATUS 进行测试。如果 STATUS 为高电平,表示转换没有结束,仍停留在 st2 状态中等待;直到

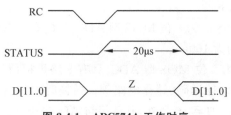

图 8.4.1　ADC574A 工作时序

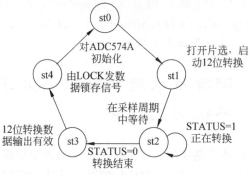

图 8.4.2　ADC574A 控制采样状态图

STATUS 变成高电平,才说明转换结束,在下一时钟脉冲到来时转向状态 st3。在状态 st3 中由状态机向 ADC574A 发出转换好的 12 位数据输出命令,并在 st4 状态发出数据锁存信号。所有这些工作时序中的控制信号由有限状态机实现,其程序结构框图如图 8.4.3 所示。

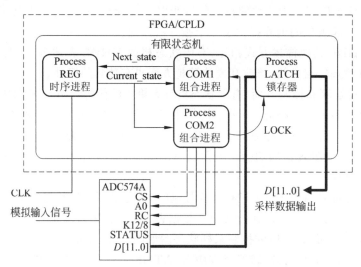

图 8.4.3　采样控制电路的有限状态机结构框图

ADC574A 采样控制电路的程序如下:

```
LIBRARY IEEE;
```

```
USE IEEE.STD_LOGIC_1164.ALL;
ENTITY AD574A IS
  PORT(D:IN STD_LOGIC_VECTOR(11 DOWNTO 0);
       CLK,STATUS:IN STD_LOGIC;              --状态机时钟 CLK,ADC574A 状态信号 STATUS
       LOCK0:OUT STD_LOGIC;                  --内部锁存信号 LOCK 的测试信号
       CS,A0,RC,K12X8:OUT STD_LOGIC;         --ADC574A 控制信号
       Q:OUT STD_LOGIC_VECTOR(11 DOWNTO 0)); --锁存数据输出
END AD574A;
ARCHITECTURE behav OF AD574A IS
  TYPE states IS (st0, st1, st2, st3,st4);
  SIGNAL current_state, next_state:states:=st0;
  SIGNAL REGL : STD_LOGIC_VECTOR(11 DOWNTO 0);
  SIGNAL LOCK : STD_LOGIC;
  BEGIN
    K12X8 <='1';   LOCK0 <=LOCK ;
    COM1: PROCESS(current_state,STATUS)       --决定转换状态的进程
    BEGIN
      CASE current_state IS
        WHEN st0 =>next_state <=st1;
        WHEN st1 =>next_state <=st2;
        WHEN st2 =>IF (STATUS='1') THEN next_state <=st2;
                   ELSE next_state <=st3;
                   END IF;
        WHEN st3=>next_state <=st4;
        WHEN st4=>next_state <=st0;
        WHEN OTHERS =>next_state <=st0;
      END CASE;
    END PROCESS COM1;
    COM2: PROCESS(current_state)              --输出控制信号的进程
    BEGIN
     CASE current_state IS
        WHEN st0=>CS<='1';A0<='1';RC<='1';LOCK<='0';   --初始化
        WHEN st1=>CS<='0';A0<='0';RC<='0';LOCK<='0';   --启动 12 位转换
        WHEN st2=>CS<='0';A0<='0';RC<='0';LOCK<='0';   --等待转换
        WHEN st3=>CS<='0';A0<='0';RC<='1';LOCK<='0';   --12 位并行输出有效
        WHEN st4=>CS<='0';A0<='0';RC<='1';LOCK<='1';   --锁存数据
        WHEN OTHERS=>CS<='1';A0<='1';RC<='1';LOCK<='0'; --其他情况返回初始状态
        END CASE;
    END PROCESS COM2;
    REG: PROCESS (CLK)                        --时序进程
    BEGIN
      IF(CLK'EVENT AND CLK='1')THEN current_state<=next_state;
      END IF;
    END PROCESS REG;
```

```
LATCH1:PROCESS (LOCK)                          --数据锁存器进程
    BEGIN
        IF LOCK='1' AND LOCK'EVENT THEN REGL <=D;
        END IF;
    END PROCESS;
    Q <=REGL;
END behav;
```

程序中包含时序进程 REG、组合进程 COM 和数据锁存器进程 3 个进程。其中，REG 进程在时钟信号 CLK 的驱动下，不断地将 next_state 中的内容赋给 current_state，并由此信号将状态变量传输给组合进程 COM，这类似于时序电路的状态转换。而 COM 进程则类似于时序电路中的组合电路部分，它分为 COM1 和 COM2 两部分。COM1 根据从 current_state 信号中获得的状态变量以及来自 ADC574A 的状态信号 STATUS 决定下一步的转移方向，即确定次态的状态变量；COM2 根据 current_state 信号确定 ADC574A 的控制信号线 CS、A0、RC 等输出的控制信号，当采样结束后还要通过 LOCK 向数据锁存器进程 LATCH 发出锁存信号，以便将 ADC574A 的 $D[11..0]$ 数据输出口的 12 位数据锁存起来。

在一个完整的采样周期中，有限状态机首先启动 CLK 为敏感信号的时序进程，接着组合进程 COM 被 current_state 敏感信号启动，最后由 LOCK 敏感信号启动数据锁存进程。图 8.4.4 显示了 5 个采样周期的工作时序。

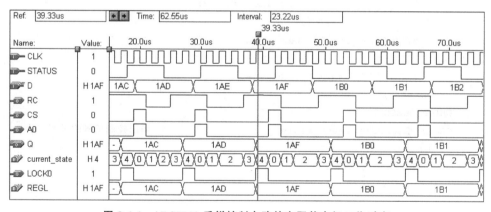

图 8.4.4　ADC574A 采样控制电路的有限状态机工作时序

8.5 本 章 小 结

DAC 和 ADC 是现代数字系统中不可缺少的重要设备，它是数字系统与模拟系统的接口电路。随着计算机计算精度和计算速度的不断提高，对 DAC、ADC 的转换精度和转换速度也提出了更高的要求。事实上，在许多数字系统中，其信号处理、检测与控制的精度和速度最终决定于 DAC、ADC 所能达到的精度和速度。因此，DAC 和 ADC 转换精度和转换速度是两个重要的技术指标。

在 DAC 的内容中,本章首先介绍了权电阻网络 DAC、倒 T 形电阻网络 DAC、权电流网络 DAC 和双极性输出 DAC 的电路结构和工作原理,并说明了 DAC 的主要技术指标。另外还介绍了两种典型的集成 DAC 芯片——DAC0832 和 DAC1210 的电路结构及引脚特性,举例说明了它们的工作方式及使用方法。

本章把 ADC 分为直接比较型 ADC 和间接比较型 ADC 两大类。直接比较型 ADC 又分为并联比较型 ADC 和反馈比较型 ADC 两种电路。在反馈比较型 ADC 中又介绍了计数器型 ADC 和逐次比较型 ADC 两种方案。而间接比较型 ADC 分为 V/T 型 ADC 和 V/F 型 ADC 等几种。各种 ADC 的转换速度有所差异,并联比较型 ADC 是最快的一种,逐次比较型 ADC 次之,而双积分型 ADC 的转换速度较低。但双积分型 ADC 具有电路结构简单、性能稳定可靠、抗干扰能力强等优点,所以在各种低速要求的系统中得到了广泛的应用。

最后介绍了两种典型的集成 ADC 芯片——8 位 ADC0809 和 12 位 ADC574A 的电路结构和引脚特性,并说明由集成 ADC 构成的数据采集系统、常用的典型接法及 ADC 与微处理器的接口问题。

使用 DAC 和 ADC 时,除了考虑转换器的转换精度和转换速度之外,还必须保证参考电源和供电电源有足够的稳定性,并减少环境温度的变化。

8.6　习　　题

8.1　某 8 位 DAC,回答下述问题:

(1) 若最小输出电压增量为 0.02V,当输入二进制码 01001101 时,输出电压 v_O 为多少伏?

(2) 其分辨率用百分数表示为多少?

(3) 若某一系统中要求 DAC 的精度优于 0.25%,该 DAC 能否应用?

8.2　在如图 8.6.1 所示的数字系统中,计数器为 4 位加法计数器,4 位 DAC 为图 8.2.2 所示的倒 T 形电阻网络 DAC,已知 $R_F = 20k\Omega$, $R = 5k\Omega$, $V_{REF} = -2.56V$。假设计数器初始状态为 $Q_3Q_2Q_1Q_0 = 0000$,画出输出电压 v_O 的波形。

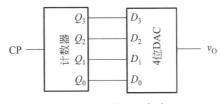

图 8.6.1　题 8.2 电路

8.3　若 6 位 DAC 标称满量程输出为 10V,若其输入代码 101001 分别为自然二进制码、偏移二进制码和 2 的补码,分别求出相应的输出模拟信号电压 v_O 各为多少。

8.4　设有如图 8.6.2 所示的 DAC,分析该 DAC 电路,确定输出最大幅度为 V_{REF} 时反馈电阻 R_F 的数值。

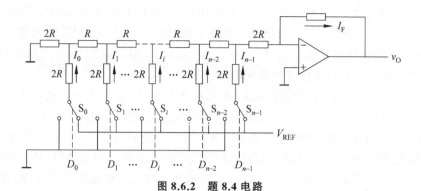

图 8.6.2 题 8.4 电路

8.5 设有如图 8.6.3 所示 4 位双极性 DAC,分析电路输入输出关系,输入数字量 $D_3 D_2 D_1 D_0$ 应采用什么码?

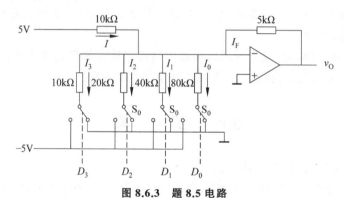

图 8.6.3 题 8.5 电路

8.6 分析如图 8.6.4 所示的 ADC7520 的电路结构和工作原理,写出输出电压与输入数字量之间的关系。

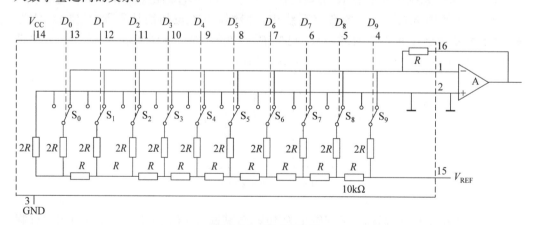

图 8.6.4 题 8.6 电路

8.7 在如图 8.6.5 所示的补码双极性 DAC 电路中,D_3 为符号位,V_{OFF} 为偏移电源,R_{OFF} 为偏移电阻。分析该电路,确定 V_{OFF} 和 R_{OFF} 的值。

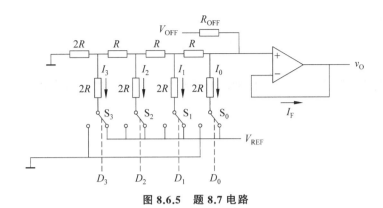

图 8.6.5 题 8.7 电路

8.8 由 ADC7520、运算放大器和 74LS161 组成的电路如图 8.6.6 所示。图中 ADC7520 的 $D_5 \sim D_0$ 接低电平,V_{REF} 接 $-10V$。讨论在时钟 CP 作用下输出 v_O 的变化,画出相应的波形图。

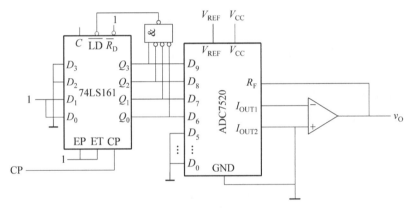

图 8.6.6 题 8.8 电路

8.9 ADC7520 的电路如图 8.6.6 所示,其应用电路如图 8.6.7 所示。已知 ADC7520 的参数如下:电源电压为 $5 \sim 15V$,分辨率为 10 位,稳定时间为 500ns。为得到 $\pm 5V$ 的最大输出模拟电压,确定基准电压 V_{REF}、偏移电压 V_B 及偏移电阻 R_B,并列出高 3 位(含符号位)输入输出对照表。

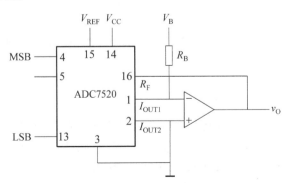

图 8.6.7 题 8.9 电路

8.10 ADC7520 组成的双极性输出的 DAC 电路如图 8.6.8 所示，$R_F = R = 10\text{k}\Omega$。

(1) 不考虑偏移电压 V_{OFF} 和偏移电阻 R_{OFF} 的作用，写出输出范围。设 $V_{\text{REF}} = -15\text{V}$。

(2) 在偏移电路的作用下，要使输出范围改为 $-8 \sim 7\text{V}$，确定偏移电阻 R_{OFF} 的值。设 $V_{\text{OFF}} = 6\text{V}$。

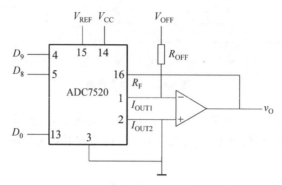

图 8.6.8 题 8.10 电路

8.11 倒 T 形电阻网络 DAC 如图 8.6.9 所示。

(1) 若电阻网络为 8 位，$V_{\text{REF}} = -10\text{V}$，$R = 20\text{k}\Omega$，$R_F = 60\text{k}\Omega$，求 v_O 的输出范围。

(2) 已知 $V_{\text{REF}} = -10\text{V}$，$R = 50\text{k}\Omega$，$R_F = 150\text{k}\Omega$，已测得输出电压 $v_O = 7.03\text{V}$。求输入 D 的状态，并分析电阻 R 的大小对输出误差的影响如何。

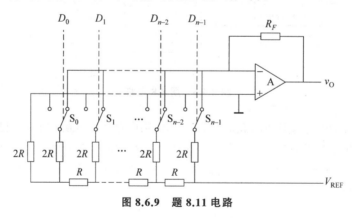

图 8.6.9 题 8.11 电路

8.12 某恒流源驱动的倒 T 形电阻网络 DAC 电路如图 8.6.10 所示。写出输出电压 v_O 的表达式。

8.13 11 位 ADC 的分辨率以分数表示是多少？如果满刻度电压为 10V，当输入电压为 5mV 时，输出的二进制码是多少？

8.14 如果要将一个最大幅值为 5.1V 的模拟信号转换为数字信号，要求模拟信号每变化 20mV 即能使数字信号的最低位发生变化，所用的 ADC 至少是多少位？

8.15 计数器型 ADC 的原理框图如图 8.3.5 所示。

(1) 若输出数字量为 12 位，时钟频率为 1MHz，则完成一次转换的最长时间是多少？

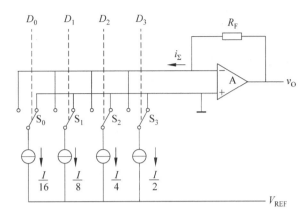

图 8.6.10　题 8.12 电路

(2) 如果希望转换时间不大于 $100\mu s$,则时钟信号的频率应选多少?

8.16　对逐次比较型 ADC,解答以下问题:

(1) 逐次比较型 ADC 由哪些主要电路构成?

(2) 已知 8 位 ADC 的 $f_{CP}=100kHz$,则完成一次 A/D 转换的时间是多少?

(3) 若逐次比较型 ADC 中的 8 位 DAC 的最大输出电压 $v_{Amax}=9.945V$,当模拟输入电压 $v_I=6.436V$ 时,求 ADC 的输出数字量。

(4) 若一次转换中,DAC 输出电压 v_A 和输入电压 v_I 如图 8.6.11 所示,求转换结束时的输出数字量。

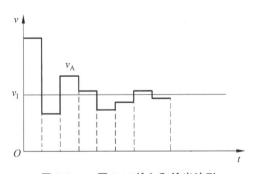

图 8.6.11　题 8.16 输入和输出波形

8.17　在如图 8.3.7 所示的双积分型 ADC 中,若计数器为 10 位二进制,时钟信号频率为 1MHz,该 ADC 的最大转换时间是多少?

8.18　根据双积分型 ADC 的工作原理,回答以下问题:第一次积分时间 T_1 的长短是由哪些参量决定的? 时间常数 RC 是否会影响 T_1,进而影响电路转换后的输出状态? 第二次积分时间 T_2 的长短是由哪些参量决定的? v_I 和 V_{REF} 是否会影响 T_2,进而影响电路转换后的输出状态?

8.19　V/F 型 ADC 的电路如图 8.6.12 所示。当比较器输出 v_C 为高电平时,放电开关 S 合上,电容 C 快速放电;当 v_C 为低电平时,放电开关 S 打开,v_I 对电容 C 充电。已知 $R=51k\Omega$,$C=2200pF$。

（1）设 $V_{REF}=7V$，$v_1=9V$，计数器位长为 8 位。在 $t=t_0$ 时，V_K 跳变为 1；经 0.01s 后，V_K 跳变为 0，此时计数器中的状态 $Q_7 \sim Q_0$ 是什么？

（2）在上述参数条件下，v_1 为多少伏时计数器输出的数字量最大？

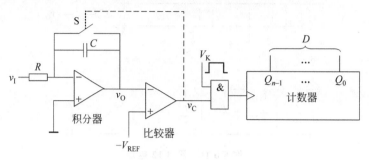

图 8.6.12　题 8.19 电路

第 9 章

数字系统的典型应用

数字系统设计方法分为传统的搭积木式的数字系统设计和利用 EDA 技术、可编程逻辑器件的现代数字系统设计两大类。

本章主要介绍数字钟、数字频率计、直流数字电压表、交通信号灯控制系统和智力竞赛抢答器等几个中小规模数字集成电路的典型应用。另外,本章还应用现代数字系统设计方法分别介绍了直接数字频率合成和波形发生器的两个典型系统的应用设计。这些典型应用实例可作为课程设计或综合设计的参考。

9.1 概　　述

在计算机、移动通信、军事雷达、医疗器械、计算机控制、自控装置、数字化仪器仪表等方面的数字设备中,数字技术与数字电路构成的数字系统已经成为现代电子系统的重要组成部分。

数字系统的基本逻辑元件是门电路和双稳态触发器,由这些逻辑元件可构成一些标准的固定功能的集成电路,如 74/54 系列(TTL)、4000/5000 系列(CMOS)芯片和一些固定功能的中规模集成电路。它们少量作为独立元件使用,主要应用于构成组合电路、时序电路及由这些部件构成的大规模集成电路。

数字系统中用到的组合电路有逻辑门、编码器、译码器、多路选择器、加法器、比较器、奇偶发生/校验器等,用到的时序电路有数据寄存器、移位寄存器、分频器、计数器、节拍信号发生器等。数字系统中用到的半导体存储器(ROM、RAM、SAM)、可编程逻辑器件(CPLD/FPGA)属于大规模数字集成电路,内含组合电路和时序电路。

传统的数字系统设计一般采用搭积木的方法进行,即由固定功能的中小规模逻辑器件搭成电路板,通过设计电路实现系统功能。20 世纪 90 年代以后,EDA 技术和大规模可编程逻辑器件技术的飞速发展给数字系统设计带来了革命性的变化。利用 EDA 工具,采用可编程逻辑器件,正在成为数字系统设计的主流方法。

本章讲述几个中小规模数字集成电路和两个可编程逻辑器件的典型应用设计。这些应用实例有的取自实际应用电路,有的取自教学实验电路,都可作为课程设计或综合练习的参考。

9.2　数字钟设计

9.2.1　电路结构

数字钟电路是一块独立构成的时钟集成电路专用芯片。它集成了计数器、比较器、振荡器、译码器和驱动电路等，能直接驱动显示时、分、秒、日、月，具有定时、报警等多种功能，被广泛应用于自动化控制、智能化仪表等领域。

数字钟的电路框图如图 9.2.1 所示。数字钟由石英晶体振荡器和分频器组成的秒脉冲发生器、校时电路、六十进制计数器、二十四进制计数器、七进制计数器以及秒、分、时、周的译码显示部分等组成。

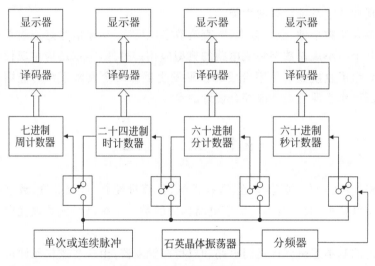

图 9.2.1　数字钟电路框图

9.2.2　部分电路设计

1. 秒脉冲发生器设计

石英晶体振荡器的作用是产生一个标准频率信号，然后再由分频器分成秒脉冲。石英晶体振荡器振荡的精度与稳定度决定了计时器的精度和质量。秒脉冲发生器（振荡电路）由石英晶体、微调电容和反相器构成，如图 9.2.2 所示。石英晶体振荡器的晶振频率为 32 768Hz，经过 15 级二分频即可得到 1Hz（秒信号）。用 14 位的 CD4060 串行计数器/振荡器来实现 14 级分频和振荡，再外加一级分频，可用 74LS74 双 D 触发器来实现。图 9.2.2 中，R_F 为反馈电阻，目的是为 CMOS 反相器提供偏置，使其工作在放大状态；C_1 是频率微调电容；C_2 是温度特性校正用电容。

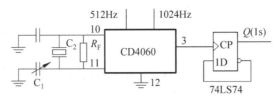

图 9.2.2 秒脉冲发生器

2. 计数器设计

数字钟的秒、分、时、日分别为六十进制、六十进制、二十四进制和七进制计数器。秒、分均为六十进制,即显示 $00\sim59$,它们的个位为十进制,十位为六进制。时为二十四进制计数器,即显示 $00\sim23$,个位也是十进制,但当十进位计到 2 而个位计到 4 时清零,构成二十四进制。计数器的设计可采用异步置零法,先按二进制计数级联起来,构成计数器,当计数状态达到所需的模后,经门电路译码、反馈,产生复位脉冲,将计数器清零,然后重新开始进行下一循环。周的显示为日、1、2、3、4、5、6,所以设计成七进制计数器。

六十进制计数器由个位计数器和十位计数器组成。如果采用 74LS161(4 位二进制计数器)来设计六十进制计数器,必须考虑个位十进制计数的反馈清零设计,当输出状态 $Q_3Q_2Q_1Q_0=1010$ 时,用与门将 Q_3、Q_1 取出,送到计数器 CR 端,使计数器清零,从而实现十进制计数;六进制计数的反馈方法是当输入第 6 个脉冲,输出状态 $Q_3Q_2Q_1Q_0=0110$ 时,用与门将 Q_2、Q_1 取出,送到计数器 CR 端,使计数器清零,从而实现六进制计数。

如图 9.2.3 所示,采用 74LS161 设计的六十进制计数器可作为秒、分计数器用。同样可以给出二十四进制计数器,即时计数器,如图 9.2.4 所示。

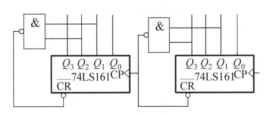

图 9.2.3 秒、分计数器

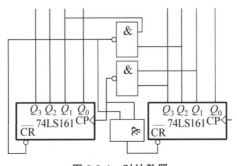

图 9.2.4 时计数器

周计数器是一个七进制计数器,共有 7 种状态,分别为 1、2、3、4、5、6、日(数码管显示 8),周计数器状态转换表如表 9.2.1 所示。根据状态转换表用 D 触发器实现七进制计数器,其参考电路见图 9.2.5 中最左侧的部分。

表 9.2.1　周计数器状态转换表

Q_3	Q_2	Q_1	Q_0	显　　　示
0	0	0	1	1
0	0	1	0	2
0	0	1	1	3
0	1	0	0	4
0	1	0	1	5
0	1	1	0	6
1	0	0	0	日

3. 译码显示电路

译码电路的功能是使秒、分、时、周计数器中的输出状态为 $Q_3Q_2Q_1Q_0$,其二进制形式为 8421 代码,然后再翻译成七段数码管能显示的电信号,最后再经数码管或其他驱动显示电路把相应的数字显示出来。译码显示电路采用定型产品 74LS248 集成电路。该电路为 BCD-7 段锁存译码驱动器,采用共阴极连接,直接驱动发光二极管。

4. 校时电路

图 9.2.5 中的校时电路由 CMOS 电路和 4 只开关(S2~S5)组成,分别实现对周、时、分、秒的校准。开关选择有自动和手动两挡。当开关处于自动挡时,对周、时、分进行晶振校时的原理比较简单;当开关处于手动挡时,秒脉冲进入个位计数器,实现校时功能。在校时时送入 2Hz(0.5s)信号,可方便快速校时。图 9.2.5 中的与非门电路可采用 CD4011 实现。

5. 整点报时

当计数到整点的前 6s 时,应该准备报时。在图 9.2.5 中,当分计数到 59 时,使分 RS 触发器输出置 1,再等到秒计数到 54 时,将秒 RS 触发器置 1,然后相与,再和 1s 标准信号相与,以控制低音喇叭鸣叫,直至 59s 时产生一个复位信号,使秒 RS 触发器清零,停止低音鸣叫,同时 59s 信号的反相又和分 RS 触发器输出相与,以控制高音喇叭鸣叫。当分和秒从 59:59 到 00:00 时,鸣叫结束,完成整点报时。

6. 鸣叫电路

鸣叫电路由高、低两种频率通过或门驱动一个三极管,控制喇叭鸣叫。1kHz 和 500Hz 从晶振分频器近似获得。图 9.2.2 中的分频器的输出频率为 1024Hz 和 512Hz。

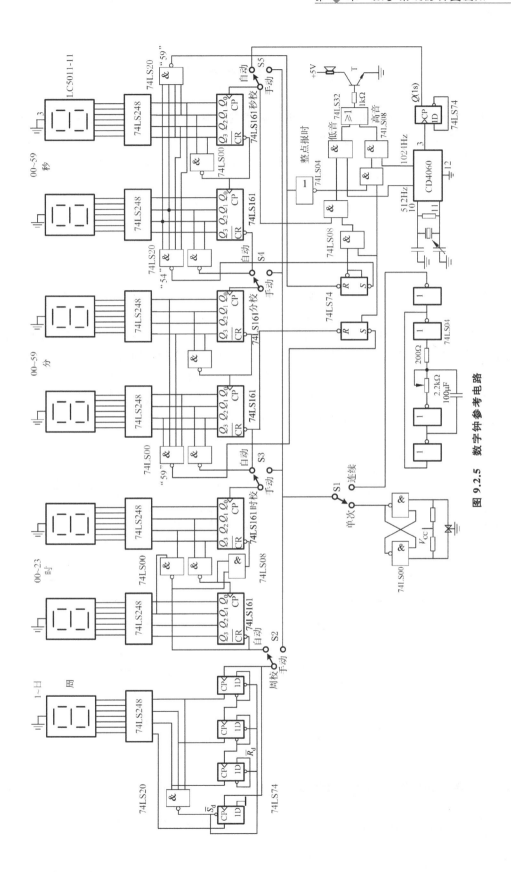

图 9.2.5　数字钟参考电路

9.3　数字频率计

数字频率计用于测量信号(方波、正弦波或其他脉冲信号)的频率,并用十进制数字显示,它具有精度高、测量迅速、读数方便等优点。

脉冲信号的频率就是在单位时间内产生的脉冲个数,其表达式为 $f = N/T$,其中 f 为被测信号的频率,N 为计数器累计的脉冲个数,T 为产生 N 个脉冲所需的时间。计数器的计数结果就是被测信号的频率。例如,在 1s 内记录了 1000 个脉冲,则被测信号的频率为 1000Hz。

9.3.1　基本原理

图 9.3.1(a)是数字频率计的组成框图。被测信号经放大整形电路变成计数器所要求的脉冲信号,其频率与被测信号的频率相同。时基电路(闸门电路)提供标准时间基准信号,其高电平持续时间(闸门时间)$T = 1s$,当秒信号来到时,闸门开通,被测脉冲信号通过闸门,计数器开始计数,直到秒信号结束时闸门关闭,停止计数。若在闸门时间 1s 内计数器计得的脉冲个数为 N,则被测信号频率 $f_X = N$。逻辑控制电路的作用有两个:一是产生锁存脉冲,使显示器上的数字稳定;二是产生清零脉冲,使计数器每次测量从零开始计数。

各信号之间的时序关系如图 9.3.1(b)所示。

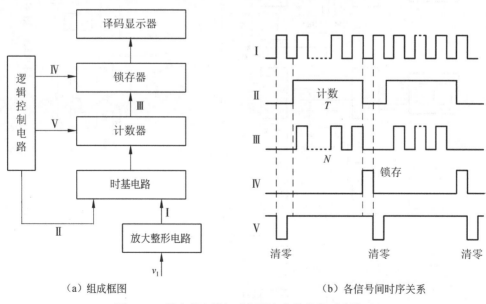

（a）组成框图　　　　　　　　　　（b）各信号间时序关系

图 9.3.1　数字频率计组成框图和各信号间时序关系

9.3.2　数字频率计的电路结构

数字频率计的电路结构如图 9.3.2 所示。下面介绍各部分的作用。

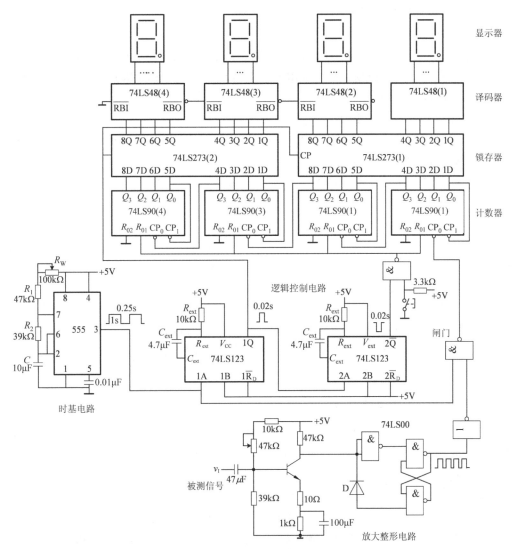

图 9.3.2　数字频率计电路结构

1. 基本电路设计

1) 放大整形电路

放大整形电路由三极管与 74LS00 等组成。其中三极管组成放大器将输入频率为 f_x 的周期信号(如正弦波、三角波等)进行放大。与非门 74LS00 构成施密特触发器,它对放大器的输出信号进行整形,使之成为矩形脉冲。

2) 时基电路

时基电路的作用是产生一个标准时间信号(高电平持续时间为 $T_1 = 1s$),由定时器 555 构成的多谐振荡器产生。若振荡器的频率 $f_0 = 1/(T_1 + T_2) = 0.8\mathrm{Hz}$,则振荡器的输出波形如图 9.3.1 中的波形Ⅱ所示,其中 $T_1 = 1s$、$T_2 = 0.25s$。由公式 $T_1 = 0.7(R_1 + R_2)C$ 和

$T_2 = 0.7R_2C$ 可计算出电阻 R_1、R_2 及电容 C 的值。

3）逻辑控制电路

根据图 9.3.1(b)所示波形，在计数信号 Ⅱ 结束时产生锁存信号 Ⅳ，锁存信号 Ⅳ 结束时产生清零信号 Ⅴ。脉冲信号 Ⅳ 和 Ⅴ 可由两个单稳态触发器 74LS123 产生，它们的脉冲宽度由电路的时间常数决定。

设锁存信号 Ⅳ 和清零信号 Ⅴ 的脉冲宽度 t_W 相同，如果要求 $t_W = 0.02\text{s}$，则 $t_W = 0.45R_{ext}C_{ext} = 0.02\text{s}$。若取 $R_{ext} = 10\text{k}\Omega$，则 $C_{ext} = 4.4\mu\text{F}$。由 74LS123 的功能可得，当触发脉冲从 1A 端输入时，在触发脉冲的负跳变作用下，输出端 $1\overline{Q}$ 可获得一个负脉冲，其波形关系正好满足图 9.3.1 所示的波形 Ⅳ 和 Ⅴ 的要求。手动复位开关 S 按下时，计数器清零。

4）锁存器

锁存器的作用是将计数器在 1s 结束时所计得的数进行锁存，使显示器上能稳定地显示此时计数器的值。如图 9.3.1(b)所示，1s 计数时间结束时，逻辑控制电路发出锁存信号 Ⅳ，将此时计数器的值送译码显示器。

选用两个 8 位锁存器 74L273 可以完成上述功能。当锁存信号 CP 的正跳变来到时，锁存器的输出等于输入，即将计数器的输出值送到锁存器的输出端。高电平结束后，无论 D 为何值，输出端仍保持原来的状态不变。所以在计数期间，计数器的输出不会送到译码显示器。

2. 频率范围扩展电路设计

按照上述方法所设计的数字频率计电路测量的最高频率只能为 9.999kHz，完成一次测量的时间约 1.25s。若被测信号频率增加到数百千赫或数兆赫时，则需要增加频率范围扩展电路。

频率范围扩展电路如图 9.3.3 所示，该电路可实现频率量程的自动转换。其工作原理是：当被测信号频率升高，千位计数器已满，需要升量程时，计数器的最高位产生进位脉冲 Q_3，送到由 74LS92 与两个 D 触发器共同构成的进位脉冲采集电路。第一个 D 触发器的 1D 端接高电平，当 Q_3 的下降沿来到时，74LS92 的 Q_0 端输出高电平，则第一个 D 触发器的 1Q 端产生进位脉冲并保持到清零脉冲到来。该进位脉冲使多路数据选择器 74LS151 的地址计数器 74LS90 加 1，多路数据选择器将选通下一路输入信号，即比上一次频率低 10 倍的分频信号，由于此时个位计数器的输入脉冲的频率是被测频率的 $1/10$，故要将显示器的数乘以 10 才能得到被测频率值，这可以通过移动显示器上小数点的位置来实现。如图 9.3.3 所示，若被测信号不经过分频（10^0 输出），显示器上的最大值为 9.999kHz；若经过 10^1 分频，显示器上的最大值为 99.99kHz，即小数点每向右移动一位，频率的测量范围就扩大为原来的 10 倍。

进位脉冲采集电路的作用是使电路工作稳定，避免当千位计数器到 8 或 9 时产生小数点的跳动。第二个 D 触发器用来控制清零，即有进位脉冲时电路不清零，而无进位脉冲时则清零。

当被测频率降低，需要转换到低量程时，可用千位（最高位）是否为 0 来判断。在此

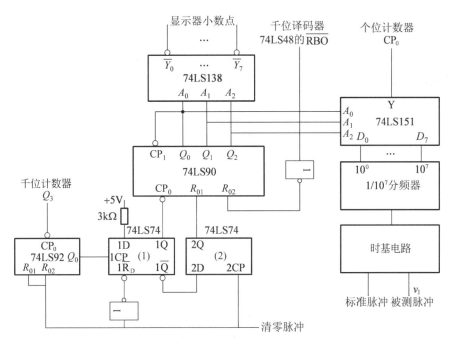

图 9.3.3 频率范围量程扩展电路

利用千位译码器 74LS48 的灭零输出端 $\overline{RBO}$，当 $\overline{RBO}$ 输出端为 0 时，需要降量程。因此，将信号 $\overline{RBO}$ 经反相器后作为地址计数器 74LS90 的清零脉冲。为了能把高位多余的 0 熄灭，只需把最高位的灭零输入端 $\overline{RBI}$ 置零，同时把高位的 RBI 与低位的 RBO 相连即可。由此可见，只有当检测到最高位为 0，并且在 1s 内没有进位脉冲时，地址计数器才清零复位，即转换到最低量程。然后，再按升量程的原理自动换挡，直到找到合适的量程。若将地址译码器 74LS138 的输出端取非，变成高电平以驱动显示器的小数点，则可显示扩展的频率范围。

9.3.3 主要技术指标

数字频率计的主要技术指标有以下 4 个。

1. 频率准确度

频率准确度一般用相对误差来表示，即

$$\frac{\Delta f_X}{f_X} = \pm\left(\frac{1}{Tf_X} + \left|\frac{\Delta f_C}{f_C}\right|\right)$$

式中，$\dfrac{1}{Tf_X} = \dfrac{\Delta N}{N} = \dfrac{1}{N}$ 为量化误差，是数字仪器所特有的误差，当闸门时间 T 选定后，f_X 越低，量化误差越大；$\dfrac{\Delta f_C}{f_C} = \dfrac{\Delta T}{T}$ 为闸门时间相对误差，主要由时基电路标准频率的准确度决定，$\dfrac{\Delta f_C}{f_C} \ll \dfrac{1}{Tf_X}$。

2. 频率测量范围

在输入电压符合规定要求值时,能够正常进行测量的频率区间称为频率测量范围。频率测量范围主要由放大整形电路的频率响应特性决定。

3. 数字显示位数

数字频率计的数字显示位数决定了它的分辨率。显示位数越多,分辨率越高。

4. 测量时间

数字频率计完成一次测量所需要的时间称为测量时间,包括准备、计数、锁存和复位时间。

9.4　直流数字电压表

直流数字电压表的核心器件是一个间接型 ADC,它首先将输入的模拟电压信号变换成易于准确测量的时间量,然后在这个时间宽度里用计数器计时,计数结果就是正比于输入模拟电压信号的数字量。

9.4.1　三位半双积分 ADC CC14433 的性能特点

CC14433 是 CMOS 双积分式三位半 $\left(3\dfrac{1}{2}位\right)$ ADC,它是将构成数字和模拟电路的

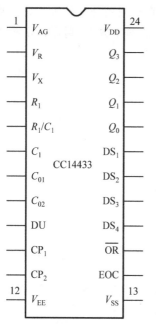

图 9.4.1　CC14433 引脚排列

7700 多个 MOS 晶体管集成在一个硅芯片上,该芯片有 24 只引脚,采用双列直插式封装,其引脚排列如图 9.4.1 所示。

引脚功能说明如下。

V_{AG}(1 脚):被测电压 V_X 和基准电压 V_R 的参考地。

V_R(2 脚):外接基准电压(2V 或 200mV)输入端。

V_X(3 脚):被测电压输入端。

R_1(4 脚)、R_1/C_1(5 脚)、C_1(6 脚):外接积分阻容元件端,$C_1 = 0.1\mu F$(聚酯薄膜电容器),$R_1 = 470k\Omega$(2V 量程),$R_1 = 27k\Omega$(200mV 量程)。

C_{01}(7 脚)、C_{02}(8 脚):外接失调补偿电容端,典型值为 $0.1\mu F$。

DU(9 脚):实时显示控制输入端。若与 EOC(14 脚)端连接,则每次 A/D 转换均显示。

CP_1(10 脚)、CP_2(11 脚):时钟振荡外接电阻端,典型值为 $470k\Omega$。

V_{EE}(12 脚):电路的电源最负端,接 $-5V$。

V_{SS}(13 脚)：除 CP 外所有输入端的低电平基准(通常与 1 脚连接)。

EOC(14 脚)：转换周期结束标记输出端，每一次 A/D 转换周期结束，EOC 输出一个正脉冲，宽度为时钟周期的 1/2。

$\overline{OR}$(15 脚)：过量程标志输出端，当 $|V_X| > V_R$ 时，$\overline{OR}$ 输出为低电平。

$DS_4 \sim DS_1$(16~19 脚)：多路选通脉冲输入端，DS_1 对应千位，DS_2 对应百位，DS_3 对应十位，DS_4 对应个位。

$Q_0 \sim Q_3$(20~23 脚)：BCD 码数据输出端。DS_2、DS_3、DS_4 选通脉冲期间，输出 3 位完整的十进制数；DS_1 选通脉冲期间，输出千位 0 或 1 及过量程、欠量程和被测电压极性标志信号。

CC14433 具有自动调零、自动极性转换等功能。可测量正或负的电压值。当 CP_1、CP_2 端接入 470kΩ 电阻时，时钟频率约为 66kHz，每秒可进行 4 次 A/D 转换。它的使用和调试比较简便，能与微处理机或其他数字系统兼容，广泛应用于数字面板表、数字万用表、数字温度计、数字量具及遥测、遥控系统。

9.4.2　三位半直流数字电压表电路结构

三位半直流数字电压表电路如图 9.4.2 所示。它由 A/D 转换、译码驱动、数码管、位选开关和基准电源 5 个部分组成。

1. A/D 转换和显示驱动

直流数字电压表的核心部分是 A/D 转换和显示驱动。A/D 转换采用上述的 CC14433 集成器件，显示驱动采用 CMOS BCD 七段译码/驱动器 CC4511 器件。其工作过程为：被测直流电压 V_X 经 A/D 转换后以动态扫描形式输出，数字量输出端 Q_0、Q_1、Q_2、Q_3 上的数字信号(8421 码)按照时间先后顺序输出。位选信号 DS_1、DS_2、DS_3、DS_4 通过位选开关 MC1413 分别控制千位、百位、十位和个位上的 4 只 LED 数码管的公共阴极。数字信号经七段译码/驱动器 CC4511 译码后，驱动 4 只 LED 数码管的各段阳极。这样就把 ADC 按时间顺序输出的数据以扫描形式在 4 只 LED 数码管上依次显示出来。由于选通重复频率较高，工作时从高位到低位以每位每次约 300μs 的速率循环显示，即一个 4 位数的显示周期是 1.2ms，所以人眼就能清晰地看到 4 位 LED 数码管同时显示三位半十进制数字量。

当参考电压 $V_R = 2V$ 时，满量程显示 1.999V；当 $V_R = 200mV$ 时，满量程显示 199.9mV。可以通过选择开关来控制千位和十位数码管的 h 段，经限流电阻实现对相应的小数点显示的控制。

最高位(千位)显示时只有 b、c 两段与 LED 数码管的 b、c 脚相接，所以千位只显示 1 或不显示。千位的 g 段显示模拟量的负值(正值不显示)，即由 CC14433 的 Q_2 端通过 NPN 三极管控制 g 段。

2. 位选开关 MC1413

MC1413 采用 NPN 达林顿复合晶体管的结构，因此有很高的电流增益和输入阻抗，

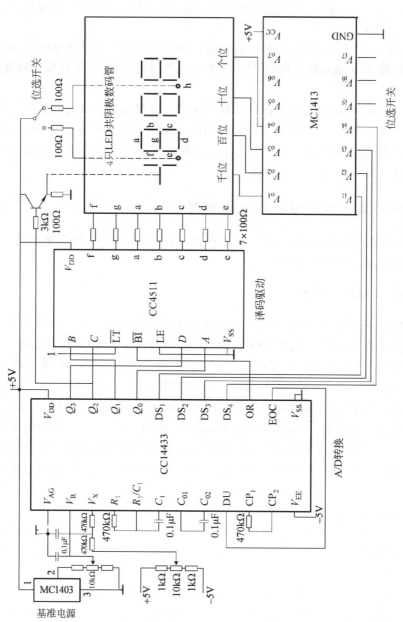

图 9.4.2　三位半直流数字电压表电路

可直接接收 MOS 或 CMOS 集成电路的输出信号,并把电压信号转换成足够大的电流信号,以驱动各种负载。该电路内含有 7 个集电极开路反相器(也称 OC 门)。

MC1413 电路结构和引脚排列如图 9.4.3 所示。MC1413 采用 16 引脚的双列直插式封装。从图 9.4.3 可以看出,内部电路的每一个驱动器的输出端都接有一个释放电感负载能量的抑制二极管。

3. 精密基准电源 MC1403

A/D 转换器需要外接标准电压源作参考电压。标准电压源的精度应当高于 A/D 转换器的转换精度。这里采用 MC1403 集成精密稳压源作为参考电压,MC1403 引脚排列如图 9.4.4 所示。

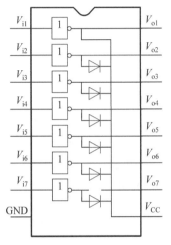

图 9.4.3　MC1413 电路结构和引脚排列

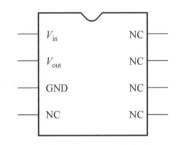

图 9.4.4　MC1403 引脚排列

MC1403 的输出电压为 2.5V。当输入电压在 4.5~15V 范围内变化时,输出电压的变化不超过 3mV,一般只有 0.6mV 左右。输出最大电流为 10mA。

另外,CC7107 型 ADC 也是把模拟电路与数字电路集成在一块芯片上的大规模 CMOS 集成电路,它具有功耗低、输入阻抗高、噪声低、能直接驱动共阳极 LED 显示器、不需要另加驱动器件、使转换电路简化等特点。利用 CC7107 型 ADC 也可组成三位半直流数字电压表。

9.5　交通信号灯控制系统

为了确保十字路口的车辆顺利地通过,往往采用自动控制的交通信号灯进行指挥。其中,红灯(R)亮表示该条道路禁止通行,黄灯(Y)亮表示停车,绿灯(G)亮表示允许通行。

9.5.1 控制逻辑分析

交通信号灯控制系统的框图如图 9.5.1 所示。设南北向的红、黄、绿灯分别为 NSR、NSY、NSG，东西向的红、黄、绿灯分别为 EWR、EWY、EWG。它们的工作方式满足如图 9.5.2 所示的流程，其中 t 为单位时间。

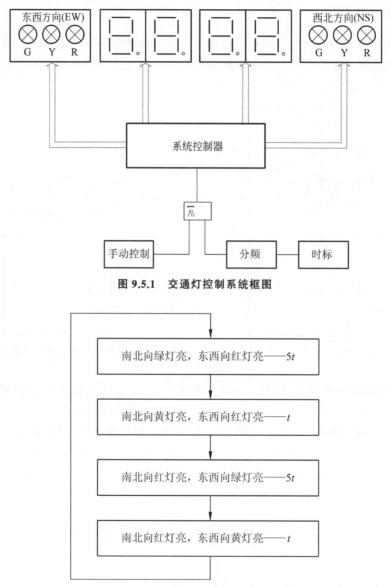

图 9.5.1　交通灯控制系统框图

图 9.5.2　交通信号灯工作流程

路口两个方向的工作时序是：东西向亮红灯的时间应等于南北向亮黄、绿灯的时间之和，而南北向亮红灯的时间应等于东西向亮黄、绿灯的时间之和。路口两个方向的工作时序如图 9.5.3 所示。

在图 9.5.3 中,假设单位时间 t 为 5s。南北、东西向绿、黄、红灯亮时间分别为 25s、5s、30s,一次循环为 60s。其中红灯亮的时间为绿灯、黄灯亮的时间之和,黄灯间歇闪耀。

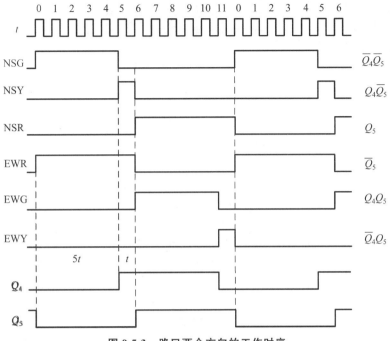

图 9.5.3　路口两个方向的工作时序

另外,十字路口要有数字显示,作为时间提示,以便人们更直观地把握时间。具体为:当某方向绿灯亮时,置数字显示器(以下简称数显)为某值,然后以每秒减 1 计数方式工作,直至减到数为 0,十字路口红、绿灯交换,一次工作循环结束,再进入另一个方向的工作循环。例如,当南北向从红灯转换成绿灯时,置南北向数显为 30,并使数显计数器开始减 1 计数,当减到绿灯灭而黄灯亮(闪烁)时,数显的值应为 5,当减到 0 时,此时黄灯灭,而南北向的红灯亮,同时使得东西向的绿灯亮,并置东西向数显为 30。可以用手动调整和自动控制的方式使夜间为双向黄灯闪烁。

9.5.2　单元电路设计

根据交通信号灯控制器的逻辑要求,交通信号灯控制系统由脉冲发生器、分频器、交通信号灯控制器、显示控制以及辅助控制等电路组成。图 9.5.4 是交通信号灯控制系统的参考电路图,下面分析各单元电路工作过程。

1. 秒脉冲和分频器

秒脉冲电路可用晶振或 RC 振荡电路构成,在前面已经介绍了。当 S2 开关处于自动位置时,由秒脉冲电路经分频(4 分频)后作为 8 位移位寄存器 74LS164 的时钟信号,因此 74LS164 每 4s 向前移一位(计数一次)。单次脉冲是由两个与非门组成的 RS 触发器产生的,当按下 S2 时,有一个脉冲输出使 74LS164 移位计数,以实现手动控制。

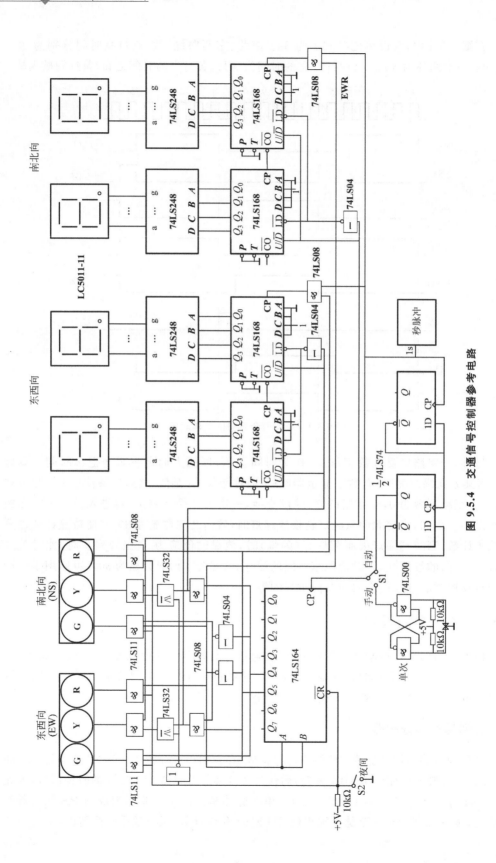

图 9.5.4 交通信号控制器参考电路

因十字路口每个方向绿、黄、红灯所亮时间之比为 5∶1∶6,所以,若以 5s 为单位时间,则计数器每计 5s 输出一个脉冲。

2. 交通信号灯控制器

交通信号灯控制器是交通信号灯控制系统的核心部件,它由 74LS164 组成扭环形计数器,经译码输出十字路口南北、东西两个方向的控制信号。其中黄灯闪烁,并且在夜间双向黄灯均闪烁,而绿、红灯灭。

由图 9.5.3 可知,计数器每次工作循环周期为 12 个单位时间,所以可以选用十二进制计数器。计数器可以用单触发器组成,也可以用中规模移位寄存器组成。这里选用中规模 8 位移位寄存器 74LS164 组成扭环形十二进制计数器。

扭环形计数器的状态表请自行设计。根据状态表,不难列出东西向和南北向绿、黄、红灯的逻辑表达式,其时序对应关系如图 9.5.3 所示。

东西向的绿、黄、红灯逻辑表达式如下:

$$EWG = Q_4 \cdot Q_5$$
$$EWY = \bar{Q}_4 \cdot Q_5, \quad EWY' = EWY \cdot CP_1$$
$$EWR = \bar{Q}_5$$

南北向的绿、黄、红灯逻辑表达式如下:

$$NSG = \bar{Q}_4 \cdot \bar{Q}_5$$
$$NSY = Q_4 \cdot \bar{Q}_5, \quad NSY' = NSY \cdot CP_1$$
$$NSR = Q_5$$

由于黄灯要求闪烁几次,所以用时标 1s 和 EWY 或 NSY 黄灯信号相与即可。

3. 显示控制部分

显示控制部分是一个定时控制电路。当绿灯亮时,使减法计数器开始工作(用对方的红灯信号控制),每来一个秒脉冲,使计数器减 1,直到计数器为 0 时停止。译码显示可用 BCD 七段译码器 74LS248,显示器用共阴极 LED 显示器 LC5011-11,计数器采用可预置加、减法计数器,如 74LS168、74LS193 等。

当南北向绿灯亮,而东西向红灯亮时,使南北向的 74LS168 以减法计数器方式工作,从数字 30 开始减 1 计数,当减到 00 时,南北向绿灯灭、红灯亮,而东西向红灯灭、绿灯亮。由于东西向是红灯灭信号(EWR=0),使与门关断,减法计数器工作结束,而南北向红灯亮,使另一方向——东西向减法计数器开始工作。

在减法计数器开始工作之前,由黄灯亮信号使减法计数器预先置入数据,图 9.5.4 中接入 1s 和 $\overline{\text{LD}}$ 信号就是为了当黄灯亮(为高电平)时置入数据,而当黄灯灭(Y=0)、红灯亮时开始减 1 计数。

4. 辅助控制部分

手动/自动控制和夜间控制用选择开关进行。开关在手动位置时,输入单次脉冲可使交通灯处在某一位置;开关在自动位置时,交通信号灯按自动循环工作方式运行。夜间时,将夜间开关接通,双向黄灯闪烁。

交通信号灯控制系统关于十字路口主干道和次干道绿灯亮的时间分配以及允许左转弯与右转弯的功能,请读者自行设计。

9.6　智力竞赛抢答器设计

智力竞赛是一种集知识性、趣味性于一体的生动活泼的教育形式和方法,通过抢答方式能引起参赛者和观众的极大兴趣,并且在较短的时间内使人们增加一些科学知识和生活常识。

实际进行智力竞赛时,参赛者分为若干组,抢答时能判定优先抢答者,并显示组号或鸣叫;回答问题有时间限制,到时要告警;主持人根据回答正确与否给予加分或减分。因此,要完成智力竞赛抢答器的电路设计,至少应包括 3 个部分:其一,判断竞赛者组号并显示出来;其二,规定答题的时间并显示出来;其三,定时控制和告警等。

本节采用两种方法设计智力竞赛抢答器电路,一种是采用分立集成元器件,另一种是采用 FPGA 可编程逻辑器件。

9.6.1　分立集成元器件设计

1. 设计任务和要求

一个多路智力竞赛抢答器的主要功能要求如下。

(1) 抢答器的基本功能。

① 可同时供 8 名选手(或 8 个代表队)参加比赛,每人一个抢答按钮,按钮编号与选手的编号相对应。

② 主持人用一个控制开关控制抢答器清零(使编号显示器灭灯)和抢答开始。

③ 抢答器具有数据锁存和显示功能,当主持人控制开关置于"开始"位置后,若有选手按动抢答按钮,选手编号立即被锁存,在显示器上显示出该选手编号,扬声器给出音响提示,并封锁抢答输入电路,禁止其他选手抢答,先抢答者的编号一直保持到主持人将抢答器清零为止。

(2) 抢答器的功能扩展。

① 具有定时抢答功能。一次抢答时间由主持人设定(如 30s),只要主持人启动抢答按钮,要求定时器立即递减计时,并显示出来,同时发出短暂声响,时间为 1s 左右。

② 选手在设定时间内抢答有效,定时器停止工作,显示出选手的编号和抢答的时间,保持到主持人将抢答器清零为止。

2. 设计方案

根据设计课题功能要求,抢答器由两大部分组成:主体电路和扩展电路。主体电路完成基本抢答功能,即主持人说开始,选手按抢答按钮时,能显示先按选手的编号,同时封锁输入电路,禁止其他选手抢答。扩展电路完成定时抢答功能。两部分都是在由主持人操作的控制电路的控制下完成的。其结构框图如图9.6.1所示。

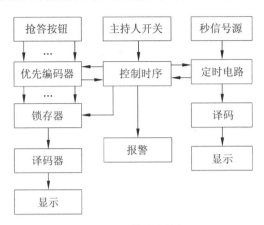

图 9.6.1 抢答器结构框图

1) 主体电路设计

主体电路完成抢答器的基本功能,根据基本功能要求选用组成该电路的集成芯片。选择带有选通端和编码输出标志端的优先编码器,74LS148作为输入编码电路,用4个RS触发器可以完成对编码3个输出端的锁存和译码器的灭灯(BI)控制。RS触发器选择74LS279比较合适。译码器显示电路选择74LS48,配共阴极数码管抢答器。主体电路如图9.6.2所示。

当主持人控制开关置于"清零"位置时,译码器的 $C=B=A=0$,且 $\overline{BI}=0$,使编号显示器灭灯,同时使编码器的选通端 $\overline{S_T}=0$,使其处于工作状态。当节目主持人控制开关置于"开始"位置时,编码器、锁存器均处于工作状态,等待选手抢答。若有先抢答者,如S0(S0闭合),则编码输出 $\overline{Y_0}=\overline{Y_1}=\overline{Y_2}=1$,$\overline{Y_{EX}}=0$,使 $\overline{BI}=1$,则74LS48工作,显示0,同时使 $\overline{S_T}=1$,使编码器不工作,停止编码,禁止其他选手抢答,并发出声音提示。

2) 扩展电路

在主体电路组成的简易抢答器上配以定时电路和时序控制电路,便构成功能完善的智力竞赛抢答器。

定时电路的功能是使主持人能根据需要设定抢答时间,实际上就是一个能预置数的递减十进制计数器,配以译码显示电路。其计数脉冲由秒信号发生器提供。只要选择具有可预置数的可逆8421BCD码十进制计数器芯片,就可完成计数任务,这里选用74LS192,配以74LS48和共阴极数码管。由于对秒信号不要求太精确,所以用555定时器组成秒信号产生器。时序控制电路的功能是控制各部分按功能要求协调工作,它要完成如下工作:

(1) 主持人将控制开关置于"清零"位置时,抢答编号显示器灭灯,抢答定时器预置数,显示定时时间;控制开关置于"开始"位置时,扬声器发出声响(1s左右),抢答电路进入正常工作状态,定时器开始倒计时。

(2) 当选手按动抢答按钮时,扬声器发出声响,抢答电路和定时器停止工作。

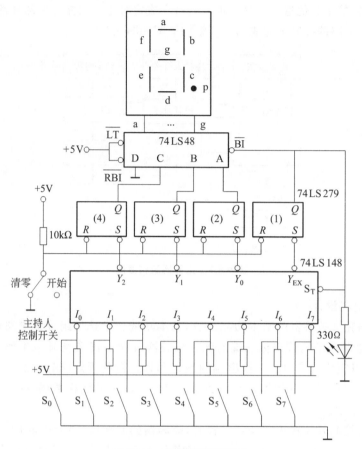

图 9.6.2　抢答器主体电路

（3）当定时时间到，无人抢答时，扬声器发出声响，同时抢答电路和定时器停止工作。

从上述功能要求看，控制声响部分的信号有 3 个，分别是：主持人开关 S＝1 代表开始，有抢答时的抢答输出状态 $\overline{Y}_{EX}＝0$ 和定时时间到无人抢答（即计数器 74LS192(2) 的 $\overline{B}_{02}＝0$）。控制声响时间为 1s 左右，由集成单稳态触发器 74LS121 来完成，如图 9.6.3 所示。另外，对编码和定时计数脉冲还要加以控制，由集成逻辑门电路实现。

主持人将开关 S 置于"清零"位置，禁止抢答器工作，编号显示器灭灯，定时显示器（由 74LS192 等组成）同时显示设定时间。当主持人宣布抢答题目后，将控制开关置于"开始"位置，抢答开始，扬声器发出声响提示，由于 $\overline{S}_T＝0$，所以抢答器处于工作状态，定时器开始倒计时，若在规定时间内没有人抢答，报警声响，并且使 $\overline{S}_T＝1$，禁止选手超时抢答。若在规定时间内有选手按抢答按钮，抢答器要完成以下工作：编码电路立即找出抢答者的编号，并加以锁存后送入译码显示电路显示出该编号；同时扬声器发出短暂声响提醒主持人，控制电路封锁编码器，以避免其他选手再抢答，即只允许一次只有一个先抢答者；同时定时器停止工作，显示当前的时间。当选手问题回答完毕时，主持人操作控制开关，使抢答器回到禁止工作状态，准备下一轮抢答。

在安装与调试过程中，首先安装与调试主体电路。能完成主体功能后，再安装与调试定时部分。然后安装与调试报警及控制电路。最后整体连通调试。

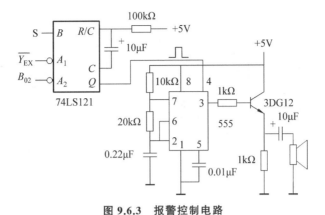

图 9.6.3　报警控制电路

多路智力抢答器参考电路如图 9.6.4 所示。

9.6.2　可编程逻辑器件 FPGA 设计

设计任务与 9.6.1 节相同,本节采用可编程逻辑器件设计一个 8 人参加的智力竞赛抢答器,这里仅给出设计框图和模块 VHDL 设计。抢答器功能包括：当有某一选手首先按下抢答按钮时,相应的编号显示灯亮并伴有声响,此时抢答器不再接收其他输入信号；电路具有回答问题时间控制功能,要求回答问题时间小于或等于 100s（显示为 0～99）,采用倒计时方式。当达到限定时间时,发出声音提示。

抢答器电路总体框图如图 9.6.5 所示。

下面介绍各个模块的功能及 VHDL 实现。

1. FENG 模块

FENG 模块的功能是在任一个选手按下按钮后,输出高电平给锁存器,锁存当时的按钮状态。由于没有时间同步,所以锁存的延时时间是硬件延迟时间,出现锁存错误的概率接近 0。

任一选手按下按钮后,锁存器完成锁存,对其余选手的请求不再响应,只有在主持人将控制开关置于“开始”位置后,所有选手才可以再次抢答。

FENG 模块程序如下：

```
LIBRARY IEEE;
USE IEEE.STD_LOGIC_1164.ALL;
ENTITY FENG IS
    port(cp,clr:IN STD_LOGIC;
         q:OUT STD_LOGIC);
END FENG;
ARCHITECTURE FENG_arc OF FENG IS
BEGIN
```

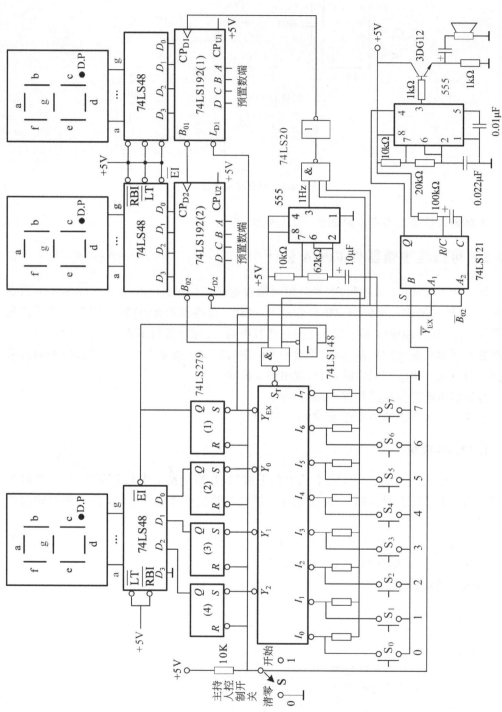

图 9.6.4 智力抢答器参考电路图

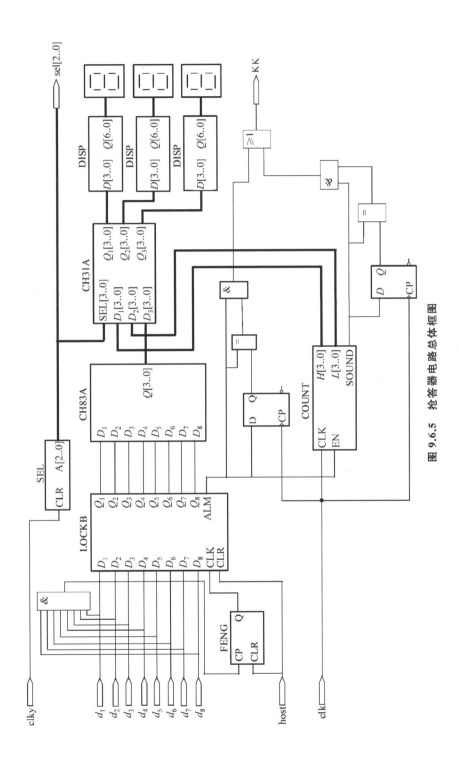

图 9.6.5 抢答器电路总体框图

```
        PROCESS(cp,clr)
          BEGIN
            IF (clr='0') THEN
                q<='0';
            ELSIF (cp'event and cp='0') THEN
                q<='1';
            END IF;
        END FENG_arc;
```

2. SEL 模块

SEL 模块产生数码管的片选信号。

SEL 模块程序如下：

```
LIBRARY IEEE;
USE IEEE.STD_LOGIC_1164.ALL;
ENTITY SEL IS
    port(clk:IN STD_LOGIC;
         a:OUT INTEGER RANGE 0 TO 7);
END SEL;
ARCHITECTURE SEL_arc OF SEL IS
BEGIN
    PROCESS(clk)
        VARIABLE aa:INTEGER RANGE 0 TO 7;
        BEGIN
            IF (clk'event AND clk='1') THEN
                aa :=aa+1;
            END IF;
            a<=aa;
    END PROCESS;
END SEL_arc;
```

3. LOCKB 模块

LOCKB 模块是锁存模块，在任一选手按下按钮后锁存抢答电路，同时送出 ALM 信号，实现声音提示。

LOCKB 模块程序如下：

```
LIBRARY IEEE;
USE IEEE.STD_LOGIC_1164.ALL;
ENTITY LOCKB IS
    port(d1,d2,d3,d4,d5,d6,d7,d8:IN STD_LOGIC;
         clk,clr:IN STD_LOGIC;
         q1,q2,q3,q4,q5,q6,q7,q8,alm:OUT STD_LOGIC);
END LOCKB;
```

```
ARCHITECTURE LOCKB_arc OF LOCKB IS
BEGIN
    PROCESS(clk)
        BEGIN
          IF clr ='1' THEN
                q1<='0';
                q2<='0';
                q3<='0';
                q4<='0';
                q5<='0';
                q6<='0';
                q7<='0';
                q8<='0';
                alm<='0';
          ELSIF (clk'event AND clk='1') THEN
                q1<=d1;
                q2<=d2;
                q3<=d3;
                q4<=d4;
                q5<=d5;
                q6<=d6;
                q7<=d7;
                q8<=d8;
                alm<='1';
          END IF;
    END PROCESS;
END LOCKB_arc;
```

4. CH83A 模块

CH83A 模块将抢答的结果转换为二进制数。

CH83A 模块程序如下：

```
LIBRARY IEEE;
USE IEEE.STD_LOGIC_1164.ALL;
ENTITY CH83A IS
    port(d1,d2,d3,d4,d5,d6,d7,d8:IN STD_LOGIC;
        q:OUT STD_LOGIC_VECTOR(3 DOWNTO 0));
END SEL;
ARCHITECTURE CH83A_arc OF CH83A IS
BEGIN
    PROCESS(d1,d2,d3,d4,d5,d6,d7,d8)
        variable tmp:STD_LOGIC_VECTOR(7 DOWNTO 0);
        BEGIN
```

```
            tmp :=d1&d2&d3&d4&d5&d6&d7&d8;
            CASE tmp IS
                WHEN "01111111" =>q<="0001";
                WHEN "10111111" =>q<="0010";
                WHEN "11011111" =>q<="0011";
                WHEN "11101111" =>q<="0100";
                WHEN "11110111" =>q<="0101";
                WHEN "11111011" =>q<="0110";
                WHEN "11111101" =>q<="0111";
                WHEN "11111110" =>q<="1000";
                WHEN others =>q<="1111";
            END CASE;
        END PROCESS;
    END CH83A_arc;
```

5. CH31A 模块

CH31A 模块利用 SEL 模块对应的数码显示管片选信号选出需要显示的信息,一个数码管显示抢答者编号,另外两个数码管显示 100s 倒计时。

CH31A 模块程序如下:

```
LIBRARY IEEE;
USE IEEE.STD_LOGIC_1164.ALL;
ENTITY CH31A IS
    port(sel:IN STD_LOGIC_VECTOR(2 DOWNTO 0);
         d1,d2,d3:IN STD_LOGIC_VECTOR(3 DOWNTO 0);
         q:OUT STD_LOGIC_VECTOR(3 DOWNTO 0));
END CH31A;
ARCHITECTURE CH31A_arc OF CH31A IS
BEGIN
    PROCESS(sel,d1,d2,d3)
      BEGIN
        CASE sel IS
            WHEN "000" =>q<=d1;     --选出倒计时二进制数高 4 位
            WHEN "001" =>q<=d2;     --选出倒计时二进制数低 4 位
            WHEN "111" =>q<=d3;     --选出抢答者
            WHEN others =>q<="1111";
        END CASE;
    END PROCESS;
END CH31A_arc;
```

6. COUNT 模块

COUNT 模块实现答题时间倒计时。模块时钟信号 CLK 是 1s 脉冲,在计满 100s 后发出声音提示。

COUNT 模块程序如下：

```vhdl
LIBRARY IEEE;
USE IEEE.STD_LOGIC_1164.ALL;
USE IEEE.STD_LOGIC_UNSIGNED.ALL;
ENTITY COUNT IS
    port(clk,en:IN STD_LOGIC;
         h,l:OUT STD_LOGIC_VECTOR(3 DOWNTO 0);
         sound:OUT STD_LOGIC);
END COUNT;
ARCHITECTURE COUNT_arc OF COUNT IS
BEGIN
    PROCESS(clk,en)
        variable hh,ll:STD_LOGIC_VECTOR(3 DOWNTO 0);
        BEGIN
          IF (clk'event AND clk='1') THEN
              IF (en='1') THEN
                IF (ll=0 AND hh=0) THEN          --100s 倒计时完成
                    sound<='1';

                ELSIF (ll=0) THEN
                   ll:="1001";
                   hh:=hh-1;
                ELSE
                   ll:=ll-1;
                END IF;
              ELSE                               --主持人按下控制开关后
                sound<='0';
                hh:="1001";
                ll:="1001";
              END IF;
          END IF;
          h<=hh;
          l<=ll;
    END PROCESS;
END COUNT_arc;
```

7. DISP 模块

DISP 模块是七段显示译码器，仅显示数字 0～9，后面接 8 字形数码管。

DISP 模块程序如下：

```vhdl
LIBRARY IEEE;
USE IEEE.STD_LOGIC_1164.ALL;
```

```
ENTITY DISP IS
    port(d:IN STD_LOGIC_VECTOR(3 DOWNTO 0);
        q:OUT STD_LOGIC_VECTOR(6 DOWNTO 0));
END DISP;
ARCHITECTURE DISP_arc OF DISP IS
BEGIN
    PROCESS(d)
      BEGIN
        CASE d IS
            WHEN "0000" =>q<="0111111";
            WHEN "0001" =>q<="0000110";
            WHEN "0010" =>q<="1011011";
            WHEN "0011" =>q<="1001111";
            WHEN "0100" =>q<="1100110";
            WHEN "0101" =>q<="1101101";
            WHEN "0110" =>q<="1111101";
            WHEN "0111" =>q<="0100111";
            WHEN "1000" =>q<="1111111";
            WHEN "1001" =>q<="1101111";
            WHEN others =>q<="0000000";
        END CASE;
    END PROCESS;
END DISP_arc;
```

8. 蜂鸣器提示模块

该模块的功能是在 LOCKB 模块的 ALM 信号和计数模块 SOUND 信号的上升沿送出一个时钟周期的高电平,接蜂鸣器 KK 可发出声音提示。

9.7　直接数字频率合成技术

前面介绍了几种典型的数字系统应用实例,本节应用现场可编程门阵列(FPGA)器件和硬件描述语言 VHDL 的知识,介绍数字通信系统中常见的直接数字频率合成(Direct Digital Synthesis,DDS)技术,利用 Altera 公司的 FPGA 芯片 FLEX10 系列器件完成一个 DDS 系统的设计。有关数字系统的 EDA 设计可参阅 EDA 相关参考书。

9.7.1　DDS 基本原理

直接数字频率合成技术是一种新型的频率合成技术和信号产生方法。其电路系统具有较高的频率分辨率,可以实现快速的频率变换,并且改变时能够保持相位的连续,容易实现频率、相位和幅度的数控调制。

传统的生成正弦波的数字方法是利用一片 ROM 和一片 DAC,再加上地址发生计数器和寄存器。在 ROM 中,每个地址对应单元的内容(数据)都是正弦波的离散采样值,整个 ROM 必须包含完整的正弦波采样值,而且还要注意避免在按地址读取 ROM 内容时可能引起的不连续点。

DDS 是数字式的频率合成器,它产生一个 $\sin\omega t$ 的正弦信号的方法如下:在时钟信号的控制下,当触发沿到来时,输出相应相位的幅度值,每次相位的累加值为 ωT(T 为系统的时钟周期)。要得到每次相应相位的幅度值,一种简单的方法是查表,即将 $0\sim 2\pi$ 的正弦函数值分成 n 份,将各点的幅度值保存到 ROM 中,再用一个相位累加器累加相位增量 ωT,得到当前相位值,通过查找 ROM 中的表得到当前的幅度值。这种方法的优点是易实现、速度快。其系统框图如图 9.7.1 所示。

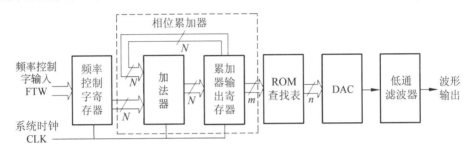

图 9.7.1　DDS 系统框图

f_{CLK} 为时钟频率,FTW 为频率控制字,N 为相位累加器的位数,m 为 ROM 地址线位数,n 为 ROM 数据线宽度(一般也为 DAC 的位数),f_o 为输出频率。相位累加器由加法器和累加器输出寄存器组成。在时钟脉冲 f_{CLK} 的控制下,对输入频率控制字 FTW 进行累加,累加满时产生溢出。相位累加器的输出对应于该时刻合成周期信号的相位,并且这个相位是周期性的,在 $0\sim 2\pi$ 范围内变化。相位累加器位数为 N,最大输出为 $2^N - 1$,对应于 2π 的相位,累加一次就输出一个相应的相位码,通过查表得到正弦信号的幅度,然后经 DAC 转换为模拟信号,由低通滤波器滤除杂散波和谐波以后,输出一个频率为 f_o 的正弦波。输出频率 f_o 由 f_{CLK} 和 FTW 共同决定。当频率控制字为 FTW 时,相位累加器的增量步长为 FTW,经过 $2^N/\text{FTW}$ 次累加,相位累加器溢出,完成一个周期的动作。输出频率 f_o 与时钟频率 f_{CLK} 之间的关系满足

$$f_o = \text{FTW} \times f_{CLK}/2^N$$

从而 DDS 的输出最小频率分辨率为

$$\Delta f_{min} = f_{CLK}/2^N$$

9.7.2　DDS 的 VHDL 实现

DDS 的工作过程为:每次系统时钟的上升沿到来时,相位累加器(24 位)中的值加上频率控制字寄存器(24 位)中的值,再用相位累加器的高 12 位作为地址,在 ROM 中查表,将查到的值送到 DAC 进行转换。这个过程需要几个时钟周期,但采用 VHDL 设计时,在每个时钟周期,每个部分都在工作,可以实现流水线操作。因此,实际计算一个正弦幅度值只用一个时钟周期,但是会有几个时钟周期的延时。

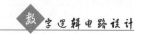

此系统的性能受到两个方面的限制：ROM 单元数和 ROM 输出位数。由于 ROM 大小的限制，ROM 的单元地址位数一般远小于相位累加器的位数，这样，为了保证相位累加器溢出时完成一个时钟周期的动作，只能取相位累加器的高位作为 ROM 的地址进行查询，这必然引入相位误差，同时 ROM 输出位数限制会使幅度值量化产生误差。用 MATLAB 编写的正弦波采样值的取整运算程序如下：

```
romdata=[];
for i = 0:1023
  s = sin (pi * i/1024/2);                                 %0~pi/2 取样
  s1 = fix (s * 1023/2);                                   %放大取整
  si=num2str(i);ss1=num2str(s1);
  romdata=strvcat(romdata,strcat(si,':',ss1,';'));          %在 ROM 中存储数据
end
```

将离散数据复制到 ROM 数据文件 ddsinput.mif 中，程序如下：

```
DEPTH = 1024;
WIDTH = 10;
ADDRESS_RADIX = DEC;
DATA_RADIX = DEC;
CONTENT BEGIN
  0:0;1:0;2:1;3:2;4:3;5:3;6:4;7:5;8:6;9:7;10:7;11:8;12:9;
  14:10;15:11;16:12;17:13;18:14;19:14;20:15;21:16;22:17;
  ...
  1018:511;1019:511;1020:511;1021:511;1022:511;1023:511;
END;
```

底层 ROM 元件的读取程序作为顶层 DDS 设计文件的子程序，其源代码如下：

```
LIBRARY IEEE;
USE IEEE.STD_LOGIC_1164.ALL;
ENTITY dds_rom IS
  PORT(address:IN STD_LOGIC_VECTOR (9 DOWNTO 0);
       q:OUT STD_LOGIC_VECTOR (9 DOWNTO 0));
END dds_rom;
ARCHITECTURE SYN OF dds_rom IS
  SIGNAL sub_wire0  : STD_LOGIC_VECTOR (9 DOWNTO 0);
  COMPONENT lpm_rom
  GENERIC (lpm_width:NATURAL;
           lpm_widthad:NATURAL;
           lpm_address_control:STRING;
           lpm_outdata:STRING;
           lpm_file:STRING);
  PORT(address:IN STD_LOGIC_VECTOR (9 DOWNTO 0);
       q:OUT STD_LOGIC_VECTOR (9 DOWNTO 0));
  END COMPONENT;
```

```
BEGIN
  q<=sub_wire0(9 DOWNTO 0);
  lpm_rom_component : lpm_rom
  GENERIC MAP (LPM_WIDTH =>10,
               LPM_WIDTHAD =>10,
               LPM_ADDRESS_CONTROL =>"UNREGISTERED",
               LPM_OUTDATA =>"UNREGISTERED",
               LPM_FILE =>"ddsinput.mif")
    PORT MAP (address =>address,q =>sub_wire0);
END SYN;
```

为了解决 ROM 受限的问题,可以采用 ROM 压缩技术,只存储 $0\sim\pi/2$ 部分的数据,而 $\pi/2\sim\pi$、$\pi\sim3\pi/2$ 和 $3\pi/2\sim2\pi$ 区间的数据由 $0\sim\pi/2$ 区间数据转化得到,这样可将 ROM 的大小压缩到原来的 $1/4$。在实现时,2^{12} 个 ROM 单元只用 2^{10} 个 ROM 单元,相位累加器的 12 位地址中最高两位 s_1 和 s_2 用来表示相位的 4 个区间。

具体转换方法如下:$\pi/2\sim\pi$ 区间的正弦信号幅值大小等于 $0\sim\pi/2$ 区间的幅值,只是相位不同,因此可以将 $\pi/2\sim\pi$ 中地址 x 的数据对应于 $0\sim\pi/2$ 中地址 $3FF-x$,可由 x 取反得到;区间 $\pi\sim3\pi/2$ 的幅值是 $0\sim\pi/2$ 区间幅值的负值,用补码表示就是取反加 1,两个区间的地址相同;区间 $3\pi/2\sim2\pi$ 的幅值是 $0\sim\pi/2$ 区间幅值的负值,地址为 $0\sim\pi/2$ 中地址的反。

DDS 的 VHDL 程序如下所示,该程序分为 3 个部分:数据输入部分、相位累加部分和 ROM 查表部分,分别用进程 datain、phase_add 和 lookfor_rom 实现。

```
LIBRARY IEEE;
USE IEEE.STD_LOGIC_1164.ALL;
USE IEEE.STD_LOGIC_UNSIGNED.ALL;
USE IEEE.STD_LOGIC_ARITH.ALL;
ENTITY dds_dds IS
  port(ftw:IN STD_LOGIC_VECTOR(23 DOWNTO 0);      --频率控制字
       clk:IN STD_LOGIC;                          --系统时钟
       rec:IN STD_LOGIC;                          --接收使能信号
       out_q:OUT STD_LOGIC_VECTOR(9 DOWNTO 0);    --幅度值输出
       ack:OUT STD_LOGIC);                        --接收应答信号
END dds_dds;
ARCHITECTURE beh OF dds_dds IS
SIGNAL phase_adder,frq_reg:STD_LOGIC_VECTOR(23 DOWNTO 0);
SIGNAL rom_address,address:STD_LOGIC_VECTOR(9 DOWNTO 0);
SIGNAL rom_out:STD_LOGIC_VECTOR(9 DOWNTO 0);
SIGNAL s_1,s_2,a_1,a_2:STD_LOGIC;
SIGNAL a:std_logic;
COMPONENT dds_dds_rom                             --定义 ROM 元件
  PORT(address: IN STD_LOGIC_VECTOR (9 DOWNTO 0);
       q:OUT STD_LOGIC_VECTOR (9 DOWNTO 0));
```

```
    END COMPONENT;
    BEGIN
      data:dds_rom PORT MAP(address,rom_out);
      datain: PROCESS(clk)                    --数据输入部分
      BEGIN
      IF(clk'event AND clk='1') THEN          --clk 上升沿触发
        IF(rec='1') THEN                      --rec 为 1 则读取 FTW 数据并将应答信号 ack 置 1
          frq_reg<=ftw;  ack<='1';a<='1';
      END IF;
        IF(a='1') THEN                        --检测到上一个周期 ack 为 1,则将其复位
          ack<='0';a<='0';
        END IF;
      END IF;
      END PROCESS;
      phase_add: PROCESS(clk)           --相位累加部分
      BEGIN
        IF(clk'event and clk='1') THEN
        phase_adder<=phase_adder+frq_reg;       --进行相位累加
          rom_address(0)<=phase_adder(12);
          rom_address(1)<=phase_adder(13);
          rom_address(2)<=phase_adder(14);
          rom_address(3)<=phase_adder(15);
          rom_address(4)<=phase_adder(16);
          rom_address(5)<=phase_adder(17);
          rom_address(6)<=phase_adder(18);
          rom_address(7)<=phase_adder(19);
          rom_address(8)<=phase_adder(20);
          rom_address(9)<=phase_adder(21);
          s_2<=phase_adder(22);
          s_1<=phase_adder(23);                 --将上一个累加值的高 12 位送出
        END IF;
      END PROCESS;
      lookfor_rom: PROCESS(clk)             --ROM 查表部分
      BEGIN
        IF(clk'event and clk='1') THEN        --clk 上升沿触发
          a_1<=s_1;  a_2<=s_2;
          --将各区间的地址对应到 0~π/2 的地址
          IF(s_1='0' AND s_2='0') THEN
            address<=rom_address;
          ELSIF(s_1='0' AND s_2='1') THEN
            address<=NOT rom_address;
          ELSIF(s_1='1' AND s_2='0') THEN
            address<=rom_address;
          ELSIF(s_1='1' AND s_2='1') THEN
```

```
        address<=NOT rom_address;
    END IF;
    --将各区间的幅度对应到 0~π/2 的幅度
    IF(a_1='0' AND a_2='0') THEN
        out_q<=rom_out;
    ELSIF(a_1='0' AND a_2='1') THEN
        out_q<=rom_out;
    ELSIF(a_1='1' AND a_2='0') THEN
        out_q<=NOT rom_out+"0000000001";
    ELSIF(a_1='1' AND a_2='1') THEN
        out_q<=NOT rom_out+"0000000001";
    END IF;                              --负数通过正数取反再加 1 得到
    END IF;
  END IF;
END PROCESS;
```

在输入部分,rec 为 DDS 的使能信号输入端,只有当 rec 为高电平且 clk 为上升沿时,系统才读取新的频率控制字 FTW,本例选 FTW=65536,然后在 clk 控制下输出正弦波信号。DDS 仿真时序如图 9.7.2 所示,DDS 在 $0\sim\pi/2$ 和 $\pi/2\sim\pi$ 交界处的仿真结果如图 9.7.3 所示。

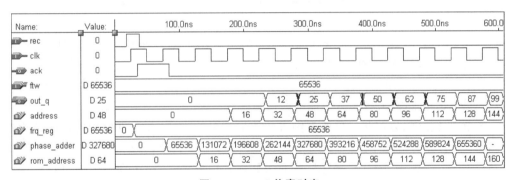

图 9.7.2 DDS 仿真时序

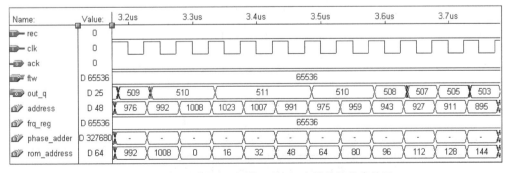

图 9.7.3 DDS 在 $0\sim\pi/2$ 与 $\pi/2\sim\pi$ 交界处的仿真结果

9.7.3 DDS 的主要特点

根据上述 DDS 的 VHDL 实现过程及仿真时序可知,DDS 具有以下特点:

(1)频率分辨率高。DDS 的频率分辨率在 f_{CLK} 固定时取决于相位累加器的位数 N,只要 N 足够大,理论上就可以获得相应的分辨率,这是传统方法难以实现的。

(2)频率变换速度快。在 DDS 中,一个频率的建立时间通常取决于滤波器的带宽。影响因素为相位累加器、ROM 内的工艺结构、DAC 及其他信号处理过程中可能产生的时延。

(3)DDS 中相位的改变是线性过程。相位累加器是性能优良的线性数字增值发生器。因此,DDS 的相位误差主要依赖于时钟的相位特性,相位误差小。另外,DDS 的相位是连续变化的,形成的信号具有良好的频谱特性,这也是传统的直接频率合成方法无法实现的。

(4)输出频率范围宽。理论上,DDS 输出的频率范围为 $0 \sim f_{CLK}/2$。实际上,低通滤波器的输出为 $40\% f_{CLK}$,而 FPGA 的时钟频率可达到 100MHz,因此,利用 FPGA 可以实现输出频率范围很宽的正弦信号。

9.8 波形发生器的 FPGA 实现

利用 CPLD/FPGA 芯片实现的波形发生器控制电路,通过外部控制信号和高速时钟信号,向保存波形数据的 ROM 发出地址信号。输出波形的频率由发出的地址信号的速度决定:当以固定频率扫描输出地址时,模拟输出波形是固定频率的;而当以周期性时变方式扫描输出地址时,则模拟输出波形为扫频信号。

本节以正弦波、方波和三角波为例讲述波形产生的方法,波形发生器的系统结构框图如图 9.8.1 所示。其中,正弦波采用查表法得到基本波形,正弦波地址产生器提供 ROM 的地址信号,其 VHDL 描述见后面的具体实现程序;三角波和方波通过计算法得到波形,其 VHDL 描述也见后面的程序。

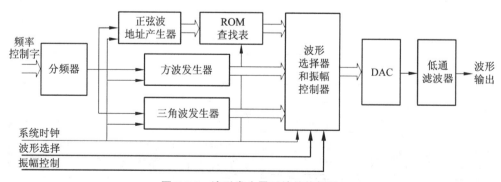

图 9.8.1 波形发生器系统结构框图

本例中每种波形数据都是由 64 个点构成的。DAC 负责将 ROM 或三角波发生器、

方波发生器输出的数据转换成模拟信号,经低通滤波器电路输出。输出波形的频率上限
与 DAC 的转换速度有重要关系。

　　在进行波形输出的频率控制时,通过改变数据点的频率改变波形的频率。本例系统
晶振(18.432MHz)经分频器后提供波形发生器的时钟信号,分频器的 VHDL 描述见后
面的程序。

　　在进行振幅控制时,通过对基本波形振幅乘以振幅放大系数来改变波形的振幅,具
体实现见后面的波形选择和振幅控制器程序。图 9.8.2 是波形发生器的原理图,其中,
sel[1..0]是波形选择信号,ampl[9..0]表示振幅放大系数。方波输出信号只有一位(即 1
和 0),可直接获得振幅,这里用到 ampl[9..0]的 10 位;对于正弦波信号,本例用到
ampl[4..3],因此正弦波的振幅变化范围为 2～4 倍;对于三角波,本例用到 ampl[6..3],
所以三角波振幅变化 16 次,变化范围为 2～16 倍。

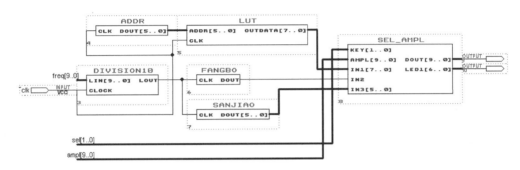

图 9.8.2　波形发生器的原理图

　　下面给出分频器、正弦波地址发生器、正弦波 ROM 查表程序、方波发生器、三角波发
生器、波形选择和振幅控制器的程序。

　　(1) 分频器程序如下:

```
LIBRARY IEEE;
USE IEEE.STD_LOGIC_1164.ALL;
USE IEEE.STD_LOGIC_ARITH.ALL;
USE IEEE.STD_LOGIC_UNSIGNED.ALL;
ENTITY division10 IS
  PORT(lin:IN STD_LOGIC_VECTOR(9 DOWNTO 0);
       clock:IN STD_LOGIC;
       lout:OUT STD_LOGIC);
END division10;
ARCHITECTURE beh OF division10 IS
BEGIN
PROCESS(clock)
  variable count:STD_LOGIC_VECTOR(9 DOWNTO 0);
  variable ll:STD_LOGIC;
    BEGIN
      IF clock'event AND clock='0' THEN
```

```
            IF(count<lin) THEN
                ll:='0';
                count:=count+'1';
            ELSIF(count>=lin) THEN
                ll:='1';
                count:="0000000000";
            END IF;
        END IF;
lout<=ll;
END PROCESS;
END beh;
```

(2) 正弦波地址发生器(地址输出为 6 位循环码)程序如下：

```
LIBRARY IEEE;
USE IEEE.STD_LOGIC_1164.ALL;
USE IEEE.STD_LOGIC_UNSIGNED.ALL;
ENTITY addr IS
PORT(clk:IN STD_LOGIC;
        dout:OUT STD_LOGIC_VECTOR(5 DOWNTO 0));
END addr;
ARCHITECTURE behav OF addr IS
BEGIN
  PROCESS(clk)
  variable count:STD_LOGIC_VECTOR(5 DOWNTO 0);
  BEGIN
    WAIT UNTIL  clk'event AND clk='0';
    count:=count+1;
    CASE count IS
      WHEN "000000" =>dout<="000000";
      WHEN "000001" =>dout<="000001";
      WHEN "000010" =>dout<="000011";
      WHEN "000011" =>dout<="000010";
      WHEN "000100" =>dout<="000110";
      WHEN "000101" =>dout<="000111";
      WHEN "000110" =>dout<="000101";
      WHEN "000111" =>dout<="000100";
      WHEN "001000" =>dout<="001100";
      WHEN "001001" =>dout<="001101";
      WHEN "001010" =>dout<="001111";
      WHEN "001011" =>dout<="001110";
      WHEN "001100" =>dout<="001010";
       ⋮
      WHEN "111101" =>dout<="100011";
      WHEN "111110" =>dout<="100001";
```

```
        WHEN "111111" =>dout<="100000";
        WHEN others =>null;
    END CASE;
  END PROCESS;
END behav;
```

(3) 正弦波 ROM 查表程序如下：

```
LIBRARY IEEE;
USE IEEE.STD_LOGIC_1164.ALL;
USE IEEE.STD_LOGIC_ARITH.ALL;
LIBRARY lpm
ENTITY lut IS
  PORT(addr:IN STD_LOGIC_VECTOR(5 DOWNTO 0);
       outdata:OUT STD_LOGIC_VECTOR(7 DOWNTO 0);
       clk:IN STD_LOGIC);
END lut;
ARCHITECTURE lut_arc OF lut IS
  COMPONENT lpm_rom
    GENERIC (LPM_WIDTH:natural;
             LPM_WIDTHAD:natural;
             LPM_NUMWORDS:natural:=0;
             LPM_ADDRESS_CONTROL:string:="REGISTERED";
             LPM_OUTDATA:string:="REGISTERED";
             LPM_FILE:string;
             LPM_TYPE:string:="LPM_ROM";
             LPM_HINT:string:="UNUSED");
             port(ADDRESS:IN  STD_LOGIC_VECTOR(LPM_WIDTHAD-1 DOWNTO 0);
             INCLOCK:IN STD_LOGIC:='0';
             OUTCLOCK:IN STD_LOGIC:='0';
             Q:OUT STD_LOGIC_VECTOR(LPM_WIDTH-1 DOWNTO 0));
    END COMPONENT;
  BEGIN
    ul:lpm_rom
        GENERIC  MAP(8,6,0, "registered","unregistered",
                     "asin.mif", "lpm_rom","unused")
        PORT MAP(inclock=>clk, address=>addr,q=>outdata);
END lut_arc;
```

(4) 方波发生器程序如下：

```
LIBRARY IEEE;
USE IEEE.STD_LOGIC_1164.ALL;
USE IEEE.STD_LOGIC_ARITH.ALL;
ENTITY fangbo IS
PORT(clk:IN STD_LOGIC;
```

```
        dout:OUT STD_LOGIC);
END fangbo;
ARCHITECTURE behav OF fangbo IS
BEGIN
    PROCESS(clk)
    variable count: STD_LOGIC_VECTOR(4 DOWNTO 0);
    variable flag: BOOLEAN;
    BEGIN
        IF clk'event AND clk='0' THEN
            count:=count+1;
            IF count="11111" THEN
                flag:=NOT flag;
            END IF;
            CASE flag IS
            WHEN false=>dout<='1';
            WHEN true=>dout<='0';
            END CASE;
        END IF;
    END PROCESS;
END behav;
```

（5）三角波发生器程序如下：

```
LIBRARY IEEE;
USE IEEE.STD_LOGIC_1164.ALL;
USE IEEE.STD_LOGIC_ARITH.ALL;
ENTITY sanjiao IS
PORT(clk:IN STD_LOGIC;
     dout:OUT STD_LOGIC_VECTOR(5 DOWNTO 0));
END sanjiao;
ARCHITECTURE behav OF sanjiao IS
BEGIN
    PROCESS(clk)
    variable count:STD_LOGIC_VECTOR(5 DOWNTO 0);
    BEGIN
        IF clk'event AND clk='0' THEN
            count:=count+1;
            dout<=count;
        END IF;
    END PROCESS;
END behav;
```

（6）波形选择和振幅控制器程序：

```
LIBRARY IEEE;
USE IEEE.STD_LOGIC_1164.ALL;
```

```
USE IEEE.STD_LOGIC_UNSIGNED.ALL;
ENTITY sel_ampl IS
PORT(key:IN STD_LOGIC_VECTOR(1 DOWNTO 0);
     ampl:IN STD_LOGIC_VECTIR(9 DOWNTO 0);
     in1: IN STD_LOGIC_VECTOR(7 DOWNTO 0);          --正弦波
     in2: IN STD_LOGIC;                             --方波
     in3: IN STD_LOGIC_VECTOR(5 DOWNTO 0);          --三角波
     dout: OUT STD_LOGIC_VECTOR(9 DOWNTO 0);        --数据输出
     led1: OUT STD_LOGIC_VECTOR(6 DOWNTO 0));
END sel_ampl;
ARCHITECTURE beh OF sel_ampl IS
BEGIN
    PROCESS(key)
        VARIABLE temp: STD_LOGIC_VECTOR(9 DOWNTO 0);
        VARIABLE temp2:STD_LOGIC_VECTOR(9 DOWNTO 0);
        VARIABLE temp1:STD_LOGIC_VECTOR(9 DOWNTO 0);
      BEGIN
        temp(1 DOWNTO 0):=ampl(4 DOWNTO 3);
        temp(9 DOWNTO 2):="00000000";
        temp2(3 DOWNTO 0):=ampl(6 DOWNTO 3);
        temp2(9 DOWNTO 4):="000000";
        CASE key IS
            WHEN "01" =>                             --正弦波
                    temp1:=temp(1 DOWNTO 0) * in1+in1;
                    dout<=temp1;
                    led1<="1111001";                 --显示数字'1';
            WHEN "10" =>                             --方波
                    CASE in2 IS
                        WHEN '1'=>dout<=ampl;
                        WHEN others=>dout<="0000000000";
                    END CASE;
                    led1 <="0100100";                --显示数字'2';
            WHEN "11" =>                             --三角波
                    temp1:=temp2(3 DOWNTO 0) * in3+in3;
                    dout<=temp1;
                    led1<="0110000";                 --显示数字'3';
            WHEN OTHERS =>
                    dout<="0000000000";
                    led1<="1111111";                 --不显示
        END CASE;
    END PROCESS;
END beh;
```

9.9　本章小结

　　传统的数字系统设计一般采用搭积木方法进行,即由器件搭成电路板,由电路板搭成数字系统。本章主要介绍数字钟设计、数字频率计设计、直流数字电压表、交通信号灯控制系统设计和智力竞赛抢答器等几个典型应用。它们是前面中小规模数字器件(如逻辑门、编码器、译码器、多路选择器、加法器、比较器、数据寄存器、移位寄存器、分频器、计数器等)的综合运用。常用数字逻辑器件的使用方法是数字系统设计的基础,也是大规模集成电路设计的必备知识。

　　在现代数字系统设计中,CPLD/FPGA 应用领域很广,尤其在逻辑功能控制和接口上。本章给出了用 EDA 工具和可编程逻辑器件 CPLD/FPGA 进行 DDS 设计和波形发生器设计两个典型的应用实例,它们是前面几章(如第 7 章、第 8 章)知识的综合运用。

参 考 文 献

[1]   阎石. 数字电子技术基础[M]. 5 版. 北京：高等教育出版社，2010.

[2]   吴新开，曾照福，刘昆山. 现代数字系统实践教程[M]. 北京：人民邮电出版社，2004.

[3]   高吉祥. 数字电子技术[M]. 北京：电子工业出版社，2004.

[4]   鲍可进，赵念强，赵不贿，等. 数字逻辑电路设计[M]. 北京：清华大学出版社，2004.

[5]   康华光. 电子技术基础：数字部分[M]. 5 版. 北京：高等教育出版社，2011.

[6]   张玉茹. 数字逻辑电路设计[M]. 哈尔滨：哈尔滨工业大学出版社，2018.

[7]   余孟尝. 数字电子技术基础简明教程[M]. 2 版. 北京：高等教育出版社，2000.

[8]   王永军，李景华，等. 数字逻辑与数字系统[M]. 北京：电子工业出版社，1997.

[9]   徐志军，徐光辉. CPLD/FPGA 的开发与应用[M]. 北京：电子工业出版社，2002.

[10]   廖日坤. CPLD/FPGA 嵌入式应用开发技术白金手册[M]. 北京：中国电力出版社，2005.

[11]   叶淦华. FPGA 嵌入式应用系统开发典型实例[M]. 北京：中国电力出版社，2005.

[12]   潘松，黄继业. EDA 技术实用教程[M]. 2 版. 北京：科学出版社，2005.

[13]   赵曙光. 可编程逻辑器件原理、开发与应用[M]. 西安：西安电子科技大学出版社，2000.

[14]   李华. MCS-51 单片机实用接口技术[M]. 北京：高等教育出版社，1993.

[15]   唐竞新. 数字电子技术基础解题指南[M]. 北京：清华大学出版社，2001.

[16]   曹汉房. 数字电路的设计与解题技巧[M]. 北京：高等教育出版社，1989.

[17]   Altera. Data Sheet：FLEX10K Embedded Programmable Logic Device Family[Z]. Altera Corporation，2003.

[18]   Altera. FPGA Data Book[Z]. Altera Corporation，1999.

[19]   侯伯亨，顾新. VHDL 硬件描述语言与数字逻辑电路设计[M]. 修订版. 西安：西安电子科技大学出版社，2000.

[20]   陈新华. EDA 技术与应用[M]. 北京：机械工业出版社，2009.

[21]   徐光辉，程东旭，黄如，等. 基于 FPGA 的嵌入式开发应用[M]. 北京：电子工业出版社，2006.

[22]   王振红. FPGA 电子系统设计项目实践[M]. 北京：清华大学出版社，2014.

图书资源支持

感谢您一直以来对清华版图书的支持和爱护。为了配合本书的使用,本书提供配套的资源,有需求的读者请扫描下方的"书圈"微信公众号二维码,在图书专区下载,也可以拨打电话或发送电子邮件咨询。

如果您在使用本书的过程中遇到了什么问题,或者有相关图书出版计划,也请您发邮件告诉我们,以便我们更好地为您服务。

资源下载、样书申请

我们的联系方式:

地　　址:北京市海淀区双清路学研大厦 A 座 701

邮　　编:100084

电　　话:010-83470236　010-83470237

资源下载:http://www.tup.com.cn

客服邮箱:2301891038@qq.com

QQ:2301891038(请写明您的单位和姓名)

书圈

扫一扫,获取最新目录

课程直播

用微信扫一扫右边的二维码,即可关注清华大学出版社公众号"书圈"。